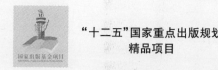
"十二五"国家重点出版规划
精品项目

先进航空材料与技术丛书

先进树脂基复合材料
高性能化理论与实践

益小苏　著

国防工业出版社

·北京·

内 容 简 介

　　本书介绍了先进树脂基复合材料领域热塑性—热固性高分子体系的相变与流变，复相体系的温度—时间转换，复相体系的结构与性能，界面过程与"离位"复合增韧，"离位"增韧复合材料的基本性能与损伤机理，RTM液态成型树脂体系，"离位"液态成型复合材料增韧高性能化，定型剂材料体系、连续化表面附载技术以及表面附载织物材料的结构与性能特征等，并适当地回顾了发展和展望了未来。

　　本书的基础素材来源于国家重大基础研究计划（国家973计划）等支持的科研项目，因此偏重基础理论研究及其应用基础研究，适合于从事复合材料技术研究、开发、设计、应用的科研人员和工程技术人员，也适用于大专院校的大学生、研究生和教师们阅读参考。

图书在版编目（CIP）数据

先进树脂基复合材料高性能化理论与实践／益小苏
著. —北京：国防工业出版社，2011.5
（先进航空材料与技术丛书）
ISBN 978 – 7 – 118 – 07398 – 0

Ⅰ.①先… Ⅱ.①益… Ⅲ.①树脂基复合材料
Ⅳ.①TB332

中国版本图书馆 CIP 数据核字（2011）第 071272 号

※

国防工业出版社出版发行

（北京市海淀区紫竹院南路23号　邮政编码100048）
北京嘉恒彩色印刷有限责任公司
新华书店经售

*

开本 710×960　1/16　印张 29¾　字数 564 千字
2011 年 11 月第 1 版第 1 次印刷　印数 1—3000 册　定价 68.00 元

（本书如有印装错误，我社负责调换）

国防书店：(010)68428422　　　　发行邮购：(010)68414474
发行传真：(010)68411535　　　　发行业务：(010)68472764

《先进航空材料与技术丛书》
编 委 会

主　任　戴圣龙

副主任　王亚军　　益小苏

顾　问　颜鸣皋　　曹春晓　　赵振业

委　员　（按姓氏笔划为序）

丁鹤雁	王志刚	王惠良	王景鹤
刘　嘉	刘大博	阮中慈	苏　彬
李　莉	李宏运	连建民	吴学仁
张庆玲	张国庆	陆　峰	陈大明
陈祥宝	周利珊	赵希宏	贾泮江
郭　灵	唐　斌	唐定中	陶春虎
黄　旭	黄　敏	韩雅芳	骞西昌
廖子龙	熊华平	颜　悦	

序

　　一部人类文明史从某种意义上说就是一部使用和发展材料的历史。材料技术与信息技术、生物技术、能源技术一起被公认为是当今社会及今后相当长时间内总揽人类发展全局的技术，也是一个国家科技发展和经济建设最重要的物质基础。

　　航空工业领域从来就是先进材料技术展现风采、争奇斗艳的大舞台，自美国莱特兄弟的第一架飞机问世后的 100 多年以来，材料与飞机一直在相互推动不断发展，各种新材料的出现和热加工工艺、测试技术的进步，促进了新型飞机设计方案的实现，同时飞机的每一代结构重量系数的降低和寿命的延长，发动机推重比量级的每一次提高，无不强烈地依赖于材料科学技术的进步。"一代材料，一代飞机"就是对材料技术在航空工业发展中所起的先导性和基础性作用的真实写照。

　　回顾中国航空工业建立 60 周年的历程，我国航空材料经历了从无到有、从小到大的发展过程，也经历了从跟踪仿制、改进改型到自主创新研制的不同发展阶段。新世纪以来，航空材料科技工作者围绕国防，特别是航空先进装备的需求，通过国家各类基金和项目，开展了大量的先进航空材料应用基础和工程化研究，取得了许多关键性技术的突破和可喜的研究成果，《先进航空材料与技术丛书》就是这些创新性成果的系统展示和总结。

本套丛书的编写是由北京航空材料研究院组织完成的。19个分册从先进航空材料设计与制造、加工成形工艺技术以及材料检测与评价技术三方面入手，使各分册相辅相成，从不同侧面丰富了这套丛书的整体，是一套较为全面系统的大型系列工程技术专著。丛书凝聚了北京航空材料研究院几代专家和科技人员的辛勤劳动和智慧，也是我国航空材料科技进步的结晶。

当前，我国航空工业正处于历史上难得的发展机遇期。应该看到，和国际航空材料先进水平相比，我们尚存在一定的差距。为此，国家提出"探索一代，预研一代，研制一代，生产一代"的划代发展思想，航空材料科学技术作为这四个"一代"发展的技术引领者和技术推动者，应该更加强化创新，超前部署，厚积薄发。衷心希望此套丛书的出版能成为我国航空材料技术进步的助推器。可以相信，随着国民经济的进一步发展，我国航空材料科学技术一定会迎来一个蓬勃发展的春天。

2011 年 3 月

前　言

　　复合材料指由两种或两种以上具有不同物理、化学性质的材料,以微观、介观或宏观等不同的结构尺度与层次,经过复杂的空间组合而形成的一个材料系统。先进复合材料指的是在性能和功能上远远超出其单质组分性能与功能的一大类新材料,它们通常都是在不同尺度、不同层次上结构设计、优化的结果。

　　先进复合材料以碳纤维增强的树脂基复合材料为数量上的主体,在发展历程上,它发祥于20世纪70年代,直接迎合了航空、航天和国防等尖端技术领域的需求,到今天为止,先进复合材料仍然对武器装备的现代化起着十分关键的支撑作用。以航空领域为例,目前,美国最先进的第四代战斗机上树脂基复合材料用量达24%~36%、直升机达46%,而欧洲战斗机的复合材料用量更高达40%。在民用飞机领域,目前已投入商业运营、最先进的机型A380的复合材料用量已达到28%,而即将进入市场的B787飞机将使用50%的复合材料。今天,先进复合材料继续保持自己在这些战略领域最富研究和发展潜力的结构材料的地位,并带动整个工业、特别是航空航天工业技术的进步。

　　近10年来,先进树脂基复合材料的"高性能化"技术已经成为国际范围研究发展的重点。典型的高性能化技术包括进一步提高增强纤维材料性能的新技术,提高层状化复合材料损伤容限的新技术,提高复合材料耐温耐蚀级别的新技术等,同时要求这种高性能化技术应兼顾材料制备与构件制造的低成本问题等,相应的技术手段包括纺织复合材料及其预制体技术、液态成型技术、大型复合材料制件的自动铺放/铺丝成型技术、非热压罐固化成型技术以及复合材料结构的新型无损检测新技术和结构健康检测技术等,发展的目标是低成本地制造大型、复杂、整体结构的复合材料制件,最终实现飞行器的高减重目标。而随着人们对复合材料科学和技术在认识和实践两方面的深入,智能复合材料、纳米复合材料、生物质(Bio – based)的所谓"绿色"复合材料等一大批新材料、新技术正在蓬勃兴起,同时,先进复合材料技术也正在与现代计算技术、现代制造技术、表征测试技术和应用技术等相结合,开创着21世纪先进复合材料技术发展的新纪元。

　　正是由于先进复合材料技术在国家和国防领域中的特殊的重要性,国家多个科技发展计划如国家重大基础研究计划(国家973计划)、国家高技术研究与发展计划（国家 863 计划）、国家自然科学基金计划以及国家科技部国际合作计划等均选择了先进复合材料技术作为研究发展工作的重点之一。在这样的形势下，近年来，我们先后承担了国家 973 计划研究课题《多层次细观结构与特征目标性能的关联、数理模拟和结构优化设计》①（课题编号：2003CB615604，课题负责人益小苏，2003 年—2008 年），国家 863 计划研究课题《先进复合材料多层次结构设计的数理工具与实验验证》（课题编号：2002AADF3302，负责人益小苏，2002 年—2004年）和《大飞机结构用高性能 RTM 复合材料体系》（课题编号：2007AA03Z541，负责人益小苏，2007 年—2010 年），国家科技部国际合作计划重大专项研究项目《下一代高性能航空复合材料及其应用技术研究》（课题编号：2008DFA50370，负责人益小苏，2008 年—2009 年）以及国家自然科学基金重大基金项目课题《基于流体模拟的复杂系统工艺改进和质量控制与实验研究》②（课题编号：10590356，课题负责人益小苏，2004 年—2009 年）等，在这些项目的支持下，我们重点关注如何在保证连续碳纤维增强复合材料层压板的比刚度和比强度的同时提高其韧性、特别是冲击后压缩强度，以实现这种复合材料的高性能化和整体化复合材料结构制件的低成本制造，满足航空航天复合材料技术发展的迫切需求。

本书主要以我们承担的国家 973 课题《多层次细观结构与特征目标性能的关联、数理模拟和结构优化设计》的研究工作为主线，适当结合了国际研究发展的历史、最新动态以及我们承担的其他研究项目等，演绎和介绍了具有我们研究特色的"离位（Ex - situ）"复合增韧新概念及其表面附载新技术、新材料、新装备和新方法等研究成果。研究工作涉及的材料种类覆盖环氧树脂、苯并噁嗪树脂、双马来酰亚胺树脂和聚酰亚胺树脂及其树脂基复合材料等，涉及的复合材料成型工艺包括热压罐工艺和液态成型工艺（如树脂转移模塑和树脂膜浸渗成型工艺）等两大类，这些材料种类和成型工艺技术几乎可以覆盖目前国内外绝大多数的航空复合材料技术，从这些范例里将不难看出，深入的基础研究将为复合材料的技术开发和工程化应用提供一个宽广的理论和技术平台，也正是因为这些内在的、基础性的共性联系，使得先进复合材料技术的研究与发展充满了创新的机遇和挑战，也充满了材料科学与技术的神秘和魅力！

整个研究工作主要是在北京航空材料研究院先进复合材料国防科技重点实验室完成的，并通过这个 973 课题延伸到一些大学和中国科学院的研究所等。研究

① 973 项目《先进聚合物基复合材料的多层次结构和性能研究》（课题编号：2003CB615600），首席科学家韩志超教授。

② 国家自然科学基金重大项目《高聚物成型加工与模具设计中的关键力学和工程问题》，项目负责人申长雨教授。

过程中,我们首先提出了一个创新性的概念及其目标技术体系,重点实验室的青年参研人员和工程师们主动依据他们的技术实践经验来学习和理解现代复合材料科学和工程学的成就,并在各类型号任务和研究项目中将这些新概念付诸实践,然后反馈改进我们初生的理论概念与材料技术,而大学和科学院研究所的老师和同事们则根据这些实践成果,帮助我们完善基础理论知识,因此,这是一个精彩的、学习型研究组合。值得特别指出,航空工业是我国最重要的战略性工业产业之一,北京航空材料研究院是我国航空工业系统内最强的材料研究单位,也是国家最富有材料研究实力的工业研究单位,我们的 973 团队正是依托了航空工业以及北京航空材料研究院这样的背景条件和研究平台,才使得我们能够成功地将理论与实践密切结合,并得以在较短的时间内迅速走完从概念性研究直至演示验证和工程应用的长流程,打通技术价值链,同时带起了一支了解基础理论、善于工程应用的研究开发队伍。

2007 年,周光召先生在亲临科研现场听取了我们的汇报后说:"我认为你们的973 课题完成得非常好,非常出色! 你们采用了全新的学术思想,使复合材料的(冲击后压缩)强度提高了一倍以上,说明你们取得的技术进步的确依靠了创新的力量。""你们内部组织了很好的研究团队,还包括了中科院的研究所与高校,而且外部与企业建立了战略合作联盟,为科研成果准备了出口,这说明在工业部门的领导下,973 也是能够出大成果的。"他进一步总结说:"基础研究不能局限在实验室,实验室里只能出样品,不能创造价值,因为不是工业产品,而且工艺、技术也不成熟。基础研究的目的是搞清为什么,但为了使研究成果满足国家目标,有意义,有结果,就必须往工业延伸,必须在生产上有量,要到生产上去证实,否则 know how 就出不来,也积累不起来。有许多应用就是基础研究搞得好,从应用中又发现了新的基础问题。你们的工作恰恰证明,应用工作做得好,科技成果转化得快,正是因为基础研究做得好,做得透。因此,应该加强与应用部门和企业的合作,通过与企业的合作,把基础研究的潜力充分发掘出来,这样才能提升中国国家的创新高度"。"通过这个项目,基础研究的作用已经得到很好的体现,也得到国际跨国企业的认可,在国际合作方面也有很好的进展。"周光召先生最后勉励我们说:"航空工业是我们国家的战略性产业,是国家目标,是中国人最关心的事情,也是一块心病,如果不能独立自主地解决,就不能成为航空大国。因此,航空材料应该立足国内自主保障,我国的航空材料具有很大的发展前景。"我们特别感激和荣幸的是,2010 年,在中国科学技术学会的第 12 届年会上,我们的这个研究工作荣获周光召基金会"应用科学奖"的个人奖和团队奖! 在此,我深深感谢周光召先生和周光召基金会对我们工作的鼓励和鞭策。

本书的内容主要取材于 2008 年验收的国家重大基础研究发展计划（973 计划）项目课题《多层次细观结构与特征目标性能的关联、数理模拟和结构优化设计》的总结报告，另外还参考了其他项目和课题的总结报告以及十多篇相关的博士学位论文以及博士后出站报告等，在此，我衷心感谢国家各相关科技计划、各有关领导单位和主管部门通过许多科研项目给予我们研究工作的长期的财政支持，因为科研毕竟是一项花大钱的差事，尤其是在一块地上反复耕耘！我同时深深感谢为了这个研究做出了许多贡献的同事们、包括研究生同学们，是他们的辛勤工作服务了国家目标，推动了技术进步，也在技术的实践上帮助了我这个一介书生。

写作这本书的时候恰逢中国航空工业开创 60 周年，北京航空材料研究院也正在准备庆祝建院 55 周年暨先进复合材料国防科技重点实验室成立 15 周年，本书是给这些庆典的一份菲薄的献礼。

国防工业出版社的胡翠敏编辑一直鼓励我完成这部著作，借此表达我的谢意。我还要感谢我的妻子张丽东，不论我晚上写到多迟，或是凌晨睡不着，夜游似地爬起来写而影响了她的休息，她都宽容了，甚至还帮我润色了一些词句，纠正一些错别字。

当然，由于我个人的研究火候不够又仓促成书，而一些新理论及其技术体系也还在发展完善的过程当中，书中的瑕疵在所难免，因此诚挚地希望得到读者的批评和指正。

益小苏

2011 年元月于久旱无雪的北京环山村

目　录

第1章 树脂基复合材料高性能化、冲击损伤与增韧改性

1.1 发展的回顾与一些常用的概念

20 世纪 60 年代末,高性能碳纤维作为增强纤维实现了初步的商业化,以连续碳纤维增强的高性能树脂基复合材料因此应运而生。本书涉及的"先进复合材料"特指这种连续碳纤维增强的树脂基复合材料[1]。

飞机结构用先进复合材料技术始于 20 世纪 60 年代到 70 年代,使用的碳纤维主要以日本东丽公司(Toray)研制生产的 T300 为代表,研制发展了受力较小的复合材料结构件如前缘、口盖和整流罩等,波音(Beoing)公司的 B737 飞机扰流片和 B727 飞机的方向舵首先实现这类复合承力制件的装机试用,并制定颁布了 BMS9-8(1977)碳纤维纱和织物的材料标准,揭开了飞机先进复合材料技术应用的序幕。时间序列上,这时的复合材料称得上是第一代飞机复合材料。

20 世纪 70 年代末到 80 年代,先进复合材料开始成规模地进入飞机的次承力结构应用,包括飞行控制面如副翼、升降舵、方向舵和扰流板等,当时的增强纤维材料仍然是 Toray/Amoco 的 T300 和 Hercules 公司的 AS4 碳纤维等,代表性的复合材料有 Narmco 公司的 T300/5208 等。这种复合材料可在 177℃ 环境中使用,主要缺点是吸水性大,在湿热条件下玻璃化转变温度、模量及压缩强度下降严重,复合材料 90° 方向的延伸率小、层间剥离强度低、韧性和耐冲击性能差,对缺口敏感性大,不能满足飞机主翼、尾翼和机身等主承力结构的要求。这种复合材料可以看作是第二代飞机复合材料,采用这些复合材料的机型包括波音公司的 B757、B767、B737-300 以及空中客车(Airbus)公司的 A310、A320 飞机等。

1982 年,波音公司制定了 XBS8-276 预浸料标准,对当时的碳纤维复合材料的性能进行了初步的规范,形成了高强度碳纤维增强复合材料的性能标准,而为了适应适航管理,美国联邦航空局(Federal Aviation Administration,FAA)发布了咨询通报(Advisory Circular,AC,亦称咨询通告)FAA AC20-107《复合材料飞机结构》,用于指导民机复合材料结构进行适航条例符合性验证。在此基础上,FAA 于 1984 年 4 月正式发布了 AC20-107A 咨询通报《复合材料飞机结构》(Composite Aircraft Structure),以完善复合材料飞机结构适航条列符合性验证方法。

将先进复合材料应用于民用飞机主承力结构的第一个成功尝试是 20 世纪 80

年代后期的 A320 飞机尾翼,这是一个整体加筋的碳/环氧树脂层压板蒙皮,使用的复合材料与用于次承力结构以及飞行控制面的材料相似。这个类型的复合材料技术后来进一步应用到 B737 飞机的平尾、DC-10 飞机和 A310/320 飞机的垂尾等,整机复合材料的用量大致达到约 15%。

20 世纪 80 年代到 90 年代,东丽公司进一步提升了碳纤维产品的性能,东丽公司 T800H 和 Hercules 公司 IM7 这样的中模量高强度碳纤维新产品面市,其典型应用是波音公司 B777 飞机的复合材料尾翼以及后来其他飞机的机翼、机身、平尾、地板梁、舱门、整流罩、起落架后撑杆和发动机机匣、叶片等,如此,第三代飞机复合材料技术浮出了水面,引领先进复合材料在飞机主承力结构上的应用,航空飞行器真正进入了复合材料时代。1989 年,东丽公司 T800H 碳纤维性能达到波音公司中模量高强度碳纤维 BMS9-17 标准指标要求,T800H/3900-2 预浸料成为波音公司民机主承力结构复合材料的独家供应商。

到了 21 世纪的前 10 年,先进复合材料飞机应用的两起划时代意义的里程碑当数空客公司的 A380 飞机和波音公司的"梦幻飞机"B787 飞机,其中,在 A380 上(图 1-1),先进复合材料用量达到飞机结构用量的 25%,大型复合材料结构件的代表是中央翼盒,其复合材料用量达 3t,板厚达 45mm,对接主交点处厚度达160mm,连接钉直径达 25.4mm,实现减重 1.5t;而 B787 飞机继续选用东丽公司的Torayca3900/T800S 系列高增韧的环氧树脂基复合材料作为主承力结构用材,部分选用了 Hexcel 公司的 HexMC8552 高增韧环氧树脂基复合材料来制造飞机的大窗框,HexPly8552/AS4 被选用来制造大型复合材料发动机罩等。在 B787 上,先进复合材料的用量高达 50%(图 1-2)。

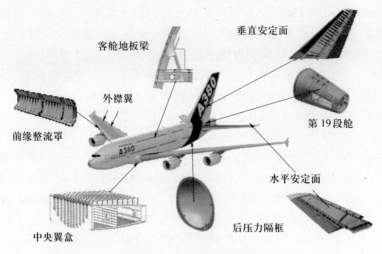

图 1-1 A380 飞机及其先进复合材料的使用[2]

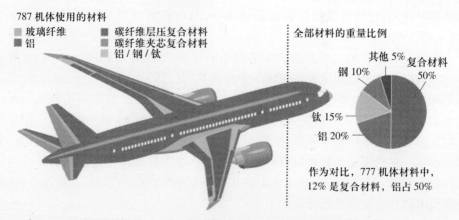

787 机体使用的材料
■ 玻璃纤维 ■ 碳纤维层压复合材料
■ 铝 ■ 碳纤维夹芯复合材料
□ 铝/钢/钛

全部材料的重量比例

其他 5%　复合材料 50%
钢 10%
钛 15%
铝 20%

作为对比，777 机体材料中，
12% 是复合材料，铝占 50%

图 1-2　B787 飞机及其先进复合材料的使用
（http://www.seattlepi.com/boeing/787/787primer.asp）

从 1984 年到 2009 年，民机适航指导性文件 FAA AC20-107A《复合材料飞机结构》一直指导着民机复合材料的结构疲劳、损伤容限要求和符合性验证技术等，2009 年，FAA 发布的 FAA AC20-107B 文件总结了近 20 多年复合材料结构发展和应用的成果和经验，丰富完善了 FAA AC20-107A 文件。

早在先进复合材料在飞机结构推广应用之初人们就已经发现，对连续碳纤维增强复合材料层压板的使用性能构成最大威胁的是复合材料的低速冲击分层损伤（Delamination）以及由这个损伤带来的压缩强度的大幅度降低，同时人们还发现，造成复合材料层压板对冲击分层损伤敏感的主要原因之一是基体树脂的脆性，因此，先进复合材料的增韧就成为当时复合材料科学和工程学研究的重要命题。为了评定树脂增韧的成果，美国国家航天局（NASA）先后制定了一系列树脂韧性评定的试验方法，这就是 NASA RP 1092 和 NASA RP 1142 中给出的 7 项材料试验标准，随后又制定了复合材料 I 型（G_{IC}）和Ⅱ型（G_{IIC}）层间断裂韧性的测试标准，其中最重要的是冲击后压缩强度（Compression After Impact，CAI）的定义及其测试标准等。后来，随着复合材料用于飞机主承力结构的机翼和机身，要求复合材料的压缩许用应变值从 4000$\mu\varepsilon$ 提高到 6000$\mu\varepsilon$，人们又发现，目视勉强可见[3]（Barely Visible Impact Damage，BVID）的冲击损伤限制了复合材料设计许用值的提高。

下面我们引用有关这几个概念的定义及其描述的主要内容。

（1）韧性与增韧（Toughness and toughening）："韧性是材料的一种力学性能，是反映材料抗断裂能力的一种性能；韧化即提高韧性的方法[4]"（肖纪美，1993）。

高分子"材料的韧性和脆性是宏观的力学性能，是工程上的概念，它随测试条件（如温度、速度、试样几何尺寸等）而异。此外，韧性和脆性又与材料的破坏方式（屈服、银纹）有关，而屈服和银纹是微观力学上的概念，虽然它们也随测试方法和

3

条件而异,但能较好地反映材料的破坏本质,与材料的结构有较好的相关性[5]"(漆宗能,1993)。

度量材料韧性的主要常规力学参数是断裂应变能、冲击韧性如 a_k,以及断裂力学的裂纹扩展单位面积所需的能量参数如 G_{IC}、J_{IC} 等。

20 世纪 80 年代开始,出于对先进树脂基复合材料冲击分层损伤和基体树脂韧性的严重关注,有关先进复合材料冲击损伤和韧性的测试、表征和分析一时成为当时复合材料技术研究的热点,至今不衰,其中,两个基本的概念就是损伤阻抗和损伤容限。损伤阻抗当时被粗略地定义[6]为"一个事件如冲击造成的材料损伤";损伤容限则被定义为"一个给定的损伤状态下对结构性能的影响"。时至今日,损伤阻抗和损伤容限的精确定义如下[7]:

(2)损伤阻抗(Damage resistance):在结构和结构力学中,指与某一事件或一系列事件相关的力、能量或其他参数和所产生的损伤尺寸及类型之间关系的一个度量。

如果给定材料的损伤尺寸或类型不变,则损伤阻抗随力、能量或其他参数的增加而增加;反之,施加给定的力、能量或其他参数,则材料的损伤阻抗随损伤的减小而增加。

对于高损伤阻抗的材料或结构,给定的事件只会造成较小的物理损伤;而对于高损伤容限的材料或结构,尽管可以造成其不同程度的损伤,但它们仍然具有很高的剩余功能。

损伤阻抗型的材料或结构可以是、也可以不是损伤容限型的。

(3)损伤容限(Damage tolerance):①在结构和结构力学中,损伤的尺寸和类型与该材料或结构在特定载荷条件下的性能参数如强度或刚度水平之间关系的一个度量;②在结构系统中,当存在有特定或规定的损伤水平时,这个体系在指定的性能参数如幅值、时间长度和载荷类型条件下运行而不破坏的能力。

损伤容限涉及并能用一些因素来表达,如该材料、结构或整个系统所承受的不同水平的载荷等,具体讲,①基础材料存在损伤时的工作能力,常常称为剩余强度问题;②材料或结构所表现出来的损伤扩展阻抗或包容能力;③系统的检测和维护计划,它允许损伤被检出和纠正,并取决于材料、结构和使用的考虑。

对给定的材料或结构的性能参数水平,损伤容限随损伤尺寸的增加而增加;反之,对于给定的损伤尺寸,损伤容限随性能参数水平的增加而增加。

损伤容限取决于施加的载荷类型,例如压缩载荷的损伤容限通常不同于同样水平拉伸载荷的损伤容限。

损伤容限常常与损伤阻抗相混淆,损伤容限直接而且只与损伤尺寸和类型有关,而与损伤是如何产生的不直接相关,因此,损伤容限与损伤阻抗是截然不同的。

(4)冲击后压缩强度(Compression After Impact,CAI):对航空级别的复合材

料,一般用冲击后剩余压缩强度,简称冲击后压缩强度(CAI)来度量复合材料体系的"韧性",相应的试验标准首先出现在1985年NASA的标准文件里,并以此对复合材料进行了分类或划代:

① 脆性树脂基复合材料的CAI值一般低于138MPa;

② 弱韧化改性树脂基复合材料的CAI值大约为138MPa～192MPa;

③ 韧性树脂基复合材料的CAI值大约为193MPa～255MPa;

④ 高韧性树脂基复合材料的CAI值一般应高于256MPa。

针对这个性能要求,也有人把复合材料的划代从时间意义上移植到性能水平上,于是,脆性树脂基复合材料一般被认为是第一代,增韧改性的树脂基复合材料统称为第二代,高韧性树脂基复合材料就成为了第三代[8]。

由于NASA标准要求的复合材料冲击后压缩强度试验件尺寸比较大,随后,1988年,美国材料供应商协会(SACMA)制定了较小尺寸的CAI试验标准,即SAC-MA SRM 2R-88,并于1994年进行了修订,即SACMA SRM 2R-94标准。与CAI试验标准平行地对复合材料韧性进行评定的其他主要试验是开孔拉伸(Open Hole Tension,OHT)和开孔压缩(Open Hole Compression,OHC)试验等。

利用上述的CAI、OHT和OHC试验方法,20世纪90年代初,美国NASA组织了对当时主要先进复合材料冲击损伤性能的大规模测试和评价[9],当时的优秀增韧复合材料成为了试验的主要对象,包括IM7/977-2,IM7/F655,T800/F3900,IM7/8551-7,IM6/1801I以及IM7/E7TI-2,IM7/X1845,G40-800X/5255-3,IM7/5255-3和IM7/5260等10种材料牌号,这个系列试验的结果总结在图1-3中。

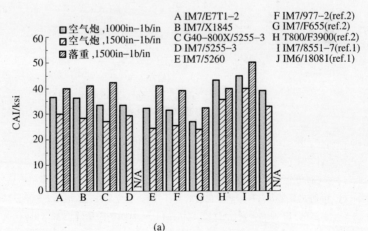

(a)

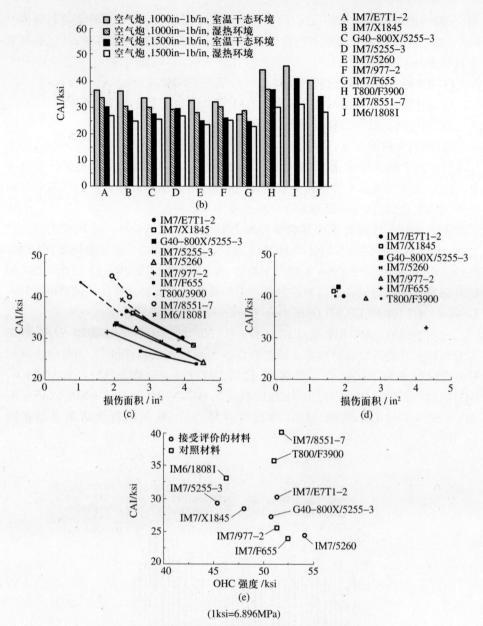

图 1 - 3 10 种主要复合材料的冲击损伤相关性能比较[9]

(a)10 种主要复合材料的 CAI 性能(对应 2 种轻气炮和 1 种落重试验);

(b)10 种主要复合材料湿热老化后的 CAI 性能(对应 2 种轻气炮和 1 种落重试验);

(c)10 种主要复合材料的损伤面积—CAI 值的关系(2 种轻气炮);

(d)7 种主要复合材料的损伤面积—CAI 值的关系(落重试验);

(e)10 种主要复合材料的 OHC - CAI 性能关系(轻气炮试验)。

这个大规模的测试结果证实,T800/F3900,IM7/8551-7 和 IM6/1808I 这 3 个品种的环氧树脂基复合材料具有这 10 种复合材料里最高的 CAI 性能(图 1-3 (a)、(b)和(e))和最小的冲击分层面积(图 1-3(c)和(d)),而这 3 个品种的复合材料均采用了层间插入高韧性树脂层的所谓"插层增韧技术"(Interleaving technology)。从设计的观点,希望复合材料的 CAI 值应高于材料的 OHC 值,可惜这 3 个品种的高韧性复合材料均未满足这个要求(图 1-3(e))。

时至 20 年后的今天,T800/3900 和 IM7/8551 或 8552 等依然是韧性非常优秀的环氧树脂基复合材料,被选用在当今最先进的 B787 飞机上,足见这些材料的基础之扎实。

(5) 目视勉强可见①(Barely Visible Impact Damage,BVID)冲击损伤:复合材料冲击损伤的特点是,在冲击表面尚无任何目视可见压痕的情况下,内部可能已经出现了分层损伤,导致复合材料的压缩承载能力会急剧下降,因此危及飞机结构的安全,但如何在设计中考虑这样的分层损伤却没有明确的定义。BVID 的明确定义首次出现在 1990 年颁布的美国空军规范 AFGS-87221A《飞机结构通用规范》中:"由 25.4mm 直径半球形端头的冲击物产生的冲击损伤,冲击能量为产生 2.5mm 深凹坑所需能量,最大不超过 136J"。此后,无论军机还是民机复合材料结构的损伤容限要求均把初始缺陷考虑其中,规定在飞机投入使用后即可能带有目视勉强可见的冲击损伤(BVID),其标志为凹坑深度。对民机,不同公司有可能采用不同的尺寸假设,例如空客公司经大量数据统计后确定 BVID 值是用 16mm 直径冲击头引入 1.0mm 深的凹坑(松弛后为 0.3mm),而对军机,含 BVID 的结构承载能力必须能承受 20 倍寿命出现一次的载荷等(沈真,2009)。

如果进一步考虑目视不可见的复合材料冲击表面凹坑,这种"不可见"与"可见"的临界凹坑深度在一些文献里[10]被定义在>0.5mm(图 1-4),在大多数情况下,复合材料表面上这种 0.5mm 左右的凹坑深度目视勉强可见。

1.2 先进树脂基复合材料的代表性增韧技术

在先进树脂基复合材料的增韧技术领域,人们关注的重点是理解纯树脂基体的韧性、复合材料的韧性、复合材料的冲击损伤以及复合材料的分层阻抗等性能参数之间复杂的关系。对纯高分子的树脂基体,其结构与韧性的关系比较清楚,而对连续纤维增强的先进复合材料,这种结构与性能的关系就不那么简单。

早在 20 世纪 90 年代中期,人们已总结出了航空复合材料增韧的 3 种主要方法:

---

① 也可以理解或称为"弱可见。"

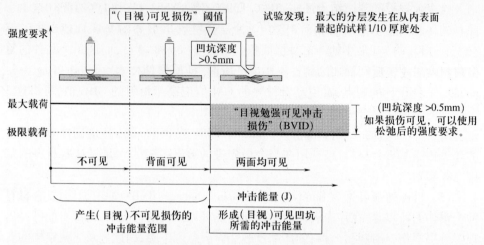

图1-4 表明设计载荷水平与损伤严重性类别关系的简图[10]

（1）采用较韧的橡胶体系或热塑性高分子对较脆的热固性基体树脂进行共混增韧，其固化结构，或者是共溶的均相韧化组织，或者是形成特征的第二相微结构（即"复相"结构），而这种第二相微结构可以是离散的颗粒结构，也可以是分相（Phase separation）所形成的复杂形貌。

（2）在脆性、高强度的复合材料层间插入独立的高韧性的纯热塑性树脂层，或者是胶层，以提高复合材料的抗分层能力，这就是初期的"插层增韧技术"（Interleaving technology），这也就是图1-3里提到的增韧环氧树脂基复合材料采用的重要增韧技术之一。

（3）结合上述的方法1和方法2，采用共混和层间插入相结合的方法以实现既提高复合材料的抗分层能力，又满足复合材料的耐热要求。这个技术的直接结果就是将韧性的颗粒混入层间的热塑性本体树脂胶层，产生了像东丽公司的T800/3900-2这样的高韧性环氧树脂基复合材料。

（4）上面说的这3种增韧方法主要是以预浸料为对象的，后来，低成本的液态成型技术异军突起，而液态成型技术要求所用的树脂必须低黏度，导致液态成型用树脂体系的化学结构和物理结构区别于预浸料树脂体系，因此，在上面所说3种增韧方法的基础上，针对液态成型专用树脂体系，又出现了一些增韧方法的变体，特别是基于增强织物预制结构（Preform-based）或者基于增强织物结构（Fabricbased）的增韧技术等[11]。

1. 树脂基体的多组分增韧技术

将液体橡胶弹性体如CTBN（Carboxyl Terminated Butadiene Nitrile rubber）或ETBN（styrene diluted Epoxy Terminated Butadiene-acrylo Nitrile copolymer）作为增韧剂组分加入到脆性的环氧树脂（Epoxy，EP）中[12]是最早期的增韧技术。A. F. Yee

8

和 R. A. Pearson 等[13,14]用 CTBN 增韧环氧树脂,并通过扫描电镜(Scaning Electron Microscopy,SEM)观察断面形貌(图 1-5),发现橡胶颗粒空洞化和颗粒引起的屈服变形,由此认为,由于裂纹前端的应力场与弹性体固化残余应力的叠加作用,使得颗粒内部或者颗粒与基体的界面产生孔洞,造成宏观上体积增大。此外,由于橡胶颗粒在赤道平面上的高度应力集中,可诱发相邻颗粒间的基体产生局部剪切屈服,并且这种屈服过程中还将导致裂纹尖端的钝化,从而延缓和阻止材料向断裂方向发展。由于孔洞和剪切屈服的形成和发展将大量吸收能量,树脂材料因此得到增韧。

图 1-5　橡胶增韧环氧树脂断面应力发白区域的 SEM 图像

而在形貌研究方面,发现橡胶相增韧环氧树脂在固化过程中引发反应诱导相分离,得到典型的两相结构[15,16]。实验结果表明,这种形貌可以大幅度提高树脂基体的断裂韧性。Y. Huang 和 A. J. Kinloch 等[17,18]在空洞化的基础上,提出了一个更全面、更复杂的橡胶相增韧环氧树脂的模型(图 1-6),他们还用有限元方法(Finite Element Method,FEM)建立了橡胶增韧环氧树脂的数学模型。一般认为,韧性提高的程度受到分散

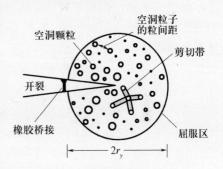

图 1-6　橡胶增韧环氧树脂的
增韧机理示意图

相粒径、体积分数和分散相尺寸分布等因素的影响,其可能的增韧机理是橡胶的膨胀、橡胶粒子变形架桥、剪切变形带、裂纹扩展阻止、形成孔穴、银纹化效应、橡胶撕裂以及大范围塑性变形吸收能量等[19,20](图 1-6)。

　　液态橡胶弹性体增韧方法的优点是操作简单、易行,缺点是液态橡胶的玻璃化转变温度较低,使得复合材料的使用温度和耐湿热性能下降,而且橡胶粒子的加入会造成基体树脂增粘,因此对多数高性能的先进复合材料而言,橡胶弹性体增韧的

方法并不可行,一个变体的方案就是用高性能的热塑性树脂替代橡胶弹性体。R. A. Pearson 和 A. F. Yee 等认为热塑性树脂增韧环氧树脂可能的机理有粒子架桥(Particle bridging),裂纹钉锚(Crack Pinning),裂纹路径偏转(Crack Path Deflection),粒子屈服引发剪切带(Particle Yielding-induced Shear Band),粒子屈服(Particle Yielding),裂纹支化(branching)导致的微裂纹(Microcracking)等,其增韧机理如图 1-7 所示。

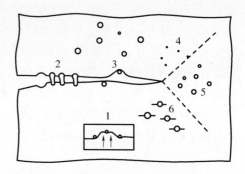

图 1-7　热塑性树脂增韧环氧树脂
机理示意(Pearson et al. ,1993)
1—裂纹铆钉;2—粒子架桥;
3—裂纹路径偏转;4—粒子屈服;
5—粒子屈服诱发剪切带;6—微裂纹。

S. C. Kim 和 H. R. Brown 等[21]在用半刚性热塑性粒子增韧环氧树脂时提出,低含量热塑性树脂及其单相结构和相反转后的连续相结构的韧性增加均来自于基体的剪切屈服。基于聚砜(Polysulphone 或 Polysalfone,简称 PSU 或 PSF)等耐热性树脂的弹性模量和环氧基体接近,而伸长率远大于环氧树脂,孙以实等[22]提出了桥联约束效应和裂纹钉锚效应:①与弹性体不同,热塑性树脂常具有与环氧树脂相当的弹性模量和远大于基体的断裂伸长率,这使得桥联在已开裂脆性环氧基体的延性的热塑性颗粒对裂纹扩展起约束闭合作用;②颗粒桥联不仅对裂纹前缘的整体推进起约束限制作用,分布的桥联力还对桥联点处的裂纹起钉锚作用,从而使裂纹前缘呈波浪形的弓出状。他们还通过建立数学模型,得到了桥联约束效应和裂纹钉锚效应与冲击韧性之间的定量关系。

在高分子材料科学方面,非常精彩的多组分高分子体系增韧改性的研究篇章可能数化学反应诱导的失稳相分离(Reaction-induced spinodal phase separation)、相反转(phase inversion)和相粗化(phase coarsening)等,T. Inoue 系统总结过这个领域的主要成果[23]。例如,在液体橡胶弹性体 CTBN 改性环氧体系里存在三种形貌态,CTBN 颗粒以粒径均匀方式分散在环氧基体的状态,CTBN 颗粒以双粒径方式(bimodal)分散在环氧基体的状态(图 1-8(a))和反应诱导相分离形成的双连续颗粒状态,其中,以双连续颗粒状态的韧性以及综合阻尼性能最优,Inoue 将这种结构模型化为图 1-8(b)。高分子多组分体系一旦确定,这三种状态的形成主要依赖于化学反应诱导相分离的热力学条件和动力学条件。同理,用热塑性高分子改性热固性高分子也可以获得类似的三种形貌,其形成条件也主要依赖于化学反应诱导相分离的热力学条件和动力学条件,典型的例子就是聚醚砜(Polyethersulfone,PES)增韧的环氧树脂,图 1-8(c)是这个体系相反转、固化后的微观结构照片。进一步的研究证实,这种形貌给予这个双组分材料体系最高的粘接特性[24]。

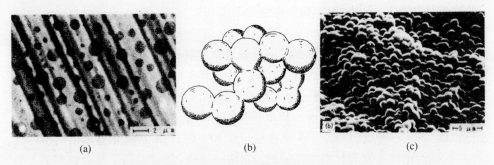

图 1-8　化学反应诱导相分离形成的典型形貌结构

（a）环氧/预聚 CTBN/哌啶体系固化形成的双粒径结构；（b）双连续颗粒结构模型；

（c）PES 增韧改性环氧树脂的双连续颗粒形貌。

　　热塑性树脂增韧环氧树脂时，随着热塑相含量的增加，两相结构随之发生变化，从富热塑相分散在环氧连续相的海岛结构转变为环氧/热塑的双连续相结构，而当热塑性树脂含量继续增加，将发生相反转，热塑性树脂成为连续相，富环氧颗粒分散在富热塑相当中。大量的研究工作表明[25]，这种双连续的形貌结构非常有利于复相体系韧性的提高，例如形成一个复相体系韧性的最大值[26]（图 1-9）。

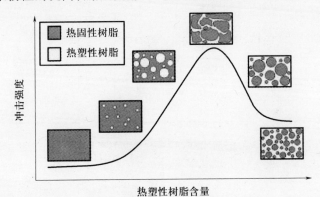

图 1-9　热塑性树脂含量、相结构以及冲击韧性之间的关系（安学锋，2004）

　　2. 复合材料的基体树脂整体增韧技术

　　采用高性能热塑性树脂改性基体树脂显然可以兼顾增韧和保持复合材料的耐热性能，因此，国内外复合材料学术界对此开展了大量的研究，试图把这种增韧树脂的性质转化应用到高性能的复合材料上面去，研究工作的切入口首先选定在预浸料的复合材料上，因为预浸料复合材料是航空航天复合材料品种中量最大、面最广、应用工作最深入的材料品种。这个工作导致产生了一大批增韧的复合材料牌号，例如 IM7/977-2，IM7/F655，IM7/8551-7，IM6/1801I 以及 IM7/E7TI-2，

IM7/X1845,G40 – 800X/5255 – 3,IM7/5255 – 3 和 IM7/5260 等。

在基体树脂与复合材料结构与性能关系的研究方面,例如,Stenzenberger[27] 等用热塑性聚醚酰亚胺(Polyetherimide,PEI)增韧双马来酰亚胺(Bismaleimide,BMI)树脂基体,再制备连续碳纤维增强的层压板复合材料,发现这种复合材料 I 型断裂韧性 G_{IC} 在 PEI 质量含量低于 30% 时变化不大(表 1 – 1),而当 PEI 质量含量超过 30% 时急速增加。他认为出现这种现象的主要原因是 PEI 质量含量低于 30% 时,由于纤维织物的影响(受限空间),PEI/BMI 相分离结构只在织物的交叉处的富树脂区出现(图 1 – 10);而当 PEI 质量含量超过 30% 时,PEI/BMI 相分离结构不再受纤维的约束,出现在复合材料的任何地方(图 1 – 11),从而提高了复合材料的 I 型断裂韧性,这个发现和 PEI/BMI 本体树脂韧性增加的规律一致。但当 PEI 的含量高于 30% 后,复合材料的力学性能下降很多,其原因是由于 PEI 相和 BMI 相间的粘接力较弱。

表 1 – 1　BMI/PEI 碳纤维织物复合材料层压板的层间断裂韧性(G_{IC})比较

PEI 含量(w/w)	层压板 G_{IC}/(J/m²)			纯树脂浇注体 G_{IC}/(J/m²)		
	柔量法	面积法	平均值	MCT	3PB	平均值
0	321	389	355	57	67	62
10	361	414	388	136	136	136
20	315	442	379	207	247	227
30	357	455	406	230	269	250
40	854	1046	950	207	168	188
70	1977	2471	2224	733	691	712
100	2084	2551	2318	2380	3082	2731

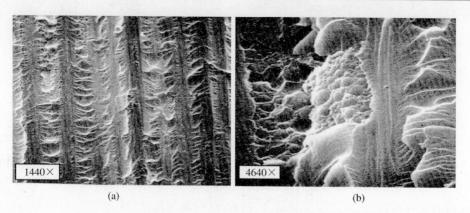

图 1 – 10　BMI/PEI 碳纤维织物复合材料层压板 DCB 断裂表面
(a) 10% PEI(质量分数);(b) (a)的局部放大。

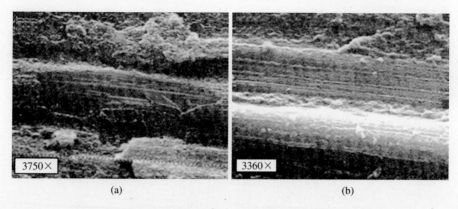

(a)   (b)

图 1-11 BMI/PEI 碳纤维织物复合材料层压板 DCB 断裂表面

(a) 40% PEI(质量分数); (b) 70% PEI(质量分数)。

但是后来发现,这种增韧方法并不能把基体树脂的增韧效果显著地转化到连续纤维增强的复合材料上面去,大多数热固性基体材料在增韧后,其本体树脂的断裂韧性 G_{IC}^m 可能提高近十几倍,而由其组成的复合材料的层间断裂韧性则提高不多。图 1-12(a) 给出了 Kim 等[28] 测得的复合材料的 I 型断裂韧性 G_{IC}^C 随树脂材料的 I 型断裂韧性 G_{IC}^m 的变化规律,图 1-12(b) 是 Bradley 等得到的复合材料的 II 型断裂韧性 G_{IIC}^C 与树脂材料的 I 型断裂韧性 G_{IC}^m 之间的变化关系,由图可见,G_{IC}^C 与 G_{IC}^m 之间的变化关系在开始阶段(绝对值≤1kJ/m²)时,大致上还成等比例,但 G_{IC}^C 随后的增长则减缓(见图 1-12(a)),而复合材料的 II 型层间断裂韧性 G_{IIC}^C 对 G_{IC}^m 的变化则比 G_{IC}^C 更不敏感(见图 1-12(b))。

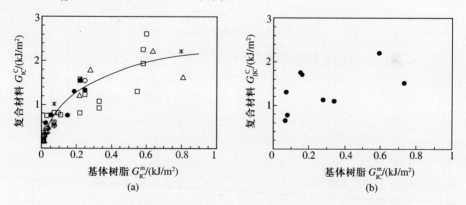

(a)   (b)

图 1-12 基体的韧性 G_{IC}^m 与复合材料层间断裂韧性 G_{IC}^C、G_{IIC}^C 间的关系

(a) G_{IC}^C 与 G_{IC}^m 的关系; (b) G_{IC}^C 与 G_{IIC}^m 的关系。

大量的测试和研究发现,影响复合材料 CAI 冲击性能的因素很多,以基体的破坏应变、复合材料的 I 型和 II 型层间断裂韧性 G_{IC}^C 与 G_{IIC}^C 所起的作用最大。Mas-

13

ters(图1-13(a))、Hirschbuehler(图1-13(b))和 Recker(图1-13(c))分别等给出这三个量对复合材料 CAI 值的影响,从中可见,它们与冲击后剩余压缩强度几乎都接近线性关系。但是,也有大批与此不一致的结果。

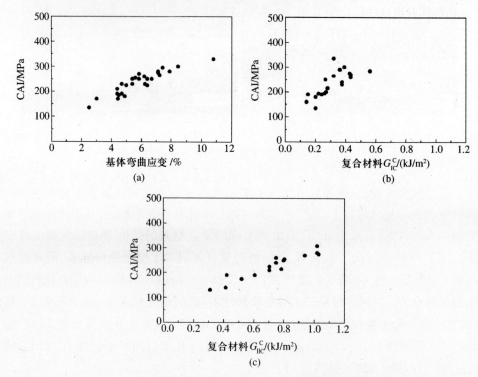

图1-13 文献里不同复合材料的 CAI 值与(a)基体的弯曲应变、
(b)复合材料 G_{IC}^C、(c)复合材料 G_{IIC}^C 的关系

富有市场价值的技术发现当然会牵动企业家知识产权的神经,一些国际著名的先进复合材料供应商申报并拥有液体橡胶和热塑性树脂增韧热固性基体树脂及其预浸料的大批发明专利,例如 Hercules Corp. 公司的美国发明专利 US 4,656,207 和 4,680,076,Hexcel Corp. 公司的美国发明专利 US 5,045,609 和 5,248,711,ICI Composites Inc. 公司的美国发明专利 US 5,266,610,以及 Ciba - Geigy 公司的美国发明专利 US 5,434,226 和欧洲发明专利 EP 0384896 等。

从材料制备和工程应用的观点,较大量地增加热塑相树脂的含量来增韧热固性树脂基复合材料的方法并不被材料制备企业和复合材料制件成型制造企业看好,这是因为大量热塑性树脂的加入会改变基体树脂的手感黏性,影响基体树脂工艺性能,增加复合材料制备的操作难度,改变工业上常规的工艺路线。

3. 复合材料的富树脂层间增韧技术

航空工业里典型的复合材料应用为复合材料层压板,这是一种连续碳纤维增强的铺层与碳纤维铺层间的富树脂层通过所谓2－2连接度[29]层合方式建立的空间叠层结构,其中,连续碳纤维增强的铺层又称为"层内"(Intra-Laminar 区)或 Carbon Ply,而碳纤维铺层间的富树脂层又称为"层间"(Inter-Laminar 区)。显然,层内必然具有很高的碳纤维含量,树脂浓度有限;而层间富树脂层的碳纤维含量为零,树脂浓度100%,这样,必然形成层内与层间在结构—性能关系上的巨大反差,并由此决定了复合材料的总体性能。我们常说的复合材料的增强纤维体积分数或质量分数不过是层内和层间两者纤维分数的平均值。

在碳纤维复合材料作为主结构复合材料应用时,为了追求复合材料的高比刚度和高比强度效果,人们偏爱提高碳纤维的体积含量,而无论是预浸料还是液态成型的复合材料,其层内结构相对固定,因此高比刚度和高比强度的复合材料必然是富树脂的层间非常薄的复合材料,层内与层间在结构—性能关系上的反差尤为尖锐。层间富树脂区主要提供复合材料的韧性和损伤阻抗性质,缓解复合材料内部的应力集中,这对于飞机机身结构非常重要。

对于一个复合材料层压板,如果其层间的树脂层厚度大于标准复合材料(例如对应复合材料平均纤维体积分数60%)的层厚,则称这种层间为富树脂的层间(Resin-rich Interlaminar Layer,RIL),其实,插层增韧的复合材料大多数都属于这种RIL 类型的复合材料。作为例子,图1－14 给出两种典型的高韧性复合材料的 RIL层间照片[30],如前所述,IM7/8551－7 和 T800/3900－2 都属于目前最高韧性的民用飞机主打复合材料。

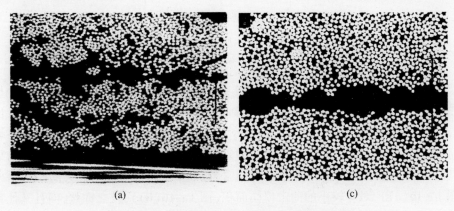

(a)　　　　　　　　　　　　　(c)

图1－14　两种 RIL 型复合材料的截面微观照片
(a) IM7/8551－7;(b) T800H/3900－2。

Ilcewicz 等深入研究了 RIL 型复合材料的结构和性能的关系,他们发现,T800H/3900－2复合材料的 G_{IIC} 随 RIL 富树脂层厚度的增加而增加(图1－15(a)),这个规律与在铝合金薄层间插入柔性树脂层使得这个金属—树脂叠层复合材料的 G_{IIC} 值提升的规律一致,但是3900复合材料的 G_{IC} 却没有受到 RIL 厚度的

15

太大影响;8551 复合材料 G_{IIC} 的增加将导致冲击损伤阻抗的增加,复合材料的冲击损伤面积随之减少(见图 1 - 15(b)),CAI 值提高(图 1 - 15(c)),即复合材料的损伤容限提高。

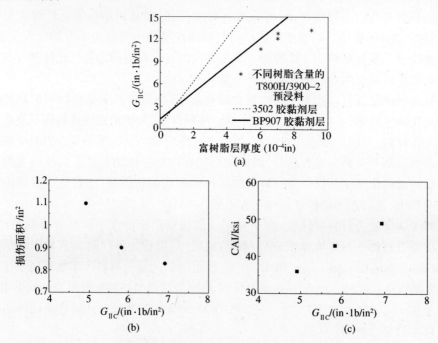

图 1 - 15　几种典型复合材料的平均 RIL 层厚与 G_{IIC} 的关系(a)、
G_{IIC} 与冲击损伤面积(b)以及与 CAI 的关系(c)
(a) T800H/3900 - 2;(b) IM7/8551 - 7。

保持 T800H/3900 - 2 复合材料的纤维面密度等于 145g/m² 不变,改变复合材料的层内和层间的树脂质量分数比,其中 B1 试样低树脂含量,其平均树脂质量比为 35%,纤维体积分数 57.3%,层厚(Ply)147μm;而 B4 试样高树脂含量,其平均树脂质量比为 43%,纤维体积分数 48.9%,层厚(Ply)175μm,冲击阻抗试验结果发现,在同样的冲击能量下,低平均树脂含量(B1)复合材料显示较大的凹坑深度(图 1 - 16(a)),对应较小的冲击损伤面积(图 1 - 16(b)),反之亦然,而且其他目可视的损伤如复合材料正面冲击点及其背面的纤维断裂等也与这个规律一致,这说明,高树脂含量复合材料的层厚(Ply)较大,对冲击凹坑不敏感,其冲击分层损伤面积较大,其中的机理不甚清楚。

在冲击损伤容限方面,T800H/3900 - 2 复合材料的冲击损伤直径与压缩失效应变之间的关系见图 1 - 17,试验变量是层间及层内的树脂含量比例和配置,其中,基线(黑方块点)即为图 1 - 16 的 B1 试样,而图 1 - 16 的 B4 试样即为图

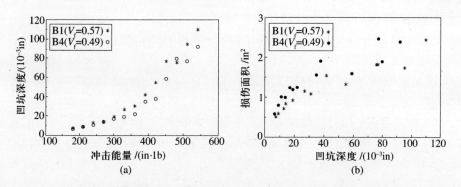

(a)　　　　　　　　　　　　(b)

图 1－16　不同 RIL 试样(T800H/3900－2)的冲击能量与表面凹坑深度的关系(a)
以及凹坑深度与冲击损伤阻抗(面积)的关系(b)

1－17中的高树脂含量测试点(空心三角点),中间的两种试样(十字点和空心菱形点)的平均纤维体积分数53%,平均树脂质量比为39%,层厚160μm,它们之间的区别仅仅是改变了层内和层间树脂比例。结果发现,在给定的冲击损伤面积条件下,高树脂含量的 B4 试样表现出最高的压缩失效应变。由于高树脂含量复合材料的模量相对较低,因此这四种复合材料的 CAI 值相互重叠在一起而区别不显。

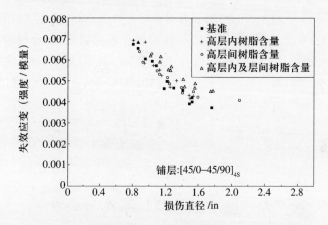

图 1－17　T800H/3900－2 复合材料不同 RIL 配置试样
的损伤直径与压缩失效应变的关系

根据以上的试验分析,Ilcewicz 等定量地指出,增加了8%树脂质量含量的 RIL 型复合材料的 G_{IIC} 值提升了23%,压缩失效应变提高了12%,而其代价是由增强纤维决定的复合材料特质有所损失,例如复合材料的拉伸模量和结构—质量比等。在 CAI 试验条件下,当损伤尺寸较小时,复合材料 CAI 值随树脂含量而提高的原因在于压缩载荷下子层稳定性的提高;而当损伤尺寸较大时,CAI 值亦提高的原因在于未损伤的富树脂层的高失效应变性质。

顺便指出,Ilcewicz 研究的 T800H/3900 - 2 和 IM7/8551 - 7 复合材料的均为高纤维面密度,低纤维体积分数的所谓高韧性的复合材料,例如 8551 复合材料的纤维面密度 190g/m², 平均树脂质量含量 35%, 纤维体积分数 57.5%, 层厚(Ply)190μm。

RIL 型复合材料的特征是独立的富树脂层间的厚度,而无所谓这个层间的树脂材料是热固性的、热塑性的,或者是在较厚的树脂层内再插入离散的增韧颗粒形成的。Carlsson 等通过建模分析指出[31],层间富树脂区之所以提高了复合材料对冲击损伤的抵抗力,主要是因为在层间的裂纹前端形成了一个较大的塑性变形区,从而吸收了复合材料分层的变形能。无论是富热塑性树脂的层间还是富热固性树脂的层间,最佳的富树脂层间的厚度应当等于这个塑性变形区的高度,例如 60μm。

图 1 - 18 是一个厚树脂层间再插入离散韧化颗粒增韧复合材料的典型例子[32],材料选自 Hexcel 公司产品,研究工作选了 6 种同牌号复合材料,它们具有完全相同的 32 层准各向同性铺层(45/0/ - 45/90)₄ₛ,完全相同的纤维体积含量55%,层间增韧剂及其含量完全相同,不同的只是增韧剂颗粒的大小和分布状态,以及不同的 CAI 值。由图 1 - 18,增韧颗粒在复合材料 45° 和 90° 层间的存在清晰可见(暗黑色颗粒),并且这种颗粒状态与复合材料的 CAI 值之间存在十分清晰的对应关系,颗粒直径越小,直径分布越窄,复合材料的 CAI 值越高;韧化颗粒的层间浓度越高,复合材料的 CAI 值越高;层间韧化颗粒的相互距离越近,复合材料的 CAI 值越高;平均层间厚度越均匀,复合材料的 CAI 值越高。具有以上特征的复合材料一般都表现出点压入损伤,对应较高的复合材料损伤阻抗以及较高的复合材料 CAI 值。

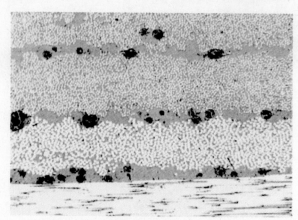

图 1 - 18　暗黑色增韧颗粒在复合材料 45° 和 90° 层间的微观照片

一个冲击载荷低 CAI 值和一个高 CAI 值的复合材料试样的截面显微照片见图 1 - 19(a)和(b)。对比可以发现,低 CAI 值复合材料的层间包含较少量的离散韧化颗粒(暗黑色颗粒),对应较大面积的层间分层以及层内的横向开裂;而高 CAI 值复合材料的韧化颗粒数量较多,结构比较均匀,复合材料的层内横向开裂多而层间分层相当较少。这个规律符合大多数研究者的损伤模型及其结论。

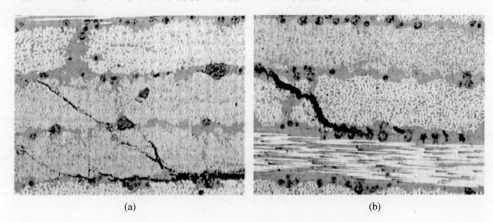

(a)   (b)

图 1-19   不同 CAI 值复合材料的内部损伤图像比较

(a) 低 CAI 值(301.4MPa)复合材料; (b) 高 CAI 值(363.4MPa)复合材料。

另外一个例子是用热塑性聚醚酰亚胺(PEI)的多孔膜插层制备的增韧环氧树脂预浸料复合材料的横截面显微照片[33](图 1-20),可见 PEI 多孔膜的直接插层在层间形成一个较大厚度的独立的韧性树脂层,小冲击能量(3J/mm)引发的开裂首先出现在碳纤维铺层内而非层间(见图 1-20(a)),说明厚多孔膜插层的确有效地抑制了层间分层。图 1-20(b)显示大量 45°方向的横向裂纹贯穿碳纤维铺层(层内),这才导致部分层间的开裂。这个开裂形式与图 1-20(a)的样子非常接近,都属于冲击载荷造成的压力波开裂现象。

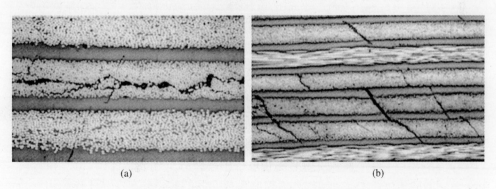

(a)   (b)

图 1-20   PEI 膜插层增韧前后的环氧树脂复合材料的横截面显微照片[33]

4. 复合材料的插层增韧技术

"插层增韧技术"(Interleaving technology)可以看作是富树脂层间复合材料的

一个变体,"插层"更强调了材料的制备技术特征。

所谓"插层增韧",无非在复合材料的制备过程中,在每两个热固性树脂预浸的碳纤维铺层之间插入一个独立的热塑性树脂层而已。这种插入可以是周期的,也可以是非周期的。

其实,"插层增韧技术"的概念可以追溯到早期在工程应用中就已经发展出来的用止裂带阻止裂纹扩展[34]的技术(图1-21),受此启发,人们把延展性好的柔性胶层插入容易分层的地方,以抑制复合材料层压板等结构在受面内载荷作用下自由边缘发生分层,从而提高复合材料的分层阻抗[35]。不同插入材料的对比研究发现,热塑性胶层的

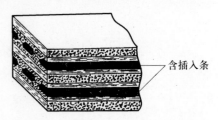

含插入条

图1-21　含插入条的复合材料
层压板示图

插入比热固性胶层的插入更为有效,高韧性短切纤维与胶液混合制成的插入条效果更明显[36,37]。

复合材料学术界对插层增韧技术开展了比较广泛的研究,例如,Seferis 等[38]将液态橡胶粒子喷涂在单向预浸料表面形成富树脂量的"插层",采用热压罐工艺制备复合材料,测试复合材料的层间断裂韧性(表1-2),发现复合材料的层间韧性提高,G_{Ic} 从增韧前的 469J/m² 提高到 799J/m²;G_{IIC} 从 717J/m² 提高到 2528J/m²,同时,CAI 从 178.7MPa 提高到 247.9MPa。显微观察发现,在复合材料层间出现了橡胶与基体树脂的相分离结构,橡胶粒子使得裂纹扩展的前端钝化,同时伴随着橡胶粒子的撕裂(图1-22),从而吸收大量能量,导致层间韧性大幅度提高。

表1-2　几种典型插层增韧复合材料层压板的断裂韧性比较

试验材料	$G_{IC}/(J/m^2)$	$G_{IIC}/(J/m^2)$	CAI/MPa	损伤面积/cm²
空白试样	469.0 ± 24.5	717.0 ± 29.8	178.7	18.0
PE1623	799.0 ± 42.2	2528.0 ± 133.0	247.9	3.16
PE1625	607.4 ± 36.5	1450.0 ± 62.0	—	—
DP5054	753.8 ± 111.1	1261.5 ± 141.3	271.0	4.39

Woo 等[39]用热塑性树脂聚醚酰亚胺(PEI)作为增韧剂进行独立插层,发现复合材料的 G_{IC} 从增韧前的 165J/m² 增加 540J/m²,G_{IIC} 从 290J/m² 提高到 1300J/m²(图1-23)。PEI 粒子在基体树脂固化过程中溶解到了环氧基体中,引发相分离。PEI 插层的面密度为 19g/m² 时,环氧树脂形成交联的粒子分布在 PEI 连续相中,而 PEI 粒子又在大范围内分布在环氧连续相中,形成了典型的相包相结构(图1-24);PEI 插层的面密度为 39g/m² 时发生相反转,PEI 成为连续相,环氧树脂以均匀粒子分布在 PEI 相中(图1-25)。这个体系增韧的机理是高韧性的 PEI 相变

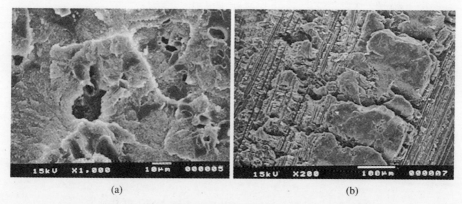

(a)   (b)

图 1 - 22　PE 1623 试样的 I 型(a)和 II 型(b)断裂表面的 SEM 照片

形吸收更多的能量,从而提高层间韧性。

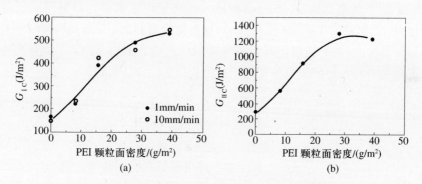

图 1 - 23　PEI 插层增韧环氧复合材料试样的 G_{IC} (a)和

G_{IIC} (b)与 PEI 颗粒面密度的关系

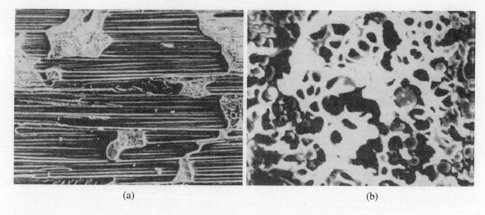

(a)   (b)

图 1 - 24　PEI 颗粒增韧复合材料层压板的断口 SEM 照片

(PEI 面密度 19g/ m^2),(b)是(a)的局部放大

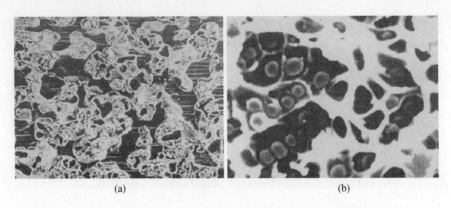

(a)   (b)

图1-25　PEI颗粒增韧复合材料层压板的断口SEM照片

（PEI面密度39.1g/m^2），(b)是(a)的局部放大

Kim 等[40]将聚砜树脂（PSF）薄膜插入到环氧树脂基复合材料层间制备插层复合材料，G_{IC}测试结果表明（图1-26），这种复合材料的 I 型断裂韧性随着 PSF 量的增加而增加，当 PSF 质量用量为 20% 时，G_{IC}达到 1.32kJ/m^2。G_{IC}的升高被认为是 PSF 在复合材料层间形成分相的颗粒结构（图1-27）所致。

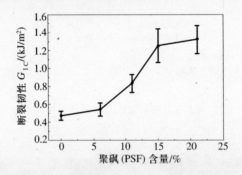

图1-26　PSF 膜增韧复合材料层压板的 I 型断裂韧性（G_{IC}）与 PSF 浓度的关系

就基体材料性质与复合材料韧性的关联来看，图1-28 是复合材料在插层增韧前后的冲击后压缩强度（CAI）以及冲击损伤面积变化对比[41]，因为层间断裂韧性的提高，在基体材料不变的前提下，插层增韧后复合材料的 CAI 值大幅度提高，冲击损伤面积大幅度降低，从而改善复合材料的冲击性能以及损伤容限能力。

鉴于插层增韧技术的发现和效果，国际上许多著名的航空复合材料供应商开始关注这个方向潜伏的技术和商业机遇，申报和拥有系统的发明专利，例如 American Cyanamide 公司的美国发明专利 US4,539,253,4,604,319 和 4,957,801 以及日本 Ube Industries 公司的美国发明专利 US 4,868,050 等就是直接将一层热塑性树脂膜插入预浸料复合材料的层间；而日本东丽公司在其美国发明专利 5,028,478 和 5,413,847 中则是在预浸料复合材料的富树脂量的层间弥散分布上一层热

图 1-27　PSF 膜增韧复合材料层压板的断口刻蚀 SEM 照片

(a) PSF 浓度 6%(质量分数)；(b) PSF 浓度 21%(质量分数)。

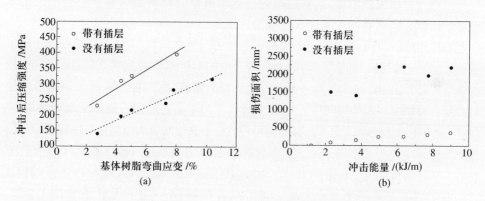

图 1-28　插入层对复合材料冲击后压缩性能和冲击损伤面积的影响

塑性高分子包裹的韧性树脂颗粒,其含量约占复合材料总质量的 2%~4%。后来 American Cyanamide 公司也拥有了一个与东丽公司专利类似的美国发明专利 US 5,057,353,其使用的弥散相材料是聚酰亚胺(Polyimide, PI)和聚砜(PSF)。Britisch Petroleum 公司在其美国发明专利 US 5,288,547 中将一种聚酰胺的多孔膜插入预浸料层间,获得了复合材料冲击损伤面积 37% 的减少。根据他们的专利,这种多孔膜的孔隙率在 30%~95% 之间可调。

　　插层增韧复合材料技术应用的优秀商用材料代表是东丽公司的独家专利产品 T800/3900,波音公司是这个产品的独家用户。American Cyanamid 公司也有一个商业化的插层增韧复合材料产品,牌号为 CYCOM® HST-7,它的结构示意在图 1-29 中[42]。其基本技术是以纤维体积含量为 60% 的预浸料为基础,在其表面铺覆一层非连续的高韧性、高剪切应变的树脂层,然后固化,得到插层的复合材料产品。该技术的关键是插层增韧剂必须保证与树脂基体共固化,同时在树脂流动过程中保持增韧剂原来连续的状态。在图 1-29 中,独立存在的插入层非常特征。

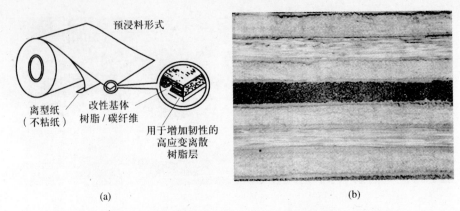

预浸料形式

离型纸　改性基体　用于增加韧性的
（不粘纸）　树脂/碳纤维　高应变离散
　　　　　　　　　　　树脂层

(a)　　　　　　　　　　　　　(b)

图 1-29　插层增韧预浸料复合材料示意(a)及其典型截面显微照片(b)

　　但是也有研究指出,以上插层增韧技术增进复合材料层间抗分层损伤性能等优点是以部分降低其面内强度和刚度为代价的[42]。

　　2001 年前后,益小苏等在综合分析了基体树脂整体增韧、富树脂层增韧以及插层增韧的得与失的基础上,吸取其精华而扬弃其中的不利因素,在层状化和层间增韧的技术体系框架下,提出"离位"(Ex - situ)复合增韧的新概念[43],他们在环氧树脂基预浸料等复合材料层压板的层间插入具有中国特色的非晶态热塑性高分子聚芳醚酮[44](Poly aryl ether katone,PAEK),其结构形貌特征是在层间引入固化化学反应诱导失稳分相的相反转、3-3 连接度的双连续颗粒薄层结构,并浅层嵌入碳纤维层内,使复合材料的 CAI 性质得到很大的提升(图 1-30),而其他各项性能指标大致不变(图 1-31)。

　　在"离位"复合增韧试样上测试得的复合材料 G_{IC}、G_{IIC} 和 CAI 值见图 1-32。图 1-32(a)中标有 ES 结尾的数据点表示经过"离位"增韧,其他点取自文献。显然,"离位"增韧相对而言既提高了复合材料的 G_{IC} 又提高了 G_{IIC},特别是对于用T700 纤维增强的复合材料体系,其提高幅度更为明显。由图 1-32(b)则可以看出,随复合材料 G_{IC} 和 G_{IIC} 的提高,CAI 值也在增长,这个结果令人兴奋,它说明"离位"技术从整体上提高了复合材料的韧性水平。

　　结构—性能关系的研究表明,在"离位"复合材料的层间清晰地暴露出相反转、3-3 连接度双连续结构的环氧树脂颗粒(图 1-33),已知这种热塑性/热固性树脂的相反转、双连续结构对提高树脂体系的冲击韧性是必须的。

　　还有一点值得指出,这个研究里用到的具有中国自主知识产权的聚芳醚酮(PAEK)并不是文献里常说的聚芳醚酮(PEAK)①。

---

　　① PEAK 是一类亚苯基环通过醚键和羰基连接而成的聚合物,按分子链中醚键、酮基与苯环连接次序和比例的不同,可形成许多不同的聚合物,包括聚醚醚酮(PEEK)、聚醚酮(PEK)、聚醚酮酮(PEKK)、聚醚醚酮酮(PEEKK)和聚醚酮醚酮酮(PEKEKK)等。

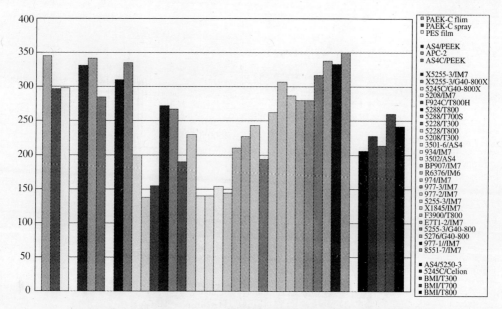

图1－30 "离位($Ex-situ$)"增韧复合材料的冲击后压缩强度(CAI)与
其他典型复合材料CAI值的对比(2002)

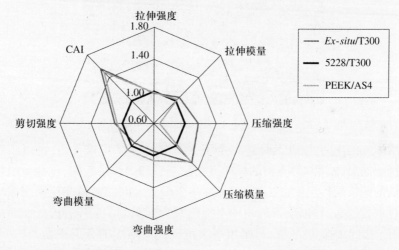

图1－31 "离位"增韧模型环氧树脂复合材料($Ex-situ$)的力学性能及与其他材料的比较

5. 复合材料层压板的冲击损伤模型

根据上面关于层间材料和层内结构－复合材料韧性性质关系的研究,参考文献[45]提出图1－34所示的复合材料低速冲击的分层损伤模型。在刚性冲头法向冲击复合材料的位置,或多或少会在复合材料表面留下一定的冲击印记。沿这个冲击印记垂直指向复合材料内部,是一个圆柱状的冲击压缩载荷区,源于冲头法

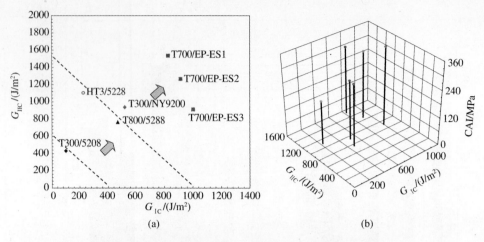

图 1-32 "离位"增韧对复合材料 G_{IC}、G_{IIC} 和 CAI 值的影响

(a) "离位"增韧对 G_{IC} 和 G_{IIC} 的影响；(b) G_{IC}、G_{IIC} 和 CAI 值三者的关系。

图 1-33 "离位"复合材料 0°/45°层间树脂的典型形态

向冲击层压板的压力波,在其周边一个不太扩散的"伞型"锥体内,可以观察到大量的碳纤维铺层内、沿 45°方向的横向微裂纹开裂和碳纤维断裂,这些微裂纹沿着相互邻近的碳铺层逐层推进扩展,而每每两个碳层之间的富树脂层则多多少少阻止了这样的扩展;这种损伤可能主要对应断裂力学里的 I 型开裂模式。而在这个"伞型"锥体更大的扩展区域里,则出现大量碳铺层层间的分层损伤,它主要对应剪切载荷造成的 II 型开裂模式。正是由于这种复杂的载荷状态,在复合材料的背面常常观察到在冲击拉伸应力和横向剪切应力的共同作用下的面层材料分层、掀起、以及开裂等。

取决于复合材料是否增韧以及如何增韧,复合材料的损伤阻抗和损伤模式会有所不同。根据大量的试验结果,增韧、特别是插层增韧首先提高了复合材料的冲击损伤阻抗,在这种情况下,同等的冲击压力波载荷将造成复合材料有限的"伞

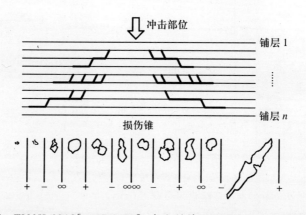

图 1 – 34　T800H/924C[±45/0/90]$_{2S}$复合材料层压板的低速冲击损伤模型

型"扩散的损伤,而不增韧的体系则出现大"伞面"锥体的损伤(图 1 – 34)。增韧效果越好,则"伞面"扩展越有限,反之亦然。一个直接的例证见照片(图1 – 35)。

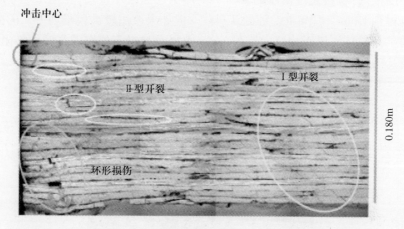

图 1 – 35　以 12.72g/m^2 的 PA1008 无纺纱增韧的 T700/TV – 15 环氧层压板在
冲击点附近的冲击损伤截面 SEM 照片(www.interscience.wiley.com)

　　图 1 – 35 为一个层间尼龙无纺布(veil)增韧环氧树脂复合材料试样在冲头冲击点附近的冲击损伤图形,图中层内 I 型开裂的情况明显重于层间 II 型的情况,II型开裂被约束在一个有限的范围,而 I 型开裂则并没有受到层间增韧的太大影响。但这种 I 型开裂通常不太容易连成片,也通常不太容易被超声波检测出来,因此显示在超声波 C – 扫描图上的缺陷直径或缺陷面积就很小。在距冲击点稍远的区域(图 1 – 36),开裂现象极少,尤其是 II 型开裂,说明层间增韧发挥了出色的吸能作用,抑制了层间的 II 型开裂,复合材料的冲击损伤阻抗因此很高。
　　但是冲击损伤阻抗的提高并不一定意味着复合材料的冲击损伤容限提高,

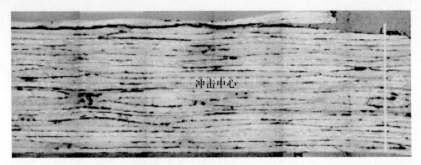

图 1 - 36　以 12.72g/cm² 的 PA1008 无纺纱增韧的 T700/TV - 15 环氧层压板在
冲击点外的截面微结构 SEM 照片(www. interscience. wiley. com)

Duart 等以插层增韧环氧树脂预浸料复合材料为例指出[34],独立存在、较低模量的低熔点热塑性树脂插层虽然表现出较高的损伤阻抗(较小的冲击损伤面积),但是由于低模量导致层间对碳纤维铺层层内的支撑不足,因此复合材料冲击后压缩强度很低,材料表现出压缩载荷下的层微屈曲破坏迹象(见图 1 - 37),这个现象也得到 Evans 和 Masters 等的认可[46];但如果改用较高模量如 PEI 的插层材料并满足其与环氧树脂相容的匹配条件,则复合材料不仅有较高的损伤阻抗,而且有较高的损伤容限。

图 1 - 37　低熔点热塑性树脂插层增韧环氧树脂层压板的碳纤维层微屈曲现象(2210 插层)

1.3　复合材料冲击损伤的实验技术与表征技术

为了深入理解为什么增韧树脂的韧性不能较多地转化到连续纤维增强的复合材料层压板上面去,不论它是预浸料复合材料还是液态成型复合材料,也不论它是整体增韧的复合材料还是层间增韧的复合材料,就必须首先理解复合材料低速冲击分层损伤的过程和机制,而为了理解这种损伤的过程和机制,有必要深入理解实际的材料冲击损伤实验过程,看看我们得到的每一个数据背后的物理意义和价值,而所有这一切,又取决于按照什么方法和采用什么标准来进行测试,以理解复合材料的冲击损伤行为。因此,完全有必要深入分析复合材料冲击损伤的试验技术与方法问题。

如前所述,由美国 NASA 开始建立的复合材料冲击后压缩强度(CAI)试验以及后来的 SACMA 试验实际上分为两个独立的分试验,即低速冲击试验和冲击后压缩试验(见图 1-38),其中,低速冲击试验又可以细分为冲击试验测试和冲击损伤的测试等两个步骤。2005 年,ASTM 正式把这两个分试验独立建立标准,即 ASTM D7136 落锤冲击损伤阻抗试验标准和 ASTM D7137 含冲击损伤复合材料层压板的剩余压缩强度试验标准。目前,尽管这些标准和方法、另外包括波音公司的标准和空中客车公司的标准等,都已得到行业的普遍认可,但是依然还有不少稍许变化的版本,也还有一些技术细节指标依然不甚清晰,例如复合材料冲击试样的几何形状和尺寸问题? CAI 试验冲击能量的选定问题? 以及冲击损伤的检验和判定问题等? 一个国际上统一的复合材料 CAI 试验技术和方法的版本目前并不存在。

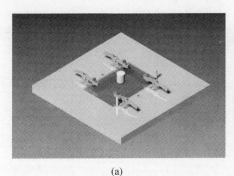

(a)   (b)

图 1-38   复合材料层压板的冲击和压缩试验示意
(a) 低速冲击试验;(b) 压缩试验。

1. 定能量冲击损伤与弱可视表面凹坑

几年前,日本塑料工业协会(Japanese Plastics Industry Federation, JPIF)向国际标准委员会(International Standards Organization, ISO)递交了一份关于复合材料冲击损伤阻抗测试适用性和可重复性的标准建议书,提出了一个并行测试的方案(图 1-39),其试验与分析的细节见表 1-3。其中,技术路线 1 的背景和基础来自大量的应用现场实践和复合材料使用经验,它选择 6.67J/mm 的固定的比能量值低速冲击复合材料层压板,然后观察试样表面的冲击凹坑,并无损检测复合材料内部的损伤,以此作为损伤状态判断的依据;而技术路线 2 则选择一组递增能量水平(9J、12J、16J、20J、25J、30J、40J)的低速冲击试验,然后确定对应 0.5mm 凹坑深度的那个冲击能量值以判断损伤状态。路线 2 不要求无损检测复合材料内部的损伤,这个方法与 Airbus 公司的标准基本一致[47],并将被推荐进入欧洲的航空试验标准 EN Aerospace。针对 JPIF 的建议,英国国家物理实验室(National Physical Laboratory,NPL)最近公布了一份比较详细的研究报告[48]。

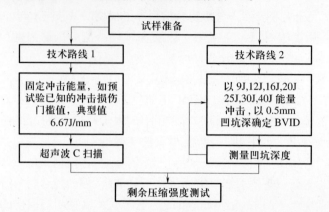

图 1-39　日本塑料工业协会(JPIF)推荐的一个关于冲击损伤性质的比较性研究计划

表 1-3　英国国家物理实验室(NPL)针对 JPIF 建议而开展的 CAI 试验的细节

试验变量	试验建议		说明
	路线 1	路线 2	
试验机	落球冲击机(仪器化)		能够提供尽可能多的细节信息
支撑卡具	钢板,75×125 开口(图 1-38(a))		
试样	尺寸 150mm×100mm,厚度约 4mm		
夹持卡具	试样在钢质底板的开口上对准,四周用 4 个机械卡固定(图 1-38(a))		试样边缘不需要额外加固
刚性压头	直径 16mm 的半球形钢质冲头		
冲击能量	固定冲击能量,例如预试验已知的冲击损伤门槛值,如 6.67J/mm	9J、12J、16J、20J、25J、30J、40J,以 0.5mm 凹坑深确定 BVID	对应典型的工具掉落、石子儿冲击等
检测	超声波 C 扫描(同时测量凹坑深度)	测量凹坑深度	研究分析凹坑深度与冲击分层面积的关系
压缩方法	专用卡具(图 1-38(b)),加载速率 0.5mm/min 至破坏		

　　NPL 的研究选用了两种来自不同供应商的单向碳纤维增强的环氧树脂复合材料层压板进行试验(材料 a 和材料 b),其纤维体积分数大约为 57%,铺层(+45/0/-45/90)$_{2S}$,热压罐 125℃ 固化成型。这两种复合材料层压板按照技术路线 1 和 2 冲击后的表面地貌变化、特别是冲击凹坑的情况见图 1-40。测试采用激光表面型谱仪(Laser Profilometer)扫描被冲击的复合材料表面,即时测试和在

24h 之后再测试以消除回弹的影响,结果发现,两种材料的冲击凹坑均随冲击能量的增加而增加,而且不仅仅是形成一个与金属刚性冲头等直径的圆柱形凹坑,事实上是出现了一个锥体的凹坑。表面凹坑的 24h 回弹效应不明显。

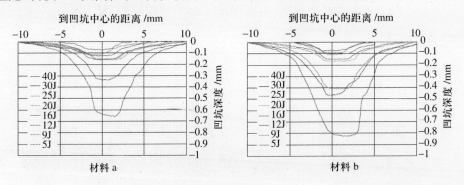

图 1-40　采用激光表面型谱仪测到的冲击凹坑信息[48],中间变量:冲击能量门。

为了比较简便地发现冲击给复合材料造成的损伤,评估复合材料的安全性,近年来,国内外航空复合材料界普遍注意到了复合材料表面的冲击凹坑问题,即"勉强可视(弱可视)冲击损伤"(BVID)问题。按照测试评价技术路线 1,以冲击能量为变量,a 和 b 两种试验材料的冲击表面凹坑测量数据以及分层损伤无损检测数据的函数关系见图 1-41。图 1-41 中,材料 a 对应 0.5mm 凹坑的 BVID 能量值 $E_{BVID} \approx 34J$,而材料 b 对应 0.5mm 凹坑的 $E_{BVID} \approx 30J$。为增加数据的可靠性,这个能量级别上共有 5 个数据点。值得指出的是,如果采用技术路线 2 的判据,材料 a 对应 6.67J/mm 凹坑的能量值 $E_{6.67J/mm} \approx 32J$,而材料 b 对应 6.67J/mm 凹坑的 $E_{6.67J/mm} \approx 28J$,两套数据接近但不吻合。

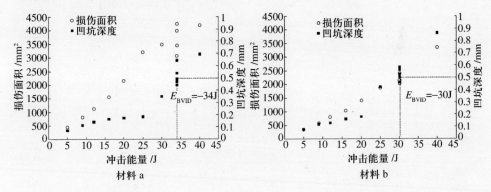

图 1-41　两种试验材料的冲击表面凹坑测量数据以及分层损伤无损检测数据的关系[48]

图 1-41 也同时给出了复合材料冲击后的内部损伤面积变化,超声波 C 扫描无损检测的直接测试测量结果见图 1-42。由图可见,两种材料的冲击损伤面积随冲击能量的增加而增加,相对而言,在同等的冲击能量下,材料 a 损伤面积的绝

对值和增长速率要比材料 b 更大一些。总的来讲,在冲击能量—凹坑深度以及冲击能量—损伤面积关系上,存在比较清晰的关联,而在凹坑深度—损伤面积之间,这种关联并不明显。细心的试样表面观察还发现,在 E_{BVID} 的冲击能量下,所有试样的背面均出现严重的表面损伤,包括铺层开裂和分层,而在冲击表面的凹坑底部,也出现了纤维和铺层的断裂。

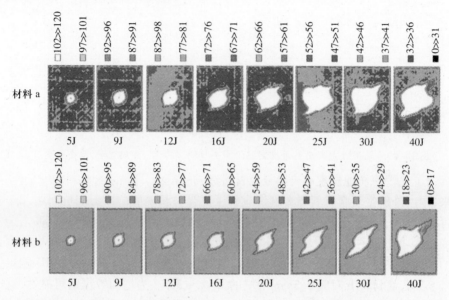

图 1-42　两种试验材料冲击后超声波 C 扫描无损检测的分层损伤结果[48]

试验变量:冲击能量/J

以上材料的冲击后剩余压缩强度(CAI)试验的结果总结在图 1-43 和图 1-44 中。图中,冲击损伤面积 - CAI 以及凹坑深度 - CAI 的关系不十分清晰(见图 1-43),但是冲击能量 - CAI 的关系却完全线性。

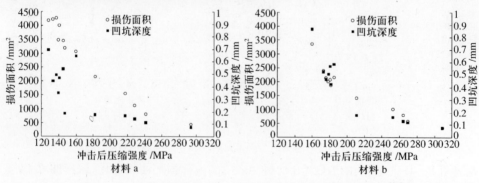

图 1-43　两种试验材料的 CAI—分层面积—凹坑深度的关系[48]

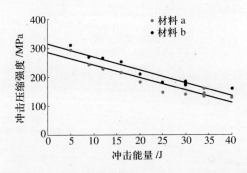

图 1-44　两种试验材料的 CAI-冲击能量的关系

Riegert 等人[49]通过对 NCF(Non-Crimp-Fabrics)织物复合材料的测试,给出了复合材料表面凹坑、复合材料背面损伤面积与冲击能量的关系见图 1-45,在他们的结果里,如果冲击能量低于 0.8J/mm(3.5J),复合材料表面将没有凹坑;在冲击能量达到 3.7J/mm(16J)时,冲击能量—复合材料背面损伤面积将出现斜率的变化;在冲击能量达到 21J 时,冲击能量—表面凹坑深度的斜率也发生变化,有趣的是,这两者变化前后的斜率几乎相等,而对应 JPIF 技术路线 1 的 0.5mm 表面凹坑深度的复合材料比冲击能量值恰等于 6.67J/mm(28.6J)。对于这个试验材料,JPIF 建议的技术路线 1 和路线 2 吻合。进一步地,Riegert 等人的试验也证实在复合材料的冲击能量与 CAI 值之间存在清晰的对应关系,但并不完全线性。

总结以上两个典型的研究结果不难看出,JPIF 推荐的两条测试技术路线还是有比较积极的应用意义的,就以上的两个相互独立的研究结果看,技术路线 1(6.67J/mm 冲击能量)和技术路线 2(E_{BVID} =0.5mm)产生的结果基本吻合,相信这与试验的材料体系有一定的关系。其次,凹坑深度≈0.5mm 的冲击能量值似乎太高,因为这时的复合材料背面已严重损伤,而德国 DIN EN6038 标准作为一个稍许变化的国家标准[50]则定义凹坑深度≈0.3mm 为损伤能量的判据,似乎很合适。

对于 JPIF 希望研究的 CAI 数据的可重复性问题,基本可以下这样的结论:冲击能量与 CAI 值之间存在可重复而稳定的关系,破坏应变值的波动范围一般约 10%而破坏应力值的波动一般不超过 7.1%;但冲击能量与冲击凹坑以及内部分层损伤测试结果则比较分散,可重复性较差。一旦冲击造成横向贯穿的分层和试样开裂,剩余压缩强度测试总会是一个毁灭性的破坏。

2. 静压痕(点压入)试验及复合材料损伤性质

上述的低速落锤冲击试验可视为准静态冲击方法的一种,从材料损伤特性来看,用静压痕或点压入(Quasi-Static Indentation,QSI)试验方法得到的接触力—凹坑深度的关系类于冲击能量—凹坑深度的关系,因此可用来研究和评价复合材料的损伤阻抗性质。

图 1-46 为一种不增韧(AS4/3501-6)和一种高韧性(IM7/8511-7)复合材

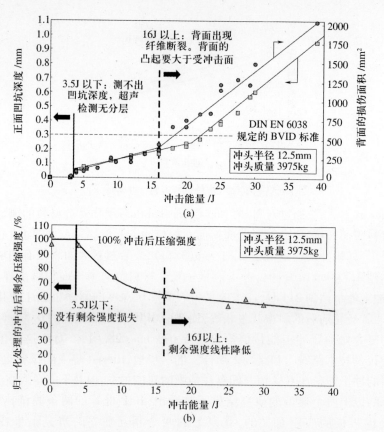

图 1-45 NCF 织物环氧树脂复合材料冲击能量—正面凹坑深度—背面 C—扫描分层
面积(a)以及冲击能量—无量纲化的冲击后剩余压缩强度(b)

料层压板的损伤冲击力—损伤直径的关系举例,在这个对比中,静压痕试验与落锤
冲击试验的损伤规律显示高度的一致性。静压痕方法的最大优点是过程可控,并
且用一个试样即可跟踪损伤的全过程。

　　沈真等也试验发现[51],用 QSI 方法引入损伤得到的损伤机理与用落锤冲击引
入损伤观察到的损伤机理没有明显的差别,于是他们进一步研究了静压痕接触
力—凹坑深度关系。他们分别以国产不增韧的 T300/5222 复合材料和增韧改性的
T700S/5228 复合材料为对象,采用多次加载的方法,即达到预定的载荷值后卸载,
立即测量凹坑深度,然后加载到下一更大的载荷,测试了这两种材料的静压痕接触
力—凹坑深度关系。结果发现,当达到某一最大值后,自动卸载,再次加载也无法
达到原来已达到的最大载荷。当加载至最大载荷后立即卸载,发现其凹坑深度与
冲击能量—凹坑深度曲线的拐点对应的凹坑深度差不多,即大约不到 0.5mm(图
1-47(a)),而且损伤宽度(损伤直径)以及损伤面积与静压痕凹坑深度之间存在
比较清晰的对应关系(图 1-47(b)和(c))。

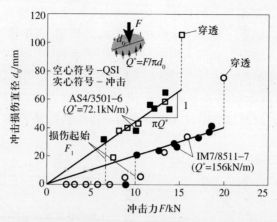

图 1-46 AS4/3501-6 和 IM7/8551-7 的 $[45/0/-45/90]_{6S}$ 预浸带层压板，
由准静态压痕和落锤冲击试验得到的损伤(沈真提供,2006)

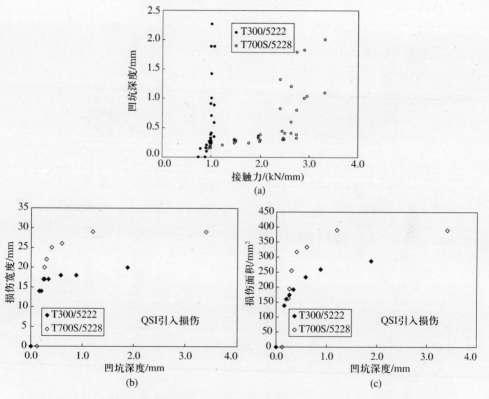

图 1-47 2 种不同韧性复合材料(铺层 $[45/0/-45/90/]_{4S}$,试样尺寸:150mm×150mm
压头直径:12.7mm 支持条件 φ75mm 圆孔简支)的静压痕接触力—凹坑深度关系(a)
以及用 QSI 方法引入损伤时凹坑深度与损伤面积(b)和宽度(c)的变化关系(沈真)

Ishigawa[52]在正交系复合材料层压板上研究了冲击响应历程与静压痕响应历程(图1-48),他们建立了如图1-49的两类失效模型,其中模型A仅仅考虑分层,而模型B同时考虑分层和层内树脂开裂。结果发现,按照模型B预测的分层(图1-49(c))与实测的分层投影图像(图1-49(a))十分相似,基本证实了他们模型的有效性。这种分层主要是因为0°和90°层间的力学性质失配所造成。因此,通过良好匹配的层间过渡层设计将可能提高体系的抗分层能力。

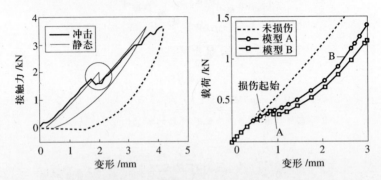

图1-48 复合材料层压板的冲击与静压痕响应及其损伤起始状态的建模

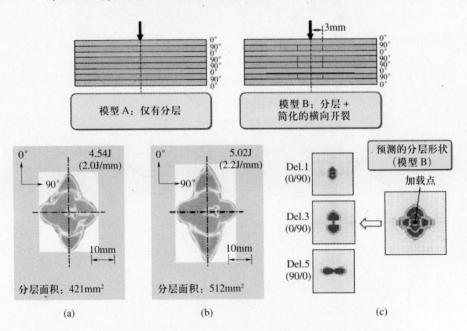

图1-49 (a)正交层压板的纯分层模型A和分层+层内开裂模型B,
(b)C扫描的损伤图像,(c)按照模型B预测的分层图像

安学锋等也试验对比研究了静态点压入导致的复合材料损伤过程[26]。测试以Boeing CAI测试标准为基本架构,加载速率为0.5mm/min,以满足达到最大接

触力的时间应当在 1min ~ 10min 的测试要求。实验所用的试样是从一块完整的层压板上切割下来的,以保证同一批试样的性能基本一致。图 1 - 50 给出了"离位"增韧前后复合材料层压板的 QSI 响应曲线。由图可见,各组曲线的一致性还是比较好的,而增韧与未增韧试样在响应曲线上的差别也十分明显。对于未增韧的试样,它们试样会在较低的压入载荷水平上产生初次损伤(曲线的第一次下降),而且接触力的下降很显著,表明材料内部已经出现较为严重的分层损伤。而经过"离位"层间增韧的试样,这个初次损伤的发生需要更高的压入载荷,而且曲线的波动并不明显,表明损伤情况不是非常严重。此外,从完全损伤前曲线包围的面积来比较,可以发现增韧试样需要更多的能量,这同样说明了抗损伤能力的改善。

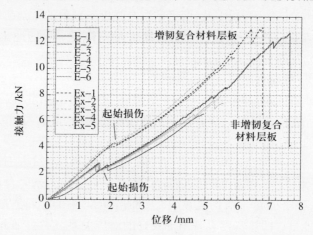

图 1 - 50 增韧前(E - 1 ~ 6)后(Ex - 1 ~ 5)波音 CAI 试样的 QSI 响应曲线

表 1 - 4 展示了未增韧与增韧两种试样在不同点压入载荷水平下的内部分层损伤情况。在 40J 能力压入时,未增韧的试样已经遭受极为严重的损伤,接近解体状态;而此时经过"离位"层间增韧的试样仍能保持完整性,虽然也出现了很大的分层区域,但是总体情况比未增韧的试样要好得多。25J 的能量水平基本上接近 CAI 测试过程中的冲击能量。

表 1 - 4 增韧前后层压板损伤情况比较

能量	未增韧	增韧	能量	未增韧	增韧
40J			25J		

37

总之,不增韧与"离位"增韧的差异表现在出现初始分层(接触力波动)时,增韧试样的位移更大,相应的接触力和能量也更高,这说明增韧层压板能够承受更大的弯曲变形,引发初始损伤也需要更高的能量,相信这主要因为"离位"韧性层通过剪切变形,使力的分布均匀,从而使各层的力更均匀地传递给刚性层(碳纤维层),使板的刚性上升。从外观上看,纯环氧层压板受压后上表面看不到明显的凹坑,没有基体塑性变形或是纤维—基体脱粘的迹象,而增韧层压板上表面都有目视可见的凹陷,表明基体发生了塑性变形;当压入很大时,压入点附近出现了纤维—基体脱粘。从整个损伤过程看,对未增韧复合材料施加的载荷达到 CAI 冲击的水平时,材料的损伤已经接近完成;而在这一能量水平下,增韧基体层压板的损伤还局限在分层损伤的扩展阶段,因此,两者的剩余强度有较大的差别就是很正常的。

根据这个结果,"离位"增韧方法将热塑性增韧树脂尽可能地集中在层间,是非常有利于充分发挥其增韧潜力的。

3. 勉强(弱)可视表面凹坑的其他研究

在定能量冲击试验、冲击方法与点压入方法、冲击表面凹坑、以及冲击损伤容限关系等的研究方面,在国内,沈真课题组的工作最集中、最深入,并且他们的研究立足国内研制的航空树脂基复合材料。

与上面 NPL 的研究结论有所不同,在冲击阻抗性质的测试方面,沈真等发现,在未增韧的 T300/5222 和增韧的 T700S/5228 两种环氧树脂基复合材料的冲击能量—损伤面积、冲击能量—损伤宽度、以及冲击能量—凹坑深度关系中(图 1 – 51),唯有冲击能量—凹坑深度表现出比较好的对应关系。不仅如此,他们还有更多的研究数据、包括双马来酰亚胺基复合材料的性能数据支持这个结论[52]。

而在损伤容限研究方面,沈真等也给出了比较直观的损伤参数(凹坑深度)与压缩破坏应变的对应关系(图 1 – 52)。

他们还把未增韧的 T300/5222 复合材料和增韧的 T700S/5228 复合材料的冲击能量—冲击凹坑深度(损伤阻抗)以及冲击能量—凹坑深度—压缩破坏应变(损伤容限)放在一起进行了比较(图 1 – 53),发现冲击能量—凹坑深度曲线和凹坑深度—压缩破坏性能曲线均有明显的拐点,而且两种曲线拐点对同一材料体系均具有相同的凹坑深度,即不到 0.5mm,据此他们认为,在凹坑深度接近 0.5mm(冲击头直径在 12.7mm ~ 25.4mm 范围内)时,无论是损伤阻抗性能,还是损伤容限性能,均出现了明显的变化,反映复合材料层压板损伤阻抗性能的冲击能量—凹坑深度曲线的拐点实际上也是反映损伤容限性能的凹坑深度—压缩破坏应变曲线的拐点。如此,结合上述复合材料静压痕—压入位移的损伤研究结果,沈真等就赋予了对应 0.5mm 冲击凹坑深度的损伤状态一个所谓"门槛值(Threastholder)"物理意义:产生凹坑所需的能量包括两部分,即一部分用于使表面层附近的树脂产生塑性变形直至破坏和同时引起层间分层,另一部分则是打断纤维所需的能量,但与前者

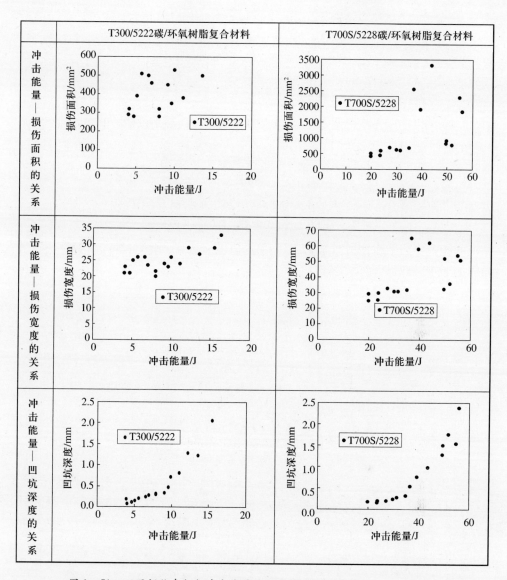

图 1-51 不同损伤参数与冲击能量的变化关系(铺层[45/0/-45/90]$_{4S}$,
试样尺寸 150mm×100mm,冲头直径 12.7mm)

相比,产生同样深度的凹坑所需能量要小得多。因此在拐点以后的冲击能量仍会有所提高,但增加的能量只需压断失去保护的纤维,小于压碎表面层附近的树脂所需增加的能量。点压入试验结果证实,在产生 0.3mm(拐点时凹坑深度)凹坑时 T300/5222 所需能量约为 2.14J/mm,T700S/5228 约需 8.86J/mm;而在随后直至 2.5mm 深凹坑所需增加的能量,对 T300/5222 只有 1.7J/mm,对 T700S/5228 只有 5J/mm。如果树脂基体呈塑性,它将允许较大的塑性变形,破坏应变高,从而抵抗

39

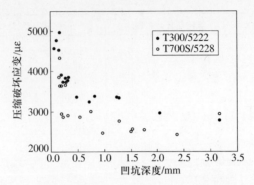

图 1-52　两种不同复合材料体系的冲击后压缩破坏曲线(铺层[45/0/-45/90]$_{4S}$,

冲头直径 12.7mm,试样尺寸 150mm×100mm)

冲击的能力要高于脆性树脂基体,因此拐点值也会提高,当然纤维的断裂应变和增强体的形式对此也会有所影响。

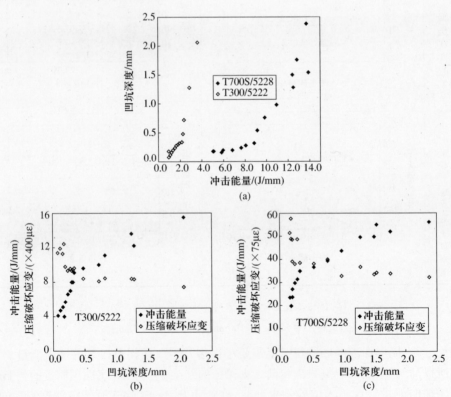

图 1-53　T300/5222 与 T700S/5228 两种不同韧性复合材料的冲击能量—凹坑深度关系
比较(a)以及这两种材料冲击能量与凹坑深度和压缩破坏应变的对应关系(b)、(c)

进一步地,沈真等通过对14种复合材料体系约800个试样的冲击阻抗和含损伤层压板压缩强度试验研究,发现对同一种复合材料层压板的冲击能量—凹坑深度曲线和凹坑深度—压缩破坏应变曲线均存在拐点,其物理本质是在出现拐点后内部的分层损伤叠加面积基本上不再增加,其力学性能表现为压缩剩余强度基本上不再降低,其表观现象是表面冲击部位开始出现纤维断裂。

研究还表明,用 CAI 表征损伤容限性能的方法可能得到与实际结构损伤容限特性相反的结论,因此,他们提出了利用拐点附近的特性来表征复合材料层压板的抗冲击性能(包括损伤阻抗和损伤容限)的建议[53]。

1.4　液态成型复合材料及其整体化制造技术

根据欧洲航空界的说法,在 2000 年前后,民用飞机复合材料技术相对于当时的金属结构,已使得飞机的减重效果达到约15%,降低成本也约15%(图1-54(a));相对于当时的金属飞机结构件水平,未来飞机复合材料的发展是进一步结构减重达30%,同时降低成本40%,因此,飞机复合材料的低成本技术引起了广泛的重视。彼岸,美国也启动了军用飞机复合材料的低成本计划(也叫"经济可承受性计划",Composite Affordability Initiatives,CAI 计划),通过这个计划,美国人希望把军机复合材料的用量提升到约60%,而复合材料制件的成本降至每磅约150美金(图1-54(b))。

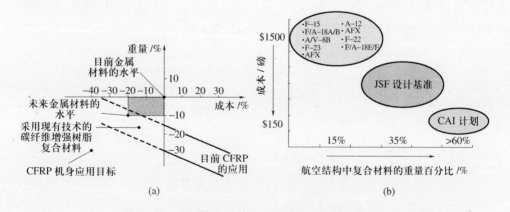

图1-54　国外复合材料技术的低成本研究发展计划
(a)欧洲飞机复合材料现状与低成本目标;(b)美国军机复合材料现状与低成本目标。

在飞机复合材料技术的发展史上,热压罐成型技术代表了当前最高性能的复合材料技术水平,热压罐成型复合材料产品的水平因此也可以看作是新型复合材料技术发展的标杆,但是也要认识到,热压罐成型复合材料技术作为一类成熟的传统技术,其制造过程的耗能耗时高,因而是高成本飞机复合材料成型技术的一个代表,因此,"低成本技术"的概念一经提出,人们的目光都不约而同地指向所谓的"非热压罐(Out – Of – Autoclave,OOA)"成型制造技术,这其中,一个非常重要的技术方向就是液态成型技术(Liquid molding technology)。

典型的液态成型技术以树脂转移模塑成型(Resin Transfer Molding,RTM)为主体,包括各种衍生的技术如真空辅助 RTM(VARTM)、真空 RTM(VRTM)、真空辅助树脂注射成型(VARI)、真空熔浸成型(VLP)、热膨胀 RTM(TERIM)、连续 RTM(CRTM)、紫外线固化 RTM(UVRTM)、溶液辅助 RTM(SARTM)、树脂膜熔浸成型(RFI)、树脂注射循环 RTM(RIRTM)、橡胶辅助 RTM(RARTM)、Seeman 树脂浸渍成型(SCRIMP)等。其中 RTM、VARTM、RFI、SCRIMP 及 VIP 并称为 RTM 技术最重要的 5 大成型工艺。这些技术大多已专利化。

1. 闭合模液态成型复合材料与整体化制造技术

闭合模 RTM 成型技术的原理其实很简单[54](图 1 – 55),在压力注入或外加真空辅助条件下,液态、具有反应活性的低黏度树脂在闭合模具里流动并排除气体,同时浸润并浸渍干态纤维结构。在完成浸润浸渍后,树脂在模具内通过热引发交联反应完成固化,得到成型的制品。这个过程中又可以分解成两个平行的子过程:流动、浸润、浸渗、充模等物理过程和由低黏度液态树脂转变为固体材料的化学反应过程。闭合模 RTM 成型技术的主要优点是能够制造高纤维体积含量、复杂构型的零件,并保持较高的尺寸、形状精度以及较高的结构设计效率。在美国 F – 22飞机上[55],占非蒙皮复合材料结构质量约 45% 的约 360 件承载结构是用 RTM 技术制造的;采用 RTM 技术使 F – 22 上结构制品的公差控制在 0.5% 之内,废品率低于 5%,比相同的金属制品减重 40% 而便宜 10%。

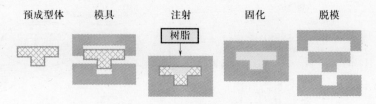

图 1 – 55　RTM 工艺技术的原理

另一方面,人们从飞机复合材料的成本分析又发现(图 1 – 56),降低装配成本、铺层成本和紧固件成本可以获得更大的低成本发展空间,也更容易创造竞争优势。事实上,改变铺层方式和装配方式也就改变了复合材料的微结构和宏观结构,同时必然减少紧固件及紧固环节,使得结构的紧凑性(减重)和承载的合理性(高性能)大大增加,带来性能和价格的同步进步。在这个认识基础上,航空结构整体化技术应运而生。

航空结构整体化技术的杰出代表是美国第四代战斗机。通过结构整体化技

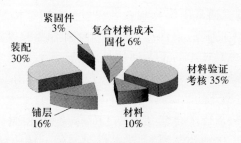

图 1-56 复合材料结构件的成本构成

术,这些战斗机实现了将 11000 个金属零部件减少为 450 个,600 个复合材料零部件减少为 200 个,135000 个紧固件减少为 600 个,其直接获益是减量化,提高制造效率,特别是大幅度降低了装配成本[56]（图 1-57）。

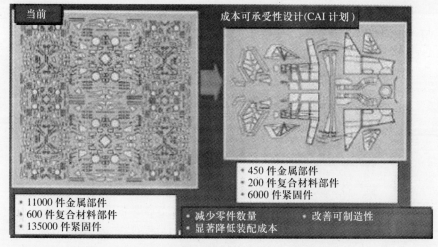

图 1-57 美国第四代战斗机的结构一体化设计示意

　　从系统上看,复合材料整体化技术的先决条件是整体化设计,在材料与制造技术方面,整体化技术的突破口是用机械化、特别是自动化的制备制造技术代替传统铺层的手工活和手艺活。为此,存在两种选择,其一,用自动铺带（不同带宽的预浸料）或自动铺放纤维（干态或预浸的纤维束、丝束等）技术直接将纤维、丝束和不同带宽的预浸料按照设计要求铺放成型,然后通过传统的热压罐技术或先进的液态成型技术,得到最终的结构制品。自动铺放的复合材料铺层结构与手工铺放的一致,但尺寸更大,效率更高,精度更高,因此结构完整性更优越。自动铺放过程通常在复合材料结构的制造现场实现。其二,在纤维和制品之间选择一种中间状态的纺织材料或织物（机织物、针织物、编织物、缝纫织物、无纺织物、经编织物等）,特别是干态预铺的厚织物或者索性就是直接编织出的结构预制体（2D 或 3D 织物与结构）,将其合理剪裁后在模内铺放,然后用液态成型的方法,制造整

43

体化的结构。这个过程通常由织物制造者和复合材料结构制造者共同完成。相比起来,自动铺放技术的制造柔性高,航空结构制造者的投资大,航空制造的专业性强;而纺织复合材料技术的工业通用性强,航空结构制造者的投资小,但由于它在复合结构上与传统铺层结构的差异,它在航空结构上的应用尚需要广泛的性能认证。

目前,上述的这两条技术路线在国际上都很流行,但是,无论是前者还是后者,其共性的基础是定型和预制,包括半柔性预浸料的铺放预制以及干态柔性织物的定型与预制等。最终复合材料结构的整体化程度取决于预制件的整体化程度。

把复合材料预制技术和液态成型技术看作成一个整体,可以分解出其中的主要技术关键[57](图1-58),其中,即可以用纺织技术的方法直接制备预制体,但目前更经常用到的是通过表面黏结方法制备预制体,这就涉及到了定型剂材料、定型工艺与定型施工方法等。

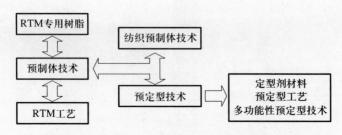

图1-58　先进液态成型技术的几个关键技术分解

总之,航空结构整体化或结构—功能一体化技术要求我们转变观念,走"设计—材料—结构"一体化的发展新路;而就制造技术而言,预制定型技术是"材料—结构"一体化技术和液态成型技术的核心和关键,其技术增值还要求实现液态成型复合材料结构件的增韧。

2. 液态成型复合材料的增韧技术

液态成型专用树脂的特征是低黏度、高流动性、长工艺时间窗口,因此其固体材料的性质一般都比较脆。

早期液态成型专用树脂的增韧曾经尝试基体树脂共混改性的技术路线,简单说,就是把增韧组分直接混入基体树脂,但随即发现,这将导致共混树脂的黏度急剧上升,严重影响液态成型专用树脂的流动特性,这说明,增韧本身不是问题,问题是这种增韧严重改变树脂体系的低黏度工艺特性,因此,这种增韧改性的技术路线不可行。目前,国内外主流的液态成型树脂一般也都为了保持良好的工艺性而不增韧。

为了解决兼顾增韧与树脂流动特性的难题,人们首先利用了液态成型复合材料技术中特有的定型（Tackification）技术，尝试将定型剂材料（Tackifier）与增韧技术整合[58,59]，但定型剂的组成和作用与增韧剂的组成和作用毕竟不一样，而且还有与液态成型低黏度树脂的适配问题。其次，定型剂的存在会影响液态树脂对预制织物的浸润和流动；另外，在低压液态成型时（例如真空吸注成型），定型剂在层间占用的空间过大，降低了复合材料的平均纤维体积分数。因此，利用定型剂实现增韧的努力有效，但不完全成功。

插层增韧作为在预浸料复合材料上行之有效的技术路线在液态成型复合材料技术中完全不可行，特别是热塑性树脂膜插入的技术路线，因为这层膜阻断了层间树脂的流动，也严重干扰了树脂对织物预制体的浸润，而类似东丽公司在 3900 复合材料上成功应用的韧性颗粒层间增韧的路线也效果不佳，因为遍布层间的热塑性颗粒具有某种过滤作用，会部分阻断低黏度热固性树脂对织物预制体的浸润和流动。在这种情况下，国内外的研究人员都不约而同地想到了基于预制织物（Fabric‐based）的液态成型复合材料增韧技术。这种增韧的概念和思路后来被益小苏等归纳在"离位"复合增韧的大技术框架内，因为增韧组分事先被分离，并且被表面附载在增强织物的表面。

基于预制织物的液态成型复合材料增韧技术主要有日本三菱重工的欧洲发明专利 EP1175998 和日本东丽公司的欧洲发明专利 EP1125728 等。EP1175998 专利将一种多孔的热塑性树脂膜或热塑性纤维网铺放在增强织物层间，但工艺实践中发现这个体系仅仅适用于手工铺放的低压液态成型复合材料操作，而在自动铺放等操作时，这个体系不稳定，层间的增韧结构经常被流动的树脂冲走；EP1125728专利将热塑性树脂短纤维的非织造布热压或用压敏胶固定在增强织物上以防被流动的树脂冲走，但东丽公司自己也说，非织造布热压或用压敏胶粘结在增强织物上将造成织物的硬化，影响织物的铺敷，结果在实际操作中，这种粘结有增韧结构的增强织物仅仅被推荐使用在复合材料结构的最表层。

国际著名的航空复合材料供应商、美国 Cytec 公司也推出一种基于预制织物的、巧妙的液态成型复合材料增韧技术[60,61]，所谓的 Priform™ 技术，他们首先将与其 CYCOM®977‐20 环氧树脂相容的热塑性高分子增韧相材料纺织成 $40\mu m$ 直径的纤维（图 1‐59（a）），然后把这种纤维与碳纤维混编织造成为一种增强织物，在液态成型时，树脂的注入温度低于该热塑性纤维的溶点，保证了低黏度的液态成型专用树脂 977‐20 能够顺利实现流动充模（图 1‐59（b））；在固化阶段，升高温度至 130℃大约 7min 后，该热塑性纤维在 977‐20 环氧树脂中溶解，这时才形成增韧的均一相基体，实现了液态成型复合材料的增韧。诚如 Cytec 公司自己也承认的，体现在 Priform™ 产品上的增韧技术正是"离位"增韧概念的一个巧妙应用[62]。Priform™ 技术提高了固化态复合材料的韧性而不受热塑性高分子高黏度对 RTM 工艺的影响，部分解决了液态成型树脂的流动问题，但如同许多复合材料成型企业和研究单位所反映的，Priform™产品的工艺控制复杂，工艺成本较高，且固化态复合材料的比刚度和比强度相比同级别的预浸料复合材料也有一定的损失[63]。

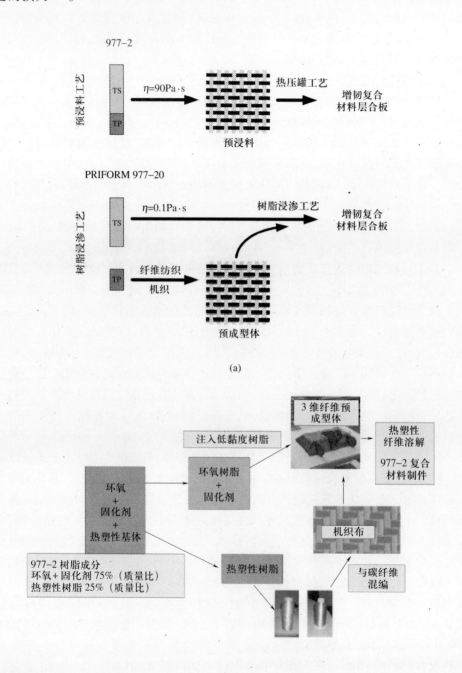

(a)

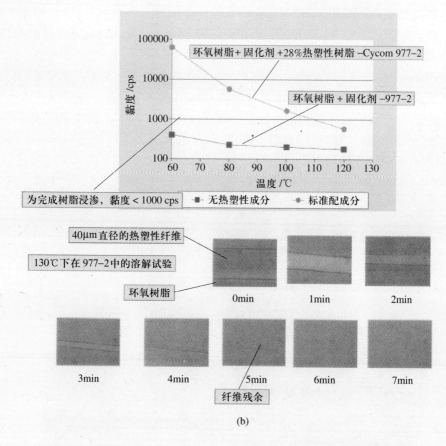

图 1-59　Cytec 公司的热塑性增韧纤维/碳纤维共编织物 Priform™ 技术

（a）传统预浸料的基体整体增韧与 Priform™ 产品的增韧原理示意及其比较；

（b）共编织物 Priform™ 的制备技术原理、增韧的预浸料树脂 977-2 与 RTM 树

脂 977-20 的黏度比较、以及热塑性增韧纤维在固化过程中的溶解情况[64]。

其他基于预制织物的液态成型复合材料增韧新技术还包括热塑性树脂热熔喷丝黏结的各种面纱无纺织物或布（Veils），将其热熔附着在增强织物表面也能起到层间增韧的作用，其中，面纱无纺布的主要材料是聚酯或聚酰胺，它们在 100℃ ~ 120℃ 附近熔融，可见这种材料主要是针对环氧树脂基的液态成型复合材料的，但也有些面纱无纺布在 150℃ ~ 175℃ 附近才熔融，例如聚酰胺或热塑性聚氨酯的面纱无纺布等。波音公司测试了这些新材料的液态成型加工特性和冲击损伤特性，发现取 12.73g/m² 面密度的面纱无纺布作为层间增韧，单层 T800 增强碳纤维织物厚度 198μm（面密度 190g/m²），制备的液态成型环氧树脂复合材料的 CAI 值高达 270MPa ~ 280MPa。另外，热塑性的无纺布能够良好的定型预制单向织物，制备的单向复合材料的 OHC 达到 310MPa ~ 330MPa，OHT 达到 510MPa ~ 530MPa，这其实

就是第二代增韧环氧树脂预浸料复合材料的性能水平。

因为面纱无纺布(Veils)的材料与液态成型专用的环氧基体树脂完全共溶,因此层间的面纱无纺布在加热固化阶段完全溶解在基体树脂里,光学显微镜下几乎无法分辨(图1-60(a)),但通过对热塑性树脂的选择性化学刻蚀可以发现它们被定位在了层间(图1-60(b)),没有被液态树脂的充模而冲走。分析这些文献上的显微照片可以认为,①这种液态成型的复合材料有一个明显、独立的层间富树脂层;②这个富树脂层的热塑性树脂浓度应该很高,因为热塑性树脂既没有远程扩散,也没有形成特殊的结构。

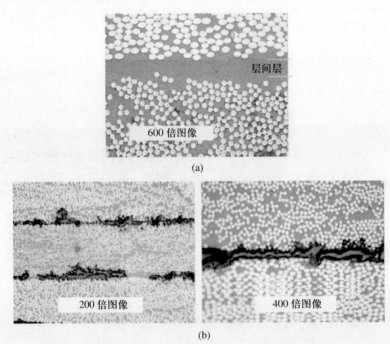

图1-60　热塑性面纱无纺布增韧的层间(a)以及化学选择性刻蚀后
的层间(b)SEM显微结构照片

根据文献,这种面纱无纺布层间增韧的液态成型复合材料对应一个专利的成型技术-CAPRI(Controlled Atmospheric Pressure Resin Infusion),专利号WO03101708,这是VaRTM(Vacuum-assisted Resin Transfer Molding)液态成型技术的一个变体。

就在美国Cytec推出Priform®技术的前后,益小苏及其研究团队根据"离位"复合增韧在预浸料复合材料方面成功的经验,也提出和发展了一种基于预制织物的液态成型复合材料增韧技术[65],这是一种在增强织物表面附载增韧剂和定型剂、具有增韧—定型双功能的液态成型专用增强织物新概念和新产品系列,产品注册名称为 ES™ - Fabrics①。ES™ - Fabric 织物是一种经过"离位"表面附载预处理的碳纤维织物增强体,通过将增韧成分表面附载在普通碳纤维织物表面而不像 Priform®那样定域在层内,使得在最终固化的复合材料中形成结构化的层间高韧性区,从而改善材料的抗层间损伤能力,冲击损伤面积很小而 CAI 值也可以稳定达到第二代预浸料复合材料以上的韧性水平[66]。

在此基础上更上一层楼,益小苏等又研制了基于无皱折织物(Non-Crimp Fabrics,NCF)技术的所谓 MESF 织物(Multi ES-Fabrics)体系[67],利用 ES™ - Fabric 织物和 MESF 织物技术,能够以较低的成本实现 RTM、RFI 等液态成型复合材料的显著韧性改善。

ES™ - Fabric 还可以在织物表面附载离散的、图样形式的定型剂,可以实现预成型体的粘接、自支撑,保证了织物具有良好的曲面铺覆能力。

竞争无止境,2009 年,日本东丽公司报道了一项与 ES™ - Fabrics 和 MESF 织物技术非常相近的织物技术[68],他们也在传统 NCF 织物(纤维 T800SC - 24K - 10E)的表面附载了热塑性树脂的增韧颗粒,形成的产品称为 CZ8433DP。不同的是,他们在其使用的液态成型专用环氧树脂 TR - A37 里均匀混入了 100nm 粒度的聚合物粒子(图 1 - 61),结果在不改变树脂体系黏度特性的情况下提升了原本脆

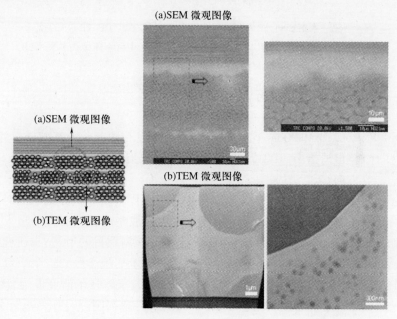

图 1 - 61　东丽公司 CZ8433DP/TR - A37 复合材料的显微结构
(a) SEM 照片; (b) TEM 照片。

---

① 指基于 Ex - situ 技术的织物。

性树脂的断裂韧性（图 1-62(a)），70℃下改性树脂的黏度仅 120mPa·s，玻璃化转变温度 T_g = 187℃，浇注体模量 3.0GPa，G_{IC} 达到 122J/m² ，复合材料的综合性能见图 1-62(b)。这个复合材料的基本性能能够达到航空主承力结构的指标要求，但是 CAI 值稍欠。

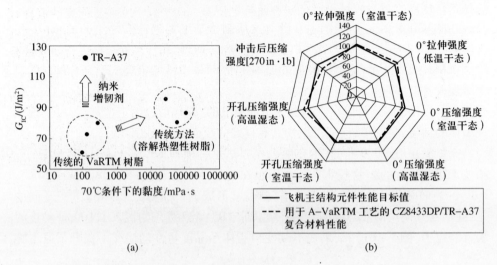

(a)   (b)

图 1-62　东丽公司 TR-A37 树脂的黏度与 CZ8433DP/TR-A37 复合材料 G_{IC} 的关系(a)、其基本性能及其飞机主承力结构的目标技术要求(b)

1.5　本研究的目标与基本创新思路

2001 年、2002 年和 2003 年，国家科技部连续发布国家重大基础研究计划（即国家 973 计划）申请指南，其中，在"先进材料的基础科学问题"标题下列入"复合材料"的研究方向。

显然，在保持连续碳纤维增强树脂基复合材料比刚度和比强度的同时提高其韧性、特别是冲击后压缩强度（CAI）是当今国内外战略高技术研究的重大方向和学科前沿，针对这个重大技术需求，通过国家 973 计划项目的申请，本研究在国内外首次提出了"离位"复合增韧新概念[69,70]及其技术实施途径。这个研究最后分别得到了国家重大基础研究计划（973 计划[71]）、国家高技术研究发展计划（863 计划[72]）、自然科学基金重大基金项目[73]和国家科技部国际合作专项计划[74]等的支持。

材料理论上，"离位"复合增韧新概念属于一种具有非均匀浓度空间分布的相分离体系，其中的热塑性树脂与热固性树脂在反应前存在截然分明的分界面。基于热塑性树脂增韧热固性树脂的相分离热力学与动力学，通过用时间（T）-温度

(T) – 黏度(η)转换理论$(TTT-\eta)$指导的相界面扩散、反应、分相与相变以及树脂浸渍控制等,可以将 3 – 3 双连续的颗粒状韧化结构薄层精确地定域在复合材料层间,在保持复合材料比刚度和比强度的同时,大幅度提高复合材料的冲击分层损伤阻抗与容限。为了探讨这个新概念的可能性(概念性研究)和这个技术的可行性(技术验证研究),本项目的总体研究流程如图 1 – 63 所示。在基础研究的流程打通并取得预计的结构—性能关系后,我们扩大了研究材料的面,进一步研究了环氧树脂(EP)、苯并噁嗪树脂(Benzoxazine,BOZ)、双马来酰亚胺树脂(BMI)和聚酰亚胺树脂(PI)等"离位"复合增韧的可能性和可行性。

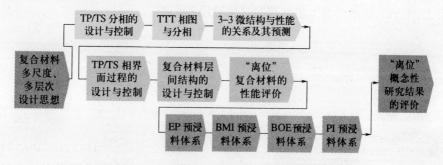

图 1 – 63 "离位"概念与表面附载技术的研究流程

在概念性的基础研究显示出非常正面的结果后,在材料技术上,"离位"复合增韧材料制备技术的核心是预浸料和干态增强织物的表面功能化附载。利用这种表面附载技术,在合适的热力学、动力学条件以及 $TTT-\eta$ 工艺参数的控制下,可以获得"离位"增韧的高性能复合材料,而不取决于基体树脂的化学性质与成型工艺,如此,就可以得到全系列的复合材料体系,包括环氧(EP)、苯并噁嗪(PBO)、双马来酰亚胺(BMI)和聚酰亚胺(PI)树脂等,也包括热压罐和液态成型两类复合材料的工艺制造方法,从而覆盖一个广谱的材料种类和工艺方法。针对整体化的液态成型(RTM、RFI)复合材料结构,表面附载还可以提供具有定型/增韧双功能的预制织物。通过本项目研究开发和实施,初步建立了"离位"增韧和定型预制两大技术系统,对应发展出的基体树脂材料、增韧剂、定型剂材料体系如图 1 – 64 所示。

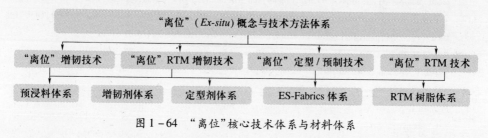

图 1 – 64 "离位"核心技术体系与材料体系

在解决了新概念和新材料的可能性、可行性研究之后,还要解决新型材料的可用性问题,为此,本项目面对先进的航空航天复合材料整体化结构件的制造,进行了比较系统的技术应用研究和工程化开发。整体化复合材料结构件制备技术的关键是预制技术。本项目集成了所研制的材料体系(树脂、增韧剂、定型剂、织物)及其应用技术,通过预制体技术系统的研究和开发,构建了主要基于液态成型(RTM)技术的整体化复合材料结构件制备技术体系,在这个基础上,研制开发了多种航空航天复合材料整体结构件,这些整体化制件的研制工作验证并反馈改进了"离位"复合增韧与表面附载技术等,整个研究工作因此形成一个完整的系统。事实上,本书的叙述基本上也是按照这个顺序展开的。

参 考 文 献

[1] 益小苏,杜善义,张立同. 中国材料工程大典(第 10 卷) – 复合材料工程. 北京:化学工业出版社,2006.

[2] EADS Deutschland GmbH,Corporate Research Centre. THE RESEARCH REQUIREMENTS OF THE TRANSPORT SECTORS TO FACILITATE AN INCREASED USAGE OF COMPOSITE MATERIALS,Part Ⅰ:The Composite Material Research Requirements of the Aerospace Industry. www. compositn. net,June 2004.

[3] Kumar P,Rai B. Delaminations of Barely Visible Impact Damage in CFRP Laminates. Composite Structures,1993,23:313 – 318.

[4] 肖纪美. 韧性与韧化. 高技术新材料要览. 曾汉民主编. 北京:中国科学技术出版社,1993:68 – 70.

[5] 漆宗能. 高聚物的增韧. 高技术新材料要览. 曾汉民主编. 北京:中国科学技术出版社,1993:492 – 498.

[6] New Materials for next – generation commercial transport. National Academy Presser,NMAB – 476,Washington D. C. 1996.

[7] ASTM D 3878 – 07. Standard Terminology for Composite Materials. June 2007.

[8] 益小苏. 先进复合材料技术研究与发展. 北京:国防工业出版社,2006.

[9] Roberto J. Cano,Marvin B. Dow. Properties of Five Toughened Matirx Composites. NASA Technical Paper 3254,Oct 1992. National Aeronautics and Space Administration,Office of Management,Scientific and Technical Information Program.

[10] Jens Hinrichsen. Design for Advanced Fuselage Structures and Materials. 2009 International Forum on Composite Material Applications for Large Commercial Aircraft,Shanghai,China,Sept,1 – 2,2009.

[11] THOMAS K. Tsotsis. Interlayer Toughening of Composite Materials. Polymer Composites – 2009,DOI 10. 1002/pc. 20535,published online in Wiley InterSciece (www. interscience. wiley. com).

[12] Scott J M,Phillips D C. J. Mater. Sci. ,1975,10(4):551.

[13] Yee A F,Pearson R A. Toughening mechanisms in elastomer – modified epoxies Part 1 Mechanical studies [J]. Journal of Materials Science,1986,21:2462 – 2474.

[14] Pearson R A,Yee A F. Toughening Mechanisms in Thermalplastic – modified epoxies:1. Modification Using Poly(phenylene oxide) [J]. Polymer,1993,34(17):3658 – 3670.

[15] Chan L C,Gillham J K,Kinloch A J,Shaw S J. Advances in Chemsitry No. 209 American Chem Soc. Washington

DC,1984.

[16] Gilwee W J,Nir Z. Toughened Reinforced Epoxy Composites with Brominated Polymeric Additives. US Patent 6 – 493 865,1983.

[17] Huang Y,Kinloch A J. Modelling of the toughening mechanisms in rubber – modified epoxy polymers Part I Finite element analysis studies[J]. Journal of Materials Science,1992,27:2753 – 2762.

[18] Huang Y,Kinloch A J. Modelling of the toughening mechanisms in rubber – modified epoxy polymers Part II A quantitative description of the microstructure – fracture property reationships[J]. Journal of Materials Science,1992,27:2763 – 2769.

[19] Johnson W S,Mangalgiri P D. Influence of the Resin on Interlaminar Mixed Mode Fracture. NASA TM 87571, 1985.

[20] Yee A F. Modifying Matrix Materials for Tougher Composites. ASTM Toughened Comp osite Symposium, Houston,TX,March 1985.

[21] Kim S C,Brown H R. Impact-modified epoxy resin with glassy second component[J]. Journal of Materials Science,1987,22:2589 – 2594.

[22] Yang Wei,Fu Zengli,Sun Yishi. Bridging Toughening of Epoxy Resins by Dispersed Thermalpastics [J]. Acta Mechanica Sinica,1989,5(4):332 – 342.

[23] Takashi Inoue. Reaction – induced phase decomposition in polymer blends. Prog. Polym. Sci. , 1995,20: 119 – 153.

[24] Yamanaka K,Inuoue T. Structure development in epoxy resin modified with polyethersulphone. Polymer. 1989,30:662 – 667.

[25] KINLOCH A J,YUEN M L. Thermoplastic – toughened epoxy polymers. Journal of applied polymer science, 1994,29:3781 – 3790.

[26] 安学锋."离位"增韧的材料学模型与应用技术研究. 博士后出站报告. 北京:北京航空材料研究院,2006.

[27] Rakutt D,Fitzer B,Stenzenberger H D. The Toughness and Morphology Spectrum of Bismaleimide/Polyetherimide Carbon Fabric Laminates. High Performance Polymers,1991,3(1):59 – 72.

[28] Kim J K,Baillie C. Poh J,Mai Y – W. Fracture toughness of CFRP with modified epoxy resin matrices. Composites Sci. Technol. ,1992,43:283 – 297.

[29] David S. McLachlan,Michael Blaszkiewicz,Robert E. Newnham. Electrical resistivity of composites. J. Am. Cerm. Soc. ,1990,73(8):2187 – 2203.

[30] Dodd H. Grande,Larry B. Ilcewicz,William B. Avery,William D. Bascom. Effects of intra – and interlaminar resin content on the mechanical properties of toughened composite materials. NASA Langley Research Center, NAS1 – 18889,1991.

[31] Ozdil F,Carlsson L A. Plastic zone estimation in mode I interlaminar fracture of interleaved composites. Engineering Farcture Mechanics. 1992,41(5):645 – 658.

[32] B. J. DEWOWSKI mdH. – J. SUE. Morphology and Compression – After – Impact Strength Relationship in Interleaved Toughened Composites. POLYMER COMPOSITES,FEBRUARY 2003,24(I):158 – 170.

[33] Duart A,Herszberg I,Paton R. Impact resistance and tolerance of interleaved tape laminates. Composite Structures,1999,47:753 – 758.

[34] Hess T E,Huang S L,Rubin H J. J Aircraft,1977,14:994 – 999.

[35] Bradley W L,Cohen R N. Matrix Deformation and Fracture in Graphite – Reinforced Epoxies. Delamination

and Debonding of Materials ASTM STP 876,1985.

[36] Sohn M S,Hu X Z. Composites Sci. Technol. ,1994,52:439 – 448.

[37] Browning C E,Schwartz H S. ASTM STP 893,J. M. Whitney ed. ,1986:256 – 265.

[38] Seferis J C. Interlayer Toughened Unidirectional Carbon Prepreg Systems:Effects of Preformed Particle Morphology. Composites Part A:applied science and manufacturing,2003,34:245 – 252.

[39] WOO E M,Mao K L. Evaluation of Interlminar – Toughened Poly(etherimide) Modified Epoxy/Carbon Fiber Composites. Polymer Composites,1996,17(6):799 – 805.

[40] Kim S C. Toughening of Carbon Fiber/Epoxy Composite by Inserting Polysulfone Film to Form Morphology Spectrum. Polymer,2004,45:6953 – 6958.

[41] Sela N,Ishai 0. Interlaminar Fracture Toughness and Toughening of Laminated Composite Materials:A Review. Composites,Volume 20. Number 5,September 1989.

[42] Robert E Evans,John E Masters. A new grneration of epoxy composites for primary structural application:Materials and mechanics. Toughened Composites,ASTM STP 937. Norman J. Johnston,Ed. ,American Society for Testing and Materials,Philadelphia,1987:413 – 436.

[43] 益小苏,安学锋,唐邦铭,张子龙. 一种提高层状复合材料韧性的方法(国防发明专利). 申请日:2001.03.26;专利号:01 1 00981.0;授权日:2008.6.22.

[44] (1)刘克静,张海春,陈天禄. 中国发明专利 CN85.101721(1987). (2)张海春,陈天禄,袁雅桂. 中国发明专利 CN85.108751(1987). (3)陈天禄,袁雅桂,徐纪平. 中国发明专利 CN88.102291.2(1988).

[45] Dewowski B J, H. – J. Sue. Morphology and Compression – After – Impact Strength Relationship in Interleaved Toughened Composites. Polym Comp. ,FEBRUARY 2003,24(I):158 – 170.

[46] Evans R,Masters J. A new generation of epoxy composites for primary structural applications:materials and mechanics. In:Johnston N,editor. Toughened Composites,ASTM 937. Philadelphia:American Society for Testing and Materials,1987:377 – 449.

[47] AITM 1. 0010. Fiber Reinforced Plastics – Determination of compression strength after impact.

[48] Gower M R L,Shaw R M,Sims G D. Evaluation of the repeatability under static loading of a compression – after – impact test method proposal for ISO standardization. Measurement Note,DEPC – MN 036,NPL,2005.

[49] Riegert G,Keilig Th,Aoki R,Drechsler K,Busse G. SCHÄDIGUNGSCHARAKTERISIERUNG AN NCF-LAMINATEN MITTELS LOCKIN-THERMOGRAPHIE UND BESTIMMUNG DER CAI – RESTFESTIGKEITEN. 19. Stuttgarter Kunststoff – Kolloquium 2005 5/V2.

[50] DIN EN 6038. Luft – und Raumfahrt; Faserverstaerkte Kunststoffe; Pruefverfahren; Bestimmung der Restdruckfestigkeit nach Schlagbeanspruchung. 1996.

[51] 沈真. 聚合物基复合材料层压板抗冲击行为及其表征方法的实验研究. 中国国防科学技术报告,623GF2007 – 01. 中国飞机强度研究所,2007,11,18.

[52] Ishikawa T,Aoki Y,Suemasu H. PURSUIT OF MECHANICAL BEHAVIOR IN COMPRESSION AFTER IMPACT (CAI) AND OPEN HOLE COMPRESSION (OHC). Proceeding of ICCM – 15,2005,Durban,S. Africa.

[53] 沈真. 韧性树脂基复合材料力学性能评定试验方法标准研究. 中国国防科学技术报告,623GF2006 – 01. 中国飞机强度研究所,2006.

[54] 拉德 C D,等. 复合材料液体模塑成型技术. 王继辉,等译. 北京:化学工业出版社,2004.

[55] F22 Raptor Materials and Processes. High – performance Composites. www. globalsecurity. org/military/systems/aircraft/f – 22 – mp. htm. 2004.

[56] John D. Russell. Composites Affordability Initiative:Transitioning AdvancecdAerospace Technologies through

54

Cost and Risk Reduction. http://ammitiac.alionscicce.com/quarterly,2007.

[57] 益小苏. 先进复合材料技术的挑战与创新. 航空制造技术,2004,7:48－63.

[58] Hillermeier R W, Hayes B S, Seferis J C. Processing and performance of tackifier – toughened composites for resin transfer molding techniques. In Proceedings,44th International SAMPE Symposium, Covina, CA, 1999: 660－669.

[59] Hillermeier R W, Seferis J C. Interlayer Toughening of Resin Transfer Moulding Composites. Composites Part A:Applied Science & Manufacturing,2001,32(5):721－729.

[60] Lo Faro C, Aldridge M, Maskell R. Epoxy Soluble Thermoplastic Fibres:Enabling the Technology for Manufacture of High Toughness Aerospace Primary Structures Via Liquid Resin Infusion Process. in Drechsler, K. (Editor), Advanced Composites:The Balance Between Performance and Cost Proceedings of the 24th International SAMPE Europe Conference at Paris, France;2003;321－332.

[61] Lo Faro C, Aldridge M, Maskell R. New Developments in Resin Infusion Materials Using Priform® Technology:Stitching. in Material & Process Technology – the Driver for Tomorrow's Improved Performance 25th Jubilee International SAMPE Europe Conference at Paris, France; 2004;378－385.

[62] Jason Huang. Toughening in Composite Materials, Progress, Challenges and Opportunities. SAMPE Asia, Bangkog, Feb 24－27,2008.

[63] Thomas K. Tsotsis(The Boeing Company, Phantom Works, M/C H021 – F120, Huntington Beach, CA). Interlayer Toughening of Composite Materials. 86 POLYMER COMPOSITES － 2009 DOI 10.1002/pc.

[64] Hughes J, Schulze P, Gillespie Jr J W, Heider D, Amouroux S. VARTM Variability anVARTM Variability and Substantiiatiion. 2009.

[65] 益小苏,许亚洪,唐邦铭. "离位"树脂转移模塑成型加工方法(国防发明专利). 申请日:2002.09.18, 申请号:02 1 01216.4.

[66] 益小苏,安学锋,张明,等. 一种液态成型复合材料用预制织物及制备方法(国家发明专利). 申请日2008.01.04,申请号200810000135.2;专利授权号 ZL200510075276.7,专利授权日 2010.9.8.

[67] 益小苏,刘刚,张尧州,等. 一种促进树脂流动的高性能预制增强织物及其制备方法(国家发明专利). 申请号:201010581859.8;申请日期:2010.12.13.

[68] Kamae T, Kochi S, Wadahara E, Shinoda T, Yoshioka K. ADVANCED – VARTM SYSTEM FOR AIRCRAFT STRUCTURES － MATERIAL TECHNOLOGIES. ICCM – Preceeding, Edingboug,2009.

[69] 益小苏. 先进复合材料及其制备制造技术基础与功能原理. 国家 973 计划项目申请书,北京. 2001.

[70] An X, Ji Sh, Tang B, Zhang Z, Yi Xiao – Su. Toughness improvement of carbon laminates by periodic interleaving thin thermoplastic films. J. Mater. Sci. Letters. 2002,21:1763－1765.

[71] 益小苏. 国家 973 课题《多层次细观结构与特征目标性能的关联、数理模拟和结构优化设计》(课题编号:2003CB615604)计划任务书,2003.

[72] 益小苏. 国家 863 计划研究课题《先进复合材料多层次结构设计的数理工具与实验验证》(课题编号:2002AADF3302,2002 年—2004 年)和《大飞机结构用高性能 RTM 复合材料体系》(课题编号:2007AA03Z541,2007 年—2010 年).

[73] 益小苏. 国家自然科学基金重大基金项目课题《基于流体模拟的复杂系统工艺改进和质量控制与实验研究》(课题编号:10590356,2004 年—2009 年).

[74] 益小苏. 国家科技部国际合作计划重大专项研究项目《下一代高性能航空复合材料及其应用技术研究》(课题编号:2008DFA50370,2008 年—2009 年).

第2章 热固性树脂的温度—时间转换关系与流变行为

热固性树脂(Thenuosetting Resin,TS)的状态在固化过程中不断发生变化,例如在化学凝胶化时体系形成三维逾渗网络结构,树脂不溶、不熔,永久性地失去流动性;当体系的玻璃化温度达到或接近化学反应温度时,链段的活动能力大大下降,化学反应速率开始受扩散控制等。热固性树脂所有这些变化可以在一个时间—温度的空间来描述,也即体系的性质是固化温度与时间的函数,这个函数通常被称为温度—时间转换图(Temperature-Time-Transformation Diagram),简称TTT图。在热固性树脂的材料物理和工艺理论基础方面,TTT图反映的温度—时间关系是对热固性树脂加工条件的全面描述,是热固性树脂材料固化工艺的路线图,它对工艺路线的选择与确定,固化材料的基本结构以及由此产生的材料使用性能预估等具有重要的理论意义和实际应用价值。

Gillham首先将金属材料科学中的时间—温度转化图(TTT图)关系引入到热固性树脂体系[1],借此全面地描述了TS树脂在固化加工中物理性状随时间—温度的转变。一个典型的TTT关系如图2-1所示。图中,可以看到凝胶线、玻璃化线和焦化线将热固性树脂的相态划分为五个区域,即非凝胶化玻璃态、液态、凝胶化玻璃态、凝胶化橡胶态和焦态区域;其中还有三个关键温度点,即反应物的玻璃化转变温度T_{g0}、凝胶化和玻璃化同时发生的温度T_{ggel}和完全固化体系的玻璃化转变温度$T_{g\infty}$。

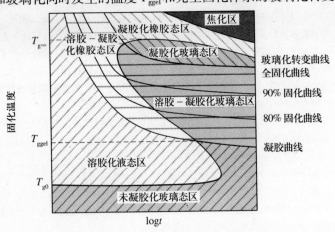

图2-1 典型的热固性树脂的TTT关系示意图

图 2-2 为一个环氧/胺类体系的 TTT 关系示意图[2]，图中 P 点为该体系达到玻璃化所需时间最短的温度点。对一个制品来说，该点是一个重要的参考温度点，当体系在低于 P 点的温度固化时，制品内层由于反应热不能立即传出，所以内层温度将高于外层，内层的固化速度也就快于外层，且内层先玻璃化，这种固化过程的产品内应力较小；而当所选择的固化温度高于 P 点时，则是温度较低的外层先玻璃化而形成硬壳，限制了内层树脂继续固化收缩，从而产生较大的内应力。这可以说是用 TTT 相图用来指导热固性树脂成型工艺的一个简单的例子。

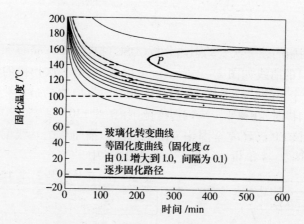

图 2-2　某环氧/胺类树脂的 TTT 相图及其应用举例(Simon)

TTT 建模的关键就是要找出三条曲线和三个关键温度点。三条曲线是玻璃化线、凝胶线和等固化度线，三个关键温度点为 T_{g0}、$T_{g\infty}$ 和 T_{ggel}。本章结合几类典型的国内外高性能复合材料专用树脂基体，介绍和讨论 TTT 建模的理论和方法，并给出若干典型材料体系的温度—时间转换关系、即 TTT 图，以及温度—时间—黏度关系、即 TTT-η 图等。

2.1　环氧树脂的固化温度—时间转换(TTT)关系[3,4]

研究测试选用二、四官能团混合的模型环氧树脂体系(EP)，其中，二官能团环氧树脂(双酚 A 二缩水甘油醚环氧)的化学结构如下式：

四官能团环氧树脂(四缩水甘油胺环氧)的化学结构如下式：

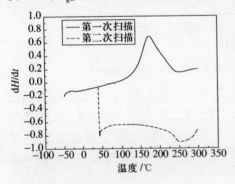

固化剂(4,4′二胺基二苯砜)的化学结构如下式:

新鲜环氧树脂的第一次全动态热分析(DSC)扫描(1℃/min)和第二次全动态扫描(10℃/min)的曲线如图2-3所示。可以看出,第一次扫描的曲线在低温段(0℃以下)有一个小的基线偏移,由此可以确定出反应物的玻璃化转变温度T_{g0};在进行第二次扫描时,在树脂反应的温度范围内(约130℃~250℃)没有再出现剩余热焓峰,说明该 EP 已经完全固化。由第二次扫描曲线的基线偏移可以确定出该 EP 的$T_{g\infty}$。图2-3提供的结果汇总在表2-1中。

表2-1 环氧树脂动态 DSC 提供的结果

项　目	测试结果
$T_g/$ ℃	-19.41
$T_{g\infty}/$ ℃	220.97
$T_{initial}/$ ℃	141.40
$T_{peak}/$ ℃	173.55
$T_{final}/$ ℃	241.48
$\Delta H_{total}/$ J·g^{-1}	563.35

图2-3　模型环氧树脂的动态 DSC 曲线

固化反应动力学建模是研究建立 TTT 相图的基础。在用 DSC 进行动力学分析时,有两种计算固化度的方法,一种是直接法,一种是间接法。直接法对固化度的计算方法为

$$\alpha = \frac{\Delta H(T,t)}{\Delta H_{total}} \times 100\% \qquad (2-1)$$

式中:$\Delta H(T,t)$为温度 T 下体系反应了 t 时间的热焓;ΔH_{total}为固化结束时($\alpha=1$)的热焓或整个反应热。这种方法的缺点在于:一方面,不同恒定温度下测得的ΔH_{total}不同,此时试样并不一定固化完全,因此固化度不能准确计算;另一方面,反应初始阶段的热焓会在试样温度平衡的过程中被淹没掉,固化反应进行到扩散控

58

制阶段时热过程也不敏感,因而测试误差很大。但该法的最大优点在于在准确获得 ΔH_{total} 的基础上可以对固化过程进行在线监控。

在实际使用过程中,该式更多的以式(2-2)的形式出现,此时 DSC 测试采用全动态模式。

$$\alpha = \frac{\Delta H_t}{\Delta H_{total}} \times 100\% \qquad (2-2)$$

间接法也称为剩余热焓法,这种方法对固化度的表述为

$$\alpha = 1 - \frac{\Delta H_{res}(T,t)}{\Delta H_{total}} \qquad (2-3)$$

其中,$\Delta H_{res}(T,t)$ 为温度 T 下体系反应了 t 时间的剩余热焓。可以看到,该法最大的优点在于树脂可以先根据不同的固化工艺进行固化,之后再测剩余热焓以确定固化度,这对于试验设计提供了很大的自由度。但这种方法也有不足之处,主要体现在两个方面:一是在固化度不是很高的时候,剩余热焓峰会掩盖掉试样经前期反应产生的玻璃化转变峰;二是当固化度很高的时候,由于剩余反应峰宽较小等原因,在测试剩余热焓的时候可能得不到准确的数据。除此之外,在中止前期反应的过程中或多或少会有难以消除的热历史,这也不可避免地增加了实验的难度。

固化反应动力学分析的关键是动力学参数的确定。确定动力学参数一般采用拟合的方式。固化反应的唯象动力学模型如下式:

$$\frac{d\alpha}{dt} = A_0 \exp\left(-\frac{E_a}{RT}\right)(1-\alpha)^n \qquad (2-4)$$

式中:α 为固化度;t 为反应时间;A_0 为频率因子或指前常数;E_a 为活化能;R 为普适气体常数;T 为绝对温度;n 为反应级数。式(2-4)中包含有一个独立变量 t,两个相关变量 α 和 T,三个未知常量 A_0、E_a、n,以及一个气体常数 R。

对(2-4)式两边取对数,可以得到

$$\ln\left(\frac{d\alpha}{dt}\right) = \ln(A_0) - \frac{E_a}{RT} + n\ln(1-\alpha) \qquad (2-5)$$

式(2-5)中,用 $\ln(d\alpha/dt)$、$E_a/(RT)$ 和 $\ln(1-\alpha)$ 作为变量进行多参数非线性回归,便可以解出常量 A_0、E_a 和 n。

在等温条件下,微分方程式(2-4)可以得到如下解析解:

$$\alpha = 1 - \left[1 - (1-n)A_0 t \exp\left(-\frac{E_a}{RT}\right)\right]^{\left(\frac{1}{1-n}\right)} \qquad (2-6)$$

用式(2-2)计算图 2-3 中第一次扫描曲线上不同时刻的固化度,并对得到的结果进行拟合,拟合结果为式(2-7),该式给出了升温速率为 1℃/min 时固化度 α 和时间 t 的关系。

$$\alpha = 1.023 - \frac{1.023}{1 + e^{1.068 \times 10^{-3} \times t - 4.963}} \qquad (2-7)$$

式（2－7）的结果表达在图2－4中，由图可以看出，拟合结果与计算点吻合很好（$R^2 = 0.99987$）。

将式（2－7）的固化度的结果代入式（2－5）进行计算，并进行多参数非线性回归，便可以得到动力学参数：活化能 $E_a = 87.54\text{kJ/g}$，指前因子 $A_0 = 1.376 \times 10^7 \text{s}^{-1}$，反应级数 $n = 1.602$。回归的结果如图2－5所示。

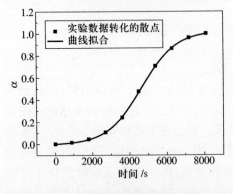

图2－4　模型环氧固化度与固化
　　　　时间的关系

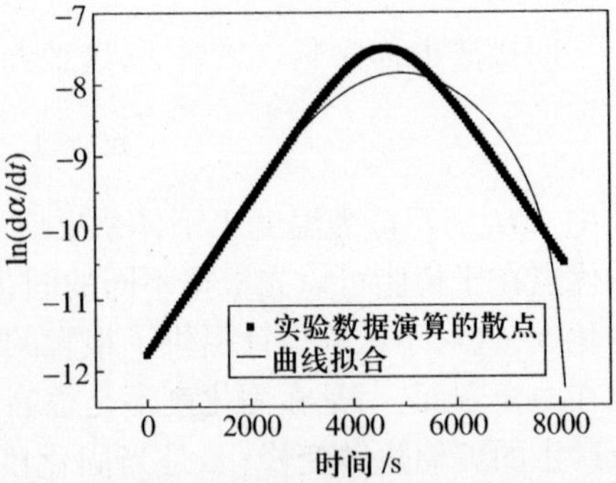

图2－5　动力学参数的拟合回归

由图2－5可以看出，在时间较短（低温段）时，曲线与实测值吻合得比较好；而在较长时间之后（高温段），曲线的偏差较大，这主要是因为随着温度的升高，分子链的增长和交联（化学反应）使得体系的黏度慢慢变大，当到达凝胶点附近时，反应物的运动受阻甚至中止，固化过程由化学因素控制过渡到扩散控制，因此动力学方程的计算结果会和试验结果存在较大偏差，此时应对原有的动力学方程进行必要的修正。

用所获得的动力学参数带入式（2－6），可给出恒温下的固化度关系，即 α 与温度 T 和时间 t 之间的关系：

$$\alpha = 1 - \left[1 - (1 - 1.602) \times 1.376 \times 10^7 \times t \times \exp\left\{ -\frac{8.754 \times 10^4}{8.314 \times T} \right\} \right]^{\frac{1}{1-1.602}}$$

$$= 1 - \left[1 + 8.284 \times 10^6 \times t \times \exp\left\{ -\frac{1.053 \times 10^4}{T} \right\} \right]^{-1.661} \qquad (2-8)$$

对式（2－8）进行等温下的二维绘图和全温下的三维绘图的结果如图2－6和图2－7所示，可以看到，在任何一个温度下，随着时间的增长，固化度都有增大的趋势，只是增大的速率有所不同，温度越高，固化度的增长速率越大，固化度的最终增长趋向于1.0，这就是热固性树脂的固化特性。

下面再讨论建立玻璃化转变关系模型。图2－8给出了该 EP 在180℃下不同恒温时间的 DSC 测试结果，由图可以看出，随着恒温时间的延长，剩余反应焓 ΔH_{res} 的面积越来越小，说明固化度越来越高，同时，对应的玻璃化转变温度也越来

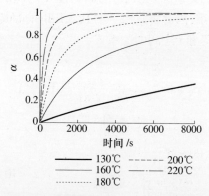

图 2-6 相同温度下的固化度—时间曲线

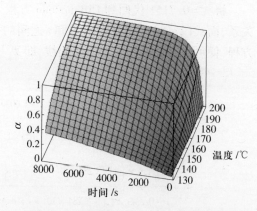

图 2-7 时间—温度—固化度三维曲面

越高,具体的结果见表 2-2。对图 2-8 中的固化度用式(2-3)进行计算后也列入表 2-2 中。

表 2-2 180℃下不同恒温时间的 DSC 曲线结果

恒温时间/min	T_g/℃	固化度 α	恒温时间/min	T_g/℃	固化度 α
5	—	0.3040	40	158.53	0.8312
10	56.60	0.3949	60	179.23	0.8520
20	114.33	0.6518	80	197.93	0.8854
30	126.50	0.6831			

对表 2-2 中的温度—固化度点用 DiBenedetto 方程[5](式 2-9)进行回归,便可以得到方程中唯一的参数 $\lambda = 0.7151$,拟合结果如图 2-9 所示。

$$T_g = T_{g0} + \frac{(T_{g\infty} - T_{g0})\lambda\alpha}{1 - (1 - \lambda)\alpha} \qquad (2-9)$$

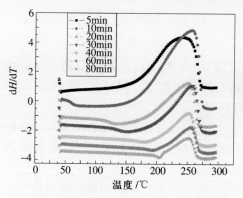

图 2-8 180℃下不同恒温时间处理
试样的 DSC 曲线

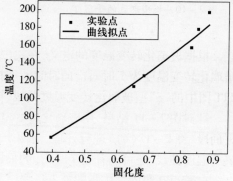

图 2-9 固化度与温度的关系
的 DiBenedetto 拟合

将 $\lambda = 0.7151$ 代回到 DiBenedetto 方程,可以得到 $T_g(T,t)$ 与固化度 α 之间的关系,而式(2-8)给出了 α 与 T 和 t 之间的关系,因此将式(2-8)代入DiBenedetto 方程,便可得到玻璃化转变关系曲线,即 T_g 与 T 和 t 之间的关系式:

$$T_g = -19.41 +$$

$$\frac{(220.97+19.41) \times 0.7151 \times \left(1 - \left[1 - (1-1.602) \times 1.376 \times 10^7 \times t \times \exp\left\{-\dfrac{8.754 \times 10^4}{8.314 \times T}\right\}\right]^{\frac{1}{1-1.602}}\right)}{1 - (1-0.7151) \times \left(1 - \left[1 - (1-1.602) \times 1.376 \times 10^7 \times t \times \exp\left\{-\dfrac{8.754 \times 10^4}{8.314 \times T}\right\}\right]^{\frac{1}{1-1.602}}\right)}$$

$$= -19.41 + \frac{171.9 \times \left(1 + 8.284 \times 10^6 \times t \times \exp\left\{-\dfrac{1.053 \times 10^4}{T}\right\}\right)}{1 - 0.2849 \times \left(1 + 8.284 \times 10^6 \times t \times \exp\left\{-\dfrac{1.053 \times 10^4}{T}\right\}\right)} \qquad (2-10)$$

同样,对式(2-10)做等温(130℃ ~ 220℃,每隔10℃一个温度点)下的两维图和全温(-50℃ ~ 220℃)下的三维图,结果见图 2-10 和图 2-11。可以看到,在不同的温度下,玻璃化转变温度随着固化时间的延长以不同的速度逼近 $T_{g\infty}$;当固化温度在0℃以下时,玻璃化转变温度基本上保持恒定,即 T_{g0}(图 2-12)。

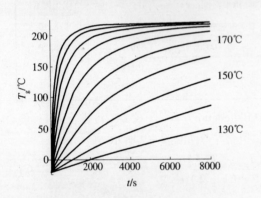

图 2-10 模型环氧的等温 $T_g - t$ 曲线

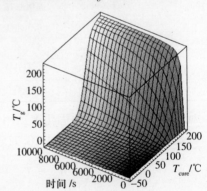

图 2-11 玻璃化温度—时间—固化温度曲面图

根据玻璃化转变温度的定义,在式(2-10)中令 $T_g = T$,反解出 t,便可以得到玻璃化转变温度为 T 时对应的时间 t。对此时间取对数,并对时间作图,可以得到 TTT 图中的"S"型玻璃化转变温度曲线(图 2-12)。

针对图 2-11 结果,用玻璃化转变温度的定义分短时间段(图 2-13(a))和长时间段(图 2-13(b))进行处理,由两个曲面的交线,不仅可以看到"S"型玻璃化转变温度曲线,还可以看到 T_{g0}、$T_{g\infty}$ 的痕迹。

凝胶点在热固性树脂的加工过程中起着非常重要的作用。当树脂的固化反应进行到一定程度时,分子链会突然联结而形成三维网络结构,此时便产生了凝胶现象。凝胶现象在宏观上最大的特征就是黏度突然增大,树脂由液态转变为橡胶态。

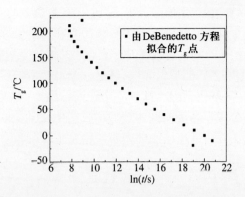

图 2 - 12 "S"型玻璃化转变温度曲线

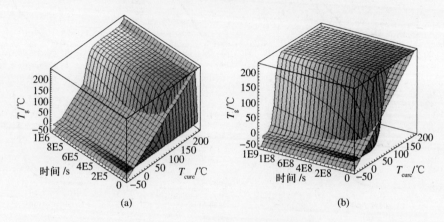

图 2 - 13 计算的玻璃化转变曲线

（a）短时间段；（b）长时间段。

凝胶时对应的固化度称为凝胶固化度 α_{gel}。

假设在固化过程中，所有的化学反应只有一个活化能 E_a，可以得出：

$$\frac{d\alpha}{dt} = A_0 \exp\left(-\frac{E_a}{RT}\right) f(\alpha) \qquad (2-11)$$

当固化度由 $\alpha = 0$ 增长到 $\alpha = \alpha_{gel}$ 时，对式（2-11）积分，整理，可以得到：

$$\ln(t_{gel}) = \ln\left(\frac{\int_0^{\alpha_{gel}} \frac{d\alpha}{f(\alpha)}}{A_0}\right) + \frac{E_a}{RT} \qquad (2-12)$$

式（2-12）右边第一项实际上为一个与时间和温度无关的常数，将其设为 A，式（2-12）便可以简化为

$$\ln(t_{gel}) = A + \frac{E_a}{RT} \qquad (2-13)$$

因此，只要实验测出温度 T 下对应的凝胶时间 t_{gel}，将试验结果以 $\ln t_{gel}$ 为 y 轴，以

$1/T$为 x 轴作图,对试验点进行回归,便可以得到 TTT 关系中的 $T-t_{gel}$ 的关系。图 2-14 分别给出了 130℃、140℃、150℃、160℃、170℃和 180℃的 DMA 凝胶测试图谱(圆盘方法测试)。由图 2-14 可以看出,在不同的温度下,随着恒温时间的延长,储能模量 E' 和损耗模量 E'' 都是先降低,经过一个平台后然后再增加;前段的降低主要是因为样品温度突然由常温升高到一个较高的温度,黏度迅速降低,这主要是一个物理过程;而平台段模量随时间的缓慢增长说明化学交联反应的存在,此后模量(特别是储能模量 E')的迅速增加则表明树脂发生了凝胶。

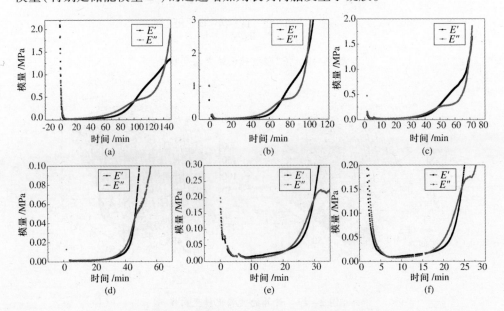

图 2-14　不同恒温条件下的 DMA 凝胶测试曲线

(a) $T=130℃$;(b) $T=140℃$;(c) $T=150℃$;

(d) $T=160℃$;(e) $T=170℃$;(f) $T=180℃$。

有两个细节值得注意,一个是储能模量 E' 和损耗模量 E'' 总是有两个交点:第一个交点产生在当恒温温度相对较高时,在储能模量 E' 尚未迅速增加的时间段;另一个交点则产生在当恒温温度相对较低时,在储能模量 E' 已经迅速增加的时间段。这种现象一方面可能与温度对固化速率的影响程度有关,即温度越高,固化速率越快;另一方面也可能与仪器的误差及样品制备等方面的因素有关。另一个值得注意的细节是损耗模量 E'' 在增长的过程中有一个二次平台,这种现象可能与树脂的固化机理有关。

取第二个交点作为恒温固化的凝胶点,以对数时间 $\ln t$ 对 $1/T$ 作图,并以式 (2-13)对数据进行回归(图 2-15),可以看到线性效果非常好,由此便可以得到 $T-t_{gel}$ 的关系式:

$$\ln t_{gel} = -13.42 + \frac{9.103 \times 10^3}{T} \qquad (2-14)$$

由此可以计算出该 EP 的凝胶活化能 $E_{gel} = 75.68\text{kJ/g}$,它比固化活化能 $E_a = 87.54\text{kJ/g}$ 要稍微小一些。

对试验数据用式(2-14)以 T 和 $\ln t_{gel}$ 进行回归,可以得到凝胶时的固化度 $\alpha_{gel} = 0.4539$(图 2-16)。

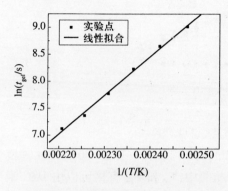

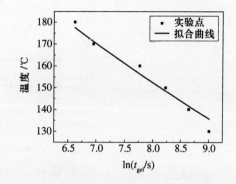

图 2-15　凝胶时间和温度的线性回归　　　　图 2-16　凝胶时固化度的回归

对式(2-14)的结果进行计算,可以得到以温度和时间为坐标的凝胶线(图 2-17),将 $\lambda = 0.7151$ 和 $\alpha_{gel} = 0.4539$ 同时代入 DiBenedetto 方程(式 2-9),可以得到 $T_{ggel} = 70.18℃$,对应的时间为 $t_{T_{ggel}} = 4.848 \times 10^5 \text{s}(134.7\text{h})$,相对于该树脂的固化成型工艺时间来说,这是一个相当长的时间。

方程(2-8)给出了固化度 α 和 (T, t) 之间的关系,在该方程中,令固化度等于某一特定值,反解方程就可以得到温度 T 和时间 t 之间的关系,进而就可以得到以 T 为纵轴和以 $\ln t$ 为横轴的等固化度曲线。图 2-18 给出了计算固化度分别为 0.3、0.5 和 0.7 的曲线结果。

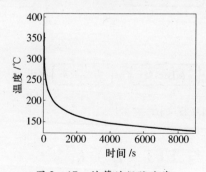

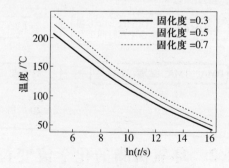

图 2-17　计算的凝胶曲线　　　　　　图 2-18　计算的等固化度曲线

由此,TTT 关系建模的所有必要信息已得到,将这些信息以图形的形式表达在以温度为纵轴,以对数时间为横轴的坐标系中,便可以得到该模型 EP 树脂的完整的 TTT 关系曲线族(图 2 - 19)。

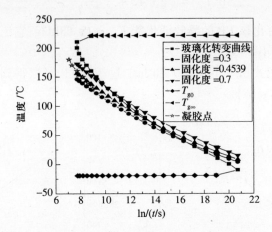

图 2 - 19　模型环氧树脂的 TTT 相图

对以上方法进行总结,可以获得 TTT 建模的通用流程[6,7](图 2 - 20)。TTT 建模的基础是建立固化模型和凝胶模型,在 TTT 相图中,T_{g0} 和 $T_{g\infty}$ 直接可以由 DSC 测出,DSC 曲线同时给出建立固化模型所需要的动力学参数;用所建立的固化模型,结合 DiBenedetto 方程,就可得到等固化度曲线和玻璃化曲线;测试不同温度下的凝胶点,可以建立凝胶模型和凝胶线,T_{ggel} 最终由玻璃化线和凝胶线的交点确定。

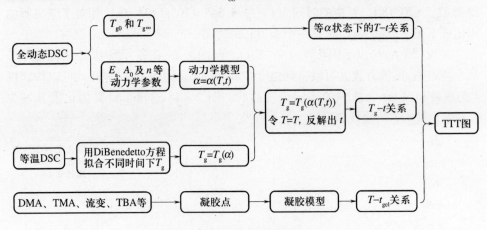

图 2 - 20　TTT 相图建模流程

2.2　环氧树脂的化学流变行为与 TTT - η 关系[8,9]

热固性树脂流变行为的显著特点是黏度变化不仅是温度和剪切速率的函数,而且与成型加工过程中发生的化学反应程度密切相关。热固性树脂因化学反应影响其结构和性能,这种结构上的变化将在材料的黏弹行为方面有所反映,这被称为化学流变性。为了与传统意义上的黏度相区别,反应聚合物体系的黏度常被称为化学黏度[10]。一般而言,化学黏度可以表示为反应程度即固化度、温度、时间、剪切速率、填料性质和压力的函数,但对于纯热固性树脂而言,固化反应使聚合物分子链增长、支化、交联,化学反应对树脂黏度的影响十分显著,因此剪切速率、填料性质以及压力对该黏度影响可以忽略,而反应程度主要是温度、时间(T,t)和固化度的函数,固化度也是(T,t)的函数。

在固化反应过程中,两种同时发生的过程控制着反应体系的流变行为:一方面,温度升高使链段运动剧烈,导致黏度下降;另一方面,固化过程导致相对分子质量的增加,引起树脂的黏度上升。前者可用基于自由体积理论得到的 William-Landel-Ferry(WLF)经验方程(2-15)描述[11],该方程在玻璃化转变温度附近有效:

$$\ln \frac{\eta}{\eta_{T_0}} = \frac{-C_1(T-T_0)}{C_2+T-T_0} \qquad (2-15)$$

式中:C_1、C_2为可调的参数;T_0为参考温度。

尽管 WLF 方程从严格意义上讲属于经验方程,但它被 Cohen 和 Turnbull 在理论上进行了证明[12]。自由体积理论认为,分子的运动取决于分子聚集体中自由体积的数量,未占有空间越少,分子间碰撞越多,从而导致对平衡状态下扰动的缓慢响应[13]。

为说明前面所述的第二种情况,Enns 和 Gillham[14] 提出下面的黏度方程(2-16):

$$\ln \eta = \ln \eta_\infty + \ln \overline{M_w} + \frac{E_\eta}{RT} = \frac{-C_1(T-T_0)}{C_2+T-T_0} \qquad (2-16)$$

式中:η_∞ 为当 T 趋于无穷大时的外推黏度;E_η 为活化能;M_w 是重均相对分子质量;参考温度 T_0 人为选择,当温度高于 T_0 时,黏度—温度关系满足 Arrhenius 方程。

也有许多研究者遵循 Stolin 等[15] 提出的经验方程式(2-17)来计算树脂的黏度:

$$\eta(T,\alpha) = \eta_0 \exp\left(\frac{U}{RT}+K\alpha\right) \qquad (2-17)$$

式中:U 为黏性流体的活化能;R 为气体常数;K 为常数,用来说明化学反应对反应体系黏度变化的影响。这个公式假定 U 不受固化度的影响。

另一个被普遍应用的经验方程是 Castro 和 Macosko[16] 提出的方程式(2-18):

$$\eta = A_\eta \exp\left(\frac{E_\eta}{RT}\right)\left(\frac{\alpha_g}{\alpha_g-\alpha}\right)^{a+b\alpha} \qquad (2-18)$$

虽然式(2-17)和式(2-18)都可被用于计算树脂的黏度,但是自变量中的固

化度 α 通常也是 (T,t) 的函数,使应用不方便。

为方便应用,Lee 和 Han[17] 提出方程式(2 - 19):

$$\eta = A_\eta \exp \left(\frac{E_\eta}{RT} \right) \tag{2 - 19}$$

式中:流体活化能 E_η 和频率因子 A_η 由下式给出:

$$E_\eta = a + b\alpha$$
$$A_\eta = a_0 \exp(-b\alpha) \tag{2 - 20}$$

式中:常数 a、b、a_0、b_0 对不同树脂有不同的数值。

等温固化的情况下,Roller[18] 和 Theriault[19] 等基于 Flory 凝胶理论和 Stock-mayer 支化理论,提出了四参数双 Arrhenius 黏度经验模型(式(2 - 21)),应用颇广泛。

$$\ln \eta(T,t) = \ln \eta_\infty + \frac{\Delta E_\eta}{RT} + t \times K_\infty \exp \left(-\frac{\Delta E_a}{RT} \right) \tag{2 - 21}$$

式中:η_∞、K_∞ 分别为 Arrhenius 指前系数;E_η 为树脂的流动活化能;E_a 为树脂的固化反应活化能。

在四参数双 Arrhenius 模型的基础上,参考 Arrhenius 方程[8],对方程(2 - 21)进行了适当修正,即在原方程前面加一个与温度相关的指前因子,使方程式(2 - 21)变为式(2 - 22)所示的六参数模型:

$$\ln \eta(T,t) = \ln k_1 + k_2 T + \ln \eta_\infty + \frac{\Delta E_\eta}{RT} + t \times K_\infty \exp \left(-\frac{\Delta E_a}{RT} \right) \tag{2 - 22}$$

式中:k_1 和 k_2 为新增的模型参数。

六参数模型相对于四参数模型,可以更为准确地预测接近凝胶点的高黏度区的黏度。

对于第 2.1 节里讨论的模型环氧树脂,其热分析结果如上一节所述,其动态黏—温曲线见图 2 - 21(升温速率 5℃/min)。由图可以看出,树脂在 40℃ 以下的黏度大于 70Pa·s,随着温度的升高,树脂黏度急剧下降,在 75℃ 左右时黏度值降至 1Pa·s;此后,黏度降低的速度趋于缓慢,在 80℃ ~200℃ 温度区间进入一个较低而恒定的黏度范围,这是一个相当宽的低黏度温度窗口。随着温度的继续升高,树脂的化学交联反应以指数关系加速,直到 200℃ 以后黏度迅速上升,此时树脂已经通过化学反应最终凝胶而形成三维交联网络结构。分别选取 150℃、160℃、180℃ 和 200℃ 进行恒温黏度—时间测试,结果见图 2 - 22。

将实验所得的初始黏度 η_0 取对数,对 $(1/T)$ 作图,得到散点图,进一步作线性拟合(图 2 - 23),可以看到线性关系良好,由此得到:

$$\ln \eta_0 = -7.903 + \frac{2091.5}{T} \tag{2 - 23}$$

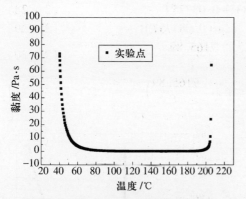

图 2-21　模型环氧的黏度—温度曲线

图 2-22　模型环氧的黏度—时间曲线

计算得到流动活化能 $E_\eta = 17.39\text{kJ/mol}$，再通过数学变换得到初始黏度 η_0：

$$\eta_0(T) = 3.696 \times 10^{-4} \exp\left(\frac{2091.5}{T}\right) \quad (2-24)$$

当图 2-22 树脂的黏度接近凝胶点或超过凝胶点以后，黏度很大，我们在参考了 Arrhenius 方程的前提下，用以下方程进行了拟合：

$$\frac{\eta_t}{\eta_0} = A\exp(Kt) \quad (2-25)$$

指前因子 A 定义为

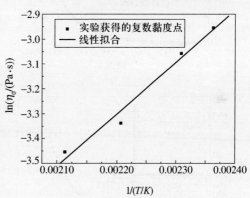

图 2-23　初始黏度 (η_0) 拟合

$$A = k_1 \exp(k_2 T) \quad (2-26)$$

式中：k_1 和 k_2 为模型参数。

在等温固化过程中，A 是一个与时间无关的量，因而对式(2-25)两边取对数便可得(η_t/η_0)与 t 的线性关系式：

$$\ln\left(\frac{\eta_t}{\eta_0}\right) = \ln A + Kt \quad (2-27)$$

通过斜率和截距计算就可以分别求出反速率常数 K 和指前因子 A。

计算图 2-22 每一恒温下的相对黏度，并用式(2-27)进行拟合(图 2-24)，可以发现拟合的效果很好，R^2 基本保持恒定且趋近于 1。

对模型参数 A 和 K 的数据散点分别进行线性拟合(图 2-25 和图 2-26)，可以看到，A 和 K 的线性拟合的线性相关系数很好，两次拟合的线性相关系数分别为 $R^A = 0.97922$ 和 $R^K = -0.99198$，由此得到

$$\ln A = -39.83 + 0.08775T \qquad (2-28)$$
$$A = 5.036 \times 10^{-18} \exp(0.08775T) \qquad (2-29)$$
$$\ln K = 10.923 - \frac{7165.89}{T} \qquad (2-30)$$
$$K = 5.544 \times 10^{4} \exp\left(-\frac{7165.89}{T}\right) \qquad (2-31)$$

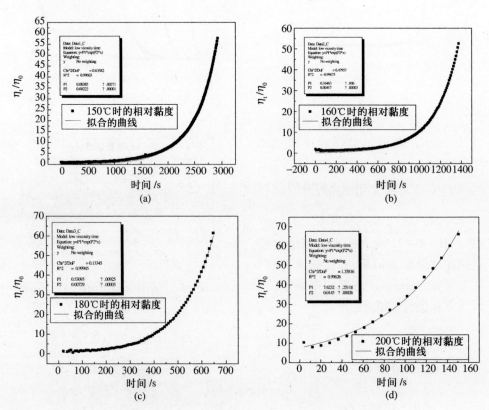

图 2 – 24　不同恒温条件下模型参数 K 和指前因子 A 的拟合

(a) $T = 150℃$；(b) $T = 170℃$；(c) $T = 180℃$；(d) $T = 200℃$。

用式(4 – 8)拟合的结果见表 2 – 3。

表 2 – 3　用式(4 – 8)拟合的结果

温度/℃	模型参数 A	模型参数 K	R^2
150	0.08385	0.00222	0.99603
160	0.16463	0.00417	0.99803
180	0.53096	0.00729	0.99945
200	7.6232	0.0145	0.99626

根据六参数模型方程(式(2 – 22))及以上拟合计算结果,经必要的数学合并

和化简,可以得到

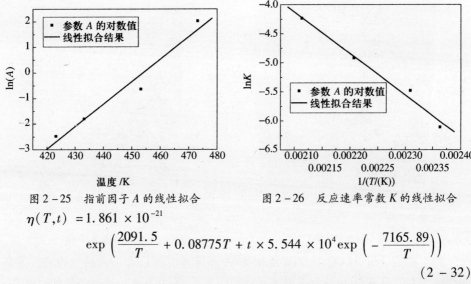

图 2 - 25　指前因子 A 的线性拟合　　图 2 - 26　反应速率常数 K 的线性拟合

$$\eta(T,t) = 1.861 \times 10^{-21}$$

$$\exp \left(\frac{2091.5}{T} + 0.08775T + t \times 5.544 \times 10^4 \exp \left(-\frac{7165.89}{T} \right) \right)$$

$$(2 - 32)$$

式(2 - 32)给出了在任意温度下任一时刻的黏度表达式,将其与测试的结果进行比较(图 2 - 27),可以发现在反应开始的低黏度阶段,模型计算和实验结果基本吻合,但随着时间的延长,模型计算和实验结果的偏差越来越大,这是因为在凝胶点附近和凝胶以后,反应单元越来越复杂,并且时间和温度对于扩散的影响尚不清楚等一系列原因造成的。

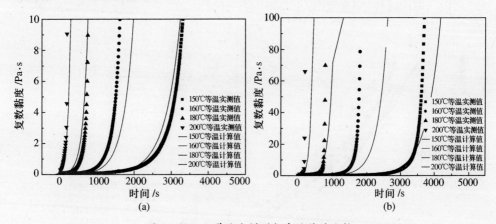

图 2 - 27　化学流变模型与实验值的比较

(a) 低黏度下的比较结果;(b) 高黏度下的比较结果。

根据以上的黏度数学模型,可以分别以黏度、时间、温度为坐标,设计得到三维的黏度曲面图(图 2 - 28)。为了更加形象直观地说明黏度、温度、时间这三者的关系,同时也为了工程应用的方便,对图 2 - 28 作等高线(等黏度)处理便得到图 2 - 29 的时间—温度—等黏度曲线,图上每条线上的数字代表对应的黏度(单位Pa·s)。

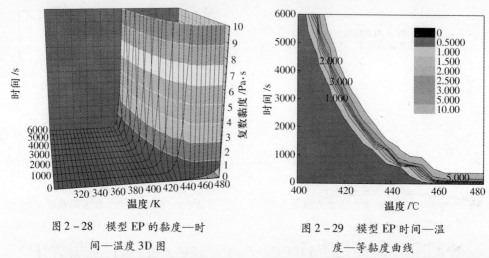

图 2-28　模型 EP 的黏度—时
间—温度 3D 图

图 2-29　模型 EP 时间—温
度—等黏度曲线

由上面的分析可以看出,当黏度相等时,温度和时间具有一一对应的函数关系,
而在第 3.1 节里,TTT 也给出了温度和时间的关系,如果将这些某个等量的温度和时
间关系画在同一张图中,便可以得到 TTT-η 图(图 2-30)。由图可以看出,等黏度
曲线并不是相互平行,而是在低温长时间的方向有一种"集束趋势",这一点是与试
验结果相符的(图 2-31)。造成这种结现象的主要原因是对时间取对数,虽然温度
越低,黏度增长相同的数量所花费的时间越长,但在对数时间下,这种增长变得越来
越"迟钝",因而这种"集束效应"不是树脂本身的特征,而是一种数学处理的结果。

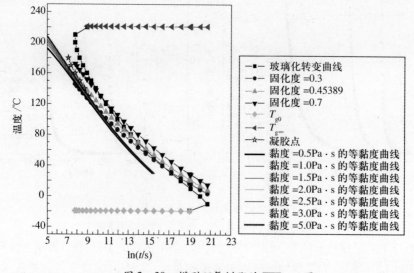

图 2-30　模型环氧树脂的 TTT-η 图

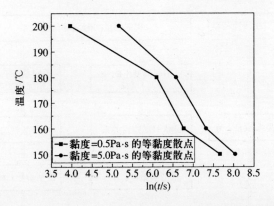

图 2 - 31　不同温度下环氧树脂黏度—对数时间的处理结果

在 TTT $-\eta$ 图中,我们更加关心的是工艺窗口温度段的情况,将以图 2 - 30 中的细节进行局部放大便有图 2 - 32。该图为工艺的优化提供了更为直接的平台。

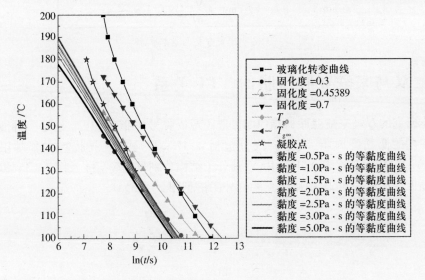

图 2 - 32　模型环氧树脂工艺段的 TTT $-\eta$ 图

TTT $-\eta$ 图给了我们关于树脂基体更加丰富的信息,在 TTT $-\eta$ 图,我们不仅可以知道任一时刻任一温度下的反应进行程度(固化度)、是否凝胶、是否有玻璃化转变等信息,而且可以知道树脂此时此刻的黏度是多少,流动状况如何,还有多大的加工空间等一系列十分有用的工艺信息,这不仅是工艺优化的参考,也为材料的在线检测等提供了依据。

为了得到 TTT $-\eta$ 关系,我们建立了六参数化学流变模型的建模流程(图 2 - 33),由此可知,要得到完整的化学流变模型,需要先通过三次线性拟合获得六个关键性的参数 E_η、η_∞、E_a、K_∞、k_1 和 k_2,因而这三次拟合便成为建模的关键。

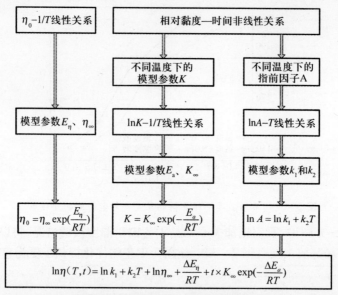

图 2-33 化学流变分析与建模流程

2.3 双马来酰亚胺树脂的 TTT 关系[20]

本研究的双马来酰亚胺树脂(BMI)选用现成牌号树脂 6421①。这是一种液态成型专用的低黏度树脂,其主要成分包括 4,4′-双马来酰亚胺基二苯基甲烷(BDM)和二烯丙基双酚 A(DABPA),其分子结构分别见图 2-34 及图 2-35,以上组分预聚后形成的 6421 树脂体系的红外图谱见图 2-36。

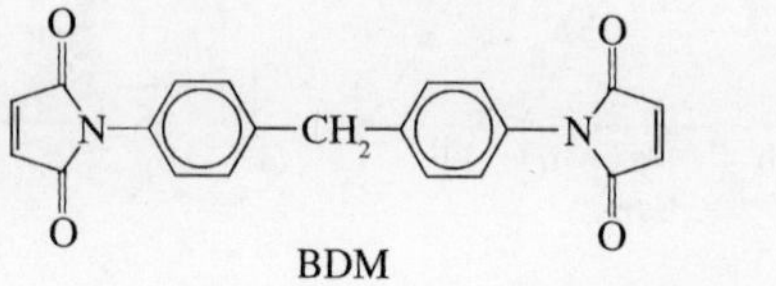

BDM

图 2-34 4,4′-双马来酰亚胺基二苯基甲烷(BDM)分子结构式

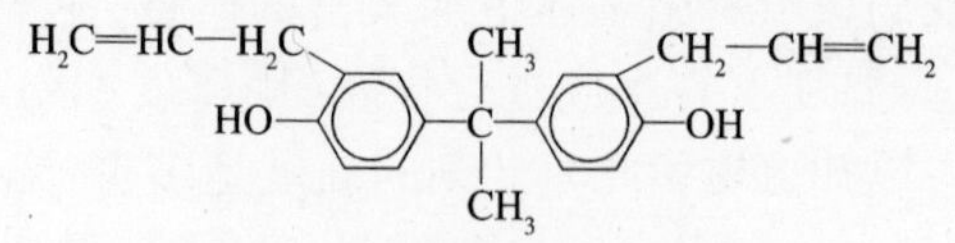

DABPA

图 2-35 二烯丙基双酚 A(DABPA)分子结构式

---

① 双马来酰亚胺树脂 6421,北京航空材料研究院先进复合材料国防科技重点实验室产品。

74

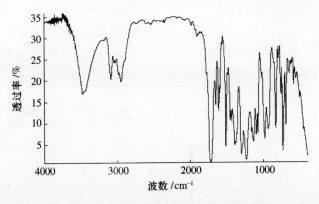

图 2-36 BMI 树脂(6421)的红外光谱图

参照第 3.1 节,新鲜 BMI 树脂第一次全动态扫描(2℃/min)和第二次全动态扫描(10℃/min)的曲线如图 2-37 所示,由此可确定该 BMI 的玻璃化转变温度 T_{g0}。但由于该树脂的固化交联密度高,不能明显分辨 DSC 第二次扫描曲线的基线偏移,无法确定 $T_{g\infty}$;因此又用 TMA 法通过监测树脂的膨胀来确定其 $T_{g\infty}$,图 2-38 给出该 BMI 的 TMA 测试结果,可以看出,树脂的 $T_{g\infty}$ 为 253.9℃。图 2-37 及图 2-38 提供的结果汇总在表 2-4 中。

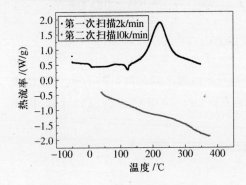

图 2-37 BMI 的动态 DSC 曲线

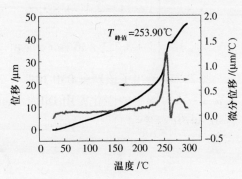

图 2-38 BMI 的 TMA 曲线

表 2-4 BMI 动态 DSC 及 TMA 测试结果

T_{g0}/℃	6.92	T_{peak}/℃	223.29
$T_{g\infty}$/℃	253.90	T_{final}/℃	330.21
$T_{initial}$/℃	133.66	ΔH_{total}/J·g^{-1}	323.6

同上,计算图 2-37 中第一次扫描曲线上不同时刻的固化度,并对得到的结果进行拟合,得到图 2-39。由图可以看出,拟合结果与计算点吻合很好(R^2 = 0.99922)。拟合结果为式(2-33),该式给出了升温速率为 2℃/min 时固化度和时间的关系。

$$\alpha = 0.9847 - \frac{0.9991}{1 + e^{1.646 \times 10^{-3} \times t - 4.645}} \tag{2-33}$$

将式(2-33)的固化度结果代入式(2-5)进行多参数非线性回归(图2-40)得到动力学参数:活化能 $E_a = 88.34\mathrm{kJ/mol}$,指前因子 $A_0 = 3.36 \times 10^6 \mathrm{s}^{-1}$,反应级数 $n = 2.117$。

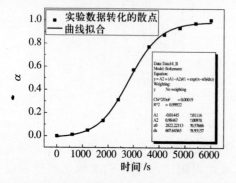

图2-39　BMI固化度与固化时间的关系

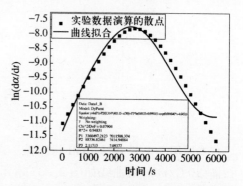

图2-40　BMI动力学参数多元非线性回归

将获得的动力学参数代入式(2-6),可给出恒温下 α 与温度 T 和时间 t 之间的关系:

$$\alpha = 1 - \left[1 - (1 - 2.117) \times 3.36 \times 10^6 \times t \times \exp\left(-\frac{8.834 \times 10^4}{8.314 \times T}\right)\right]^{\frac{1}{1 - 2.117}} =$$

$$1 - \left[1 + 3.753 \times 10^6 \times t \times \exp\left(-\frac{1.063 \times 10^4}{T}\right)\right]^{-0.895} \tag{2-34}$$

图2-41给出了该新鲜BMI树脂在200℃下恒温不同时间后的DSC测试结果见表2-5,对图中的固化度用DiBenedetto方程(式(2-9))进行回归计算,得到 $\lambda = 0.3879$(图2-42)。

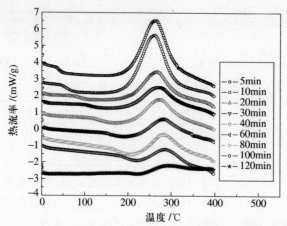

图2-41　BMI在200℃下恒温不同时间后的DSC曲线

表 2-5　BMI 树脂在 200℃下恒温不同时间的 DSC 曲线结果

恒温时间/min	T_g/℃	固化度 α	恒温时间/min	T_g/℃	固化度 α
5	39.47	0.368201	60	156.06	0.791811
10	59	0.445303	80	174.96	0.841656
20	87.97	0.55686	100	196.55	0.88529
30	112.14	0.628245	120	209.35	0.911836
40	129.72	0.732293			

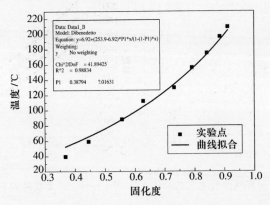

图 2-42　BMI 固化度与温度的关系及 DiBenedetto 拟合

将 $\lambda = 0.3879$ 代回到 DiBenedetto 方程,得到 $T_g(T,t)$ 与固化度 α 以及 $T_g(T,t)$ 与 T 和 t 之间的直接关系式:

$$T_g = T_{g0} + \frac{(T_{g\infty} - T_{g0})\lambda\alpha}{1 - (1-\lambda)\alpha} =$$

$$6.92 + \frac{(253.90 - 6.92) \times 0.3879 \times \left(1 - \left[1 + 3.753 \times 10^6 \times t \times \exp\left(-\dfrac{1.063 \times 10^4}{T + 273.15}\right)\right]^{-0.895}\right)}{1 - (1 - 0.3879)\left(1 - \left[1 + 3.753 \times 10^6 \times t \times \exp\left(-\dfrac{1.063 \times 10^4}{T + 273.15}\right)\right]^{-0.895}\right)} =$$

$$6.92 + \frac{94.64 \times \left(1 - \left[1 + 3.753 \times 10^6 \times t \times \exp\left(-\dfrac{1.063 \times 10^4}{T + 273.15}\right)\right]^{-0.895}\right)}{1 - 0.6121 \times \left(1 - \left[1 + 3.753 \times 10^6 \times t \times \exp\left(-\dfrac{1.063 \times 10^4}{T + 273.15}\right)\right]^{-0.895}\right)} \tag{2-35}$$

令式(2-35)中 $T_g = T$,反解出 t,便得到玻璃化转变温度为 T 时对应的时间,进一步得到 TTT 图中的"S"型玻璃化转变温度线(图 2-43)。

$$t = \frac{2.665 \times 10^7 \times \left(\exp \left(1.117 \times \ln \left(\frac{246.98}{253.9 - T_g} \right) \right) - 1 \right)}{\exp \left(-\frac{1.063 \times 10^4}{T + 273.15} \right)} \qquad (2-36)$$

根据固化度 α 和 (T, t) 之间的关系(方程(2-34)),令固化度等于某一特定值,反解方程,得到温度 T 和时间 t 之间的关系,进而得到以 T 为纵轴以 $\ln(t)$ 为横轴的等固化度曲线。图 2-44 给出了计算获得的固化度分别为 0.2、0.4、0.6 和 0.8 的结果。

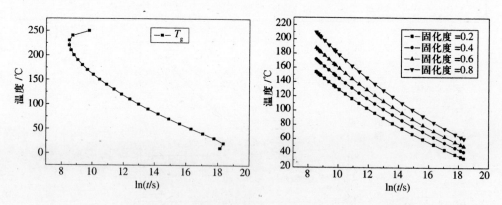

图 2-43　BMI 的"S"型玻璃化转变温度曲线　　图 2-44　计算获得的 BMI 等固化度曲线

图 2-45 给出了 160℃ 时的凝胶测试结果(DMA 圆盘方法测试),可以看出,在恒温的起始阶段,储能模量和损耗模量均缓慢增长,随着时间的延长,储能模量曲线出现拐点,越过拐点后储能模量迅速增加,因此,以储能模量的拐点作为树脂的凝胶点。凝胶点在曲线上的判定方法为储能模量基线和快速增长阶段曲线切线的交点。

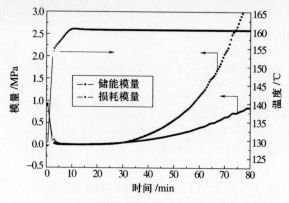

图 2-45　BMI 树脂 160℃ 凝胶测试结果

图 2 - 46 给出了该 BMI 在 140℃、150℃、160℃、170℃ 和 180℃ 恒温的 DMA 凝胶测试储能模量图谱。取储能模量 E' 的基线和快速增长阶段曲线的交点作为恒温固化的凝胶点，以对数时间 $\ln t$ 对 $1/T$ 作图，并以式(2 - 13)对数据进行回归(图 2 - 47)，可见线性效果非常好，由此得到 $T - t_{gel}$ 的关系式(2 - 37)，据上式可以计算出凝胶时的活化能 $E_{gel} = 83.00\text{kJ/g}$。同时对试验数据用式(2 - 34)以 T 和 $\ln t_{gel}$ 进行回归，得到凝胶时的固化度 $\alpha_{gel} = 0.168$(图 2 - 48)。

$$\ln t_{gel} = -15.102 + \frac{9984.11}{T} \tag{2 - 37}$$

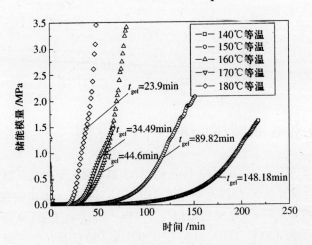

图 2 - 46　BMI 在不同恒温温度下 DMA 圆盘压缩储能模量图

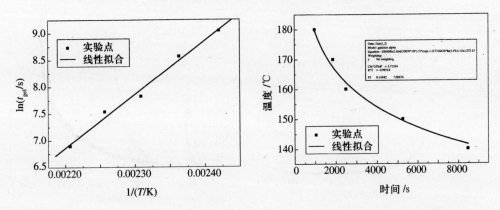

图 2 - 47　BMI 凝胶时间和温度的线性回归　　图 2 - 48　BMI 凝胶时固化度的回归

将 T_{g0} 和 $T_{g\infty}$，等固化度曲线，"S"型玻璃化转变温度曲线，以及凝胶线等以图形形式表达在以温度为纵轴，以对数时间为横轴的坐标系中，得到该 BMI 树脂 6421 完整的 TTT 相图(图 2 - 49)。

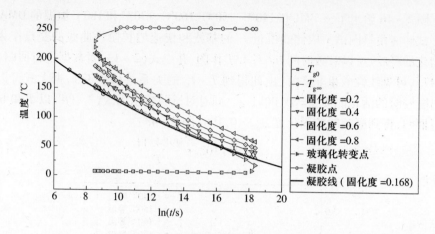

图 2 - 49　BMI 树脂(6421)的 TTT 图

2.4　双马来酰亚胺树脂的 TTT-η 图

参照第 2.2 节,下面讨论建立 BMI 树脂(6421)的黏度曲线及其 TTT-η 关系。图 2 - 50 给出了 2℃/min 升温速率下该 BMI 的动态黏度—温度曲线。由图可以看出,该树脂在 90℃~170℃ 之间的黏度低于 1Pa·s,这对于 RTM 液态成型工艺非常重要。该树脂在 120℃、130℃、140℃、150℃ 及 160℃ 等五个恒温点的黏度—时间曲线见图 2 - 51。

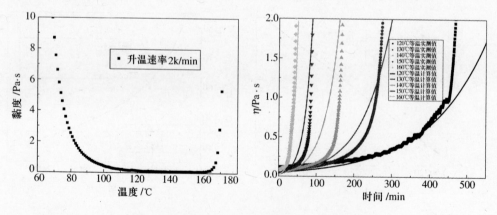

图 2 - 50　BMI 的黏度—温度曲线　　　图 2 - 51　BMI 的等温黏度—时间曲线

参照前述的拟合方法(图 2 - 52),建立拟合式(2 - 38):

$$\ln\eta_0 = -7.261 + \frac{2121.9}{T} \qquad (2-38)$$

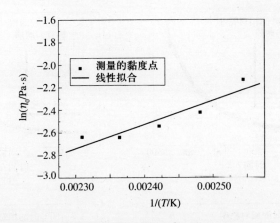

图 2 - 52　BMI 初始黏度 η_0 的拟合

得到流动活化能 $E_\eta = 17.64\text{kJ/mol}$,进一步得到初始黏度 η_0 的表达式

$$\eta_0(T) = 7.024 \times 10^{-4} \exp\left(\frac{2121.9}{T}\right) \qquad (2-39)$$

根据不同温度下的初始黏度,可知其相对黏度基本在 10 ~ 20 这个区间内。计算每一恒温下的相对黏度,用式(2-27)拟合(图 2-53),结果见表 2-6。

表 2 - 6　用式(1-22)拟合的 BMI 树脂的流变模型参数

温度/℃	模型参数 A	模型参数 K	R^2
120	0.51225	0.00612	0.97498
130	0.19062	0.01548	0.94109
140	0.16648	0.0248	0.88564
150	0.2412	0.04264	0.87356
160	0.24112	0.10488	0.98154

对表 2-6 中的模型参数 A 和 K 的数据点进一步进行线性拟合(图 2-54 和图 2-55),得到

$$\ln A = 3.859 - 0.01272T \qquad (2-40)$$

$$\ln K = 23.935 - \frac{11389.1}{T} \qquad (2-41)$$

最终得到 A 和 K 的数学表达

$$A = 47.42\exp(-0.01272T) \qquad (2-42)$$

$$K = 2.482 \times 10^{10}\exp\left(-\frac{11389.1}{T}\right) \qquad (2-43)$$

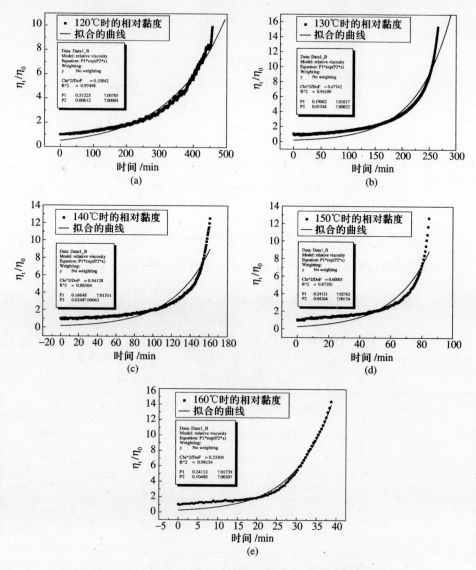

图 2-53 不同恒温条件下 BMI 的模型参数 K 的拟合结果

(a) $T = 120\,℃$；(b) $T = 130\,℃$；(c) $T = 140\,℃$；(d) $T = 150\,℃$；(e) $T = 160\,℃$。

最后，经数学合并和化简，得到

$$\eta(T,t) = 3.331 \times 10^{-2} \exp\left(\frac{2121.9}{T} - 0.01272T +\right.$$

$$\left. t \times 2.482 \times 10^{10} \exp\left(-\frac{11389.1}{T}\right)\right) \qquad (2-44)$$

该方程所建立的 BMI 树脂(6421)的 TTT-η 图见图 2-56(a)，图 2-56(b) 为该树脂的细节局部放大。

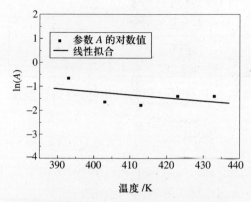

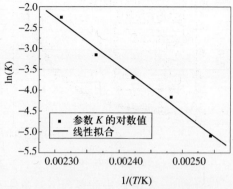

图 2 - 54　BMI 流变指前因子 A 的线性拟合　　　　图 2 - 55　BMI 反应速率常数 K 的线性拟合

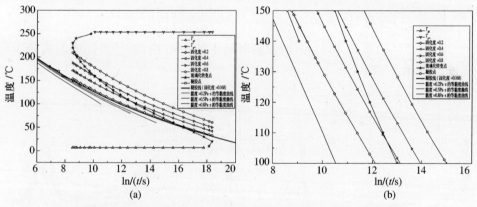

图 2 - 56　双马酰亚胺树脂 6421 的 TTT - η 图 (a) 及其局部放大 (b)

2.5　苯并噁嗪树脂的 TTT 关系和 TTT - η 关系[21]

本研究的苯并噁嗪树脂(Benzoxazine, BOZ)选用国外牌号树脂 Epsilon①,这也是一种液态成型专用的低黏度树脂体系,其化学结构不详。

根据上面各节的建模分析和几个具体材料的建模流程讨论,可知 TTT 图和 TTT - η 图的建模方法具有通用性,为了节省篇幅,下面只给出该 BOZ 树脂 TTT 图和 TTT - η 图建模的主要过程及结果。

新鲜树脂第一次全动态 DSC 扫描(5℃/min)和第二次全动态扫描(10℃/min)的曲线见图 2 - 57(a),由此确定玻璃化转变温度 T_{g0};再通过第二次扫描确定 $T_{g\infty}$(图 2 - 57(a)及表 2 - 7)。

①　德国 Henkel 公司产品。

$T_{g0}/℃$	-9.36	$T_{peak}/℃$	222.42
$T_{g∞}/℃$	200.14	$T_{final}/℃$	276.47
$T_{initial}/℃$	180.94	$\Delta H_{total}/J \cdot g^{-1}$	313.6

拟合图 2－57(a)中第一次 DSC 扫描曲线上不同时刻的固化度,得到升温速率为 5℃/min 时固化度和时间的关系式。

$$\alpha = 0.9853 - \frac{1.0019}{1 + e^{1.051 \times 10^{-2} \times t - 5.423}} \tag{2-45}$$

进一步运算,得到活化能 $E_a = 113.452kJ/mol$,指前因子 $A_0 = 7.797 \times 10^9 s^{-1}$,反应级数 $n = 2.017$,进而得到恒温条件下 α 与温度 T 和时间 t 之间的关系

$$\alpha = 1 - \left[1 - (1 - 2.017) \times 7.979 \times 10^9 \times t \times \exp\left(-\frac{113452}{8.314 \times T} \right) \right]^{\frac{1}{1-2.017}} =$$
$$1 - \left[1 + 8.115 \times 10^9 \times t \times \exp\left(-\frac{13645.9}{T} \right) \right]^{-0.983} \tag{2-46}$$

图 2－57(b)给出 185℃不同恒温时间下的 DSC 曲线,计算图中的树脂固化度,结果见表 2－8。

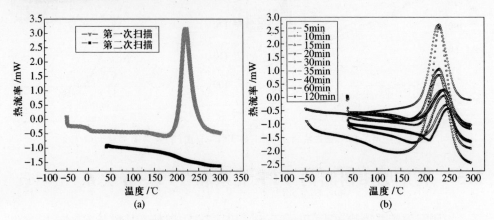

图 2－57　BOZ 树脂的动态 DSC 扫描(a)及 185℃恒温处理后的 DSC 扫描(b)

表 2－8　BOZ 树脂在 185℃下恒温不同时间后的 DSC 曲线结果

等温时间/min	$T_g/℃$	固化度 α	等温时间/min	$T_g/℃$	固化度 α
15	38.8	0.26339	40	142.83	0.71138
20	57.53	0.37181	60	160.17	0.83294
30	121.53	0.61735	120	185.6	0.84914
35	137.41	0.70759			

用 DiBenedetto 方程回归表 2－8 的温度—固化度,得到 $\lambda = 0.9713$,将其代回到 DiBenedetto 方程,得到 $T_g(T,t)$ 与固化度 α 之间的关系,进一步得到 T_g 与 T 和 t

之间的关系式：

$T_g = -9.36 +$

$$\frac{(200.14+9.36)\times 0.9716 \times \left(1-\left[1-(1-2.017)\times 7.979\times 10^9 \times t \times \exp\left(-\dfrac{113452}{8.314\times T}\right)\right]^{\frac{1}{1-2.017}}\right)}{1-(1-0.9716)\times\left(1-\left[1-(1-2.017)\times 7.979\times 10^9 \times t \times \exp\left(-\dfrac{113452}{8.314\times T}\right)\right]^{\frac{1}{1-2.017}}\right)}=$$

$$-9.36+\frac{203.55\times\left(1-\left[1+8.115\times 10^9 \times t \times \exp\left(-\dfrac{13645.9}{T}\right)\right]^{-0.983}\right)}{1-0.0284\times\left(1-\left[1+8.115\times 10^9 \times t \times \exp\left(-\dfrac{13645.9}{T}\right)\right]^{-0.983}\right)} \qquad (2-47)$$

令 $T_g = T$，得到玻璃化转变温度为 T 时对应的时间 t，进一步得到 TTT 图中的"S"型玻璃化转变温度线(图 2-58(a))；又参照以往的流程，得到以 T 为纵轴、以 $\ln(t)$ 为横轴的等固化度曲线。图 2-58(b)给出了计算固化度分别为 0.3、0.5、0.7 和 0.9 的曲线族。

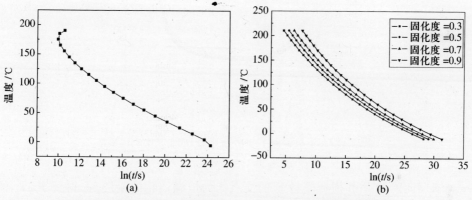

图 2-58　BOZ 树脂的玻璃化转变温度曲线(a)和等固化度曲线(b)

用 DMA 分别测试 BOZ 树脂的凝胶行为，结果见图 2-59。

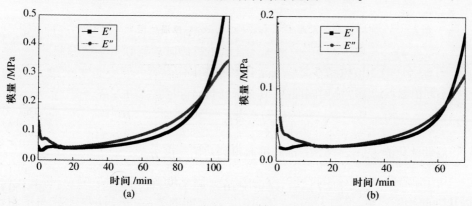

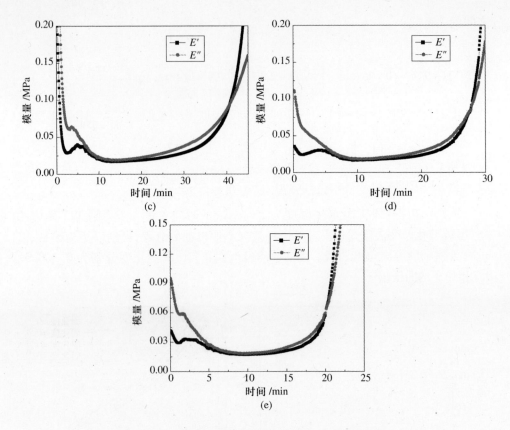

图 2 - 59 　不同恒温下 BOZ 树脂的 DMA 凝胶测试图谱

(a) $T = 155℃$; (b) $T = 165℃$; (c) $T = 175℃$; (d) $T = 185℃$; (e) $T = 195℃$ 。

　　取储能模量 E' 和损耗模量 E'' 的交点作为恒温固化的凝胶点,得到 $T - t_{gel}$ 的关系式,再求出凝胶活化能 $E_{gel} = 68.23kJ/g$,最终得到完整的 TTT 相图(图 2 - 60)。

$$\ln t_{gel} = - 10.542 + \frac{8206.17}{T} \qquad (2 - 48)$$

　　图 2 -61(a)为该树脂在 2℃/min 升温速率下的黏度—温度曲线,图 2 -61(b)是在不同恒温点的黏度—时间曲线。拟合回归分析得到

$$\ln \eta_0 = - 9.818 + \frac{3068.3}{T} \qquad (2 - 49)$$

　　流动活化能 $E_\eta = 25.51kJ/mol$,进而得到初始黏度 η_0 :

$$\eta_0(T) = 5.446 \times 10^{-5} \exp \left(\frac{3068.3}{T} \right) \qquad (2 - 50)$$

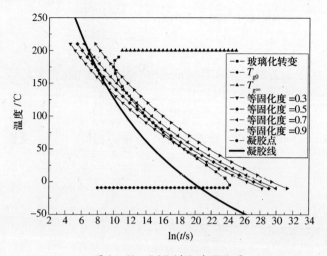

图 2-60 BOZ 树脂的 TTT 图

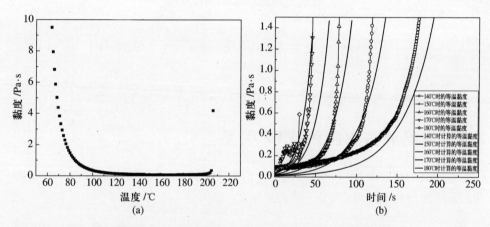

图 2-61 BOZ 树脂的黏度—温度(a)和黏度—时间(b)曲线

用式(1-22)拟合的 BOZ 树脂流变模型参数见表 2-61。

表 2-9 用式(1-22)拟合的 BOZ 树脂流变模型参数

温度/℃	模型参数 A	模型参数 K	R^2
140	0.36082	0.02019	0.95876
150	0.03163	0.05187	0.8923
160	0.15576	0.05531	0.88019
170	1.28147	0.04949	0.75377
180	0.56868	0.08756	0.6957

由

$$A = 5.617 \times 10^{-10} \exp (0.04612T)$$

$$K = 1.390 \times 10^4 \exp\left(-\frac{5441.20}{T}\right)$$

最终得到

$$\eta(T,t) = 2.814 \times 10^{-14} \times \exp\left(\frac{3068.3}{T} + 0.04612T + t \times \right.$$

$$\left.1.390 \times 10^4 \times \exp\left(-\frac{5441.20}{T}\right)\right) \qquad (2-51)$$

BOZ 树脂(Epsilon)的 TTT－η 图见图 2－62(a),其细节放大见图 2－62(b)。

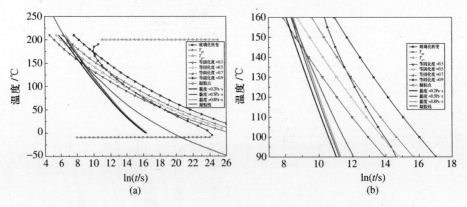

图 2－62　BOZ 树脂(Epsilon)的 TTT－η 图(a)及其局部放大(b)

2.6　聚酰亚胺树脂的 TTT 关系[22]

本研究的聚酰亚胺树脂(PI)的牌号为 9731①,这是一种液态成型(RTM)专用的高温低黏度树脂体系,其分子结构见图 2－63。

a-BPDA/3,4-ODA:4,4'-ODA(1:1)/4-PEPA

图 2－63　高温聚酰亚胺树脂 9731 的分子结构

---

① 聚酰亚胺树脂 9731,北京航空材料研究院与中国科学院长春化学研究所联合研制。

同上,对该 PI 树脂的第一次和第二次全动态 DSC 扫描结果如图 2-64,由此确定该树脂的 $T_{g0} = 114.78℃$,$T_{g∞}$ 为 $355.4℃$,该树脂在整个反应过程中的热焓 $\Delta H_{total} = 332.8 J/g$。

反应时间 t 和固化度 α 关系的拟合方程式为

$$\alpha = 0.79317 - \frac{0.79149}{1 + \exp(0.0128t - 7.1215)} \tag{2-52}$$

将该树脂从室温升至 330℃,升温速率 20℃/min,然后在 330℃ 分别恒温不同时间,再以 10℃/min 的速率升至 500℃,其 DSC 测试结果如图 2-65,其固化度与温度关系的 DiBenedetto 拟合方程为

$$\frac{1}{T_g - T_{g0}} = -0.00829 + \frac{0.01258}{\alpha} \tag{2-53}$$

解出 $\lambda = 0.33$。

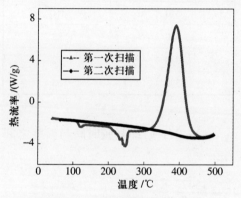

图 2-64　PI 树脂的动态 DSC 曲线

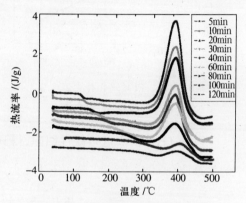

图 2-65　PI 树脂不同恒温处理后的动态 DSC 图

将 T_{g0}、$T_{g∞}$ 以及 λ 代入下式

$$T_g = 114.78 + \frac{79.4\alpha}{1 - 0.67\alpha} \tag{2-54}$$

得到该树脂的玻璃化转变温度曲线,再对 DSC 曲线进行积分,对得到的曲线进一步进行多参数非线性回归,得到:

$$\alpha = 1 - \left[1 + 11.19195 \times 10^{19} \cdot t \cdot \exp\left(-\frac{32331.4}{T}\right)\right]^{\left(\frac{-1}{3.553}\right)} \tag{2-55}$$

最后得到:

$$T_g = 114.78 + \frac{75.31\left\{1 - \left[1 + 11.19195 \times 10^{19} \cdot t \cdot \exp\left(-\frac{32331.4}{T_g}\right)\right]^{\left(\frac{-1}{3.553}\right)}\right\}}{1 - 0.687\left\{1 - \left[1 + 11.19195 \times 10^{19} \cdot t \cdot \exp\left(-\frac{32331.4}{T_g}\right)\right]^{\left(\frac{-1}{3.553}\right)}\right\}}$$

$$\tag{2-56}$$

其 $T_g \sim t$ 的"S"形曲线见图 2-66，进而得到不同固化度时的时间与温度关系。

关于凝胶行为，除了第 2.1 节所介绍的仪器化的方法外，还有一些其他的方法[23]：取适量的 PI 树脂放在凝胶盘上，以 10℃/min 加热式样，选取 280℃、290℃、300℃、310℃、320℃、330℃ 和 340℃ 等温度点，通过拉丝试验来确定凝胶点。以升温到测试温度处开始计时，直到拉出丝计时结束，测试结果见表 2-10。

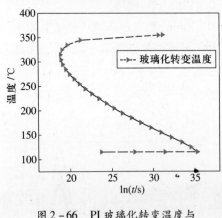

图 2-66 PI 玻璃化转变温度与固化时间的"S"形曲线

表 2-10 不同温度条件下 PI 的凝胶时间

温度/℃	时间/min
280	471
290	305
300	205
310	160
320	93
330	79
340	53

以 $\ln(t_{gel})$ 对 $\dfrac{1}{T}$ 进行线性回归，得到 $E_a = 128.27 J/g$，即凝胶时间与温度之间的关系曲线

$$\ln t_{gel} = -17.45 + \frac{15427.8}{T} \tag{2-57}$$

将该式代入计算得到的不同固化度的时间—温度关系，就可以得到该 PI 树脂 9731 的 TTT 相图如图 2-67 所示。

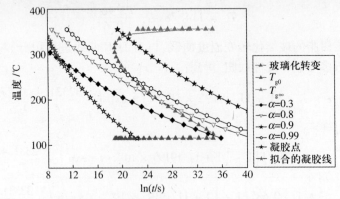

图 2-67 聚酰亚胺树脂 9731 的 TTT 相图

2.7 小结

热固性树脂温度—时间转换关系(TTT 图)是对热固性树脂加工空间的全面描述,是热固性树脂材料固化工艺的路线图,它对工艺路线的选择与确定,固化材料的基本结构以及由此产生的材料使用性能预估等具有重要的理论意义和实际应用价值。

本章研究建立了一个仪器化、配合演算的 TTT 关系确定路线和方法,可以统一、相对简单而快速地测定热固性树脂的 TTT 图,并将这个方法拓展到包含树脂的流变学特征,建立了国内外几种航空工业常见的典型高性能复合材料专用树脂的 TTT 关系和 TTT-η 关系,为研究和使用这些树脂,以及优化其固化工艺奠定了理论和应用方法的基础。

在本书的后面章节我们还将看见,利用 TTT-η 关系,还可以辅助确定热塑性改性热固性复相高分子材料的相变区域,进一步提升基础 TTT 方法和 TTT-η 关系对先进复合材料技术的指导性和实用性。

参 考 文 献

[1] (1) Gillham J K. in The role of polymer matrix in processing and structural properties of composites. Eds. Seferis J C & Nicolais L N. New York:Plenum Press, 1983:127 – 145;(2) Enns JB, Gillham J K. Time – temperature – transformation (TTT) cure diagram:Modeling the cure behavior of thermosets[J]. Journal of Applied Polymer Science, 1983, 28(8):2567 – 2591;(3) Simon S, Gillham JK. Thermosetting cure diagrams: Calculation and application[J]. Journal of Applied Polymer Science, 1994, 53(6):709 – 727.

[2] Simon S L, Gillham J K. Thermosetting Cure Diagrams – Calculation and Application [J]. Journal of. Applied Polymer Science, 1994, 53 (6):709 – 727.

[3] 张明. 通用航空环氧树脂的固化和相行为研究[T]. 北京:北京航空材料研究院硕士研究生学位论文,2006.

[4] Zhang Ming, An Xuefeng, Tang Bangming, Yi Xiaosu. Study on Cure Behavior of a Model Epoxy System by Means of TTT Diagram[J]. Chinese Journal of Materials Engineering, 2006, 276 (5) :57 – 62.

[5] Joseph D. Menczel, R. Bruce Prime. Thermal analysis of polymers:fundamentals and applications. Wiley, 2008.

[6] Zhang Ming, An Xuefeng, Tang Bangming, Yi Xiaosu. TTT diagram and phase structure control of 2/4 functional epoxy blends used in advanced composites. Frontiers of Materials Science in China, 2007, 1 (1):81 – 87.

[7] 张明,安学锋,唐邦铭,益小苏. 高性能双组分环氧树脂固化动力学研究和 TTT 图绘制[J]. 复合材料学报,2006,23(1):17 – 25.

[8] 张明. 通用航空环氧树脂的固化和相行为研究[T]. 北京:北京航空材料研究院硕士研究生学位论文,2006.

［9］ 安学锋."离位"增韧的材料学模型与应用技术研究［T］. 北京:北京航空材料研究院博士后出站报告,2006.

［10］ 卢红斌,周江,何天白. 聚合物反应加工中的化学流变学模拟［J］. 高分子材料科学与工程,2001,17(4):7-11.

［11］ Williams M L,Landel R F,Ferry J D. J. Am. Chem. Soc. ,1955,77:3701.

［12］ Cohen M H,Turnbull D. J. Chem. Phys. ,1959,31:1164.

［13］ 何曼君. 高分子物理［M］. 上海:复旦大学出版社,1990.

［14］ Enns J B, Gillham J K. TTime – temperature – transformation (TTT) cure diagram:Modeling the cure behavior of thermosets［J］. Journal of Applied Polymer Science, 1983, 28(8):2567 – 2591.

［15］ Stolin A M,Merzhanov A G, Malkin A Y. Polym. Eng. & Sci. , 1979, 19(15):1074 – 1080.

［16］ Castro J M,Macosko C W. Soc. Plast. Eng. Tech. Papers,1980,26:43.

［17］ Lee D S,Han C D. Polym. Eng. Sci. ,1987,27(13):955 – 963.

［18］ (1)Roller M B. Characterization of the time – temperature – viscosity behavior of curing B – staged epoxy resin［J］. Polymer Engineer and Science, 1975, 15:406 – 416. (2)Roller M B. Rheology of curing thermosets:An overview［J］. Polymer Engineer and Science,1986, 26(2):432 – 440.

［19］ Theriault P R, Osswald T A, Castro J M. A numerical model of the viscosity of an epoxy prepreg resin system ［J］. Polymer Composites, 1999, 20(5):628 – 633.

［20］ 张明. 航空 RTM 树脂的固化形为相结构—性能关系研究［T］. 中国航空研究博士研究生学位论文,2010.

［21］ 益小苏. 下一代高性能航空复合材料及其应用技术研究. 国家科技部国际科技合作项目研究工作技术总结(课题编号:2008DFA50370).

［22］ 刘志真. RTM 聚酰亚胺复合材料工艺和性能研究［T］. 北京:北京航空材料研究院博士学位论文,2008.

［23］ 张秀娟. 热塑性改性热固性树脂固化中的形貌—流变学研究［T］. 上海:复旦大学博士学位论文,2007.

92

第3章 热塑性/热固性树脂复相体系的相变特性

前已述及,在先进树脂基复合材料的增韧技术领域,人们关注的重点是理解纯树脂基体的韧性和复合材料的韧性,众所周知,它们各自的性质和作用机制是不一样的。在纯树脂基体方面,采用橡胶相高分子或热塑性高分子对热固性基体树脂进行共混增韧,以促进形成共溶的均相韧化组织,或形成特征的第二相微结构是最主要的研究方向;而就高性能先进复合材料的树脂基体而言,热塑性高分子(Thermoplastic,TP)增韧热固性高分子(Thermoset,TS)是最实际、最可行的技术方案,其材料科学基础是高分子物理及其相变热力学与动力学,这个研究工作可以追溯到20世纪80年代。目前,这个方向的理论研究和实验科学都已建立了比较深入而坚实的基础。

本章重点研究讨论典型高性能热塑性/热固性复相树脂体系的相变热力学和动力学特性,研究了相变的相关影响因素,最后还尝试建立了包含相变域及其工艺控制信息的 TTT 关系图。

3.1 热反应诱导相分离的基本理论

以最基本的热塑性高分子聚醚砜(Polyethersulfone,PES)增韧改性环氧树脂(Epoxy,EP)为例,T. Inoue 利用小角激光光散射(Small angle light scattering,SALS)实验等发现[1],这个 EP/PES 体系作为一个下临界转变温度(Lower Critical Solution Temperature,LCST)的热力学体系,其初始相图如图 3-1 所示。随着 EP 的相对分子质量增长及其交联反应固化,LCST 相线(图 3-1(a)上方的"悬挂"实线)将下移(至虚线,最终形成图 3-1(b)偏下方的"悬挂实线");与此同时,混合体系的玻璃化转变温度 T_g 将提升(图 3-1(b)偏下方的虚线将上移),如此,假设 PES 的体积分数为 ϕ(横坐标),对应的 TP/TS 混合体系的固化反应温度为 T_{cure}(纵坐标),初始状态时,该混合体系位于相图的均相(单一相)区域,但随着相对分子质量增长,导致的相线下移,该体系将进入分相区域,体系内部出现由均相向双相(复相)的相变。这个相变过程同时受到上移的 T_g 线的抑制和影响,而在 T_g 线上移的背后是体系的玻璃化转变(Vitrification)过程和凝胶转变(Gelation)过程,显然,这是一个非常复杂、相互竞争和影响的动力学过程。

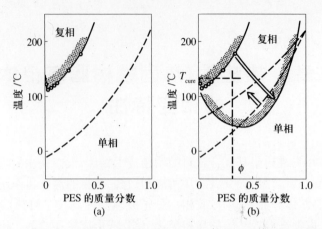

图 3 - 1   模型 EP/PES 体系下临界转变温度(LCST)相图

针对 PES 增韧改性的环氧树脂,T. Inoue 解释说[1],由初始温度 T_1 淬火到温度 T_2,体系越过了相图的失稳线[2](Spinodal,亦称旋节线),导致分相。由于许多热固性树脂的相对分子质量增长和交联固化的速度大于这个热塑性/热固性树脂体系相分离的速度,体系的过冷度较大,因此分相倾向于按化学反应诱导的旋节失稳分相机理进行,即 Reaction - induced Spinodal Decomposition 过程(SD 相分离)。SD 相分离体系对无限小振幅的长波长浓度涨落失稳,因此形成一相分散于另一相的相结构或两相相互连通的双连续相结构,或者在热塑性/热固性树脂的某个临界组分阈值之后出现双连续的相反转结构等。

传统热致 SD 相分离初期的浓度涨落波是单调的,且波长保持 Λ_m 不变,振幅随时间增大。相分离中后期,波长与振幅随时间演化。初期相区域特征尺寸近似等于 Λ_m,Λ_m 与淬冷深度($| T_S - T_2 |$)服从如下关系:

$$\Lambda_m \approx 2\pi l \left(3 \frac{| T_S - T_2 |}{T_S} \right)^{-1/2} \tag{3 - 1}$$

式中:l 为体系相互作用长度;T_S 为体系在某个组成下的 Spinodal 温度;T_2 为实验温度。式 3 - 1 表明,淬冷深度($| T_S - T_2 |$)越大,SD 初期相结构尺寸 Λ_m 越小。这样,就有了相变形成的相尺寸与相变条件(温度)之间对应某个时间的动力学对应关系。

为了解反应诱导相分离体系中随化学反应进行不断增加的淬冷深度对早期相结构演化特征的影响,Inoue 将淬冷速度引入 Cahn - Hilliard 非线性扩散方程,通过计算模拟,研究不断变化的淬冷深度对相结构的影响,发现最终相结构受淬冷速度的影响较大,但仍为规则周期结构。如图 3 - 2 所示,当淬冷速度较快或较慢时,也即反应速度较快或极慢时,体系的相结构在初期的演化被连续增加的淬冷深度所抑制,生成非常均一的、规则周期的相结构。

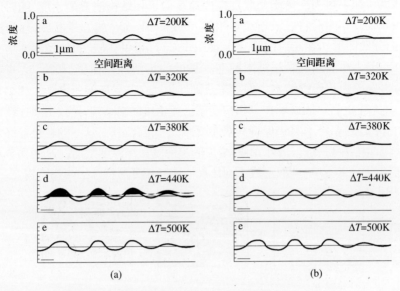

图3-2 分相过程中随淬冷速度浓度涨落的时间依赖性

(a) 淬冷速度 = 6.0℃/min;(b) 淬冷速度 = 0.15℃/min。

这个分析表明,反应诱导 SD 相分离从一开始即具有一定的相尺寸 Λ_m,该尺寸不随时间变化,尽管相分离中后期 Λ_m 将随时间演化。相分离初期 Λ_m 出现的时间—温度的关系,只要 Λ_m 在观察的分辨率范围之内,即与 Λ_m 的大小没有关系。

热塑性高分子增韧热固性高分子的组分和淬冷深度对实际相尺寸的影响可以参考图3-3的一个实例[1],研究用到的热塑性/热固性高分子试验材料体系仍是 PES 改性环氧树脂(EP/PES/DDS = 100/50/26),固化温度为变量。由图可见,SD 分相初期的相尺寸 Λ_m 总是随固化时间而单调增长,然后或迟或早根据组分或固化温度(淬冷深度)的不同进入一个相尺寸的恒定值,说明进一步的相尺寸长大受到 EP 相交联密度提高的抑制,或受到富 PES 相玻璃化转变的抑制等。

根据 Inoue 的总结[1],初始状态时,热塑性/热固性混合体系处于均相区(图3-4)。

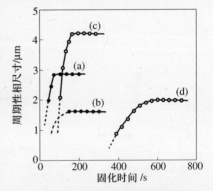

图3-3 周期性相尺寸与固化制度的关系

●—EP/PES/DDM = 100/50/26,固化温度200℃(a)及170℃(b);

○—EP/PES/DDM = 100/30/26,固化温度170℃(c)及140℃(d)。

由于体系中热固性树脂的相对分子质量随热交联反应的进程不断增加,其与热塑性组分之间的相容性逐渐变差,体系在热力学上不再相容,导致发生相分离。相分离开始以后,如果热固性树脂交联反应的速度低于相结构演变的速度,随时间及表面张力的增加,相图形将以双连续自相似(Self-similarity)的方式发展,逐步过渡到类液滴的分散图形。在随后的粗化(Coarsening)过程里,颗粒的粒径逐渐增长但周期性不变,因为热固性的颗粒被限制在高黏度的热塑性基体里,最后,这些颗粒相互连接,再次成为双连续结构。但如果热固性树脂交联反应的速度高于相结构演变的速度,体系中的富热固区域在分相初期就已经生成网络结构,导致由双连续向类液滴结构的转变受限,体系将仍保持其双连续性。随粗化过程,这些颗粒也最终发展成为双连续结构(图3-5)。另外,不断增加的淬冷度和淬冷度增加的速度都会对相分离过程产生很大的影响,从而形成不同热反应诱导相分离特殊的两相结构。

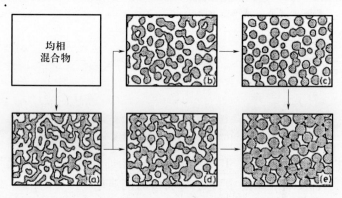

图3-4 Inoue反应诱导相分离形成双连续结构的示意图

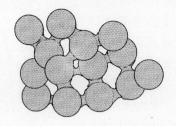

图3-5 反应诱导相分离及粗化形成的颗粒状双连续结构示意图

国内李善君等也对环氧树脂[3,4](EP)、双马来酰亚胺[5,6](BMI)、氰酸酯树脂[7](CE)等树脂的相分离过程进行了系统研究,通过小角激光光散射证实,TP/TS复相体系的相分离按照旋节线失稳机理进行(图3-6)。随着热塑性树脂含量的变化分别得到不同的微相结构,而不同的微相结构又对应着不同的力学性能(图3-7,以PEI改性CE树脂为例)。随着PEI含量不断增加,PEI/CE共混物的相形貌由海岛结构经过双连续结构到最后的完全相反转结构。通过断裂伸长率的测试发现,当微相结构呈双连续结构时,断裂伸长率最大,表明此时PEI/CE共混物的韧性最好。

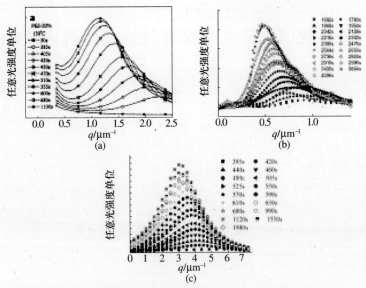

图 3-6 TP/TS 共混物在不同温度下的时间分辨光散射（SALS）图谱

（a）130℃下 20%（质量分数）PES/EP 共混物；（b）160℃下 12.5%（质量
分数）PES/BMI 共混物；（c）150℃下 25%（质量分数）PEI/CE 共混物。

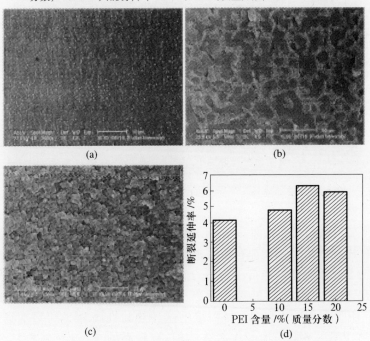

图 3-7 不同 PEI 含量的 PEI/CE 共混物的相结构与材料的性能

（a）10%质量含量下的 SEM 照片；（b）15%质量含量下的 SEM 图；

（c）20%质量含量下的 SEM 照片；（d）不同 PEI 含量浇铸体的断裂伸长率。

3.2 分相形貌研究用光学仪器与热塑性增韧材料

小角激光光散射(Small Angle Laser Scattering,SALS)实验是一种可靠、灵敏的光学检测技术,其仪器搭配原理见图3-8。本实验用时间分辨小角激光光散射可在不同恒温固化环境中实时跟踪样品的分相活动,使用光源为波长为632.8nm的He-Ne激光。光散射仪带有控温热台和CCD摄像头,能每隔一段时间自动记录样品散射光强的变化。观测样品的制备采用熔压法:将样品夹于两片洁净盖玻片(12mm×12mm,厚0.13mm~0.17mm)之间,SALS热台调节至预设温度并控温稳定后将样品放上,轻轻挤压玻片使共混样品成膜,尽可能赶出残留气泡后即开始启动数据采集系统,每隔一定时间记录树脂体系相分离过程中的信号变化,例如,当散射环开始出现时计为相分离时间。

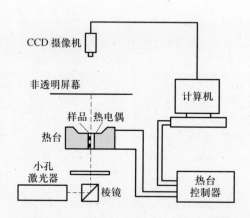

图3-8 典型的时间分辨小角激光光散射(SALS)仪器系统

SALS实验的观察范围和效果与所研究的材料体系的相光学反差有关,比如,对于聚芳基醚酮(Polyaryletherketone,PAEK)改性的热固性树脂材料体系,SALS实验就几乎不能提供相结构方面的任何信息。

本研究用到的聚芳基醚酮(缩写PAEK)是一种具有中国特色、含有酚酞侧基官能团的非晶态热塑性高分子材料[8],其化学分子结构式见图3-9。商业化的改性聚芳醚酮工程塑料的玻璃化转变温度约为220℃~230℃,特性黏数0.30dl/g。图3-10~图3-13分别给出这种热塑性高分子的基本结构信息。由分析可见,PAEK树脂含有较多芳香结构,有较高的T_g,满足航空复合材料的耐热性要求。本书里,我们主要将这种热塑性高分子材料用作热固性树脂的模型增韧改性剂。

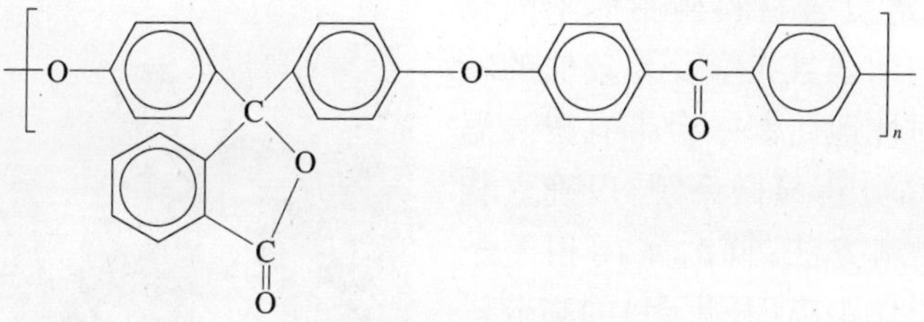

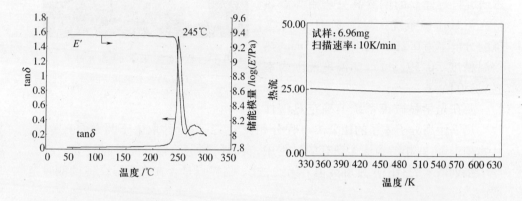

图3-9 聚芳基醚酮(PAEK)的化学分子结构式

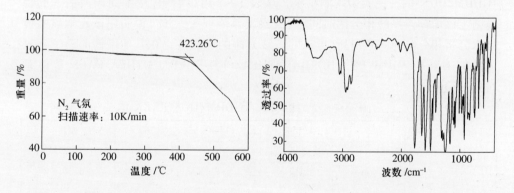

图3-10 PAEK的动态热机械
扫描(DMTA)曲线

图3-11 PAEK的动态热分析(DSC)曲线

图3-12 PAEK的热失重分析(TGA)曲线

图3-13 PAEK的红外光谱

传统上讲,光学显微镜(Optical Microscope,OM)分析是一种最直观、快捷与经济的相分离研究手段。目前国内外的高温热台显微镜大部分为正置型,难以避免高温烘烤与样品挥发对镜头的损害与腐蚀,且观察中对样品进行操作不方便,使用受限制。倒置显微镜的特点是物镜、聚光镜和光源的位置都颠倒过来,但国内商业倒置型显微镜要达到 $0.5\mu m$ 的分辨率,工作距离只有 $0.6mm$,因此不宜在高温下使用。根据先进复合材料树脂体系固化温度高、相结构细小且光学反差较低的特点，需要有针对性地研制一台带有耐高温热台、倒置的高分辨显微系统，以确立相分离早期的观测方法，同时采用相差技术，配置超长工作距离（长焦距）的高分辨物镜，以解决耐高温，高分辨的技术要求。本研究自行建立的倒置高分辨耐高温热台光学显微镜系统[9]见图 3 – 14。显微镜的分辨率为 0.2μm，工作距离 15mm，热控温精度 ±0.5℃，可观测温度范围为室温 ~250℃。

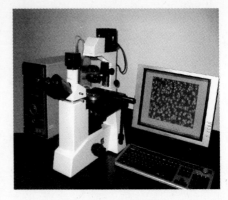

图 3 – 14　偏光、长焦距、高分辨率、耐高温的热台显微系统

要在光学显微镜系统上确定热塑性改性热固性高分子体系的相分离过程分相点 t_{ps}，其可行性取决于两方面。首先，从原理上讲，在相结构从无到有的过程中，实验所测定的相分离时间 t_{ps} 是否存在一个接近微米的有限尺度临界值。第二，这一临界点是否在光学显微镜的测量范围内。

用不同放大倍率的物镜对不同体系在一定温度范围内的相分离时间 t_{ps} 进行测定[10]，表 3 – 1 所列为聚芳醚酮（PAEK）增韧的模型环氧树脂体系①（DGEBA/TGDDM/DDS）的一些实验观测结果。从表 3 – 1 可以看出，用不同放大倍率的物镜测定该增韧体系的相分离时间 t_{ps}，观察误差范围在 ±3%，说明用该光学显微镜技术分析相分离时间是可行、可靠的。该方法的可靠性也在其他增韧的模型环氧体系如 DGEBA/DDM/PES、DGEBA/MTHPA/PES、DGEBA/MTHPA/PAEK 等体系得到过检验[10]。

表 3 – 1　光学显微镜观察的 DGEBA/TGDDM/DDS/PAEK 体系分相时间

PAEK 浓度/份	$T/℃$	$t_{ps}/s(1500 \times)$	$t_{ps}/s(1200 \times)$	$t_{ps}/s(760 \times)$	误差
10	210	228	227	220	− 1.3% ~ 2.2%
	200	328	321	320	− 0.9% ~ 1.5%
	190	469	466	464	− 0.4% ~ 0.6%
	180	610	608	602	− 0.8% ~ 0.5%

① TGDDM($N,N,N'N'$ – 四环氧基 – 4,4′ – 二氨基二苯基甲烷)，相对分子质量 422；双酚 A 环氧 DGE-BA，环氧当量 185；固化剂 DDS，相对分子质量 248.3；改性剂 PAEK(酚酞基聚醚酮)，T_g = 221℃，M_n = 36700，M_w = 108900。环氧树脂 TGDDM/DGEBA 共混物不特别标注为质量比 3:2 共混物，并以 BEP 代称 TGDDM/DGEBA 共混物。

PAEK 浓度/份	$T/℃$	$t_{ps}/s(1500\times)$	$t_{ps}/s(1200\times)$	$t_{ps}/s(760\times)$	误差
15	210	200	205	201	$-1\% \sim 1.5\%$
	200	287	289	286	$-0.3\% \sim 0.7\%$
	190	399	397	402	$-0.5\% \sim 0.7\%$
	180	589	583	580	$0.7\% \sim 0.9\%$

需要指出的是,随热塑性树脂浓度或温度的变化,体系相分离中后期的形貌演化特征并不相同,但这并不影响相分离时间的测定。本实验研究体系热塑性树脂的含量在临界含量附近变化,这也是用热塑性树脂增韧热固性树脂通常采用的浓度范围。

3.3 热塑性/热固性树脂体系的分相结构特征[10,11,12]

上述的 DGEBA/TGDDM/DDS/PAEK 复相体系(以下简称 BEP/DDS/PAEK)是一个典型的动力学不对称体系,实测热塑性增韧组分 PAEK 的玻璃化温度 $T_g = 221℃$, $\bar{M}_w = 108900$。BEP/DDS/PAEK 体系在相分离点附近的化学转化率约为 24%。根据唐敖庆[13]、Macosko/Miller[14] 等的条件数学期望的全概率公式推导重均相对分子质量与体系化学转化率的关系式,可以求算出该体系在相分离点的重均相对分子质量约为2000。测定相分离点附近 BEP/DDS 的 $T_g = 40℃$,因此 PAEK 与基体树脂在相分离中存在较大的动力学差异,表明该 TP/TS 体系在相分离过程中将受热塑性高分子 PAEK 大分子链的黏弹效应的影响。

图 3-15 为不同 PAEK 含量 BEP/DDS/PAEK 复相体系相分离固化后的光学显微镜(OM)照片。从照片中可以看出,体系在 PAEK 含量为 10 份时形成了双连续相,在 PAEK 含量在 20 份和 30 份时,该体系形成了反转相结构。不同的仅仅是 20 份含量 PAEK 复相体系的相分离是从双连续相开始的,而 30 份的 PAEK 复相体系从一开始就是反转相体系,然后进一步演化[15]。

图 3-16 为不同温度/时间下 BEP/DDS/PAEK 15 份复相体系的 OM 形貌照片,可以看出,在 140℃ 固化时相界面并不清晰,随固化温度的升高,相结构逐渐增大,但体系的整体尺寸都不大于 $2\mu m$,这可能是由于低温条件下树脂黏度较高,低聚物的扩散迁移受到影响所致。

图 3-17 和图 3-18 为该复相体系在不同 PAEK 含量时的扫描电子显微镜(Scanning Electron Microscope,SEM)显微照片,其中的热塑性树脂 PAEK 通过四氢呋喃(THF)化学刻蚀已不复存在,仅仅留下刻蚀不掉的 EP 结构。从显微照片中可看出,在 180℃ 的固化条件下,15 份的 PAEK 和 30 份的 PAEK 体系中的环氧树

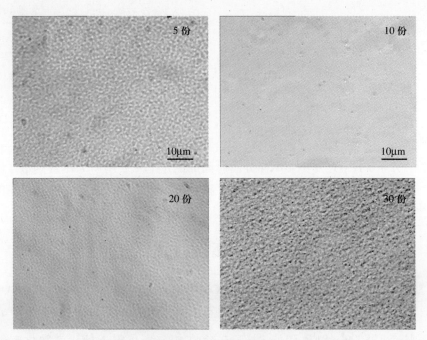

图 3 – 15　不同 PAEK 含量 BEP/DDS/PAEK 复相体系
的相分离形貌(固化条件 180℃/1h)

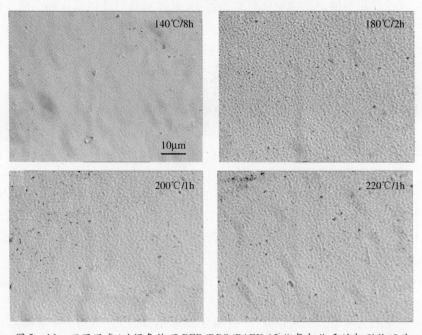

图 3 – 16　不同温度/时间条件下 BEP/DDS/PAEK 15 份复相体系的相形貌照片

102

脂相均形成了球状颗粒结构,而在10份PAEK体系里则形成了连接球状颗粒相结构。按照Inoue的说法[1],这是一种特殊的双连续相结构。同一个PAEK含量的体系,在不同温度下,相分离程度与相尺寸也存在很大差别(比较图3-17和图3-18)。

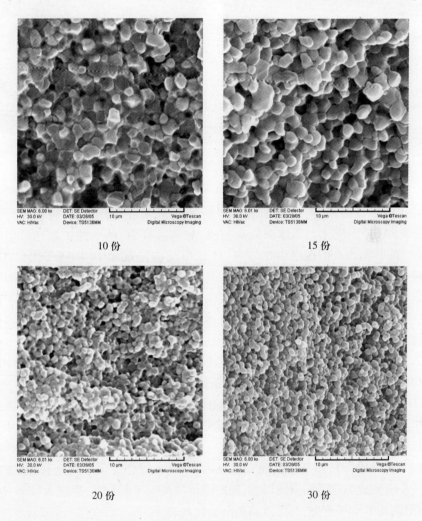

图3-17　不同PAEK含量BEP/DDS/PAEK复相体系180℃下固化产物的SEM显微照片

　　观察和比较上面的光学显微照片和电子显微镜照片,可以证实,该BEP/DDS/PAEK复相体系的相结构非常精细,其尺寸不超过2μm,这个精细的两相结构非常有利于体系力学性能的保持与断裂韧性的提高,这个观察结构与我们以往的大量观察结果吻合[16]。

　　在没有使用活性端基的PAEK的情况下,体系形成如此精细的相结构可能

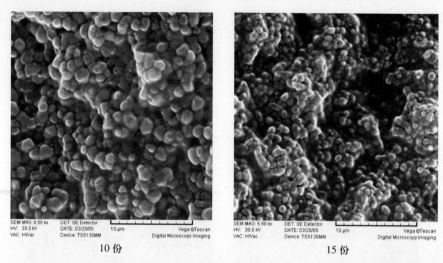

10 份   15 份

图 3 - 18　不同 PAEK 含量 BEP/DDS/PAEK 复相体系 160℃下固化产物的 SEM 显微照片

源自两个方面的因素,第一,PAEK 相对分子质量非常高,主链又有较大的酚酞基团,即 PAEK 的流体力学体积较大,在相分离过程中,体系的扩散迁移能力非常有限,在形貌的 OM 观察中也发现,体系中没有出现象 DGEBA/DDM/PES 体系那样的界面流动与二次相分离现象。第二方面的因素就是 BEP/DDS 与 PAEK 的相容性较好,因此在相分离结构出现以后,由于较好的相容性,相结构的粗化过程延缓。当固化温度从 180℃降至 160℃时,体系黏度的影响尤其突出,相界面变得较为模糊。

　　下面继续以 PAEK 改性剂来研究一个双马来酰亚胺①(Bismaleimide, BMI) 树脂复相体系(PAEK/BMI) 在 150℃等温条件下固化过程中的分相结构[12],图 3 - 19 是 OM 在线观察到的 10 份 PAEK/BMI 体系相分离的整个演化过程。观察显示,这是一个更典型而完整的旋节线失稳分相图形,开始阶段,PAEK/BMI 体系呈均相状态,随着时间的推移,固化—扩散—相分离同时发生;在 120s 时,体系开始出现相分离;240s 时,体系中出现双连续的相结构;固化时间继续延长,双连续结构进一步演变成为典型的液滴形态,同时小尺寸液滴不断合并,形成大液滴;1020s 后,小液滴几乎全部消失,而大液滴则继续慢慢长大。

　　为了得到更直观的相形貌,将 10 份 PAEK/BMI 体系在 150℃固化 1h,用液氮淬断,然后用 SEM 观察。如图 3 - 20 所示,该体系中的确形成了典型的海岛相结构,由于 PAEK 的量相对较少,PAEK 相从 BMI 中析出,同时由于 BMI 相向 PAEK 相的扩散,在 PAEK 相中也出现了 BMI 颗粒,形成一种"相中相"结构。

----

　　① 牌号 6421,北京航空材料研究院先进复合材料国防科技重点实验室产品。

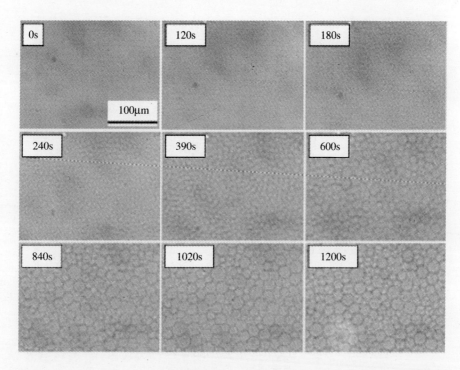

图 3-19　用光学显微镜观察的 150℃ 下 10 份 PAEK/BMI 体系
随时间的相分离演化过程[12]

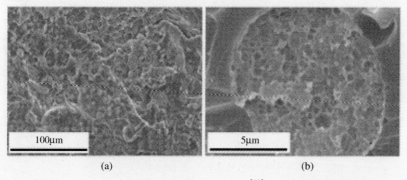

图 3-20　10 份 PAEK/BMIL 固化体系相形貌[12]（（b）是（a）的局部放大）

　　当 PAEK 含量增加到 15 份时（图 3-21），OM 观察发现，初始阶段是均相体系，随着固化时间的推移，开始出现双连续结构；继续固化至 840s，双连续结构开始演变形成为液滴结构；随着时间的进一步推移，液滴不断长大。也将该体系在150℃ 下固化 1h，液氮淬断，观察其形成的相结构。如图 3-22 所示，由于 PAEK 的用量较大，BMI 开始从 PAEK 相中析出，形成小颗粒；小颗粒不断长大，形成最后的相反转结构。整个相分离过程仍服从典型的旋节线失稳分相机理。

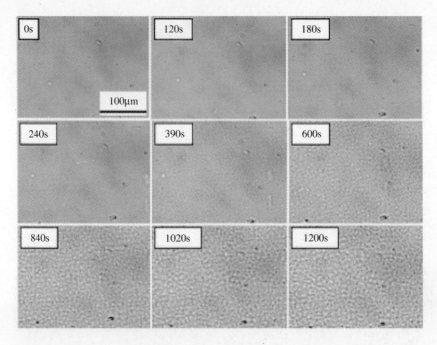

图 3-21 15 份 PAEK/BMI 体系在 150℃下的相形貌演变[12]

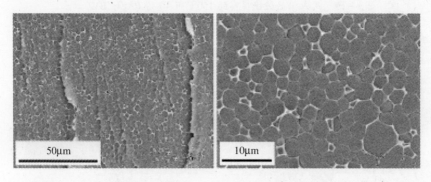

图 3-22 15 份 PAEK/BMI 体系 150℃/1h 条件下固化形成的相形貌，
BMI 粒子尺寸约为 3.60μm[12]

　　采用小角激光光散射(SALS)技术进一步确定该 PAEK/BMI 体系的相分离过程，图 3-23 是 15 份 PAEK/BMI 共混物在 180℃固化过程中的时间分辨散射光强度的变化。如图，在相分离的起始阶段，最大散射光强度在散射矢量(q)为 2μm^{-1}处增加，由 q_m 所确定的颗粒相相关长度(d_m，即 Λ_m)约为 3.14μm；随着固化反应的进行，q_m 随固化时间 t 的增加而降低。散射图的特征变化充分证明这是一种典型的旋节线失稳相分离过程。

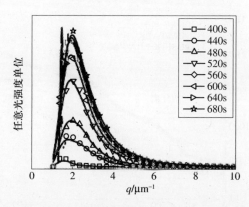

图 3 - 23　150℃下 15 份 PAEK/BMI 体系时间分辨的 SALS 演化图[12]

3.4　热塑性/热固性树脂体系的化学流变学[10,11]

热塑性树脂改性热固性树脂体系的化学流变学主要研究反应诱导相分离过程中的物理与化学凝胶化转变、凝胶结构对反应温度以及热塑性树脂浓度的依赖性、以及反应诱导相分离的时间—温度关系等。

图 3 - 24 为用固定 20 份含量的 PAEK 改性 DGEBA/DDS、TGDDM/DDS 和 BEP/DDS 三个模型体系在 180℃恒温固化时复数黏度随时间的变化关系。如图，TGDDM/DDS/PAEK 20 份和 BEP/DDS/PAEK 20 份体系的黏度曲线出现两次阶跃式增加，其中，TGDDM/DDS/PAEK 20 份在 358s 附近相分离，在 896s 附近发生化学凝胶；而 BEP/DDS/PAEK 20 份体系在 729s 附近相分离，在 1242s 附近出现化学凝胶。光学显微镜和电子扫描显微镜观察结果均表明，DGEBA/DDS/PAEK 20 份体系在 180℃恒温固化中不分相，但体系在 1390s 附近出现化学凝胶。从图 3 - 24 的黏度曲线还可以看出，TGDDM/DDS/PAEK 20 份体系的初始黏度最高，而 DGE-BA/DDS/PAEK 20 份体系初始黏度最低。

图 3 - 25 为不同 PAEK 含量 TGDDM/DDS/PAEK 体系的黏度曲线与相应形貌的 OM 照片，从图中可以看出，当体系的形貌从分散相向双连续相和反转相转变时，体现的黏度曲线在相分离点附近出现不同的增长特征。对于形成分散相的 PAEK 5 份体系，复数黏度在相分离后出现小平台，而形成双连续相的 10 份体系和形成反转相的 15 份和 20 份体系则出现指数增长模式。不同的相貌特征决定了材料不同的流变参数。

图 3 - 26 为 BEP/DDS/PAEK 15 份体系在 170℃恒温固化时，对应不同的测试频率（1rad/s、2rad/s、5rad/s、10rad/s、20rad/s）的储能模量 G'、损耗模量 G'' 和相应的损耗角正切 tanδ 随固化时间的变化曲线和相应的形貌演化显微照片。从图

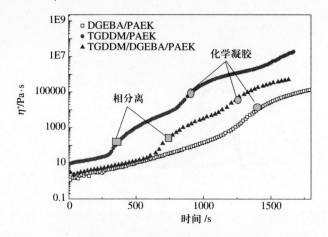

图 3 -24　不同 EP/DDS/PAEK 复相体系的复数黏度 η^* 在
固化过程中的变化曲线(180℃固化)

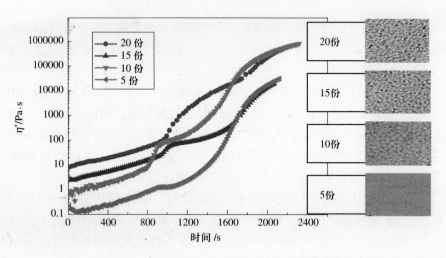

图 3 -25　PAEK 含量对 TGDDM/DDS/PAEK 体系复数黏度 η^* 及
相形貌的影响(170℃固化)

3 -26(a)中可以看出,固化起始阶段,体系的储能模量 G' 为 13.4Pa(频率10rad/s);在相分离点 t_{ps} =991s 附近,G' 与 G'' 呈指数增长;结合 OM 形貌观察,发现此处体系形成了双连续相结构。相分离后,体系的模量 G' 和 G'' 继续随时间增加,在 1752s 附近,出现了第二次指数增长;结合溶解度实验,发现体系在该点形成了化学凝胶。本体系没有发现 Pascault[17] 和 Recca[18] 在其他体系所观察到的由于热塑性树脂连续相断裂而呈现的模量或黏度下降现象。图 3 -26(b)中不同频率下的 tanδ 值在化学凝胶点 t_{gel} 之前随时间变化不断降低,而在相分离点 t_{ps} 与化学凝胶点 t_{gel} 上,tanδ 值的频率依赖性消失,这是临界凝胶的典型体现[19]。

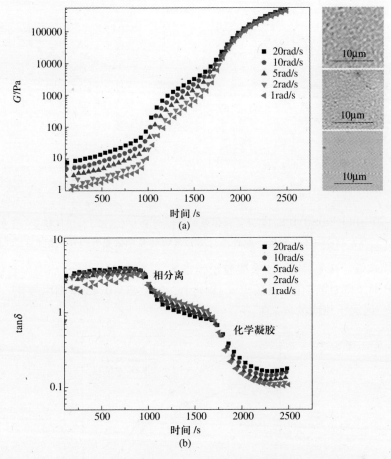

图 3 - 26 170℃ 下 BEP/DDS/PAEK 15 份体系在不同频率下的储能模量 $G'(a)$
和损耗角正切 $\tan\delta(b)$ 以及典型的相形貌的时间演变历程

图 3 - 27 为 BEP/DDS/PAEK 15 份体系在 170℃ 恒温固化条件下,在分相点 t_{ps} 与化学凝胶点 t_{gel} 附近的储能模量 G' 和损耗模量 G'' 分别对测试频率双对数作图的结果。为方便比较,模量沿频率轴作平移,移动因子如图中 A 值所示。从图中可以看出,在所有测试温度下,t_{ps} 点附近的储能模量 G' 平行于损耗模量 G'',且小于后者;t_{gel} 附近储能模量 G' 平行且大于损耗模量 G''。

在流变测试的一组频率扫描中,体系的化学反应不可忽略,准确测定临界凝胶转变点需要将一组频率扫描时间考虑在内,为此,在化学凝胶点 t_{gel} 附近分别作储能模量 G' 和损耗模量 G'' 的频率依赖性分析。取 $n(G')$ 和 $n(G'')$ 的交点为临界凝胶转变点 n_{gel} 值,结果如图 3 - 28 所示。该图对应 190℃ 的固化温度,固化温度较高,反应速度则较快。不同温度下的凝胶松弛指数 n 的分析结果如表 3 - 2 所列,从表中可以看出,在 t_{ps} 与 t_{gel} 附近,BEP/DDS/PAEK 15 份体系分别具有不同的凝胶

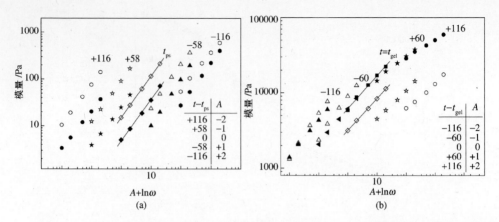

图 3 - 27 BEP/DDS/PAEK 15 份复相体系的储能模量 G'(实心)和损耗模量 G''(空心)
在分相点 t_{ps}(a)和化学凝胶点 t_{gel}(b)附近的频率依赖性(170℃固化)

松弛指数 n 值。在 t_{ps} 附近,体系凝胶松弛指数 n_{ps} 在 0.71 ~ 0.86 范围内变化,并随温度上升而下降;而在化学凝胶点 n_{gel} 附近,n_{ps} 在 0.43 ~ 0.45 范围内变化。同一温度下的 n_{ps} 远大于相应的 n_{gel} 值。

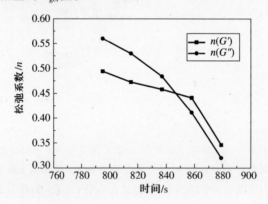

图 3 - 28 在化学凝胶点 t_{gel} 附近 BEP/DDS/PAEK 15 份体系的 G' 与
G'' 凝胶松弛指数 n 的时间依赖性(190℃固化)

表 3 - 2 不同温度下 BEP/DDS/PAEK 15 份体系的 t_{ps} 和 t_{gel} 临界凝胶松弛指数 n

T/℃	t_{ps}/s	n_{ps}	t_{gel}/s	n_{gel}
150	2162	0.86	3959	0.43
160	1454	0.85	2567	0.40
170	1005	0.80	1655	0.43
180	602	0.77	1197	0.44
190	450	0.71	847	0.45

关于凝胶指数的物理意义,目前关于临界凝胶指数 n 的取值的实验与理论报道较多,例如,凝胶支化理论[20]或逾渗理论[21]预测有 $n = 2/3$,一些实验结果支持了这一预测结果[22]。Winter 等在一些等化学计量比体系[23]里得到 $n = 0.5$,当交联剂不足时,他们发现 n 值升高。Izuka 等以三异氰酸酯交联聚己内酯(PLC)体系时发现[24],n 值在 0.3 ~ 0.91 范围内变化,取决于化学计量比与 PLC 预聚物相对分子质量。Winter 等对众多由结晶或氢键引起的物理凝胶体系的凝胶指数进行测定[25],发现 n 远小于 0.5,甚至接近 0.1。总之,对于化学与物理凝胶体系,n 依赖于体系组分浓度、化学计量比、与交联链段相对分子质量的大小等,其值在 0 ~ 1 理论范围内变化[26]。表 3 - 2 得到的凝胶松弛指数 n 在理论范围之内。

Martin 等[27]根据 Rouse 模型的分形维数 d_f 来预测凝胶松弛指数 n:

$$n = \frac{d}{d_f + 2} \qquad (3-2)$$

对于没有排除体系效应的体系,Muthukamark 指出[28]凝胶松弛指数 n 与分形维数 d_f 存在如下关系:

$$n = \frac{d(d + 2 - 2d_f)}{2(d + 2 - d_f)} \qquad (3-3)$$

式中:d_f 为分形维数;d 为空间维数;n 为凝胶松弛指数。

式(3-2)和式(3-3)是建立在 Rouse 模型基础之上而没有考虑链的缠结效应。我们借用式(3-2)和式(3-3)来定性的讨论 d_f 与 n 值的依赖关系。从式(3-2)和式(3-3)可以看出,较小的 n 值对应较高的 d_f 值和相应较高的网络交联密度。

Ishii 等[29]研究 PPE/DGEBA/胺体系的固化流变学时发现该体系在化学凝胶点前出现自相似行为,即不同频率下的 $\tan\delta$ 出现重合点,但他们推测该临界凝胶转变是由于 PPE 的玻璃化造成的,也没有实验证明所观察到的临界凝胶点确实就是 PPE 玻璃化引起的。我们首先测定了 BEP/DDS/PAEK 体系在相分离发生后的玻璃化温度,结果表明,在 180℃ 固化时,体系在相分离点附近,环氧富集相的玻璃化温度在 41℃ ~ 50℃ 范围内变化,我们在后固化的分析中发现,PAEK 相的玻璃化转变发生在基体树脂 BEP/DDS 化学凝胶点之后,所以以 t_{ps} 点附近 PAEK 富集相发生玻璃化而诱导生成物理凝胶的可能性不大。经进一步计算,在相分离点附近,BEP/DDS 的重均相对分子质量约为 2000,还没有达到一般聚合物的 4000 ~ 40000 的临界缠结相对分子质量范围,因此,相分离点 t_{ps} 附近的临界凝胶转变很可能为 PAEK 大分子链富集而形成缠结网。在以下的分析中将看到,当 PAEK 不形成连续相时,在相分离点没有相应的临界凝胶转变。表 3 - 2 中较大的 n_{ps} 值或较小的分形维数 d_f 说明这种缠结网结构较为疏松,而化学反应所形成的化学凝胶是由较短分子链的环氧所形成的紧密闭合网络,所以对应较低的 n_{gel} 值。

完全固化的 BEP/DDS 和 PAEK 的玻璃化转变温度 T_g 分别为 213℃ 和 221℃,根据这 2 个不同的 T_g 值,可以对固化后期、特别是化学凝胶转变以后的材料结构演变过程进行进一步的追踪,以了解后固化过程的临界凝胶转变。为此,将化学流变测量中的测试夹具的跨距由 40mm 换为 8mm;应变由 5% 降为 1%;频率选择为 5rad/s、10rad/s、20rad/s、50rad/s、100rad/s、150rad/s;固化温度分别为 230℃、220℃、210℃、200℃、190℃、180℃、170℃。下面给出 230℃、220℃、210℃、200℃、180℃、170℃ 等 6 个温度下的模量和 tanδ 随时间变化曲线,由于 190℃ 与 180℃ 的测试结果非常类似,这里省略。

从图 3－29 可以看出,230℃ 固化体系只在化学凝胶点 t_{gel} 处出现自相似行为,相分离点图中没有显示,这是由于采用夹具直径较小,相分离引起的模量变化被初期的实验误差掩盖;220℃ 固化体系在 t_{gel} 和 t_1 处分别出现自相似行为;210℃ ~ 170℃ 温度范围内,体系在 t_{gel} 和 t_1 都出现了自相似行为点;且从 210℃ 往下,体系在后期 t_2 处都出现损耗模量跌落现象,这是基体相 BEP/DDS 玻璃化的表现。

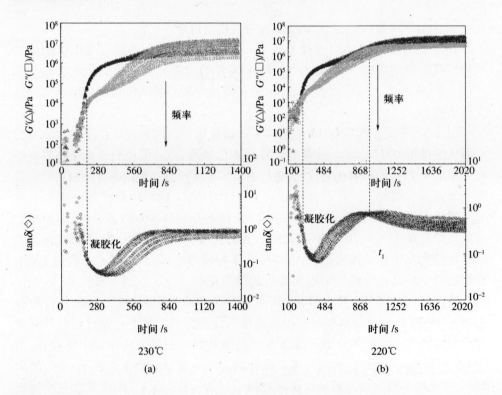

(a) 230℃   (b) 220℃

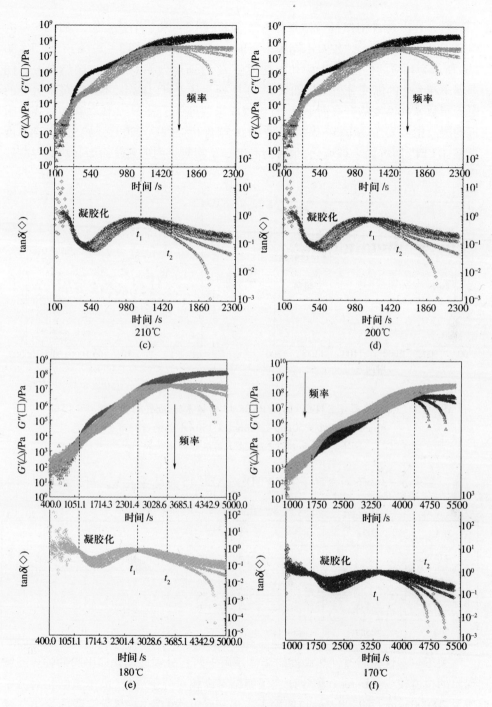

图 3 – 29　不同温度下 BEP/DDS/PAEK 15 份体系的 G'、G''(a、c、e)
和 tanδ(b、d、f)时间演变曲线,中间变量:频率。

对 t_1 处出现自相似行为体系作标度分析,图 3-30(a)所示为 PAEK 15 份的 BEP/DDS 复相体系在 210℃不同频率下的 tanδ 曲线(参见图 3-29(c)),图 3-30 (b)所示为相应的储能模量 G' 和损耗模量 G'' 分别对频率双对数作图结果。不同 温度下在 t_1 处的标度分析结果如表 3-3 所列。从表可以看出,不同温度下 t_1 处的 凝胶指数 n 随温度的升高而下降,且该凝胶指数远低于表 3-2 体系在相分离点附 近的凝胶指数 n_{ps}。从图3-29我们看到,t_1 点自相似性从 220℃开始出现,该温度 下基体 BEP/DDS 尚未玻璃化,很可能是 PAEK 富集相的玻璃化而引起的临界凝胶 现象。

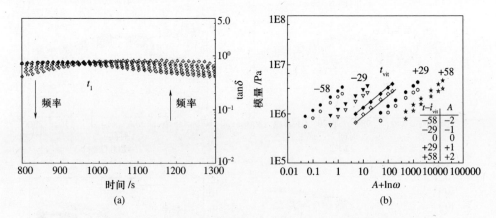

图 3-30　(210℃条件下)BEP/DDS/PAEK 15 份体系的 tanδ(a)在不同频率(5rad/s, 10rad/s,20rad/s,50rad/s,100rad/s,150rad/s)的时间演变和 G'(实心)和 G''(空心)在 t_1 附近的频率依赖(b)

表 3-3　不同温度下 BEP/DDS/PAEK 15 份体系在 t_1 点附近的 玻璃化临界松弛指数 n_{vit}

$T/℃$	t_1/s	n_{vit}	$T/℃$	t_1/s	n_{vit}
230	—	—	190	1894	0.46
220	965	0.41	180	2739	0.47
210	1154	0.42	170	3433	0.49
200	1589	0.41			

关于热塑性树脂改性热固性树脂体系由于两相分别玻璃化而引起的临界凝胶 现象的报道较少。Derosa 等[30]研究了缠结对高相对分子质量(高于缠结相对分子 质量,18000g/mol~9700g/mol)的聚丁二烯交联过程的影响,尽管交联前聚丁二烯 已经存在缠结,当体系达到化学凝胶点时表现出自相似行为,并得到 $n = 0.5$ 的凝

胶松弛指数。我们的研究体系与 Derosa 研究的体系有类似之处,BEP/DDS/PAEK 体系相分离后,PAEK 富集相由于环氧低分子不断析出,PAEK 浓度逐渐增大,最终也发生物理缠结,表现出自相似行为;在随后的固化反应中,环氧不断从 PAEK 网络中析出,PAEK 富集相的 T_g 不断升高,并达到反应温度而发生玻璃化。已经形成缠结网络的 PAEK 相又发生类似丁烯大分子交联的过程,体系再次表现在自相似行为,由于网络交联密度较高,所以对应的凝胶松弛指数(0.41~0.49)较相分离附近形成的物理凝胶(0.71~0.85)小。不同的是,我们研究体系的 PAEK 发生玻璃化而再次形成凝胶网络时,其交联点密度与 PAEK 富集相的浓度有关。当温度较高时,PAEK 富集相中环氧低聚物扩散迁移较快,两相分离较为彻底,PAEK 网络浓度较高,所以玻璃化形成的交联点较为密集,对应较小的 n 值。

下面进一步研究该复相体系中热塑性和热固性树脂两相分别出现玻璃化转变的问题。测定材料在恒温固化中玻璃化转变的方法有很多,例如 Gillham 等提出的扭辫法[31]、流变学方法[32]、介电松弛法[33]、调制 DSC 法[34] 等。在以上多频率恒温固化流变学分析中已经看到,在 150℃~240℃ 范围,BEP/DDS/PAEK 15 份体系在化学凝胶点后的 t_1 处再次出现临界凝胶现象,损耗模量 G'' 在 t_2 处出现峰值,通过热塑性树脂与热固性树脂两相最高玻璃化温度分析可知,t_1 处的临界凝胶可能是由于 PAEK 富集相的玻璃化引起,而 t_2 点对应热固性树脂相的玻璃化。为了进一步验证,下面进行了恒温调制式 DSC(TDSC)实验。TDSC 方法是一种近来发展起来的一种新的热分析技术,TDSC 方法使用与传统 DSC 相同的热流 DSC 传感装置,但是其升温方式却不同,它是在传统的线性升温速率基础上叠加了一个正弦调制(振荡)温度波形,以产生一个随时间连续增加但不是线性的升温模式。调制式升温模式等效于两个同时进行的升温模式:传统的线性速率升温(基础速率)和正弦速率升温(瞬间速率)。TDSC 方法可以测量过程中的可逆和不可逆热流,探测玻璃化转变和发热效应重叠过程,及熔融和结晶过程中的一些复杂吸热、放热现象等。TDSC方法既有足够低的基础升温速率用以改善分辨率,又有较快的瞬间升温速率用以改善热流强度(提高灵敏度),结果是在同一实验中实现了高分辨率和高灵敏度。

图 3-31(a)为 BEP/DDS 体系在 190℃ 恒温固化时的原始放热总曲线、图 3-31(b)、(c)和(d)分别为总曲线分离出的不可逆放热曲线、热容曲线和相位差正切曲线。从图中可以看出,利用 TDSC 技术可以得到化学反应随时间的转变情况,同时可以得到体系的物理转变如玻璃化转变的信息。

利用调制 DSC 在不同温度下对 BEP/DDS/PAEK 15 份体系的恒温固化过程进行跟踪,主要观察了可逆热容 c_p 随时间的变化,并与流变恒温实验结果比较,结果如图 3-32 所示。流变曲线中 t_{gel}、t_1、t_2 分别表示化学凝胶时间、PAEK 相玻璃化时间和环氧相玻璃化时间。从图中可以看出,TDSC 测试仅在环氧相玻璃化时间 t_2 处

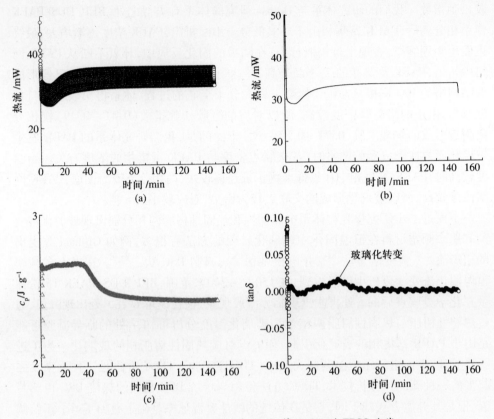

图 3-31　BEP/DDS 体系在 190℃ 等温固化的 TDSC 曲线

（a）总热流；（b）不可逆放热曲线；（c）热容曲线；（d）可逆与不可逆热容的相位差正切。

观察到可逆热容 c_p 出现下降，它对应环氧相的玻璃化。这是由于该 BEP/DDS/PAEK 15 份体系中热塑性树脂的含量较低，PAEK 玻璃化引起的热容的改变没有达到 TDSC 的分辨率，尽管 TDSC 方法有较普通 DSC 方法高的分辨率。

　　综上，BEP/DDS/PAEK 体系在反应诱导相分离过程中具有不同的临界凝胶转变，分别对应不同的凝胶机理。在相分离点附近，由于 PAEK 富集相中热塑性高分子的相互缠结而形成物理缠结网，这种缠结结构较为松散和开放，对应较高的凝胶指数 n_{ps}；化学凝胶点对应是基体热固性树脂的化学三维网络的形成，n_{gel} 较低。在后固化中观察到了不同温度下由于 PAEK 富集相的玻璃化而引起临界凝胶转变现象，该点对应较低的凝胶指数 n_{vit}，这是由于玻璃化引起的物理凝胶的交联点密度不受化学官能团密度的限制，生成较为紧凑的网络结构和较小的凝胶指数；且 n_{ps} 和 n_{vit} 表现出温度依赖性，较高的温度对应较低的 n_{ps} 和 n_{vit} 值。流变方法对体系结构的变化较调制 DSC 方法更为灵敏，可以检测含量较低体系在恒温固化中的玻璃化转变现象。

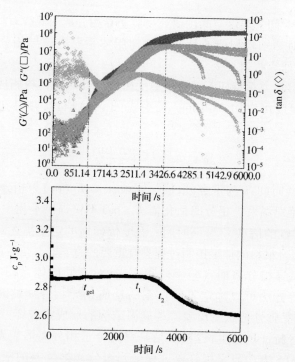

图 3-32　BEP/DDS/PAEK 15 份体系在 180℃等温固化的 TDSC 曲线谱,
即 $G'(t)$、$G''(t)$、$\tan\delta(t)$ 和 $c_p(t)$ 曲线

3.5　热塑性／热固性树脂体系分相的时间—温度依赖性[10,11]

　　Tanaka 等[35]研究了众多动力学不对称高分子体系的相分离过程,提出了普适的黏弹相分离模型来描述这些体系的相分离动力学过程。对于相对分子质量或玻璃化温度存在比较大差异的热塑性树脂改性热固性树脂体系的相分离过程,李善君等[36]证明黏弹效应在相结构粗化过程起重要作用,他们用 Maxwell 方程来拟合散射矢量最大值即相尺寸随时间的演化过程,得到了特征松弛时间,发现松弛时间与温度可用 WLF 方程来描述。张红东利用改进的固溶体模型模拟了热塑性树脂改性热固性树脂体系中反应诱导相分离的相形态演化过程[37],可以与实验进行定性比较。

　　以上这些研究都没有涉及分相开始时间与反应温度依赖性考虑。对于一个热塑性树脂改性热固性树脂的反应诱导失稳相分离体系相结构控制,仅仅热力学的描述或动力学的定性计算是不够的,从实验上研究包含诱导期的时间—温度依赖性的规律具有重要意义,这是由于所有的热塑性树脂改性热固性树脂体系的固化工艺过程都是在一定的时间—温度空间内进行的,最终材料的性能取决于固化工艺过程,因此,在时间—温度空间内研究反应诱导相分离的规律对材料加工更具实际意义,而目前对热塑性树脂改性热固性树脂体系反应诱导相分离过程进行时间—温度依赖性研究报道很少。

事实上,众多热力学特征不同的热塑性树脂改性热固性树脂体系的反应诱导相分离时间与温度可以用 Arrhenius 关系式(3-4)描述,并得到相应的相分离活化能[38]:

$$\ln t_{ps} = \ln k + \frac{E_a(ps)}{RT} \tag{3-4}$$

式中:t_{ps} 为相分离时间;k 为常数,取值与体系有关;$E_a(ps)$ 为相分离活化能;R 为气体常数,T 为绝对温度。相分离活化能 $E_a(ps)$ 不仅提供了化学反应信息,它还包含有组分相容性的信息[39]。该时间—温度依赖性的定量描述对热塑性树脂改性热固性树脂复合材料的加工控制过程具有重要的意义。

研究反应诱导相分离的实验手段很多,针对不同的体系,具有不同的适用性。用流变学等方法可以确定不同体系的反应诱导相分离的时间—温度依赖性,例如以线性黏弹性的跃变反映某种逾渗结构的形成或破坏[40],而用 SALS 方法可以追踪相区特征尺寸生长过程,是研究高分子相分离形貌发展动力学常用方法[41]。以 SALS 方法研究相分离过程受到组分光学反差的限制,对有些体系无法进行观测,也难以跟踪分相起始时间。例如 Inoue 等在研究环氧/聚醚砜(EP/PES)体系的相结构随时间演化过程中发现[42],在相分离中后期,散射光强逐渐减小,直至无信号。他们通过研究体系折光指数随化学反应转化率的变化,指出这是由于 PES 富集相与环氧富集相出现了几乎相等的折光指数。我们研究的高温固化 EP/DDS/PAEK 体系,一方面其折光指数较接近,另一方面相尺寸较小,因此无法用 SALS 方法对体系相分离的开始与相结构的演化信息进行表征。

本实验利用自行研制的高温高分辨率光学显微镜系统[8]和动态小振幅流变学[43]的方法,在线追踪不同热塑性树脂改性热固性树脂体系的整个分相过程,并与 SALS 方法进行对照,其中,用光学显微镜方法测试分离时间。

分相实验样品采用融压法夹在预热过的两片玻璃片中间,放入样品室开始计时,视野中开始出现相结构计时为分相时间 t_{ps},实验 5 次取平均值,实验观察分相时间误差范围 ±3%。用流变学方法测试相分离时间,测试在 ARES 流变仪上进行,对于在相分离点附近有临界凝胶转变的体系,以相分离附近的临界凝胶时间为相分离时间;对于在相分离点没有临界凝胶转变的体系,则以 tanδ 在相分离点附近的峰值时间为相分离时间(图 3-33)。对光学反差较大的体系,如环氧/酸酐/PES 体系,同时用光学显微镜与小角激光散射法观测了分相过程。SALS 方法的激光为波长 632.8nm 的 He-Ne 激光(参见图 3-8),控温精度 ±0.5℃,开始出环时间为分相时间。分相与凝胶过程的流变学特征在 ARES 流变仪上利用多频率技术测定。

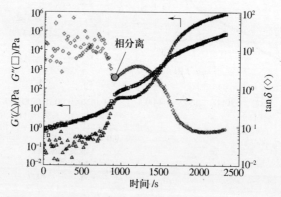

图 3-33　BEP/DDS/PAEK 10 份体系在 170℃ 的 G'、G'' 和 tanδ 与时间的关系

对不同方法所确定的分相时间与温度以 Arrhenius 关系式(3-4)关联,由 $\ln t \sim T^{-1}$ 曲线斜率确定分相活化能 E_a(ps),即凝胶活化能通过凝胶时间与温度由 $\ln t \sim T^{-1}$ 曲线斜率确定。图 3-34(a)为 PAEK 含量不同的 BEP/DDS/PAEK 体系在不同固化温度下的复数黏度曲线,图 3-34(b)为以 Arrhenius 方程对相应的相分离时间—温度(包括流变相分离时间 t_{pB}(rhe)和显微镜相分离时间 t_{ps}(TOM)、化学凝胶时间—温度作图结果。从图 3-34 来看,不同温度下不同 PAEK 含量的 BEP/DDS/PAEK 体系黏度变化趋势不尽相同。相同温度下,PAEK 浓度越高,体系的复数黏度在相分离点 t_{ps} 附近增长速度越慢。尽管不同体系在黏度曲线随温度与 PAEK 含量变化不尽相同,但体系的相分离时间—温度都可以用 Arrhenius 关系式描术;光学显微镜测定相分离时间 t_{ps}(TOM)早于流变学测量值 t_{ps}(rhe),这是由于两种方法所检测的标准不同所引起的。尽管两种方法不同,但所测量的相分离时间—反应温度遵循同样的 Arrhenius 方程。

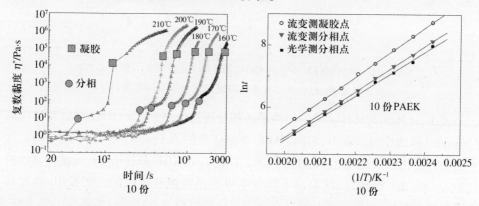

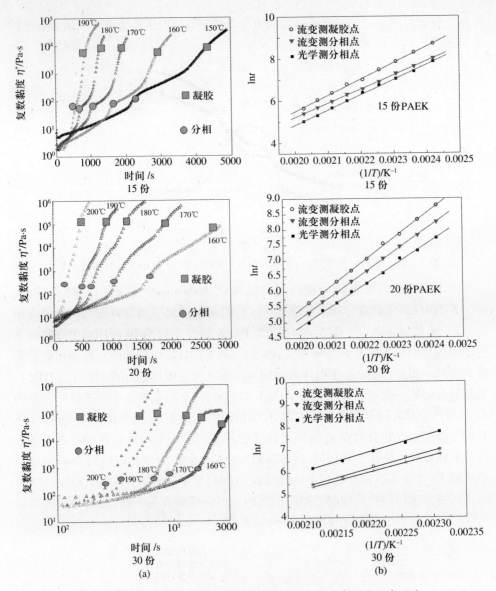

图 3-34 不同 PAEK 含量的 BEP/DDS/PAEK 体系在不同温度下的
复数黏度谱(a)以及相分离及凝胶时间与温度的关系(b)

表 3-4 所列为所计算的不同体系的相分离活化能 $E_a(ps)$ 与化学凝胶活化能 $E_a(gel)$。从表中可以看出,不同 PAEK 含量体系的 $E_a(ps)$ 与 $E_a(gel)$ 随 PAEK 含量的增长变化不大;不同体系的光学测定的 $E_a(ps, TOM)$ 值接近 60,而流变学所测定的 $E_a(ps, rhe)$ 值偏高,这是由于仪器本身的温度惯性造成的。实验中,样品放入流变仪夹具后,仪器需要升温并在设定反应温度稳定。由于仪器本身的热惯性,

达到实验温度后要过冲3℃,在仪器开始采集数据之前,样品已经反应掉部分。当反应温度较低反应较慢时,仪器带来误差较小,而反应温度较高固化较快时,这种误差较大。实验测定的相分离时间 t_{ps}、化学凝胶时间 t_{gel} 都将较实际值偏低,相应计算所得 $E_a(ps)$ 和 $E_a(gel)$ 较高,也曾比较流变仪与溶解法测定基体环氧树脂的凝胶活化能 $E_a(gel)$ 发现流变仪测量 $E_a(gel,rhe)$ 值偏高,这里溶解度法所测凝胶点定义为在丙酮中不溶物出现的时间。

表3-4　不同 PAEK 含量 BEP/DDS/PAEK 体系的相分离与凝胶活化能

PAEK 含量/份	$E_a(ps,TOM)$ /kJ·mol^{-1}	R	$E_a(ps,rhe)$ /kJ·mol^{-1}	R	$E_a(gel,rhe)$ /kJ·mol^{-1}	R
10	59.8	0.999	62.1	0.999	67.2	0.997
15	60.0	0.999	55.8	0.999	66.4	0.999
20	57.5	0.998	61.2	0.999	67.2	0.999
30	60.5	0.999	63.4	0.997	68.1	0.994

下面来考察热塑性增韧剂对固化反应的影响。随化学反应的进行,热固性低聚物的相对分子质量逐渐增加,与 TP 的相容性逐渐变差,最终,TP/TS 均匀混合物将由均相区域进入两相区域,体系开始相分离。反应诱导相分离过程是一个受化学反应驱动、相容性与扩散共同作用的过程,分析 PAEK 含量对 $E_a(ps)$ 的影响,应该从这三个方面进行。

由于 TP 改性 TS 体系的化学动力学过程与扩散迁移过程耦合在一起,借助化学黏度分析,可以同时得到黏流活化能 E_η 与反应动力学活化能 E_k 数据。对于环氧类热固性树脂黏度随时间的变化,可以采用以下半经验的一级 Arrhenius 数学模型来描述[44]:

$$\ln\eta(t) = \ln\eta_0 + kt \qquad (3-5)$$

式中:η_0 为体系初始等温黏度;k 为反应动力常数,其中 η_0 与 k 遵循 Arrhenius 定律:

$$\eta_0 = \eta_\infty \exp\frac{E_\eta}{RT} \qquad (3-6)$$

$$k = k_\infty \exp\frac{E_k}{RT} \qquad (3-7)$$

式中:E_k 和 E_η 分别为反应动力学活化能和黏流活化能。

采用式(3-5)对 TP/TS 恒温固化体系在相分离前的黏度—时间曲线进行拟合,得到恒温下的 η_0 与 k 值,然后以 $\ln\eta_0$、$\ln k$ 分别对 $1/T$ 作图,得到相应的 E_k 和 E_η 值。图3-35 为 BEP/DDS/PAEK 20 份体系在不同温度下相分离发生前体系的黏度曲线。曲线作了垂直移动,移动因子见图中标注。表3-5 为计算得到的不同

PAEK 含量体系的 E_k 和 E_η 值。从表 3 – 5 中 E_k 和 E_η 来看,不同 PAEK 含量体系的 E_k 和 E_η 值在实验的 PAEK 浓度范围变化不大,也即在化学反应过程中,环氧低聚物的扩散迁移过程不受热塑性网络的限制。由化学流变学方程所计算反应动力学活化能 E_k 与凝胶活化能 E_a(gel,rhe)相近,体系化学反应活化能也不受 PAEK 浓度的影响。

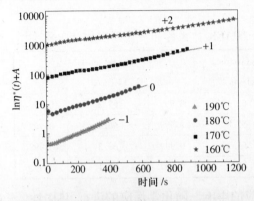

图 3 – 35 不同温度下 BEP/DDS/PAEK 20 份
体系在相分离前的黏度—时间关系

表 3 – 5 不同 PAEK 含量 BEP/DDS/PAEK 体系的活化能 E_η 和 E_k

PAEK/份	$E_\eta/\text{kJ} \cdot \text{mol}^{-1}$	$E_k/\text{kJ} \cdot \text{mol}^{-1}$
10	26.0	63.4
15	26.3	60.5
20	23.8	62.9
30	25.1	71.2

同时,对不同 PAEK 含量 BEP/DDS/PAEK 体系的反应动力学过程作 DSC 分析,结果如图 3 – 36 所示。图中,PAEK 的加入不改变体系自催化的反应机理,尽管体系的反应速度随 PAEK 含量的变化而变化。

再来考察基体树脂对 E_a(ps)的影响,图 3 – 37 为不同基体树脂体系的分相时间—温度以 Arrhenius 式作图结果,相应的相分离活化能 E_a(ps)如表 3 – 6 所列。从表 3 – 6 中的分相活化能来看,基体树脂的改变对 E_a(ps)值影响不大。

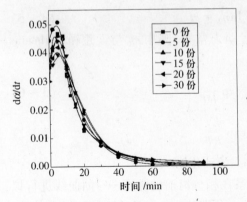

图 3 – 36 不同 PAEK 含量 BEP/DDS/PAEK
体系在 180℃ 下 $\text{d}\alpha/\text{d}t$ 与时间的关系

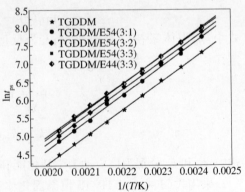

图 3 – 37 不同 EP/DDS/PAEK 体系的
分相时间—温度关系

表 3 − 6   不同 EP/DDS/PAEK 15 份体系的 E_a(ps)

基 体	E_a(ps,TOM) /kJ·mol^{-1}	R	E_a(gel,rhe) /kJ·mol^{-1}	R	E_η/kJ·mol^{-1}	R
TGDDM	60.2	0.999	66.8	0.999	26.7	0.999
TGDDM/E54(3∶1)	60.6	0.998	—	0.999	—	—
TGDDM/E54(3∶2)	60.1	0.999	66.4	0.999	26.3	0.999
TGDDM/E54(3∶3)	60.2	0.999	—	0.999	—	0.999
TGDDM/E44(3∶3)	58.5	0.999	—	0.999	28.4	0.999
TGDDM/E54(无 PAEK)	—	—	67.1	0.999	26.1	0.999

之前,我们已知 DGEBA/DDS/PAEK 体系在化学反应中不分相,即 PAEK 与 DGEBA 的相容性好于其与 TGDDM 的相容性,而表 3 − 36 中的不同基体树脂的相分离活化能 E_a(ps)对基体树脂的变化却不敏感,为此,应该首先分析 TGDDM/ DDS/PAEK 和 DGEBA/DDS/PAEK 两体系的化学反应的温度依赖性。图 3 − 38 为 TGDDM/DDS/PAEK 20 份体系在不同温度下的黏度曲线与相应的相分离与凝 胶时间—温度以 Arrhenius 式作图结果。从图 3 − 38(a)中的黏度曲线来看,体 系在相分离发生后,黏度都呈指数增长,这从侧面说明在研究的温度范围内 PAEK 富集相在整个反应中呈连续相结构。从图 3 − 38(b)中的时间—温度依 赖性关系图来看,TGDDM/DDS/PAEK 20 份的化学凝胶时间要早于基体树脂 TGDDM/DDS 体系。

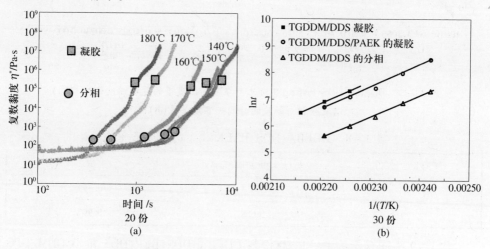

图 3 − 38   TGDDM/DDS/PAEK 体系在不同温度下的 复数黏度曲线族(a)以及分相和凝胶的时间—温度关系(b)

123

从表 3 - 7 中可以看出,TGDDM/DDS/PAEK 20 份体系的 $E_a(ps) = 65.9kJ/mol$,高于 BEP/DDS/PEK20 份体系的 $E_a(ps) = 61.2kJ/mol$,而 TGDDM/DDS/PAEK 20 份与基体树脂 TGDDM/DDS 的化学凝胶活化能 $E_a(gel)$ 几乎相同,这就进一步说明 PAEK 不影响体系的化学反应能垒。

表 3 - 7 TGDDM/DDS/PAEK 体系的分相与凝胶活化能

PAEK 含量/份	$E_a(ps,rhe)/kJ \cdot mol^{-1}$	R	$E_a(gel,rhe)/kJ \cdot mol^{-1}$	R
0	—	—	69.5	0.999
20	65.9	0.999	69.2	0.997

图 3 - 39(a) 为 DGEBA/DDS/PAEK 20 份体系在不同温度下的黏度曲线,图 3 - 39(b) 为相应的化学凝胶时间—温度依赖性,表 3 - 8 为相应的化学凝胶活化能 $E_a(gel)$ 数据。从图中可以看出,DGEBA/DDS 和 DGEBA/DDS/PAEK 20 份在不同温度下的凝胶时间接近。表 3 - 8 中 DGEBA/DDS/PAEK 20 份体系的 $E_a(gel)$ 与 DGEBA/DDS 体系的相同,尽管体系的黏度随 PAEK 含量的增加而上升。

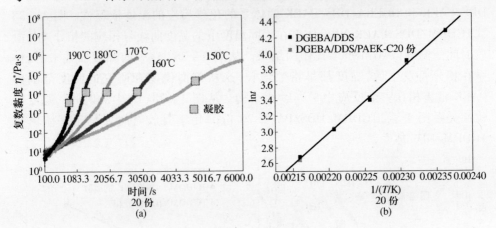

图 3 - 39 DGEBA/DDS/PAEK 20 份体系在不同温度下的复数黏度曲线族(a)
以及分相与凝胶的时间—温度关系(b)

表 3 - 8 DGEBA/DDS/PAEK 体系的凝胶活化能

PAEK 含量/份	$E_a(gel,rhe)/kJ \cdot mol^{-1}$	R
0	66.3	0.999
20	66.8	0.997

表 3 - 9 为同含量的 PAEK 20 份与 DGEBA/DDS、BEP/DDS 和 TGDDM/DDS 三体系的化学凝胶反应活化能 $E_a(gel)$ 的比较,三体系的 $E_a(gel)$ 有依次下降的趋势。

表 3 - 9　根据溶解度(solubility)和流变学的 EP/DDS/PAEK 20 份体系的
化学凝胶反应活化能 E_a(gel)

体　系	E_a(gel,solubility)/kJ · mol^{-1}	R	E_a(gel,rhe)/kJ · mol^{-1}	R
TGDDM/DDS	60.3	0.999	69.2	0.999
TGDDM/E54(3:2)	59.2	0.999	67.2	0.999
DGEBA	57.3	0.999	66.8	0.999

不同基体树脂体系的反应动力学活化能 E_k 和化学黏流活化能 E_η 如表 3 - 10
所列。从表中可以看出,尽管 TGDDM 与 DGEBA 相对分子质量不同,但在化学反
应中,它们具有相似的黏流活化度 E_η,而在反应动力学活化能方面,E54/DDS/
PAEK 15 份的 E_k 值最低,TGDDM/DDS/PAEK 15 份的 E_k 值最高,与表 3 - 9 中的凝
胶活化能分析结果一致。

表 3 - 10　不同环氧单体 EP/DDS/PAEK 体系的 E_η 和 E_k

体　系	E_η/kJ · mol^{-1}	E_k/kJ · mol^{-1}
TGDDM/DDS/PAEK 15 份	26.7	62.9
BEP/DDS/PAEK 15 份	26.3	59.0
DGEBA/DDS/PAEK 15 份	27.8	56.4
TGDDM/E54/DDS	26.1	58.1

综合化学反应与化学黏度—温度依赖性的分析可以发现,尽管 DGEBA 与
PAEK 的相容性好于 TGDDM,但是将其引入 TGDDM/DDS/PAEK 体系后,体系的
相分离活化能 E_a(ps)变化不大,这可能是由于化学反应活化能的差别掩盖了相容
性的差别。后面的分析还将发现,化学反应热力学特征对相分离活化能影响很大。

化学计量比对 E_a(ps)也有影响,这里化学计量比 r 定义为氨基氢浓度对环氧
基浓度。改变化学计量比 r,即改变 DDS 的用量,可能影响体系的化学环境,从而
影响体系的相分离活化能。图 3 - 40 为不同化学计量比 r 的 BEP/DDS/PAEK 15
份体系在 180℃恒温固化时,在半对数坐标中的复数黏度随时间变化曲线。从图
中可以看出,体系的相分离与化学凝胶时间随化学计量比的增大而减小,$r = 0.5$
体系在相分离点 t_{ps} 附近的黏度增长不如 r 较高体系明显。图 3 - 40(a)中不同体
系的相分离起始时间虽然不同,但是几个体系在相分离点的台阶黏度值和在化学
凝胶点附近的黏度值却非常接近。对各体系的固化时间分别以相应的化学凝胶时
间 t_{gel} 规一化,消除反应速度的影响,从而观察流变学曲线的不同。图 3 - 40(b)为
规一化结果,从中可以看出,规一化后各体系的黏度曲线在约化相分离点附近开始
分化,然后化学凝胶点附近又趋于重合。

图 3 - 41 为不同化学计量比 r 的 BEP/DDS/PAEK 15 份体系的相分离和化学
凝胶时间—温度数据以 Arrhenius 方程式作图结果,从图 3 - 41 中的相分离和化学

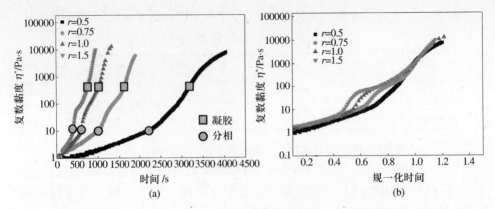

图 3-40 化学计量比 r 对复数黏度—时间(a)以及复数黏度—约化时间的关系(b)的影响

凝胶的时间—温度数据可以看出,体系的相分离诱导时间随化学计量比 r 的增加而下降,这由于体系的反应速度随 DDS 用量的增多而升高;表 3-11 为相应的相分离活化能 $E_a(\mathrm{ps})$、化学凝胶活化能 $E_a(\mathrm{gel})$,如图 3-41 中的化学凝胶时间—温度所示,体系的凝胶时间随 DDS 用量的增加而下降。

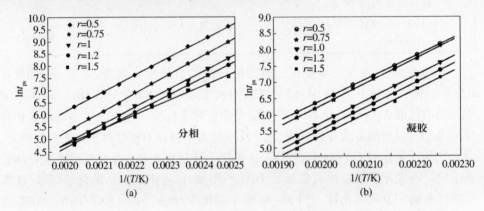

图 3-41 不同化学计量比 r 的 BEP/DDS/PAEK 体系的分相以及凝胶时间—温度依赖性
(a) 分相状态;(b) 凝胶状态。

表 3-11 不同化学计量比 r 的 BEP/DDS/PAEK 15 份体系
的 $E_a(\mathrm{ps})$ 值 $(\mathrm{kJ} \cdot \mathrm{mol}^{-1})$

r	$E_a(\mathrm{ps,TOM})$	$E_a(\mathrm{ps,rhe})$	$E_a(\mathrm{gel,rhe})$	$E_a(\mathrm{DSC})$
0.5	59.8	71.3	68.4	90.5
0.75	63.9	66.5	69.2	78.6
1.0	60.1	61.2	67.2	58.6
1.2	58.4	—	—	58.4
1.5	50.1	60.4	69.7	57.6

从表 3 – 11 中相分离活化能 $E_a(ps)$ 来看,显微镜测定相分离活化能 $E_a(ps, TOM)$ 低于流变仪所测定的相分离活化能 $E_a(ps, rhe)$,尽管 $E_a(ps, TOM)$ 和 $E_a(ps, rhe)$ 值大小不同,但二者都随化学计量比的增大而降低。从表 3 – 11 流变仪所测定不同体系的化学凝胶活化能 $E_a(gel, rhe)$ 来看,化学计量比对体系的 $E_a(gel, rhe)$ 影响不大。余英丰等[45] 曾研究 TGDDM/DDS 体系反应活化能随 DDS 用量变化,发现当 DDS 用量高于化学计量比时,体系的 E_a 值变化不大,而当 DDS 用量小于化学计量比时,E_a 值由于醚化反应而升高。我们对不同化学计量比的基体树脂的化学反应活化能 E_a 采用动态 DSC 法进行了测定,图 3 – 42 为 $r = 1.0$ 的 BEP/DDS 体系不同扫描速率下的热流曲线。以图中不同扫描速率下的峰值温度和扫描速率以 Kissinger 方程[46] 计算相应的化学反应活化能 E_a,计算结果如表 3 – 11 中 E_a 所示。从表中可以看出,不同 r 值体系的 E_a 随 r 值的降低而增大,这是由于环氧在较高温度和较低胺基氢浓度下发生醚化反应所致[47]。体系的相分离都发生在化学凝胶之前,所以可以忽略来自醚化反应对相分离活化能的贡献。

最后再对不同化学计量比的 BEP/DDS/PAEK 体系的黏流活化能 E_η 作计算,结果如表 3 – 12 所列,同时也对 BEP/PAEK 体系也作了测定,以便更好的理解 E_η 对 $E_a(ps)$ 的影响。从表 3 – 12 中不同体系的 E_η 值来看,当 $r < 1$ 时,体系的 E_η 较小,接近 17.3kJ/mol;当 $r \geq 1$ 时,体系的 E_η 接近 26.2kJ/mol。如果体系相容性相同,化学反应能垒相近,那么具有较高 E_η 的体系应呈现较大的 $E_a(ps)$;而表 3 – 11 中的实验结果表明,E_η 随 r 的变化趋势与 $E_a(ps)$ 变化趋势相反。综合分析,$E_a(ps)$ 随 r 的变化可能来源于体系相容性的变化。

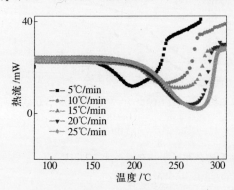

图 3 – 42 BEP/DDS 体系在不同升温速率和平衡化学计量比条件下的 DSC 曲线族

表 3 – 12 不同化学计量比 BEP/DDS/PAEK 15 份体系的黏度活化能 E_η

化学计量比 r	$E_\eta/\mathrm{kJ \cdot mol^{-1}}$	R
0	17.6	0.999
0.5	16.7	0.998
0.75	17.6	0.999
1.0	26.3	0.997
1.5	26.1	0.996

总之,就本实验所涉及的环氧树脂/PAEK 材料体系分相的时间—温度依赖性而言,可以归纳出以下几点结论[49]:

(1) BEP/DDS/PAEK 体系的反应诱导相分离时间与温度可以用 Arrhenius 方程描述,相分离活化能 $E_a(ps)$ 受基体树脂与 PAEK 含量影响不大。

（2）从化学反应活化能 $E_a(\text{gel})$ 与黏流活化能 E_η 来看，PAEK 用量的改变并不改变体系化学反应动力学特征和 $E_a(\text{gel})$。E_η 在实验的 PAEK 浓度范围内随 PAEK 浓度的改变变化不大，说明小分子扩散迁移过程在一定的 PAEK 浓度范围内不受 TP 大分子网络的影响。$E_a(\text{ps})$ 不随基体树脂的改变而变化，尽管基体树脂与 PAEK 具有不同的相容性，这可以是由于化学反应能力和黏流活化能的差别掩盖掉了相容性的差别对相分离活化能的影响。

（3）交联剂 DDS 用量的变化对相分离活化能的影响较显著，体系的相分离活化能随 DDS 用量的增加而降低。通过对化学反应活化能与黏流活化能的分析发现，相分离活化能的降低可能源于 DDS 与 PAEK 较差的相容性。

下面再来探讨双马来酰亚胺/TP 体系的反应诱导相分离的时间—温度依赖关系。图 3-43(a) 为 BMI/DABPA/PAEK 10 份体系的反应诱导相分离时间与基体化学凝胶时间与温度对 Arrhenius 方程作图结果，表 3-13 为相应的活化能。从图 3-43(a) 可以看出，体系的相分离时间在不同的温度段出现不同的温度依赖性，在 120℃~170℃ 区间对应较小的化学反应活化能 E_a，在 180℃~220℃ 区间对应较大的 E_a。相分离活化能 $E_a(\text{ps})$ 的变化趋势相同。图 3-43(b) 为 BMI/DABPA/PES 10 份体系的反应诱导相分离时间与基体化学凝胶时间分别对温度的 Arrhenius 图，相应的活化能如表 3-13 所列。结果同 BMI/DABPA/PAEK 10 份体系。

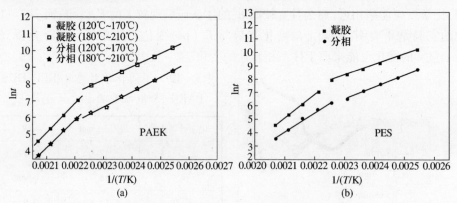

图 3-43 不同 BMI/DABPA/TP10 份体系的分相时间—温度关系（OM 方法）

(a) BMI/DABPA/PAEK 10 份；(b) BMI/DABPA/PES 10 份。

表 3-13 BMI/DABPA/TP10 份体系的分相活化能 $E_a/\text{kJ} \cdot \text{mol}^{-1}$

T/℃	PAEK	PES	BMI/DBA
120~170	73.7	63.4	54.3
180~200	136.0	130.1	120.3

据文献报道（图 3-44），BMI/DABPA 体系至少有 ENE 反应（双烯扩链反应），

Diels – Alder 成环反应,均聚反应,共聚反应等[48]。在不同的温度段,交联反应机理发生变化。$T<200$℃时,主要是 BMI 与 DABPA 的双烯加成扩链反应;$T>200$℃时,BMI 与双烯扩链产物进行的 Diels-Alder 成环反应。从图3 – 43 可以看出,体系的凝胶活化能在170℃以下对应一个活化能值,而在170℃以上又对应一个另一个值;分相活化能也在相同的温度范围内出现分段情况。从 BMI/DABPA/PAEK 体系的分相时间—温度关系可以看出,相分离活化能依赖于化学反应特征。因为体系的热力学性质在随化学反应过程不断发生变化,从而影响到体系的分相热力学与动力学。

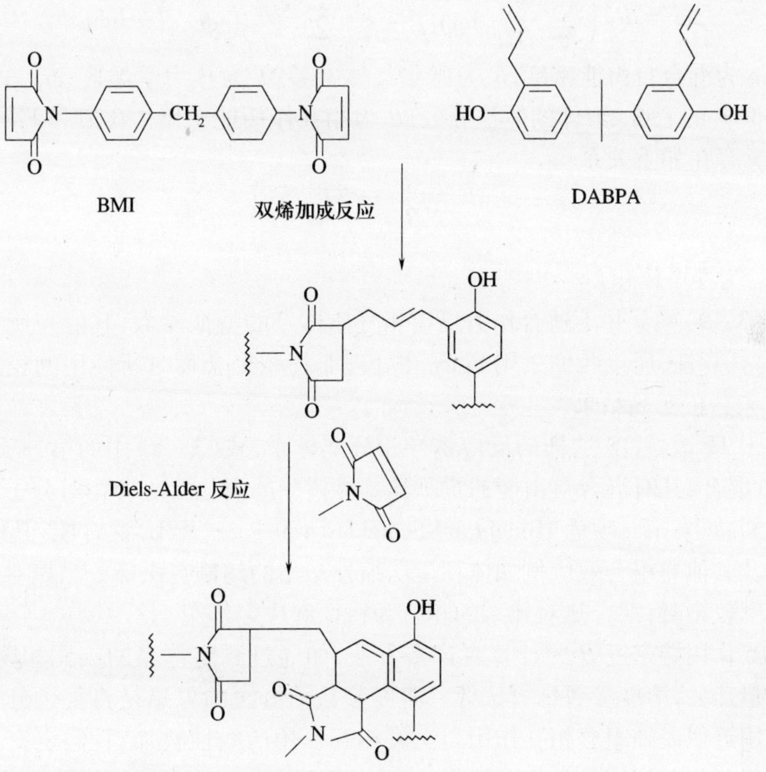

图3 – 44 BMI/DABPA 体系可能的化学反应机制

3.6 化学结构对反应诱导相分离时间—温度依赖性的影响[10,11]

从3.5 节 TP 增韧 TS 体系反应诱导相分离时间—温度依赖性的讨论可以发现,这种时间—温度依赖性体现在众多热力学特征不同的 TP/TS 体系中。反应诱导相分离过程是相分离热力学与相分离动力学共同作用的结果,其中,相分离动力学过程决定着体系相结构的具体演化路径,而相分离热力则决定体系是否分相以及相分离后体系平衡态相组成。判断一个体系的相容性最方便快捷的方法是溶度参数分析法[50]，根据相似相容原理，溶度参数越接近，组分的相容性越好。组分的化学结构影响共混物的相容性[51]，进而可能影响相分离活化能，因此有必要对相分离活化能与结构的复杂相关性进行综合的研究。下面专门讨论组分化学结构对时间—温度依赖性关系。

TP/TS 固化过程的热力学特征可用基于经典的 Flory – Huggins 格子理论来描述[52]：

$$\Delta g = RT\Big(\sum_i \frac{\phi_{TS,i}}{iV_{TS,i}}\ln\phi_{TS,i} + \frac{1}{V_{TP}}\sum_j \frac{\phi_{TP,j}}{j}\ln\phi_{TP,j} \Big) + B\phi_{TS}\phi_{TP} \qquad (3-8)$$

式中：Δg 为混合自由能密度；R 为摩尔气体常数；T 为热力学温度；$\phi_{TS,i}$；$\phi_{TP,j}$ 分别为 TS 和 TP 的 i 或 j 聚体的体积分数；B 为相互作用能密度。B 值和 Flory 相互作用参数 χ 存在如下关系：

$$B = \frac{\chi RT}{V_{ref}} \qquad (3-9)$$

式中：V_{ref} 为参考体积。

式(3-9)中 χ 并不适合作为反应相分离体系的特征参数，其值与所选参考体积 V_{ref} 有任意性，所以我们采用 Flory 在处理非均相聚合物时所使用的相互作用能密度 B 来分析实验结果。

对于 TP 改性 TS 这样的反应诱导相分离体系，式(3-8)中的第一项为 Flory-Huggins 混合，其对混合自由能的贡献随基体树脂的固化反应即相对分子质量的增大而不断减小；第二项为 Hildebrand-Scatchard-van Laar(HSL)混合能，其中 B 包括混合热及其他非组合效应例如体积可压缩性产生的超额自由能。当熵对混合自由能的贡献较小时，混合热对体系的相行为特征起决定作用。

相互作用能密度 B 的计算有许多方法，如通过测定体系的二元相图来计算，模拟物量热法，溶度参数估算法等。溶度参数估算法的思想是将复杂分子体系的相互作用近似成纯组分相互作用与交叉相互作用的线性叠加，且假定交叉相互作用为纯组分相互作用的几何平均值，$\delta_{TP/TS}^2 = \delta_{TP}\delta_{TS}$。由此，可以用 TP 与 TS 的溶度参数 δ_{TP}、δ_{TS} 由式(3-10)来估算 B：

$$B = (\delta_{TP} - \delta_{TS})^2 \qquad (3-10)$$

就相图上的上临界共溶温度体系，下面选择不同主链结构的热塑性树脂如聚醚酰亚胺(PEI)和不同结构的环氧树脂单体①、芳香胺交联剂(DDM、DDS)等，研究活化能 E_a(ps)受热塑性树脂的主链结构、热固性单体、交联剂结构、化学计量比等因素的影响；在经典 Flory-Huggins 理论框架内，从组分化学结构计算相互作用能

---

① 环氧单体 E56、E54、E31 环氧当量分别为 178、185、322 的 DGEBA 环氧单体；TP 添加量为 15 份；交联剂没有特别说明以化学计量比添加。

密度,解释 $E_a(ps)$ 随组分结构的变化规律。

就热塑性树脂结构对 $E_a(ps)$ 的影响而言,从曾经研究过的 TP 用量和相对分子质量的角度分析分相活化能 $E_a(ps)$ 的变化规律,发现 $E_a(ps)$ 在实验范围内对 TP 用量和 TP 相对分子质量的影响不显著,那么 TP 化学结构变化的影响怎样呢?显然,改变热塑性树脂 TP 的主链结构将影响其与热固性树脂的相容性,进而影响 TS/TP 体系反应诱导相分离能垒的大小。

环氧/聚醚酰亚胺(EP/PEI)是一类具有上临界共溶温度(UCST)相行为的体系,以 DGEBA/DDM 环氧为基体,改变 PEI 主链结构,研究 $E_a(ps)$ 随 PEI 主链化学结构的变化情况,结果如图 3-45 与表 3-14 所示。

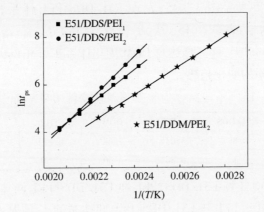

图 3-45　热塑性树脂 PEI 的结构对 E51/DDM/PEI 和 E51/DDS/PEI 体系 $\ln t_{ps}-1/T$ 关系的影响

表 3-14　E51/DDM/PEI 和 E51/DDS/PEI 体系的 $E_a(ps)/kJ \cdot mol^{-1}$ 值

热塑性树脂	E51/DDM/PEI		E51/DDS/PEI	
	$E_a(ps)/(OM)$	$E_a(gel)$	$E_a(ps)/(OM)$	$E_a(gel)$
PEI_1	无分相	51.6	61.2	62.8
PEI_2	50.6	51.0	78.6	62.5

表 3-14 中,E51/DDM/PEI$_1$体系在整个实验温度范围(80℃~180℃)内不分相,E51/DDM/PEI$_2$体系的分相活化能 $E_a(ps)$ =50.6kJ/mol,说明 PEI$_1$ 与基体树脂 DGEBA/DDM 的相容性非常好,即 $E_a(ps)$ 非常高,以至于体系无法分相。以 Kissinger 方程计算体系的表观化学反应活化能 E_a,结果亦见表 3-14。从表中可以看出,E51/DDM/PEI$_1$ 与 E51/DDM/PEI$_2$ 两体系具有几乎相同的 E_a,即相分离的化学推动能垒相同,因此,差别是在相互作用能密度项中。

利用相互作用能密度 B 分析 PEI 结构变化对相容性的影响及其与分相活化能的关系,B 值根据溶度参数 δ 由式(3-10)计算。δ 一般为计算值,其计算方法很多,例如 Jozef Bicerano 根据拓扑几何学原理发展的连接指数法[53]不需基团贡献值,可以根据聚合物结构式直接计算 δ 值。以 MTHPA 为例,计算得到的结果:

$$\delta = \sqrt{\frac{E_{coh}}{V}} = 21.8\ \frac{\sqrt{J}}{\sqrt[3]{cm}}$$

将计算得到的组分溶度参数 δ 值代入式(3−10),计算相应的相互作用能密度 B 值,结果如表 3−15 所列。从表 3−15 中 B 值来看,PEI_1 与环氧树脂 E51/DDM 的 $B_{E51/DDM/PEI_1} = 3.13J/cm^3$ 较 PEI_2 与环氧树脂的 $B_{E51/DDM/PEI_2} = 5.61J/cm^3$ 小,说明 PEI_1 与 E51/DDM 的相容性更好。

将固化剂 DDM 换成极性更大的 DDS,交联树脂结构中的—CH_2—基团变成了极性的—SO_2—,结果参见图 3−45,发现 E51/DDS/PEI_1 体系相分离早于 E51/DDS/PEI_2 体系。对比表 3−15,从 B 值来分析,$B_{E51/DDS/PEI_1} = 0.89J/cm^3$ 较 $B_{E51/DDS/PEI_2} = 0.12J/cm^3$ 大,这一趋势与 DDM 固化体系正好相反,即 $E_a(ps)$ 随体系极性的变化出现不同的变化趋势。

表 3−15　不同配方的相互作用能密度 $B/J \cdot cm^{-3}$ 值

	E51/DDM	E51/DDS	E51/MTHPA	DDM	MTHPA	DDS	CE
PEI_1	3.13	0.89	4.03	1.68	0.012	4.72	5.67
PEI_2	5.61	0.12	6.80	3.60	0.50	2.48	3.17

由 Kissinger 方程计算 E51/DDS/PEI_1 和 E51/DDS/PEI_2 两体系的表观化学反应活化能 E_a,E51/DDS/PEI_1 与 E51/DDS/PEI_2 两体系的 E_a 值基本相同,这就可以排除化学反应能垒的差别对 $E_a(ps)$ 影响。$B_{E51/DDS/PEI_1} = 0.89J/cm^3$ 较 $B_{E51/DDS/PEI_2} = 0.12J/cm^3$ 大的事实表明,在极性较高的环境中,PEI_1 与 E51/DDS 相容性差于 PEI_2,因此,E51/DDS/PEI_1 体系的相分离要克服的能垒小于 E51/DDS/PEI_2 体系,解释了其相分离活化能更小的事实。

从表 3−16 中的化学结构式来看,PEI_1 主链的重复单元较 PEI_2 长,且主链中与 E51 结构中相同的双酚 A 基团比例更高,根据相似相容原理,PEI_1 与环氧树脂的相容性更好,所以 $E_a(ps)$ 较高。

表 3−16　热塑性改性剂 PEI_1 和 PEI_2 的特征性质

132

改变固化结构,例如对于环氧/酸酐/聚醚酰亚胺体系,环氧酸酐固化反应用路易斯碱 BDMA 促进时为链增长聚合机理,不同于 DDM 或 DDS 的环氧胺类的逐步聚合反应,在这种情况下,改变 PEI 的主链结构,分相时间—温度依赖关系如图3-46与表3-17所示。

从表 3 - 17 可以看出,E51/MTHPA/PEI$_1$ 体系的分相活化能 $E_a(ps) = 72.6J/mol$ 较 E51/MTH-PA/PEI$_2$体系的 $E_a(ps) = 59.7J/mol$ 高,并且两体系的化学反应活化能不

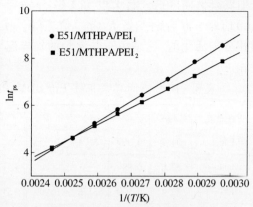

图 3-46　E51/MTHPA/PEI 体系的 PEIs 结构对 $\ln t_{ps} - 1/T$ 关系的影响

受 PEI 结构的影响。对比表 3-15 的相互作用能密度 B,$B_{E51/MTHPA/PEI_1} = 4.03J/cm^3$ 较 $B_{E51/MTHPA/PEI_2} = 6.80J/cm^3$ 小,说明 PEI$_1$ 与 E51/MTHPA 的相容性更好,所以 PEI$_1$/E51/MTHPA 体系的 $E_a(ps)$ 也较高。

表 3 - 17　E51/MTHAP/PEI 和 CE/PEI 体系的 $E_a(ps)/kJ·mol^{-1}$ 值

热塑性改性剂	E51/MTHPA 体系		CE/PEI 体系	
	$E_a(ps)/(OM)$	E_a	$E_a(ps)$	E_a
PEI$_1$	72.6	52.7	不相容	60.9
PEI$_2$	59.7	51.6	47.9	61.2

氰酸酯单体在催化剂的作用下发生三环化反应,生成含有三嗪环的网络大分子,交联过程不需要交联剂。同属于 UCST 类型的 CE/PEI 体系[54] 的 $E_a(ps)$ 随 PEI 结构的改变而改变,如表 3-17 所列,CE/PEI$_2$体系的 $E_a(ps) = 47.9kJ/mol$,体系 CE/PEI$_1$在实验温度范围 90℃ ~180℃ 内不相容,说明体系的 $E_a(ps)$ 非常小。而两体系的化学反应活化能 E_a 差别并不大。由表 3-15 中 B 值来看,$B_{CE/PEI_1} = 5.67J/cm^3$ 较 $B_{CE/PEI_2} = 3.17J/cm^3$ 大,据此推断 PEI$_1$ 与基体树脂的相容性要差于 PEI$_2$,所以在 90℃ ~180℃ 的实验温度范围内 PEI$_1$/CE 不相容。

那么热固性环氧树脂结构本身对 $E_a(ps)$ 的影响又是怎样的呢? 环氧树脂单体环氧值不同,其链上羟基浓度不同,这将影响共混物的化学环境,进而影响相容性[55] 及分相活化能 $E_a(ps)$。实验选取不同环氧值的二官能度双酚 A 型环氧 DGEBA,以 PEI$_2$ 热塑性树脂改性,DDM 为固化剂,研究 $E_a(ps)$ 随环氧单体结构的变化规律,结果见表 3-18。从表可以看出,各体系的 $E_a(ps)$ 值随环氧单体环

氧值的降低而降低。将 E39 和 E44 分别与 E51 以 1:1 的质量比混合,相应 E_a(ps)值介于混合前二者 E_a(ps)值之间。实验中没有测定 E31/DDM/PEI$_2$ 体系的相分离活化能,这是由于共混物的临界温度太低,在实验温度范围内体系已经分相。

表 3 – 18　不同环氧单体 EP/DDM/PEI$_2$ 体系的 E_a(ps)/kJ・mol^{-1}

环氧种类	E_a(ps)	R	E_a	R	环氧种类	E_a(ps)	R	E_a	R
E56	54.7	0.999	51.4	0.999	E39	40.3	0.999	51.2	0.99
E54	52.6	0.999	—	—	E51/E44(1:1)	48.7	0.999	—	—
E51	52.4	0.999	51.6	0.999	E51/E39(1:1)	40.1	0.999	—	—
E44	44.3	0.999	—	—	E51/E31(4:1)	36.2	0.999	52.1	0.999

从表 3 – 18 的化学反应活化能 E_a 来看,E_a 受环氧单体环氧值的影响不大。用连接指数法计算不同环氧单体/DDM 固化物的溶度参数,由式(3 – 10)估算相应 B 值,如表 3 – 19 所列,环氧值越低,基体树脂与 PEI$_2$ 的 B 值越大,说明体系的相容性随环氧值的降低而降低。环氧单体的聚合度越大,即环氧值越低,其与 PEI$_2$ 的共溶温度越高,共混物的相容性窗口随环氧值的降低而缩小。

表 3 – 19　不同环氧/DDM/PEI$_2$ 体系的 B 值

B/(J・cm^{-3})	E56	E54	E51	E44	E39	E31
PEI$_2$	5.53	5.56	5.61	5.74	5.83	10.71

以表 3 – 19 中的 B 值对表 3 – 18 中的 E_a(ps)值作图,结果如图 3 – 47(a)所示,图中实线为用 Boltzmann 函数式(式(3 – 11))拟合的 B 与 E_a(ps)的关系曲线。拟合曲线两端出现平台,分别对应最大与最小分相活化能 E_a(ps)$_{max}$ 和 E_a(ps)$_{min}$。

$$E_a(\mathrm{ps}) = E_a(\mathrm{ps})_{max} + \frac{E_a(\mathrm{ps})_{min} - E_a(\mathrm{ps})_{max}}{1 + \exp\left(\dfrac{B - B_c}{\mathrm{d}B}\right)} \qquad (3 – 11)$$

式中:B_c 为特征相互作用能密度值,dB 为常数,这些值随体系的改变而变化,例如 DGEBA/DDM/PES 体系的参数 E_a(ps)$_{max}$、E_a(ps)min、B_c、dB 的值分别为 32.37、64.45、16.79 和 0.1284,拟合相关系数 0.999。

令 $K = \mathrm{d}B * \ln \dfrac{E_a(\mathrm{ps})_{max} - E_a(\mathrm{ps})}{E_a(\mathrm{ps}) - E_a(\mathrm{ps})_{min}} = B - B_c$,以 K 对 B 作图,结果见图 3 – 47(b),直线斜率 0.99,B_c 为 5.68,线性关系较好。

化学计量比对 E_a(ps)也产生影响,化学计量比 r 定义为胺基氢浓度或酸酐浓度对环氧基浓度。固化物的端基结构受化学计量比 r 影响,例如 E51/DDM/PEI$_2$ 体系,当 $r < 1$ 时,环氧端基比例较高;而 $r > 1$ 时,自由末端中主要为胺基。改变 r

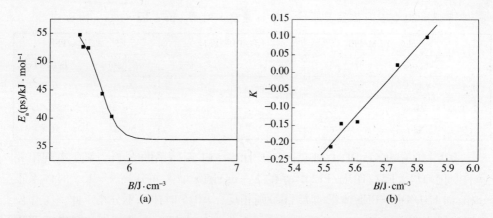

图 3 -47　DGEBA/DDM/PEI$_2$体系的 E_a(ps) $- B$ 关系(a)与 $K - B$ 关系(b)

值就改变了体系的化学环境。以 E51/DDM/PEI$_2$、E51/DDS/PEI$_2$ 和 E51/MTHPA/
PEI$_2$体系为例,改变 r 值,研究其分相时间—温度依赖性,结果如图 3 -48 和表 3 -
20 所示。

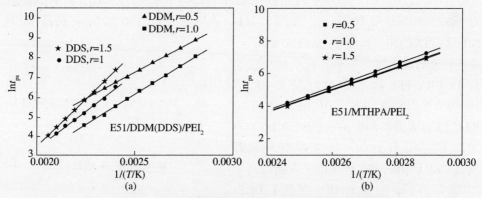

图 3 -48　不同体系及不同化学计量比 r 对 $\ln t_{ps} - 1/T$ 关系的影响
(a) E51/DDM 或 DDS/PEI$_2$;(b) E51/MTHPA/PEI$_2$。

图 3 -48 中,E51/DDM/PEI$_2$ 和 E51/DDS/PEI$_2$ 两体系的相分离时间随 r 增大
而降低,这是由于基体树脂的反应速度随 r 增大而加快。例如,$r = 0.5$、1.0、1.5
时,基体树脂 E51/DDM 在 160℃固化时的凝胶时间分别为 874s、275s、190s,即达
到相同化学转化率,体系所需的时间随 DDM 浓度的提高而降低;E51/DDS 体系
的化学反应速度也随 r 的增大而降低。图中,E51/MHTPA/PEI$_2$体系的相分离时间
在 $r = 1.5$ 和 1.0 时几乎相等,且都早于 $r = 0.5$ 体系;$r = 0.5$、1.0、1.5 时 E51/
MTHPA 在 110℃的凝胶时间分别为 1797s、1473s、1440s,说明体系的化学反应速度
在 $r = 1.0$ 和 $r = 1.5$ 处比较接近,所以它们的相分离时间—温度曲线几乎重合。
$r = 0.5$ 时反应速度最慢,相应分相诱导时间最长。

表 3 - 20 不同体系及不同化学计量比 r 对 $E_a(ps)/kJ \cdot mol^{-1}$的影响

r	E51/DDM/PEI$_2$		E51/DDS/PEI$_2$		E51/MTHPA/PEI$_2$	
	$E_a(ps)$	$E_a(gel)$	$E_a(ps)$	$E_a(gel)$	$E_a(ps)$	$E_a(gel)$
0.5	43.8	46.3	No ps	61.1	56.3	51.2
1.0	50.6	44.6	78.6	58.1	56.2	51.6
1.5	No ps	44.7	62.2	59.7	59.70	51.7

表 3 - 20 中，E51/DDM/PEI$_2$ 和 E51/DDS/PEI$_2$ 两体系的 $E_a(ps)$ 随 r 表现出相反的变化趋势。E51/DDM/PEI$_2$ 体系的 $E_a(ps)$ 随 r 增大而升高，$r = 1.5$ 时体系不分相；而 E51/DDS/PEI$_2$ 体系的 $E_a(ps)$ 则相反，$r = 0.5$ 时体系不分相。此前工作发现固化反应速度对 $E_a(ps)$ 没有影响[56]，而化学反应热力学特征影响显著。测定基体树脂凝胶活化能 $E_a(gel)$，$E_a(gel)$ 值随 r 变化不大。对于反应诱导相分离体系，分相点早于凝胶点，可以排除醚化令相分离活化能 $E_a(ps)$ 升高的可能。从表 3 - 15 中的 B 值分析，对于 E51/DDM/PEI$_2$ 体系，$B_{PEI_2/DDM} = 3.60J/cm^3$，$B_{PEI_2/E51/DDM} = 5.61J/cm^3$，说明 PEI$_2$ 与 DDM 的相容性要好于其与 E51/DDM 固化物的相容性。对于 E51/DDS/PEI$_2$ 体系，$B_{PEI_2/DDS} = 2.48J/cm^3$，$B_{PEI_2/E51/DDS} = 0.12J/cm^3$ 最高，说明 DDS 与 PEI 的相容性差于 DGEBA/PEI。

L. Bonnaud 等人[57]测定过不同交联剂对 DGEBA/PEI 体系相容性的影响，图 3 - 49为他们所测 DDS 和 MCDEA 对 DGEBA/PEI 云点曲线的影响，其中，MCDEA 与四乙基二氯取代 DDM。从图 3 - 49 可以看出，DGEBA/DDS/PEI 体系的云点曲线高于 DGEBA/PEI 体系，说明 DDS 降低了 DGEBA/PEI 的相容性；DGEBA/MCDEA/PEI 的云点曲线低于 DGEBA/PEI 体系，说明 MCDEA 提高了 DGEBA/PEI 的相容性。实验相图工作支持我们利用相互作用能密度理论所做出的预测。

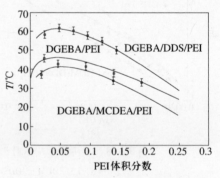

图 3 - 49 非反应性 DGEBA/DDS/PEI、DGEBA/PEI 和 DGEBA/MCDEA/PEI 体系的实验云点曲线

共混溶剂总的溶度参数与组分的体系分数有关系，这里可以认为 DGEBA/DDS、DGEBA/DDM 为 PEI 的混合溶剂。假定混合时组分的体积不发生变化，混合溶剂的混合溶度参数可以下式估算：

$$\delta_{A/B} = \phi_A\delta_A + \phi_B\delta_B \qquad (3-12)$$

式中：ϕ_A 和 ϕ_B 为溶剂 A 和 B 的体积分数；δ_A 和 δ_B 为溶剂 A 和 B 的溶度参数。

热塑性树脂与热固性树脂的总的混合热与混合溶剂和热塑性树脂的体系分数

有关：

$$\Delta H_m = V_m \phi_1 \phi_2 \left[\left(\frac{\Delta E_1}{\tilde{V}_1} \right)^{1/2} - \left(\frac{\Delta E_2}{\tilde{V}_2} \right)^{1/2} \right]^2 = V_m \phi_1 \phi_2 (\delta_1 - \delta_2)^2 \qquad (3-13)$$

所以当相容性不好的 DDS 用量增多时，体系的相互作用能密度将降低，体系的混合热减小，相应相分离活化能降低；相反，有利于相容性提高的 DDM 用量越多，混合热越大，相分离活化能越高。对于 E51/MTHPA/PEI₂ 体系，$B_{PEI_2/MTHPA} = 0.50 J/cm^3$ 小于 $B_{PEI_2/E51/MTHPA} = 6.80 J/cm^3$，即 PEI₂ 与 MTHPA 的相容性好于其与 E51/MTHPA 的相容性，所以 $E_a(ps)$ 将随 r 增大而升高。相对于 E51/DDM/PEI₂ 和 E51/DDS/PEI₂ 两体系，酸酐固化体系 $E_a(ps)$ 随 r 不明显。

上面我们分别改变热固性树脂与热塑性树脂的化学结构，系统研究了具有上临界共溶温度相行为体系（包括逐步聚合体系、链式聚合体系和催化剂聚合热塑性树脂改性热固性树脂体系）的分相活化能 $E_a(ps)$ 受热塑性树脂的主链结构、热固性单体、交联剂结构、化学计量比等因素的影响，并利用相互作用能密度 B 解释了 $E_a(ps)$ 随组分结构的变化规律，$E_a(ps)$ 与 B 的关系可以用 Boltzmann 函数近似描述。

在相同的基体树脂中，相分离活化能 $E_a(ps)$ 随热塑性树脂主链结构的变化而变化，体系可以从分相到不分相转变；保持相同的热塑性树脂，$E_a(ps)$ 随基体树脂结构的改变而改变。利用相互作用能密度值分析发现，较差的相容性对应于较低的 $E_a(ps)$ 值。

交联剂由于用量较大，其浓度的改变影响体系的化学环境与相容性。当交联剂促进相容性时，相分离活化能随交联剂浓度的提高而提高，当交联剂浓度升到一定浓度时，体系不分相；当交联剂降低体系的相容性时，相分离活化能随交联剂浓度的提高而降低，当交联剂浓度降到一定浓度时，体系不相容。

3.7 热塑性树脂增韧环氧树脂的 TTT 关系[58]

对于热塑性树脂(TP)增韧改性的热固性树脂(TS)这样的复杂体系，在固化过程中不仅有凝胶化、玻璃化，还有相分离和相结构的演化，从相图来预测体系包括相分离在内的性质演化过程具有更重要的意义。目前国内外文献报道上鲜见反应诱导相分离体系 TTT 相图的工作[59,60]。

图 3-50 给出了不同配比下的 PAEK 与模型环氧(DGEBA/TGDDM/DDS/PAEK 15 份)共混体系的凝胶点，表 3-21 给出了这些体系凝胶点回归所得到动力学参数，可以看出，共混增韧体系的反应活化能基本保持不变，因此增韧体系的固化模型参数也基本不变，即增韧对固化模型基本没有影响。图 3-51 给出了不同含量 PAEK 与模型环氧共混后的 DMA 曲线，由图，代表这个复相体系玻璃化转变

温度的 tanδ 峰位置没有随着 PAEK 含量的增加而改变,因此 PAEK 增韧环氧体系的玻璃化转变温度与增韧剂的含量基本无关,与未增韧体系的玻璃化转变温度基本一致。

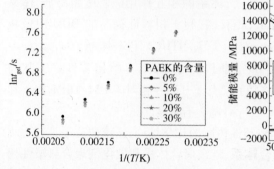

图 3 - 50　不同配比 PAEK/EP 体系
　　　　的凝胶时间

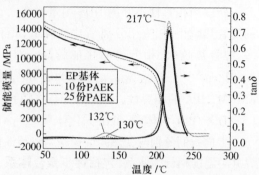

图 3 - 51　不同配比 PAEK/EP 体系的 DMA 曲线

表 3 - 21　回归获得的固化动力学参数

PAEK 含量/份	反应温度和凝胶时间[①]/s			$E_a/kJ \cdot mol^{-1}$
	160℃	170℃	180℃	
0	2387	1615	1020	70.00
5	2424	1600	1001	72.00
10	2503	1539	1034	73.371
20	2416	1439	983	73.446
30	2386	1344	1035	72.992

由以上分析可以得出,模型环氧经 PAEK 增韧后,增韧体系的固化动力学参数以及固化后的玻璃转变温度基本不变,因此增韧体系的 TTT 图不会因增韧而发生变化。

更进一步地,在第二章 TTT 关系分析研究的基础上,运用流变学方法分析这个热塑性树脂增韧模型环氧体系的反应诱导分相温度和时间的 Arrhenius 关系,并把这个相分离线标注在 TTT 图上,则可以发现相结构的发展区域位于相分离线与化学凝胶线之间(图 3 - 52)。另外还可以以流变实验手段确定了相分离体系中 PAEK 相固化的曲线,这是一般的实验手段例如 SALS,调制 DSC 与 DMA 等所难以做到的。根据图 3 - 52,我们可以更精确地了解复合材料在固化过程中体系的物理状态的变化,例如相分离、化学凝胶、TP 相的玻璃化、TS 相的玻璃化等。当

---

① 凝胶时间通过复数模量虚、实部 G' 和 G'' 曲线的交点求得。

PAEK 含量较多时,对 TP 富集相玻璃化的了解与控制尤其重要。由于 TP 相黏度较高,TS 低聚物扩散困难,体系不经过后固化很难达到完全固化,这样对材料的热力学性能影响较大。

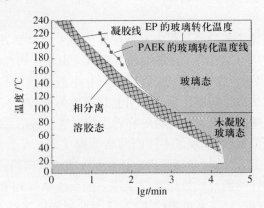

图 3 – 52　BEP/DDS/PAEK 15 份体系的 TTT 关系,包含分相的区域[10]

3.8　小结

以反应诱导相分离方法实现热塑性树脂增韧改性热固性树脂的关键是热塑性树脂分散状态的控制,这个工作依赖实际的时间—温度条件。研究反应诱导相分离过程存在不同的实验手段,例如以线性黏弹性的跃变反映某种逾渗结构的形成,而小角激光光散射法追踪相区特征尺寸生长过程等,本研究强调实时与综合,以流变学与显微光学形态检测、配以热化学方法追踪固化分相转变过程,并与相分离动力学模拟结合,从而达到弄清分相机理,控制分相形貌,明确加工时间—温度空间的目的。

目前对热塑性树脂改性热固性树脂反应诱导相分离过程的机理研究,尤其是相分离的时间—温度依赖性的研究报道尚少。现有的热力学理论,例如 Flory-Huggins-Staverman 理论可以描述热塑性树脂/热固性树脂体系的相分离热力学,给出 Binodal 和 Spinnodal 线;基团贡献理论可以预测体系的相容性;而相分离动力学有 Cahn 相分离模型,Tanaka,Onuki 的黏弹相分离模型,以及含时间的 TDGL 方程等,可计算热塑性树脂/热固性树脂体系反应诱导相分离的相形态演化过程。以上这些研究都没有涉及分相的开始时间及其与反应温度的依赖性,而对于一个热塑性树脂改性热固性树脂的反应诱导相分离体系相结构控制,仅仅热力学的描述或动力学的定性计算是不够的,研究包含诱导期的时间—温度依赖性的规律及其与物料体系多尺度结构的关系具有重要意义。

为此,本章突出以下方面的研究:

（1）表征了众多热塑性树脂改性热固性树脂体系的反应诱导相分离的起始、演化过程。建立了适用于固化温度250℃、相结构小于微米，且两相光学反差较小的热塑性树脂改性热固性树脂体系实时观察分析的高温倒置高分辨光学显微系统。

（2）发现反应诱导相分离过程中流变性质的转变符合临界凝胶理论，确定了不同的转变分别对应不同相继的凝胶化转变机理。由于热固性树脂反应改变相容性，热塑性树脂聚集而首先形成物理缠结网，在化学凝胶点之前发生相分离；随后发生的凝胶点是由热固性树脂化学交联引起化学临界凝胶转变。在后固化中，也观察到了与热塑性树脂相玻璃化有关的临界凝胶转变。各临界凝胶点对应不同的临界凝胶指数或分形维数，反映了不同的网络结构状态。对凝胶指数作了温度与浓度依赖性的分析，不同的临界凝胶指数具有温度或浓度依赖性。

（3）发现热塑性树脂改性热固性树脂体系的反应诱导相分离时间/温度依赖性遵循 Arrhenius 方程，对许多热塑性树脂/热固性树脂体系具有普适性。相分离活化能 $E_a(\mathrm{ps})$ 在常用的热塑性树脂浓度范围内和温度范围内主要受化学环境和化学反应热力学与反应机理影响，而与热塑性树脂含量、热塑性树脂的相对分子质量、反应速度和相分离检测手段等关系不大。利用二元相互作用能理论解释了一些 UCST 体系 $E_a(\mathrm{ps})$ 与组分化学结构的依赖关系。

（4）拓展了传统热固性树脂的 TTT 关系研究，建立了热塑性/热固性复相树脂体系的 TTT 关系，其中包含了重要的相分离区域及其温度、时间条件等信息，为制备获得指定的相结构指出了一条技术途径。

参 考 文 献

[1] Inoue,Takashi. Reaction-induced phase decomposition in polymer blends[J]. Prog Polym Sci,1995,20:119 – 153.

[2] 哈森 P. 材料的相变. 刘志国，译. 北京:科学出版社,1998.

[3] Yu Y F,Wang M H,Gan W J,Tao Q S,Li SJ. Polymerization-induced viscoelastic phase separation in poly-ethersulfone-modified epoxy systems[J]. Journal of Physical Chemistry B,2004,108(20):6208 – 6215.

[4] Gan W J,Yu Y F,Wang M H,Tao QS,Li SJ. Viscoelastic effects on the phase separation in thermoplastics-modified epoxy resin[J]. Macromolecules,2003,36(20):7746 – 7751.

[5] Jin J Y,Cui J,Li S J. On Polyeterimide Modified Bismaleimide Resin,I Effect of the Chemical Backbone of Polyetherimide[J]. Macromolecular Chemistry and Physics,1999,200(8),p1956 – 1960.

[6] Jin J Y,Cui J,Li S J. Polyetherimide Modified Bismaleimide Resins. II Effect of Polyetherimide Content [J]. Jorunal of Applied Polymer Science,2001,81,250 – 258.

[7] 陶庆胜. 聚醚酰亚胺改性氰酸酯体系的反应诱导相分离研究[T]. 上海:复旦大学博士学位论文,2004.

［8］ （1）刘克静,张海春,陈天禄.中国发明专利 CN85.101721(1987);（2）张海春,陈天禄,袁雅桂.中国发明专利 CN85.108751(1987);（3）陈天禄,袁雅桂,徐纪平.中国发明专利 CN88.102291.2(1988).

［9］ 许元泽,等.倒置偏光长工作距离高分辨率耐高温热台显微镜[P].实用新型专利,申请号 2007200666499.

［10］ 许元泽.PEK-C 改性热固性树脂体系 TTT 相图的绘制与相分离过程的模拟与观察.973 课题总结报告(课题编号 2003CB615604,执行期 2003 – 2008)分报告,2008.

［11］ 张秀娟.热塑改性热固性树脂体系固化中的形貌—流变学研究[T],上海:复旦大学博士学位论文,2007.

［12］ 程群峰.双马来酰亚胺树脂基复合材料的"离位"增韧研究[T],杭州:浙江大学博士学位论文,2007.

［13］ 唐敖庆.高分子反应统计理论[M].北京:科学出版社,1985:1 – 455.

［14］ Macosko C W,Millerlb D R. A New Derivation of Average Molecular Weights of Nonlinear Polymers[J]. Macromolecules,1976,9(2):199 – 206.

［15］ Xiu-Juan Zhang,Xiao-Su Yi,Yuan-Ze Xu. Cure-Induced Phase Separation of Epoxy/DDS/PAEK Composites and its Temperature Dependency[J]. Journal of Applied Polymer Science,2008,109,2195 – 2206.

［16］ 益小苏.先进复合材料技术研究与发展[M].北京:国防工业出版社,2006.

［17］ Bonnet A,Pascault J P,Santeria H,Camberlin Y. Epoxy-diamine thermoset/thermoplastic blends. 2. Rheological behavior before and after phase separation[J]. Macromolecules,1999,32(25):8524 – 8530.

［18］ Blanco I,Cicala G,Motta O,Recca A. Influence of a selected hardener on the phase separation in epoxy/thermoplastic polymer blends[J]. Journal of Applied Polymer Science,2004,94(1):361 – 371.

［19］ Tercjak A,Serrano E,Rerniro P M,Mondragon I. Viscoelastic behavior of thermosetting epoxy mixtures modified with syndiotactic polystyrene during network formation[J]. Journal of Applied Polymer Science,2006,100(3):2348 – 2355.

［20］ Flory P J. Principles of Polymer Chemistry[M]. New York:Cornell University Press,1953.

［21］ （1）Kirkpartrick S. Percolation and conduction[J]. Reviews of modern physics,1973,45(4):574 – 587;（2）De Gennes PG. Scaling Concepts in Polymer Physics[M]. Ithaca New York:Cornell University Press,1979:1 – 319;（3）Stauffer D,Aharony A. Introduction to Percolation Theory. 2nd Edition[M],Lonndon:Taylor and Francis,198.

［22］ D Lairez,Adam JM,Emery JR,Durandt D. Rheological Behavior of an Epoxy/Amine System near the Gel Point[J]. Macromolecules,1992,25(1):286 – 289.

［23］ （1）Winter H H,Chambon F. Analysis of Linear Viscoelasticity of a Crosslinking Polymer at the Gel Point [J]. Journal of Rheology,1986,30(3):367 – 382;（2）Chambon F,Winter HH. Linear Viscoelasticity at the Gel Point of a Crosslinking PDMS with Imbalanced stoichiometry[J]. Journal of Rheology,1987,31(8):683 – 687.

［24］ Izuka A,Winter H H,Hashimoto T. Self-similar relaxation behavior at the gel point of a blend of a cross-linking poly(epsilon-caprolactone) diol with a poly(styrene-co-acrylonitrile) [J]. Macromolecules,1997,30(20):6158 – 6165.

［25］ Horst R H,Winter H H. Stable critical gels of a crystallizing copolymer of ethene and 1 – butene [J]. Macromolecules,2000,33(1):130 – 136.

［26］ Scanlan J C,Winter H H. Composition Dependence of the Viscoelasticity of End-Linked Poly(Dimethylsiloxane) at the Gel Point[J]. Macromolecules,1991,24(1):47 – 54.

［27］ Martin J E,Wilcoxon J P. TCritical Dynamics of the Sol-Gel TransitionT[J]T. T Physical review letter,1988,

61(3):373 – 376.

[28] Muthukumar M. Screening Effect on Viscoelasticity near the Gel Point[J]. Macromolecules,1989,22(12): 4656 – 4658.

[29] Ishii Y,Ryan A J. Processing of poly (2,6 – dimethyl – 1,4 – phenylene ether) with epoxy resin. 2. Gelation mechanism[J]. Macromolecules,2000,33(1):167 – 176.

[30] Derosa M E,Winter H H. The Effect of Entanglements on the Rheological Behavior of Polybutadiene Critical Gels[J]. Rheologica Acta,1994,33(3):220 – 237.

[31] Gillham J K. The TBA torsion pendulum:a technique for characterizing the cure and properties of thermosetting systems[J]. Polymer International,1997,44(3):262 – 276.

[32] (1)Swier S,Van Mele B. Reaction-induced phase separation in polyethersulfone-modified epoxy-amine systems studied by temperature modulated differential scanning calorimetry[J]. Thermochimica Acta,1999,330 (1 – 2):175 – 187;(2)VarghaV,Kiss G. Time-temperature-transformation analysis of an alkyd-amino resin system[J]. Journal of Thermal Analysis and Calorimetry,2004,76(1):295 – 306.

[33] Pichaud S,Duteurtre X,Fit A,Stephan F,Maazouz A,Pascault JP. Chemorheological and dielectric study of epoxy-amine for processing control[J]. Polymer International,1999,48(12):1205 – 1218.

[34] (1)Pieters R,Miltner H E,Van Assche G,Van Mele B. Kinetics of temperature-induced and reaction-induced phase separation studied by modulated temperature DSC[J]. Macromolecular Symposia, 2006,233: 36 – 41;(2)Swier S,Van Mele B. In situ monitoring of reaction-induced phase separation with modulated temperature DSC:comparison between high-Tg and low-Tg modifiers [J]. Polymer, 2003, 44 (9): 2689 – 2699.

[35] (1)Tanaka H. Viscoelastic model of phase separation[J]. Physical Review E,1997,56(4):4451 – 4462; (2)Tanaka H. Viscoelastic model of phase separation in colloidal suspensions and emulsions[J]. Physical Review E,1999,59(6):6842 – 6852.

[36] (1)Yu Y F,Wang M H,Gan W J,Li S J. Phase separation and rheological behavior in thermoplastic modified epoxy systems[J]. Colloid and Polymer Science,2006,284(10):1185 – 1190;(2)余英丰. 热塑性树脂改性环氧体系的复杂相分离[D]. 上海:复旦大学博士学位论文,2000.

[37] 张红东. 高分子相分离的理论和模拟[D]. 上海:复旦大学博士学位论文,1999.

[38] (1)张秀娟,许元泽. TP 改性 TS 体系凝胶分相过程的流变学与形态演化[A]. 见:T 第八届全国流变学学术会议 T. 流变学进展[C]. 济南:山东大学出版社,2006:138 – 144;(2)Zhang X J,Wang W,Xu Y Z. Rheology and morphology development during phase separation and gelation of phenolphthalein polyetherketon modified epoxy resins[R]. Shanghai:Polymer Processing Society,2006.

[39] 张秀娟,益小苏,许元泽. 不同 TP 改性 TS 体系反应诱导相分离过程的时间—温度依赖性[J]. 高分子学报,2007,(8):719 – 724.

[40] Bonnet A,Pascault J P,Santeria H,Camberlin Y. Epoxy-diamine thermoset/thermoplastic blends. 2. Rheological behavior before and after phase separation[J]. Macromolecules,1999,32(25):8524 – 8530.

[41] Girard-Reydet E,Santeria H,Pascault J P,Keates P,Navard P,Thollet G,Vigier G. Reaction-induced phase separation mechanisms in modified thermosets[J]. Polymer,1998,39(11):2269 – 2279.

[42] Kim B S,Chiba T,Inoue T. Phase-Separation and Apparent Phase Dissolution during Cure Process of Thermoset Thermoplastic Blend[J]. Polymer,1995,36(1):67 – 71.

[43] Zhang X J,Yi XS,Xu Y Z.,Rheology and morphology development during phase separation and gelation of phenolphthalein polyetherketon modified epoxy resins[C]. 22nd Annual Meeting of the Polymer Processing

Society, Yamagata; Polymer Processing Society, 2006: 527.

[44] Roller M B. Characterization of the time-temperature viscosity behaviour of curing B-staged epoxy [J]. Polymer Engineering and Science, 1975, 15(6): 406 – 414.

[45] 余英丰, 崔峻, 陈文杰, 李善君. 热塑性聚醚酰亚胺改性四官能度环氧树脂的相分离研究 3 – 固化剂用量的影响[J]. 高等学校化学学报, 1998, 19(5): 808 – 812.

[46] Kissinger H E. Reaction Kinetics in Differential Thermal Analysis[J]. Analytical chemistry, 1957, 29(11): 1702 – 1706.

[47] Pyun E, Sung C S P. Network Structure in Diamine-Cured Tetrafunctional Epoxy by. UV-Visible and Fluorescence Spectroscopy[J]. Macromolecules, 1991, 24(4): 855 – 861.

[48] (1) Tungare A V, Martin G C. Analysis of the Curing Behavior of Bismaleimide Resins[J]. Journal of Applied Polymer Science, 1992, 46 (7): 1125 – 1135; (2) Barton J M, Hamerton I, Thompson C P. A Study of the Polymerization Behavior of N – (4 – Phenoxy) – Phenylmaleimide Using DSC Analysis[J]. Polymer Bulletin, 1993, 30 (5): 521 – 527; (3) [283] Morgan R J, Jurek R J, Larive D E, Tung C M, Donnellan T. Structure-Property Relations of High-Temperature Composite Polymer Matrices[J]. Advances in Chemistry Series, 1993, 233: 493 – 506; (4) Xiong Y, Boey FYC, Rath S K. Kinetic study of the curing behavior of bismaleimide modified with diallylbisphenol A[J]. Journal of Applied Polymer Science, 2003, 90(8): 2229 – 2240.

[49] 张秀娟, 益小苏, 许元泽. 热塑改性热固性树脂体系的结构对反应诱导相分离时间/温度依赖性的影响[J], 高分子学报, 2008, 6, 583 – 591.

[50] Srinivasan S A, Mcgrath J E. Solubility Parameter as a Tool for Selection of Thermoplastic Tougheners for Cyanate Ester Thermosetting Networks[J]. Sampe Quarterly-Society for the Advancement of Material and Process Engineering, 1993, 24 (3): 25 – 29.

[51] Srinivasan S A, McGrath J E. Amorphous phenolphthalein-based poly (arylene ether) modified cyanate ester networks: 1. Effect of molecular weight and backbone chemistry on morphology and toughenability [J]. Polymer, 1998, 39 (12): 2415 – 2427.

[52] Paul D R, Bucknall B C Polymer blends: Formulation & Performance[M]. New York: John Wiley & Sons Ltd, 2000: 1 – 1217.

[53] Bicerano J. Prediction of polymer properties, 2nd Edition revised and expansion[M]. New York: Marcel Dekker Inc, 1996: 1 – 528.

[54] Hourston D J, Lane J M, Macbeath N A. Toughening of epoxy-resins with thermoplastics. 2. tetrafunctional epoxy-resin polyetherimide blends[J]. Polymer International, 1991, 26 (1): 17 – 21.

[55] Hayes B S, Seferis J C. Modification of thermosetting resins and composites through preformed polymer particles: a review[J]. Polymer composites, 2001, 22(4): 451 – 467.

[56] 余英丰, 崔峻, 陈文杰, 李善君. 热塑性聚醚酰亚胺改性四官能度环氧树脂的相分离研究 3 – 固化剂用量的影响[J]. 高等学校化学学报, 1998, 19(5): 808 – 812.

[57] Bonnaud L, Bonnet A, Pascault J P, Sautereau H, Riccardi C C. Different parameters controlling the initial solubility of two thermoplastics in epoxy reactive solvents[J]. Journal of Applied Polymer Science, 2002, 83 (6): 1385 – 1396.

[58] 张明. 通用航空环氧树脂的固化和相行为研究[T]. 北京: 北京航空材料研究院硕士研究生学位论文, 2006.

[59] Kim B S, Chiba T, Inoue T A. New Time-Temperature Transformation Cure Diagram for Thermoset Thermo-

plastic Blend -Tetrafunctional Epoxy Poly(Ether Sulfone) [J]. Polymer,1993 ,34(13) :2809 – 2815.

[60] Chen D ,Pascault J P ,Santeria H. Rubber-Modified Epoxies . 1. Influence of Presence of a. Low-Level of Rubber on the Polymerization[J]. Polymer International ,1993 ,32 (4) :361 – 367.

第4章　复相体系高分子材料的
结构—性能关系

　　国内外大量的研究工作已经表明,用延展性和耐热性较高的热塑性工程塑料增韧高性能的热固性树脂将可能把热塑性树脂(TP)的高韧性与热固性树脂(TS)的工艺加工特性结合在一起,在提高热固性基体树脂韧性的同时保持了其耐热性、高模量、高强度[1]。Bucknall 和 Partridge 较早开展了这方面的工作[2]。他们利用热塑性的聚醚砜(PES)改性环氧树脂,发现体系的相结构随环氧单体和固化剂(DDS 和二异氰酸酯)的结构的改变而改变,但是体系断裂应力因子 K_{IC} 只有 $0.4MPa \cdot m^{1/2}$。Hedrick 等用 PES 增韧环氧[3],他们将 PES 以 DGEBA 封端,令 PES 参与交联固化反应,复合材料的 K_{IC} 的提高到 $0.7Pa \cdot m^{1/2}$,该研究首次证明了端基功能化对界面黏合的促进效应。

　　20 世纪 80 年代末 90 初,化学惰性的 PEI(聚醚酰亚胺)开始被用于增韧环氧树脂,例如,Bucknall 和 Gilbert 等用 PEI 增韧环氧 TGDDM/DDS 体系[4],生成 PEI 颗粒相结构,虽然 PEI 并没有与 EP 化学键合,相界面黏结性仍然比较好,复合材料的韧性随 PEI 含量的提高而升高,G_{IC} 达到了 $400J/m^2$。该工作表明,强的物理界面相互作用也有利于韧性的提高。Girard-Reydet 等[5]的工作结果表明,仅当体系形成双连续相或反转相时,体系的韧性才能显著提高。

　　嵌段共聚物或接枝共聚物也被用来增韧改性 TS 树脂,利用嵌段共聚物中的各嵌段与基体相容性的差异,通过反应诱导微相分离可以生成较为精细相结构,同时在相界面处有化学键合作用,体系的韧性表现突出。Kim 和 Hwang 等[6]用二嵌段 AT-PEI – b – CTBN(胺基封端 PEI 与 CTBN 嵌段共聚物)增韧改性 DGEBA/DDS 环氧体系,发现含 ATPEI – b – CTBN30% 的体系形成双连续相结构[7],断裂韧性提高 350%;用30% 三嵌段 ATPEI – CTBN – ATPEI 增韧 TGDDM/DDS 环氧,生成双连续相结构[7],韧性提高 400%,由于橡胶段的引入,树脂的压缩强度有所降低。

　　我们主要选取有中国特色的热塑性非晶态高分子聚芳醚酮(PolyAcrylEtherKetone,PAEK)①作为增韧材料,开展 PAEK 增韧改性航空高性能热固性树脂的研究,

---

　　① 聚芳醚酮(PAEK)并不就是文献里常说的聚芳醚酮(PEAK),PEAK 是一类亚苯基环通过醚键和羰基连接而成的聚合物,按分子链中醚键、酮基与苯环连接次序和比例的不同,可形成许多不同的聚合物,包括聚醚醚酮(PEEK)、聚醚酮(PEK)、聚醚酮酮(PEKK)、聚醚醚酮酮(PEEKK)和聚醚酮醚酮酮(PEKEKK)等。

本章主要介绍这种热塑性/热固性复相增韧改性高分子材料的结构—性能关系。被增韧的热固性树脂体系包括环氧树脂(EP)、苯并噁嗪树脂(BOZ)、双马来酰亚胺树脂(BMI)和聚酰亚胺树脂(PI)等。作为特例,本章的最后还专门讨论了无机纳米粒子或有机改性粒子(如黏土等)与热固性树脂和热塑性树脂高分子复相材料的结构与性能的关系,因为很长一段时间里,这个方向的研究亦颇受材料界的关注[8]。

4.1 环氧树脂复相体系的典型相结构

如前所述,聚芳醚酮(PAEK)是一种具有中国特色、含有酚酞基官能团的非晶态热塑性高分子[9],其化学分子结构式见图4-1。PAEK含有较多芳香结构,有较高的 T_g,能够满足航空复合材料耐热性的要求,其工艺性及物理形态适于作环氧体系的增韧剂。

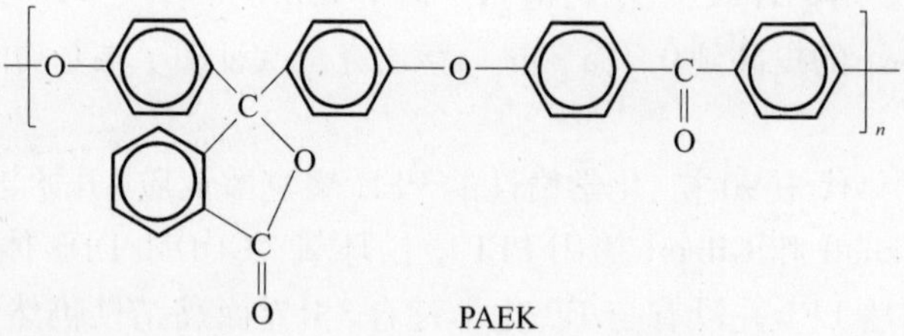

PAEK

图4-1　聚芳醚酮(PAEK)的分子式

作为预试验[10],将 PAEK 分别与二官能度环氧树脂(EP_1),三官能度环氧树脂(EP_2)和四官能度环氧树脂(EP_3)混合,以二氨基二苯砜(DDS)为固化剂制备浇注体试样,研究其固体相结构,发现其分相效果各有不同(图4-2)。由于热塑性树脂 PAEK 通过四氢呋喃(THF)化学刻蚀已不复存在,仅仅留下刻蚀不掉、溶解不掉的球形颗粒结构,因此可以证明球形颗粒为热固相的环氧树脂(EP)分相粒子。其中,四官能环氧(EP_3)的分相效果最明显,颗粒大小均匀分布并遍布整个体系,经溶剂刻蚀后,球形热固相边缘更加清晰,颗粒边界分明;而二官能团环氧(EP_1)和三官能团环氧(EP_2)分相不明显,个别情况下偶见球形热固相(见图4-2)[11]。

根据这个情况,我们以二官能度和四官能度混合环氧树脂作为模型材料,与 PAEK 复合,制备成热塑性/热固性树脂复相材料,发现其 DSC 曲线的第一次扫描仅出现了一个放热峰,而经过一次高温处理后第二次扫描,这个单峰则分解成为双峰(图4-3),暗示其中发生了相分离的变化。

进一步以这个二官能度和四官能度混合的环氧树脂作为模型热固性树脂开展了相结构的研究[12],以 PAEK 质量份数分别为 5 份、10 份、…、40 份、45 份和 50 份的 10 个 PAEK/EP 共混物配方,分别按 130℃/0.5h + 180℃/2h + 200℃/2h 的固化

146

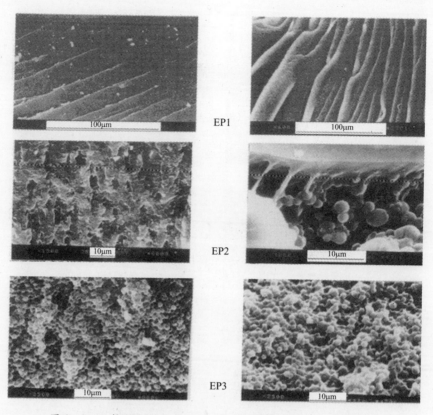

图 4-2   环氧树脂种类对 PAEK/EP 复相体系微观结构的影响[10]

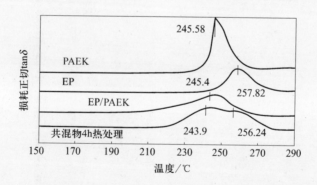

图 4-3   EP、PAEK 及其 EP/PAEK 共混物热处理前后的 DSC 曲线对比[10]

工艺进行固化,然后进行脆断浇注体的结构观察(SEM)。观察前,同样用四氢呋喃(THF)洗去热塑性的 PAEK,留下固体、并且化学刻蚀不掉的环氧结构,结果见图 4-4。

由照片可以看出,在前三个配方中,连续相为环氧 EP,热塑性的 PAEK 树脂只

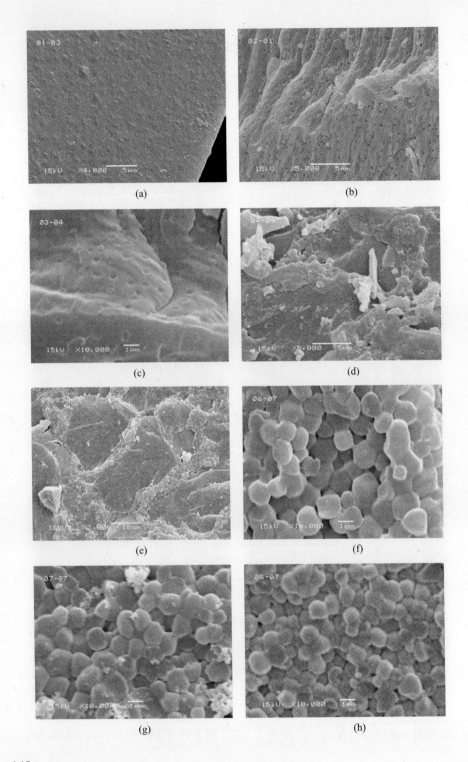

(a)

(b)

(c)

(d)

(e)

(f)

(g)

(h)

148

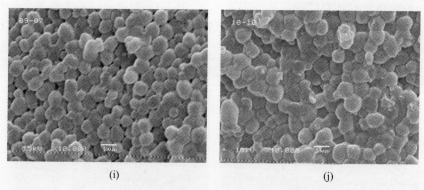

(i)   (j)

图 4 - 4 　不同 PAEK 含量的 PAEK/EP 复相树脂浇注体的
微观形貌(SEM 照片)[12],其中 PAEK 质量含量
(a) 5 份; (b) 10 份; (c) 15 份; (d) 20 份; (e) 25 份;
(f) 30 份; (g) 35 份; (h) 40 份; (i) 45 份; (j) 50 份。

是以球形颗粒分散在环氧连续相中,并且热塑性含量越高,刻蚀坑越大;当热塑性树脂的含量增加到 20 份时,开始出现有热塑性树脂包覆热固性颗粒相和热固性树脂包覆热塑性树脂相共存的区域,但此时热塑性树脂包覆热固性颗粒相并不是在整个范围内连续,只是出现了连续的趋势(见图 4 - 4(d))。当 TP 的含量达到 25 份时,出现了严格意义上的双连续的结构(见图 4 - 4(e)),出现了相反转的中间态;当 TP 含量大于 25 份时,体系完成相反转,出现热塑性树脂包覆球状热固性颗粒的情况,并且随着热塑性树脂含量的增加,球状富环氧颗粒一方面有变小的趋势,另一方面相互挤压变得越来越不规则。

　　图 4 - 5 进一步给出了 EP 相反转前后的宏观相形貌图,可以看出,在 TP 含量20 份时,相态较为混乱,且热塑性树脂包覆热固性颗粒相看的不是很清楚(这里不排除制样过程中丢失信息的可能);而 TP 含量为 25 份时,相态结果则很清楚。为

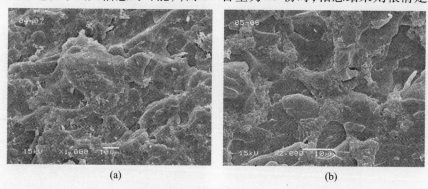

(a)   (b)

图 4 - 5 　PAEK/EP 复相体系相反转前后的宏观相形貌
PAEK 质量含量(a) 20 份; (b) 25 份。

了更为细致地观察相反转前后的相形貌细节,图4-6给出了高放大倍数下的相形貌,并对其中的环氧颗粒和相界面进行了人为标识,在此基础上,重点对30份、35份、40份、45份和50份等五个配方的微观结构SEM图上的粒子(见图4-7)进行粒径大小的统计,结果见图4-8。

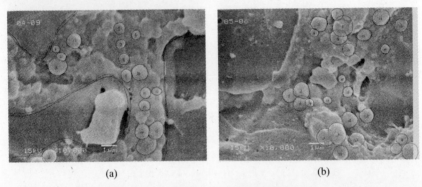

(a)   (b)

图4-6　PAEK/EP复相体系相反转前后高放大倍数下的相形貌
PAEK质量含量(a) 20份;(b) 25份。

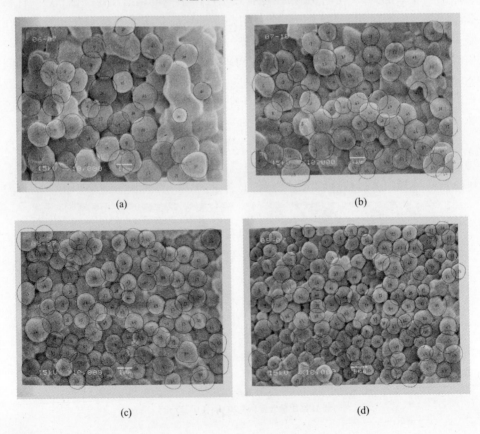

(a)   (b)

(c)   (d)

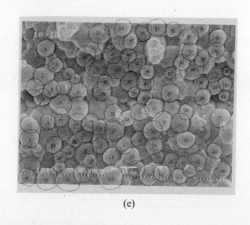

(e)

图 4 – 7　PAEK/EP 复相体系经人为标识后的分相 EP 颗粒 SEM 照片

PAEK 质量含量(a) 30 份；(b) 35 份；(c) 40 份；(d) 45 份；(e) 50 份。

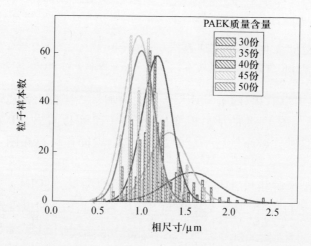

图 4 – 8　PAEK/EP 复相体系相尺寸统计分析直方图及对应的正态分布曲线[12]

　　由图 4 – 8 可以看出,每一个 PAEK/EP 复相体系配方的粒径大小分布的概率基本上服从正态分布,且随着 PAEK 含量的增高,每一配方的分布曲线有四个特点,其一是分布曲线的宽度变小,这说明粒径大小的均一性越来越好;其二是分布曲线的峰值先升高之后又稍有回落,这说明在相同的区域内出现频率最高的粒子个数先增大后又稍有下降,这也从另一个角度说明了粒子的均一性的变化情况;第三是曲线峰值对应的粒径尺寸先减小后又基本趋于一致,这一点与第二点是基本统一的;最后一个特点是曲线在横轴上的起始和中止顺序基本保持不变,这说明相尺寸总的趋势是变小。总结以上四个特点可以得到的初步结论是:随着 PAEK 含量的增加,粒子的尺寸先变小后趋于一致,粒子尺寸的分散性先大幅减小之后基本趋于平缓。

对 PAEK/EP 复相体系分相 EP 粒径大小的样本标准偏差和 0.95 置信区间分析,以及粒径分散性和分布的分析结果见图 4-9 和图 4-11。为了便于计算和说明,将表示 PAEK 含量的质量份数换算为了质量百分比。

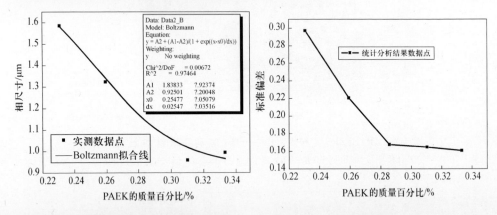

图 4-9　PAEK/EP 复相体系分相 EP 粒径　　图 4-10　PAEK/EP 复相体系分相 EP 粒径
平均大小与 PAEK 质量百分比的关系　　大小标准偏差与 PAEK 质量百分比的关系

由图 4-9 可以看出,随着 PAEK 含量的增加,EP 颗粒的粒径逐步减小并趋于平缓,这一点与图 4-8 的结果相符。由图 4-10 可以看出,EP 颗粒相尺寸的标准偏差也是这种先减小然后平缓的趋势,这一点同样可以在图 4-11 中得到证实。

为了进一步探讨相尺寸与 PAEK 含量之间的关系,对图 4-9 中的散点用 Bolztmann 方程进行拟合,拟合效果较好($R^2 = 0.9747$),由此可以得到:

$$d = 0.925 + \frac{1.838 - 0.925}{1 + e^{\frac{\varphi - 0.2548}{0.02547}}} \qquad (4-1)$$

式中:d 为环氧颗粒的平均尺寸;φ 为 PAEK 的质量百分比。

式(4-1)的图形表达见图 4-12,可以看到,EP 粒径随 PAEK 含量变化的上限和下限值分别为 $1.838\,\mu m$ 和 $0.925\,\mu m$,上、下限的临界点对应的 φ 值分别约为 0.16 和 0.39,合质量份数分别约为 19 份和 64 份。值得注意的是,前者正在已经观察到的相反转起始点(20 份)附近,这也从另一个角度说明了拟合的有效性,至于后者,由于实验条件等限制,现在尚未得到证实。

根据分相 EP 颗粒的 SEM 照片,式(4-1)中相尺寸 d 为可测量的量,而 PAEK 含量 φ 可以从式(4-2)中解出,因此可以对相尺寸和 PAEK 含量之间的关系进行大约的估计[13]。

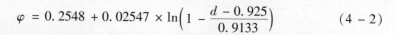

$$\varphi = 0.2548 + 0.02547 \times \ln\left(1 - \frac{d - 0.925}{0.9133}\right) \qquad (4-2)$$

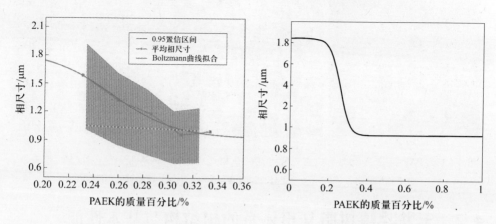

图 4-11　PAEK/EP 复相体系分相 EP 粒径大小
0.95 置信区间与 PAEK 质量百分比的关系

图 4-12　分相环氧颗粒的 Bolztmann
拟合结果[12]

　　值得关注的是,确定分相的条件和分相的发生点也非常重要。许多理论与实验已证明,流变行为与 TP/TS 体系具体的形态结构有很大关系,如界面厚度、界面张力、相尺寸大小和分布等,因此流变学也是研究固体相分离结构的一种有效方法。由于我们所研究的 PAEK/EP 模型体系的光学差非常小,用一般的方法如光散射法不容易确定相分离点,而在临界点附近,浓度涨落迅速增加,在流变学行为上常常表现为弹性增加,因此,我们针对本研究采用的模型 PAEK/EP 体系,分别用 SEM 方法与流变学方法对比,发现流变曲线的第一个突跃点确实是实际 PAEK/EP 体系的相分离点(图 4-13),说明流变学手段是研究光学反差非常小的体系相分离现象行之有效的手段,有时它的灵敏度要高于的光散射方法[14]。更进一步地,用流变学手段可以确定相分离的临界点,从而确定相线。

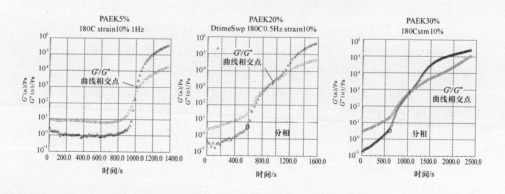

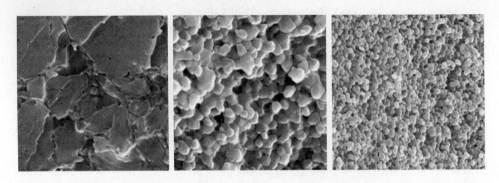

图 4 - 13　PAEK/EP 复相体系流变曲线对应的分相点及其相应的分相形貌(许元泽、张秀娟)

(a) PAEK 质量含量 5%；(b) PAEK 质量含量 20%；(c) PAEK 质量含量 30%。

4.2　苯并噁嗪树脂复相体系的相结构与基本性能[15]

苯并噁嗪(Benzoxazine,BOZ)树脂及其复合材料是一类新型的高分子材料,目前正在受到国内外研究界的关注[16]。本研究涉及到的苯并噁嗪树脂来自我们的一项双边国际合作项目[17],树脂由外方提供,其化学结构不详。热塑性增韧剂选用了一种类似 PAEK 的树脂,本文称为 JDPEK[①],其玻璃化转变温度为225.97℃,重均相对分子质量58984,数均相对分子质量为42435。

图 4 - 14 为不同配比的 JDPEK/BOZ 共混树脂在 130℃抽真空热熔 10min 后的实体显微镜照片,可以看出这时的树脂混合均匀,初步说明 JDPEK/BOZ 体系的相容性较好。

图 4 - 15 给出不同配比的 JDPEK/BOZ 浇注体固体脆断试样的冷场发射扫描电镜照片。可以看出,随着 JDPEK 含量的增加,在低倍(×500)下,脆断试样表面呈现出形态不一的河流纹,这与观察区域至脆断裂纹源的距离有关,两者相距越近,河流纹越疏,反之则越密;而在高倍(×50000)下,JDPEK 含量在 5 份以上时均可发生反应诱导失稳相分离,形成双连续相结构,只是随着 JDPEK 含量的增加,JDPEK/BOZ 自相似单元粒子的特征间距(Λ_m)变化相异:富 JDPEK 相 Λ_m 升高,而富 BOZ 相的 Λ_m 由 5 份时的 0.49μm 降低到 35 份时的 0.22μm(图 4 - 16)。由图 4 - 16 知,当 JDPEK/BOZ 体系发生相分离后,其自相似单元粒子间距均在 0.5μm 以下,单元格尺寸均匀。

图 4 - 17 及表 4 - 1 分别给出了不同配比的 JDPEK/BOZ 树脂浇注体试样的拉伸性能数据。BOZ 材料本身的拉伸强度为 71.54MPa,断裂伸长率为 1.9%,当加

---

① 由吉林大学提供。

154

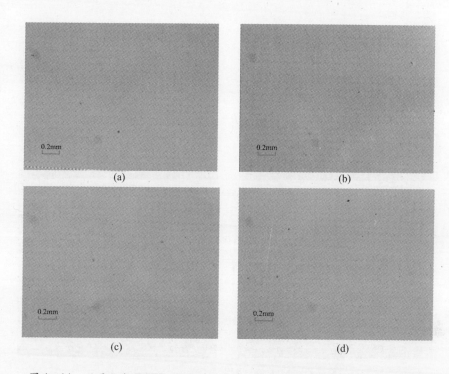

图 4－14　不同配比 JDPEK/BOZ 树脂体系共混实体显微镜照片（130℃/10min）
JDPEK 的含量(a) 5 份；(b) 15 份；(c) 25 份；(d) 35 份。

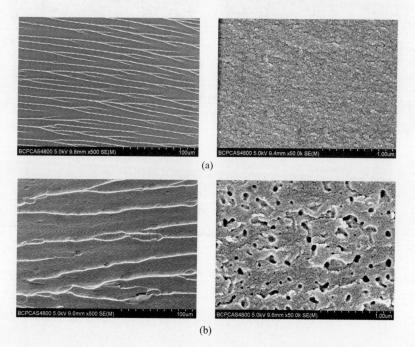

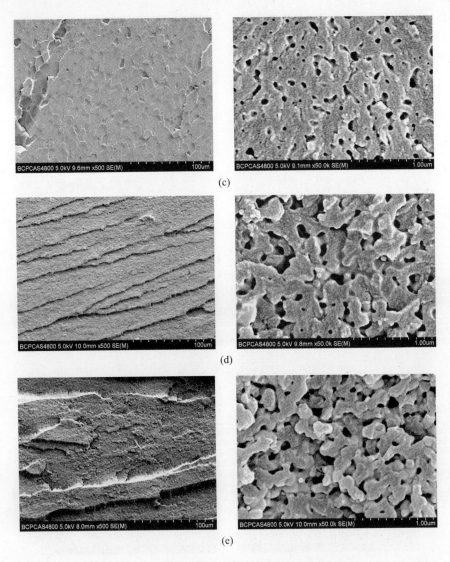

(c)

(d)

(e)

图 4－15　不同配比 JDPEK/BOZ 浇注体脆断断口刻蚀后的场发射扫描电镜形貌

（左：×500；右：×50000）

JDPEK 含量(a) 0 份；（b）5 份；（c）15 份；（d）25 份；（e）35 份。

入 JDPEK 后，其拉伸强度和断裂伸长率分别有所增加和变化，当 JDPEK 含量在 5
份后，分相导致了一定效果的增韧。

　　图 4－18 和图 4－19 分别给出了不同配比 JDPEK/BOZ 浇注体的冲击力—位
移—能量曲线及消耗的总功图。由图 4－18 可以看出，不同配比的 JDPEK/BOZ
试样的冲击—位移曲线在破坏前的线型基本吻合，这说明 JDPEK 的加入并没有改

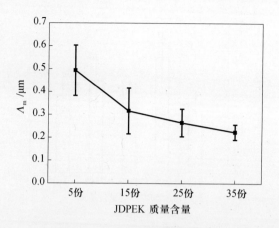

图4-16 双连续结构单元格自相似步长随 JDPEK/BOZ 配比的变化

表4-1 不同配比 JDPEK/BOZ 浇注体试样的拉伸性能

JDPEK 含量	拉伸强度/MPa		拉伸模量/GPa		断裂伸长率/%	
	测量值	标准偏差	测量值	标准偏差	测量值	标准偏差
0 份	71.54	17.09	3.77	0.63	1.9	0.3
5 份	99.87	8.71	3.32	0.56	3.1	0.7
15 份	89.12	9.02	3.67	0.25	2.4	0.2
25 份	94.14	14.14	4.02	1.01	2.5	0.7
35 份	80.63	10.02	3.99	0.74	2.1	0.5

变材料在较低冲击载荷(≤600N)下的承载能力;而由图4-19可见,纯 BOZ 试样的裂纹形成功为0.56J,消耗的总功为0.60J,加入 JDPEK 后,有一定韧化效果,但材料的脆性仍比较大。

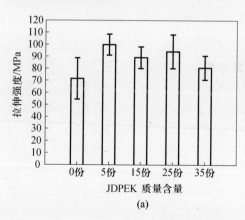

(a)

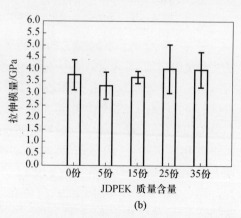

(b)

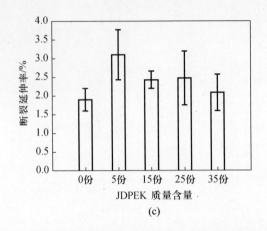

(c)

图 4 - 17　不同配比 JDPEK/BOZ 浇注体试样的拉伸性能
(a) 拉伸强度；(b) 拉伸模量；(c) 断裂延伸率。

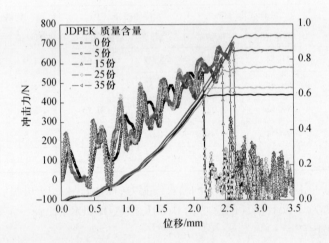

图 4 - 18　不同配比 JDPEK/BOZ 浇注体的冲击力—位移—能量曲线

　　图 4 - 20 给出了不同配比的 JDPEK/BOZ 浇注体试样的冲击韧性值，随着热塑性含量的增加，冲击韧性的变化没有明显的规律，增长微弱。

　　图 4 - 21 分别给出了不同配比 JDPEK/BOZ 浇注体试样的储能模量—温度关系（图 4 - 21（a））及损耗角正切 tanδ - 温度关系（图 4 - 21（b）），各配比树脂体系都呈现出单峰，反映了单独的玻璃化转变温度（T_g），这可能是因为 JDPEK 的 T_g 与固化后 BOZ 的相近（均在 220℃ 左右），两个 T_g 温度叠合所致，热塑性组分的加入并不影响树脂体系的耐热性。

　　总之，JDPEK/BOZ 体系的反应诱导失稳相分离比较复杂，分相结构存在，但非常细微，浇注体试样略有韧性的变化，但总的来讲不明显，也无特征的规律。

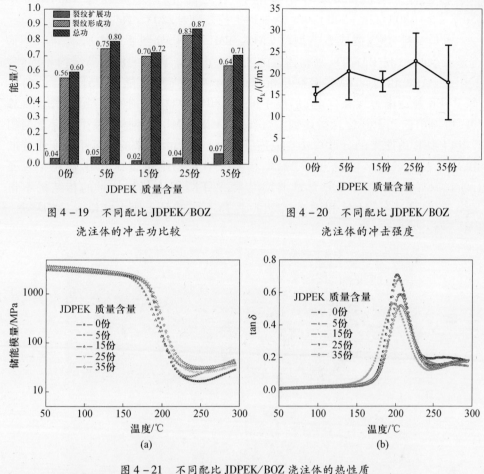

图 4 - 19 不同配比 JDPEK/BOZ
浇注体的冲击功比较

图 4 - 20 不同配比 JDPEK/BOZ
浇注体的冲击强度

(a)

(b)

图 4 - 21 不同配比 JDPEK/BOZ 浇注体的热性质
(a) 储能模量—温度关系；(b) 损耗角正切—温度关系。

4.3 双马来酰亚胺树脂复相体系的典型相结构与基本性能[18]

这里研究的双马来酰亚胺树脂主要选用 4,4 - 双马来酰亚胺基二苯基甲烷（BDM）和二烯丙基双酚 A（DABPA），其中，配方 1（BMI₁）为经过预聚的双马来酰亚胺树脂，适用于预浸料/热压罐成型工艺，而配方 2（BMI₂）为低黏度树脂体系，特别适用于 RTM 工艺。

采用热熔法，按照不同比例将 PAEK 热塑性树脂溶解于 150℃的 DABPA，降温至 130℃后加入 BDM，恒温 130℃，迅速搅拌，抽真空至混合物透明，再将共混树脂熔体浇入已预热并涂有脱模剂的模具中，固化后冷却至室温，脱模，即得浇铸体固

159

体平板试样。共混 PAEK/BMI 复相体系的固化工艺参数为 130℃/2h + 150℃/2h + 180℃/2h + 200℃/4h,后处理工艺参数为 230℃/4h。

对预浸料/热压罐成型类型的 PAEK/BMI$_1$ 材料,如图 4 - 22 所示,当 PAEK 含量较少时(5 份 PAEK),复相体系的断面上出现了典型的海—岛结构相形貌,其中在 PAEK 相内有 BMI$_1$ 相颗粒析出(图 4 - 22(a))。随着 PAEK 含量的增加,PAEK 相逐渐连接在一起,形成了 PAEK/BMI$_1$ 两相互锁的相结构(图 4 - 22(b)和(c))。当 PAEK 含量达到 15 份时,PAEK/BMI$_1$ 复相体系发生了完全的相反转,PAEK 由原来的分散相转变成连续相,而 BMI$_1$ 由原来的连续相转变成分散相,BMI$_1$ 相以颗粒结构析出在 PAEK 相中,PAEK 相则包裹在 BMI$_1$ 颗粒相表面(图 4 - 22(d))。当 PAEK 含量继续增大,PAEK/BMI$_1$ 复相体系的相结构不再发生变化(图 4 - 22(e)和图 4 - 22(f)),所不同的是由于 PAEK 含量的增加,BMI$_1$ 颗粒的粒径逐渐减小。

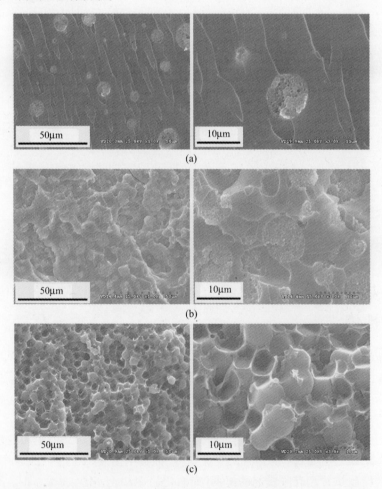

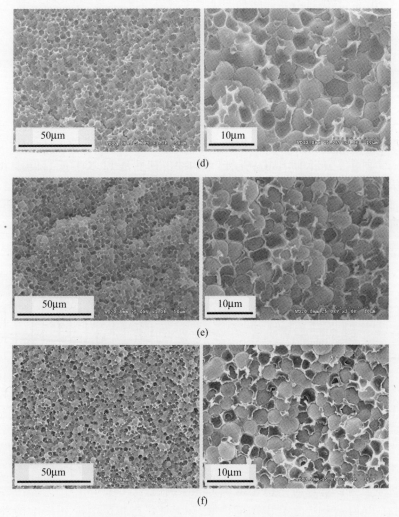

图4-22 不同热塑性树脂含量的 PAKE/BMI$_1$ 复相体系的脆断断口的形貌(SEM)照片

(a) 5 份 PAKE；(b) 10 份 PAKE；(c) 13 份 PAKE；

(d) 15 份 PAKE；(e) 18 份 PAKE；(f) 20 份 PAKE。

采用式(4-3)统计了 BMI$_1$ 颗粒的粒径：

$$\delta = \left[\frac{\sum\limits_{i=1}^{n} (D_i - D)^2}{(n-1)} \right]^{1/2} \tag{4-3}$$

式中：δ 为标准偏差；D_i 为单个粒子的直径；D 为粒子的平均直径；n 为粒子数目。统计了三组不同 PAEK 含量 PAEK/BMI$_1$ 复相体系的 BMI$_1$ 颗粒粒径，具体数据列于表4-2中。可见，随着 PAEK 含量的增大，复相体系内 BMI$_1$ 的粒径从 4.73μm

161

减小到 3.29μm,其统计分布曲线如图 4 – 23 所示。

表 4 – 2   PAEK/BMI₁复相体系中分相颗粒的尺寸统计

PAEK 含量	$D/\mu m$	$\delta/\mu m$
15 份	4.73	0.75
18 份	4.16	0.63
20 份	3.29	0.35

对不同 PAEK 配比的 PAEK/BMI₁复相体系固体试样进行冲击性能测试,结果如图 4 – 24 所示。未增韧 BMI₁树脂体系的冲击韧性是 12.8kJ/m²,随着 PAEK 树脂的引入,冲击韧性逐渐增加,但是增加的幅度很小;当 PAEK 含量达到 15 份时,冲击韧性出现了大幅度的增加,达到 19.2kJ/m²;但是随着 PAEK 含量继续增加,冲击韧性又开始降低。

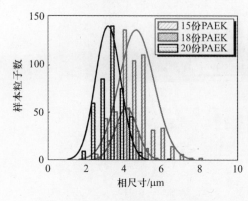

图 4 – 23   PAKE/BMI₁复相体系中分
相 BMI₁颗粒的粒径分布

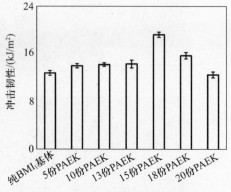

图 4 – 24   不同增韧剂含量 PAKE/BMI₁复
相体系浇注体的冲击韧性

这种现象可以解释为,当 PAEK 含量很少时,PAEK 在 BMI₁中以海—岛结构分布;同时在 PAEK 相中,由于 BMI₁的扩散,在 PAEK 富相区中析出 BMI₁的颗粒,当裂纹扩展遇到这种结构时,很容易被终止,从而可以提高 PAEK/BMI₁复相体系的韧性。但是由于这时的 PAEK 绝对含量较少,因此冲击韧性的提高很少。随着 PAEK 含量的不断增大,PAEK 在 BMI₁基体中的形成了双连续的 3 – 3 连接度[19]的互锁结构,由于这种特殊的结构,裂纹被富 PAEK 相区终止的数量增加,因此 PAEK/BMI₁复相体系的冲击韧性随这 PAEK 含量的增多而增大。当 PAEK 含量为 15 份时,PAEK/BMI₁复相体系已经形成了很明显的相反转结构(图 4 – 22(d)),此时的相结构是 PAEK 包覆在 BMI₁颗粒表面。

图 4 – 25(a)是在冲击断口处残留的裂纹扩展形貌,可以清楚地观察到,BMI₁颗粒表面很光滑,说明 PAEK/BMI₁相界面结合力较弱;裂纹扩展过程中,既有 PAEK 相的塑性断裂和变形,又有 BMI₁粒子的断裂,这种结构显然可以吸收更多的

冲击能量。但是当 PAEK 含量继续增大，PAEK/BMI₁ 复相体系的冲击韧性下降了。导致出现这种现象的主要原因可能是，当 PAEK 含量进一步增加，PAEK/BMI₁ 复相体系完全相反转，而且 BMI₁ 颗粒的粒径在大幅度的降低，导致 BMI₁ 颗粒相表面的 PAEK 相的厚度减小。PAEK 与 BMI₁ 相界面结合力较差，裂纹沿着界面处扩展，使得热塑性树脂 PAEK 相断裂(图 4 - 25(b))。但是 PAEK 相断裂所吸收的能量远远低于形成三维网络的 BMI₁ 颗粒结构，从而导致了 PAEK/BMI₁ 复相体系的冲击韧性的下降。

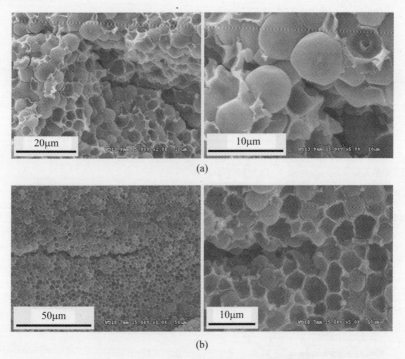

图 4 - 25　不同配比 PAEK/BMI₁ 复相体系的冲击断口分析(SEM 照片)

(a) 15 份 PAEK；(b) 20 份 PAEK。

动态黏弹谱热分析(DMTA)发现，PAEK/BMI₁ 复相体系的相分离对应了 DM-TA 曲线上的两个玻璃化转变(图 4 - 26(b))，具体测试数据列于表 4 - 3 中。PAEK 相的玻璃化转变温度基本保持不变。BMI₁ 本体树脂的玻璃化转变温度是 318℃，PAEK 相的加入导致 BMI₁ 相的交联密度降低，使得 BMI₁ 的玻璃化转变温度降低了约 10℃。图 4 - 26(a)是储存模量随 PAEK 含量的变化，发现随着 PAEK 的引入，BMI₁ 树脂的储存模量有所降低，但降低的幅度较小。

与预浸料/热压罐成型的 PAEK/BMI₁ 体系相比，RTM 液态成型的 PAEK/BMI₂ 复相体系的相变及其形貌行为没有特别的不同，其 DMTA 曲线上也存在两个玻璃化转变温度(图 4 - 27)。

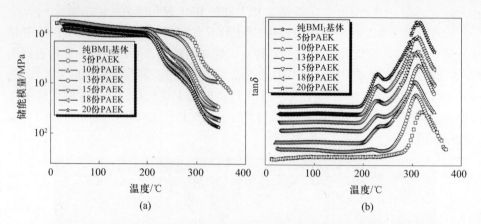

(a)   (b)

图 4 - 26　不同 PAEK 含量的 PAEK/BMI$_1$ 复相体系的动态黏弹谱热分析结果

（a）储能模量曲线；（b）损耗正切角曲线。

表 4 - 3　PAEK 相、BMI$_1$ 相及其共混物的玻璃化转变温度与相形貌描述

	PAEK 相(T_g/℃)	BMI$_1$ 相(T_g/℃)	相 形 貌
纯 BMI$_1$	—	318.1	单一相
纯 PAEK	230.0	—	
5 份 PAEK	219.4	307.0	PAEK 形成岛
10 份 PAEK	232.7	305.1	PAEK 颗粒局部连续
13 份 PAEK	230.5	315.7	PAEK/BMI 双连续,局部相反转
15 份 PAEK	228.9	307.0	相反转
18 份 PAEK	229.1	306.2	
20 份 PAEK	228.9	312.5	

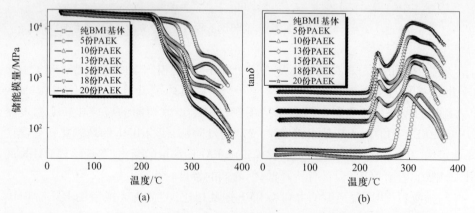

(a)   (b)

图 4 - 27　不同 PAEK 含量的 PAEK/BMI$_2$ 复相体系的动态黏弹谱热分析结果

（a）储能模量曲线；（b）损耗正切角曲线。

图 4-28(1)是不同 PAEK 含量的 PAEK/BMI$_2$复相浇注体试样的拉伸强度和拉伸模量。随着 PAEK 含量的增加,浇注体试样拉伸强度不断增大,从纯 BMI$_2$树脂的 67.6MPa 增加到复相浇注体试样的 99.3MPa,增加了近 50%;但是拉伸模量从原来的 2.28GPa 降低到 1.83GPa,降低了近 20%。图 4-28(2)是 PAEK/BMI$_2$

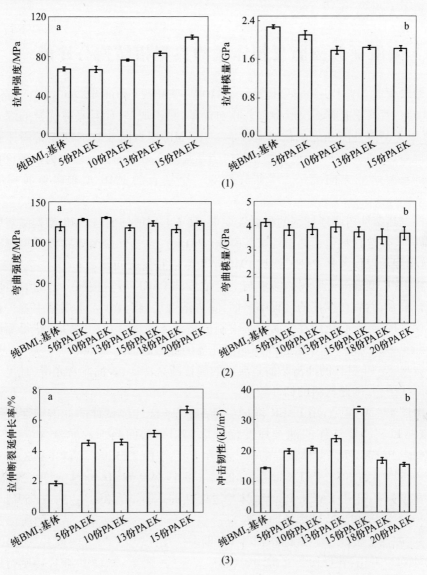

图 4-28　不同 PAEK 含量的 PAEK/BMI$_2$复相体系的基本力学性能测试结果

(1) 拉伸强度(a)与拉伸模量(b);(2) 弯曲强度(a)与弯曲模量(b);

(3) 拉伸断裂伸长率(a)与冲击韧性(b)。

浇注体试样的弯曲强度和模量，PAEK 的引入没有对 BMI₂ 树脂的弯曲强度和弯曲模量带来什么影响，但是断裂伸长率及其冲击强度却发生了很大的变化（图 4 - 28(3)），断裂伸长率从纯 BMI₂ 的 1.88% 增加到复相浇注体试样的 6.7%，增加了近3 倍；而冲击韧性从纯 BMI₂ 的 14.3kJ/m² 增加到复相浇注体试样的 33.4kJ/m²，增加了近 1.5 倍。

4.4 聚酰亚胺树脂复相体系的典型相结构与性能[20]

聚酰亚胺（PI，PolyImide）树脂——特别是 PMR（Polymerization of Monomeric-Reactants）型聚酰亚胺不仅成型工艺相对简单，易于成型，而且具有优异的综合性能，尤其是耐热性能和热氧化稳定性能[21]。PMR 型聚酰亚胺的缺点是固体材料的韧性差，如何提高 PMR 型聚酰亚胺树脂及其复合材料的韧性已成为扩展该材料应用的重要研究方向之一。本研究针对一个现有的 PMR 型聚酰亚胺树脂而开展①。

根据热塑性树脂增韧剂的耐温性要求，又考虑到增韧剂与 PMR 型聚酰亚胺的结构匹配，候选材料包括热塑性聚芳醚酮（PAEK）、热塑性聚酰亚胺以及聚醚砜酮等，这里我们仅仅考察 PAEK 增韧 PMR 型聚酰亚胺树脂问题。

将 PMR 型聚酰亚胺树脂溶液与一定浓度的 PAEK 溶液按照一定的溶质质量比进行混合，然后在搅拌的过程中蒸馏，除去溶剂后，将其放入干燥箱中进一步进行干燥处理，经亚胺化后在金属模具中制成浇注体固体，按尺寸裁取，获得测试试样。图 4 - 29 为该 PMR 型纯 PI 树脂浇注体的冲击断面的 SEM 照片，从照片形貌可以看出，纯 PI 材料的冲击断面是典型的脆性断裂特征，表面非常光滑，且呈明显的海岸线结构，因此材料的韧性较差。

由图 4 - 30 可见，用 PAEK 增韧后，PAEK/PI 浇注体试样的冲击韧性直线提升，该纯 PI 树脂浇注体的冲击强度仅有 7.17kJ/m²，而当加入质量含量 10% 的 PAEK 时，PAEK/PI 浇注体试样的冲击韧性值提高了约 25.9%。随 PAEK 质量含量进一步增加到 20%，PAEK/PI 试样的冲击韧性提高到 10.98kJ/m²，而当 PAEK 质量含量为 40% 时，PAEK/PI 浇注体冲击韧性提高了 131.3%，达到 16.59kJ/m²。与此相对应，PAEK/PI 试样的脆断断口形貌也发生了一些变化，光滑的海岸线结构消失，断面上出现了大量的花形褶皱（图 4 - 31）。从低倍数的照片（图 4 - 31(a)）中可以看出，花形褶皱非常均匀，而从放大的（图 4 - 31(b)）照片中则可以清晰地发现每一个花形褶皱中间部位都很光滑，并有由"花芯"向四周发散的裂纹扩

---

① 牌号 LP - 15，北京航空材料研究院先进复合材料国防科技重点实验室产品。

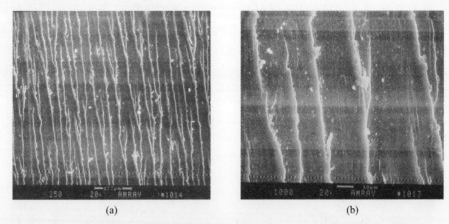

(a) (b)

图 4 – 29　PMR 型纯 PI 树脂浇注体的冲击断面 SEM 照片,(b)为(a)的局部放大。

展纹路,相信这种结构能够吸收更多的冲击能量。

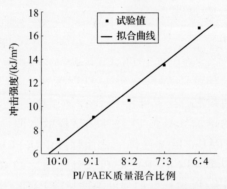

图 4 – 30　PI/PAEK 浇注体试样的冲击韧性与 PAEK 质量混合含量的关系

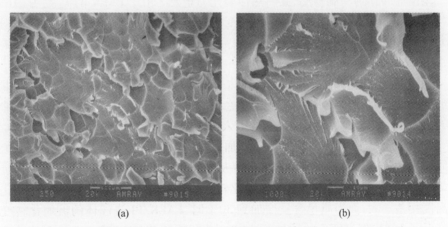

(a) (b)

图 4 – 31　PI/PAEK 质量混合比 9∶1 的浇注体试样的断口形貌 SEM 照片

(b)为(a)的局部放大。

进一步地,改变 PAEK/PI 试样的质量混合配比为 2∶8(图 4 − 32(a))和 4∶6(图 4 − 32(b)),然后将图 4 − 32 的显微照片与图 4 − 31 中的照片(b)进行比较,不难发现,随着 PAEK 含量的增加,PAEK/PI 混合体系的"韧化"现象更加明显,这正好对应了固体材料冲击韧性的直线增加(见图 4 − 30)。

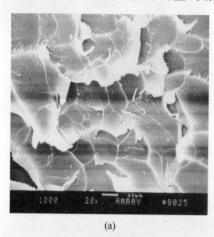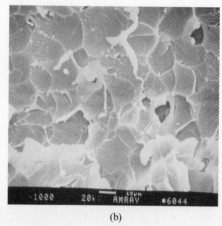

(a) (b)

图 4 − 32 不同质量混合比 PI/PAEK 浇注体试样的冲击断口形貌 SEM 照片
(a) PI/PAEK = 8∶2;(b) PI/PAEK = 6∶4。

图 4 − 33 为不同质量混合比 PAEK/PI 浇注体试样的混合比例与弯曲强度的关系。随 PAEK 含量的增加,PAEK/PI 浇注体试样的弯曲性能也出现上升趋势,当 PAEK 达到 10% 时,PAEK/PI 浇注体的弯曲强度由纯 PI 树脂的 86.7MPa 提高到 99.0MPa,在 PAEK 达到 40% 时,PAEK/PI 浇注体与纯 PI 树脂相比,弯曲强度提高了 33.8%,之后,PAEK/PI 试样弯曲强度的增长随 PAEK 逐步趋于平缓。

聚酰亚胺作为高温树脂,其耐热性能尤为重要。由于 PAEK 的 T_g 约为 216℃,这与 PMR 型聚酰亚胺树脂的玻璃化转变温度相比低了近 70℃,因此必须对该 PI/PAEK 体系进行必要的耐热性能测试研究,其动态黏弹谱(DMTA)的测试结果见图 4 − 34。

从不同配比的 PI/PAEK 树脂浇注体 DMTA 图谱的 tanδ 曲线可以看出,各曲线的形状大致相似,未出现"双峰"现象,这说明 PAEK 与该聚酰亚胺的相容性非常好,相容比例阈值很大,40% PAEK 的引入仍相容。

图 4 − 34 中,随着 PAEK 含量的增加,试样的 T_g 值逐渐减小,表 4 − 4 中给出不同混合比 PAEK/PI 浇注体的 T_g 值。从数据可以看出,当 PAEK 的质量含量小于 20% 时,PAEK/PI 混合体系的玻璃化转变温度与纯 PI 树脂浇注体的玻璃化转变温度相差不大;而当质量含量增加到 30% 时,PAEK/PI 浇注体的玻璃化转变温度降低了 16℃;但 PAEK 的质量继续增加到 40% 时,PAEK/PI 混合体系的玻璃化转变温度并没有发生进一步的降低。对 PAEK/PI 共混体系进行热失重分析,从表

168

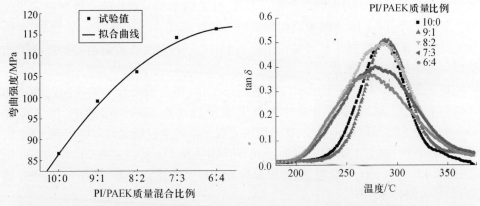

图 4-33　PI/PAEK 浇注体试样的弯曲　　图 4-34　不同质量混合配比 PI/PAEK 浇注
强度与质量混合比的关系　　　　　体的损耗正切角 tanδ 曲线

4-4 中还可以看出,随着 PAEK 含量的增加,PAEK/PI 混合体系的失重达到5%时的温度先逐渐减小,然后略有增大。

表 4-4　不同混合比 PI/PAEK 浇注体的玻璃化转变温度与热失重温度

PAEK 质量含量/%	0	10	20	30	40
T_g/℃	289	287	284	273	273
失重5%温度/℃	481	477	470	471	475
失重10%温度/℃	509	509	508	507	512

4.5　无机纳米粒子/聚酰亚胺树脂的结构—性能关系[19]

　　上述 PAEK 增韧改性 PI 复相体系的热性质测试结果告诉我们,由于 PAEK 的玻璃化转变温度较低,导致这个 PAEK/PI 复相高分子材料的玻璃化转变温度也低,客观上损失了聚酰亚胺本身的高温优势。无机纳米粒子也可以作为一种改性剂来使用,但在很多情况下,由于粒子的粒径小而比表面积大,使得纳米粒子极易团聚,很难达到在基体中的完美分散,故其实际改性效果通常没有达到人们所期望的程度。而原位制备纳米粒子,使纳米粒子在树脂成型过程中原位形成,就可以保证纳米粒子的均匀分散。目前有望实现原位制备无机纳米粒子的主要方法是溶胶—凝胶法(sol-gel 法),而且 sol-gel 法反应条件温和,常温常压即可,得到的粒子粒径分布也比较均匀。

　　牌号 LP-15 聚酰亚胺(PI)前期的单体溶液主要由乙酯二酸与二胺组成的单体溶液,其溶剂为乙醇与丙酮的混合有机溶剂,此溶剂也正是前驱体正硅酸乙酯的良溶剂,这就为溶胶—凝胶法的水解缩合提供了便利条件,而且部分预聚酰胺酸的

羧基能与 SiO_2 前躯体的水解产物相互作用,对于纳米 SiO_2 微粒的分散起稳定化作用。除此之外,LP-15 聚酰亚胺树脂溶液为酸性溶液,其 pH 值在 4~6 之间,这为 SiO_2 提供了非常合适的生长环境。由此可见 LP-15 聚酰亚胺溶液特别适合于无机氧化物纳米粒子的形成。

取一定量的 LP-15 聚酰亚胺溶液进行搅拌,将合适份数的正硅酸乙酯滴加入树脂溶液中,随后将等当量的去离子水慢慢逐滴加入到溶液中,继续搅拌 30min,随后升高温度进行蒸馏,在蒸馏的过程中溶液会慢慢变稠形成溶胶,将溶胶倒入铝箔盒中,真空干燥 24h,进而得到混合体系粉末。将粉末在 210℃ 下亚胺化 2h,得到 LP-15/SiO_2 氧化粉末,将粉末放置在模具中进行压制,进而得到 LP-15 型 PI/SiO_2 混合浇注体。

从表 4-5 中给出了不同 PI/SiO_2 混合比浇注体的 T_g 数据,可以看出,少量 SiO_2 的引入对于混合体玻璃化转变温度并没有明显的影响,但随其质量含量增加到大于 5% 时,混合体系的 T_g 出现明显的下降,究其原因,可能是由于其水解产物能够与羧基或胺基相互作用甚至键合,从而破坏羧基与胺基正常比例关系。当混合体中加入少量的正硅酸乙酯时,损失的羧基和胺基相对较少,两者相对比较平衡,对性能影响不大;而随着混合体系中 SiO_2 的质量比例的增加,破坏程度加大,羧基与胺基比例失调严重,进而使树脂的耐热性降低。

表 4-5 不同 SiO_2 含量 LP-15 型 PI/SiO_2 浇注体的玻璃化
转变温度与热失重温度

SiO_2 质量含量/%	0	1	2.5	5	7.5	10
T_g/℃	289	292	287	285	278	280
失重5%温度/℃	480	484	496	480	489	508
失重10%温度/℃	509	510	526	524	521	532

由于 SiO_2 的热稳定性能明显好于 LP-15 树脂,因此 SiO_2 引入应该有利于改善混合体的热稳定性能,表 4-5 中的数据也证明了这一点。随着 SiO_2 含量的增加,混合体失重 5% 和 10% 的温度均有所提高。

LP-15 型 PI 与 SiO_2 的比例与其混合浇注体的冲击韧性的对应关系见图 4-35,随着 SiO_2 含量的增大,混合体的冲击韧性先增大然后减小;质量含量 1% SiO_2/PI 浇注体的冲击韧性为 $12.13kJ/m^2$,质量含量 2.5% SiO_2/PI 浇注体的冲击韧性达到 $21.67kJ/m^2$,较纯 LP-15 树脂的冲击韧性提高了 202%。但随着 SiO_2 的含量的进一步增加,SiO_2/PI 混合体的冲击韧性又迅速下降。与采用热塑性树脂增韧的 PAEK/PI 浇注体的冲击韧性相比,当 LP-15 型 PI/SiO_2 的比例为 95:5 时,其浇注体的冲击韧性达到 $17.6kJ/m^2$,是纯 LP-15 聚酰亚胺的 2.5 倍,高于 40% PAEK/PI 浇注体的冲击韧性,可见无机纳米粒子的增韧效果相当明显。

图 4 - 36 为 LP - 15 型 PI/SiO₂ 混合浇注体的冲击断口 SEM 照片,从照片形貌可以看出,它的断裂形貌与 PAEK 增韧 LP - 15 的冲击断面截然不同(对比图 4 - 31 和图4 - 32),由图 4 - 36(a)中可以看出,断面上存在非常明显而且分布均匀的微区,而由图 4 - 36(b)可以清晰看到,每个微区均由深色的裂纹源区和浅色的微裂纹扩展区组成,这对吸收冲击能量应是非常有利的,而且在微区交汇处出现大量的鱼鳍状结构,这也是材料韧化的表现。

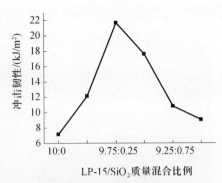

图 4 - 35 LP - 15 型 PI/SiO₂ 混合浇注体的混合比与冲击韧性的关系

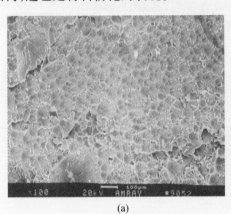

(a)

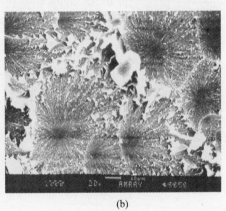

(b)

图 4 - 36 LP - 15 型 PI/SiO₂ 混合浇注体的断口形貌

(b)为(a)的局部放大。

随着 PI/SiO₂ 混合体中 SiO₂ 比例的增加,其中的无机粒子易于团聚,形成较大的无机块(图 4 - 37(a)),从而在浇注体中形成缺陷。除此之外,SiO₂ 比例的增加有利于正硅酸乙酯水解后产物相互碰撞,形成粒径更大的粒子(图 4 - 37(b)),影响材料吸收冲击能量的能力,所以当混合体中 SiO₂ 的质量百分比超过 2.5% 时,PI/SiO₂ 混合浇注体的冲击韧性随着 SiO₂ 引入量的增加而降低。

不仅该混合体的冲击韧性表现出随着 SiO₂ 的增加出现峰值而后下降的现象,而且弯曲强度也出现了类似现象。图 4 - 38 为不同混合比 PI/SiO₂ 材料的混合比例与弯曲强度间的关系,曲线显示,随着 SiO₂ 的增加,PI/SiO₂ 浇注体的弯曲性能先增大后减小,与冲击韧性的变化规律相似,而且其峰值也出现在 SiO₂ 质量分数为 2.5% 时,此时的弯曲强度峰值为 130MPa。

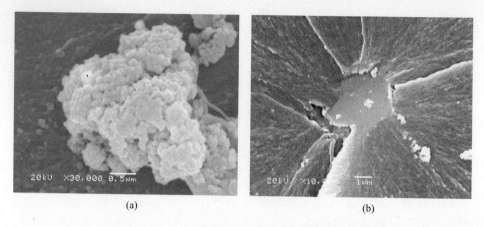

(a)　　　　　　　　　　　　　(b)

图 4 - 37　　LP - 15 型 PI/SiO₂ 混合浇注体的断口形貌

(b)为(a)的局部放大。

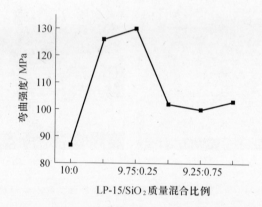

图 4 - 38　LP - 15 型 PI/SiO₂ 混合浇注体的混合比与弯曲强度的关系

4.6　有机黏土改性高分子复合材料的结构—性能关系[22]

　　聚合物插层层状硅酸盐(PLS)是继溶液—凝胶(Sol-Gel)方法之后出现的又一制备有机—无机纳米复合材料的新方法,利用这一方法可得到插层型与剥离型两种类型的纳米复合材料[23]。在插层型纳米复合材料中,伸展的聚合物链插入到有机黏土的层间,黏土仍保持原有的层叠结构,只是层间距胀大,而在剥离型纳米复合材料中,黏土剥离成独立的厚约 1nm 的片层,均匀无规地分散于聚合物基体中。由于黏土与高分子间界面面积极大且界面作用良好,在一些材料体系里,剥离型纳米复合材料以很低的黏土含量即可使材料的强度、刚度、耐热性及小分子阻隔能力得到明显提高,因此,使黏土完全剥离得到剥离型纳米复合材料是利用 PLS 法制备有机—无机纳米结构复合材料时所希望达到的目标。研究表明[24],环氧树脂预聚体很容易插入到有机蒙脱土的层间,如果有机蒙脱土在环氧固化过程中剥离,则得到剥离型纳米复合材料,反之则只能得到插层型纳米复合材料。

实验证明[25,26],环氧(E-51)与有机蒙脱土之间相容性好,互混时环氧很容易插入到有机蒙脱土层间,例如对于 18-mont[①] 和 TJ1[②] 两种有机蒙脱土,经环氧插层后,有机蒙脱土的层间距均达到 $d_{001} = 3.7nm$,但在使用不同固化剂固化时,两种蒙脱土在环氧中的剥离能力存在很大差异(图 4-39)。分别使用 4,4'-二胺基二苯甲烷(DDM)和甲基四氢化邻苯二甲酸酐(MeTHPA)固化剂对有机蒙脱土 18-mont 和 TJ1 在环氧中的剥离进行了研究,发现含 10 份蒙脱土的 EP/18-mont 混合物经 DDM 在不同温度下固化后产物的 X 射线衍射(XRD)谱(见图 4-39 的 a 系列曲线)上的衍射峰完全消失,说明在 80℃~160℃ 的温度范围内固化蒙脱土都可剥离;用同样的固化剂对 EP/TJ1 混合物进行固化(见图 4-39 的 b 系列曲线),发现即使在 200℃ 的高温下固化后,产物仍残留强烈的衍射峰,说明蒙脱土基本没有剥离。

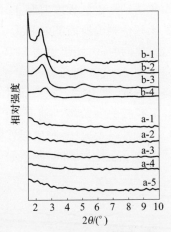

图 4-39　EP/18-mont/DDM(a 系列)和 EP/TJ1/DDM(b 系列)有机蒙脱土复合材料在不同温度固化 2h 的 XRD 谱

a-1—EP/C18NH3,80℃；

a-2—EP/C18NH3,100℃；

a-3—EP/C18NH3,120℃；

a-4—EP/C18NH3,140℃；

a-5—EP/C18NH3,160℃；

b-1—EP/C18NM3,80℃；

b-2—EP/C18NM3,120℃；

b-3—EP/C18NM3,160℃；

b-4—EP/C18NM3,200℃。

图 4-40 为环氧/有机黏土混合物经 MeTHPA 固化剂在不同温度下固化后产物的 XRD 图(EP/18-mont/MeTHPA 为 a 系列曲线,而 EP/TJ1/MeTHPA 为 b 系列曲线),衍射峰均消失,说明使用 MeTHPA 做固化剂时,两种黏土均能剥离。

图 4-41 是 EP/18-mont 混合物在 100℃ 由 DDM 固化时有机黏土剥离程度随固化时间的变化,可以看出,随着固化的进行,黏土衍射峰强度逐渐减小,衍射峰位置向小角度即大面间距方向移动,说明黏土是随着环氧的固化而逐步剥离的,当

---

① $(CH_3(CH_2)17NH_3^+ - mont)$:利用十八胺的卤盐对蒙脱土进行有机化处理得到,中科院化学所制备提供。

② $(CH_3(CH_2)17N(CH_3)_3^+ - mont)$:利用十八烷基三甲基季铵的卤盐对蒙脱土进行有机化处理得到,中科院化学所提供。

固化达到一定的程度时黏土才能完全剥离。在100℃固化时,衍射峰完全消失即黏土完全剥离所需的时间为15min;用同样方法测出该体系在其他固化温度下完全剥离的时间,结果见表4-6,显然,随着固化温度的提高,因固化速度加快,黏土完全剥离所需的时间减少。测出该体系不同温度下的凝胶时间也列于表4-6中,比较发现,黏土完全剥离的时间与体系的凝胶时间基本一致,说明剥离主要发生于环氧凝胶前的阶段。对于EP/TJ1/MeTHPA体系,也存在同样的情况,结果见表4-7。可以想象,凝胶后层外树脂交联将限制黏土片层的运动,而且不再有自由的环氧分子迁移到层间,所以如果剥离能够发生,也只能发生于层外环氧凝胶之前。

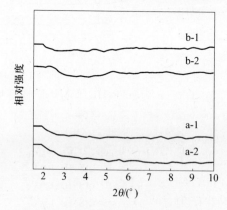

图4-40　使用MeTHPA固化2h的黏土
复合材料的XRD谱

a-1—EP/C18NH3,120℃;a-2—EP/C18NH3,160℃;
b-1—EP/C18NM3,120℃;b-2—EP/C18NM3,160℃。

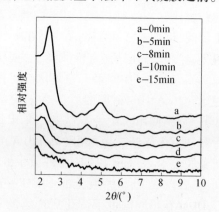

图4-41　18-mont/EP/DDM黏土复合
材料在100℃经不同时间固化的XRD谱

表4-6　EP/18-mont/DDM体系的凝胶时间和18-mont土完全剥离的时间

温度/℃	凝胶时间/min	黏土完全剥离时间/min
80	62	60
100	15.4	15
120	8.5	8
150	4.5	5

表4-7　EP/TJ1/MeTHPA体系的凝胶时间和TJ-1土完全剥离的时间

温度/℃	凝胶时间/min	黏土完全剥离时间/min
80	56	56
100	15.5	16
120	4.7	5

上述结果表明,使用胺DDM固化时,18-mont在固化过程中剥离,而TJ1未能剥离,这一结果与Pinnavaia使用间苯二胺对该体系进行固化时所得结果一致[27]。对此,Pinnavaia认为,层间环氧由于在有限的空间中运动受限制,固化速度应当低于层外环氧,但18-mont中有机阳离子$CH_3(CH_2)_nNH_3^+$具酸性,对环氧的胺固化具有

催化作用,使得层间环氧的固化速度与层外环氧的固化速度趋于一致,结果有机黏土在环氧固化过程中能够剥离;而 TJ1 对环氧的胺固化没有催化作用,层间环氧固化速度低于层外环氧,所以黏土不能剥离。对 EP/DDM,EP/18 - mont/DDM 和 EP/TJ1/DDM 三体系进行了 DSC 分析,分析结果见图 4 - 42(a)系列曲线,可见加入 18 - mont 使环氧固化温度降低,证实 18mont 对环氧的胺固化有催化作用,而 TJ1 对此反应没有催化作用,因此也认为这是导致它们剥离行为不同的原因。使用酸酐固化剂时,18 - mont 和 TJ1 两种有机土都发生剥离,热分析结果(见图 4 - 42(b)系列曲线)显示这两种有机土对环氧的酸酐固化没有催化作用,说明除了有机黏土对固化的催化作用能导致黏土剥离外,还有其他的一些因素也能造成黏土剥离。

有机土 TJ1 对环氧树脂的胺固化和酸酐固化均无催化作用,使用胺固化时不能剥离,而在使用酸酐固化时却很容易地剥离了,这可能是由于两种固化剂与有机黏土的相容性不同造成的。胺固化剂 DDM 熔点为 89℃,在低温混合时是固体状,难以插入到黏土层间,只有在高温固化时才熔融渗透到层间,这有可能造成黏土层间 DDM 浓度相对较低,使得层间环氧不能充分固化,黏土不能剥离;而酸酐固化剂 MeTHPA 为低黏度液体,初混合时即可插入到黏土层间。对 EP/TJ1/MeTHPA 体系进行减压过滤,经插层的黏土被滤除,得到的清液是该体系中未插入黏土的部分,对其成分进行红外(IR)分析,结果见图 4 - 43。MeTHPA 的酸酐基团在 1777cm^{-1} 处有强烈吸收,而环氧中的芳香环在 1608cm^{-1} 处有强烈吸收,利用这两个特征峰强度表示混合物中两组成的相对含量,可看出滤液,即层外混合物中 MeTHPA 与环氧之比小于初始加入的配比,证明较多的酸酐插入到黏土层间,因而黏土层间固化剂浓度较高也有利于黏土的剥离[28]。

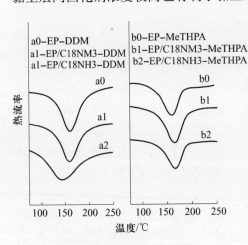

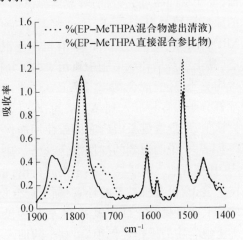

图 4 - 42 DDM 胺固化三种体系(a 系列)
和 MeTHPA 酸酐固化三种体系
(b 系列)的 DSC 曲线

图 4 - 43 从 EP/TJ1/MeTHPA 混合体系
滤出的清液和同样配比 EP/MeTHPA
直接混和物的 IR 吸收曲线比较

无论是有机黏土对环氧固化具催化作用,还是黏土层间固化剂浓度高,其结果都是使层间环氧的固化速度提高,可见层间环氧固化速度高对黏土的剥离非常重要[29]。Pinnavaia 曾证明,用通常方法处理的有机土,有机阳离子烷链必须达到某一长度($CH_3(CH_2)_nNH_3^+ - mont$ 中的 n 不小于 11),层间能够容纳足够多的环氧分子时,有机土才有可能在环氧固化过程中剥离[30]。他还发现,如果在黏土的有机化处理过程中反复多次进行有机阳离子交换反应,使层间金属离子(Na^+)完全被有机阳离子置换,那么即使有机阳离子上的烷基链较短($n = 3$),得到的有机土也能在环氧中剥离。综合这些因素,可以看出,黏土在环氧中能否剥离,首先取决于有机土自身的性质如有机化程度,有机覆盖剂的尺寸及其对环氧固化反应的催化能力,其次与所使用的固化剂有关。

由热力学知,有机黏土在环氧固化过程中能否剥离,还取决于剥离过程的自由能熵变即热效应,固化剥离过程中的热效应主要包括层间环氧固化放热和克服层间作用力消耗热,若两者差 <0,则剥离可以发生,反之则不一定能够发生,因此层间环氧固化热 ΔH_1 须达到某一定值 ΔH_2 才可引发黏土剥离。总之,在层外环氧固化到达凝胶点之前,层间环氧固化放出足以克服层间作用的固化热是使黏土在环氧中剥离的根本条件。

将 10 份的有机黏土 18 – mont 分别通过直接法[①]和溶液法[②]与环氧树脂混合,均得到分散均匀的半透明混合物,它们的 XRD 谱如图 4 – 44 所示。从 XRD 结果可看出,两种方法所得环氧/有机黏土混合物的 XRD 衍射图基本相同,都是原有机黏土 18 – mont 在 $d_{001} = 2.4nm$ 处的衍射峰消失,取而代之的是 $d_{001} = 3.7nm$ 的衍射,黏土层间距增大,说明环氧树脂已插入到黏土的层间。另一种有机黏土 TJ – 1 的原始层间距为 $d_{001} = 1.7nm$,经环氧插层后 TJ – 1 的层间距也是 $d_{001} = 3.7nm$,XRD 结果见图 4 – 45。环氧/有机黏土混合物经两个月静置后仍为均匀半透明状态,黏土没有从环氧树脂中析出,XRD 分析(图 4 – 44(e))表明黏土层间距未变,说明黏土/环氧混合物相当稳定。这些结果说明:环氧树脂与有机黏土相容性好,环氧分子很容易插入到黏土层间;而且层间可容纳的环氧量似乎存在一饱和值,达到该值后,继续延长混合时间或使用能保证充分混合的溶剂法并不能使层间距进一步增大,说明得到的插层混合物已达热力学平衡状态;另外,插层混合物相当稳定,长期存放环氧不会从黏土层间析出,也说明插层混合物处于热力学稳定态。

含 10 份有机黏土的环氧/黏土混合物仍具有相当好的流动性,流变分析表明,除了其黏度稍高于纯环氧外,流变行为没有其他明显变化(图 4 – 46),说明环氧/黏土混合物的操作性仍很好,黏土的加入不会对环氧树脂的成型加工造成困难。

---

① 将一定量的有机土加入到环氧树脂中,在 70℃ ~80℃ 下搅拌一定时间,抽真空除去气泡。

② 将一定量的有机土分散到适量的三氯甲烷中,室温搅拌 1h,加入环氧树脂,继续搅拌 1h,蒸馏除去溶剂。

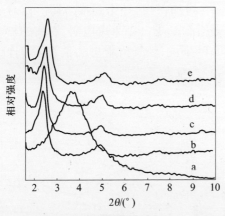

图 4-44　18-mont 和环氧/18-mont
　　　　混合物的 XRD 谱

a—18-mont；

b—溶液混合得到的环氧/18-mont 混合物；

c—直接混合 20min 得到环氧/18-mont 混合物；

d—直接混合 1h 得到的环氧/18-mont 混合物；

e—经两个月存放后的环氧/18-mont 混合物。

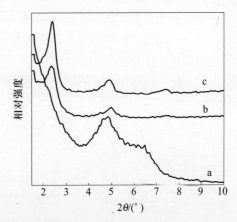

图 4-45　TJ1 和环氧/TJ1 混合物的 XRD 谱

a—TJ1；

b—溶液混合得到的环氧/TJ1 混合物；

c—直接混合 20min 得到环氧/TJ1 混合物。

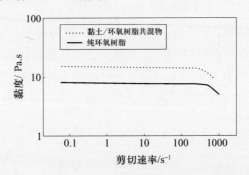

图 4-46　环氧树脂和环氧/有机黏土混合物的黏度曲线

　　测试环氧/18-mont 剥离型纳米复合材料和环氧/TJ1 插层型复合材料的抗弯强度、模量及冲击强度等力学性能,两种复合材料的弯曲强度和模量与黏土含量的关系如图 4-47(a)所示,可以看出,对环氧/18-mont 纳米复合材料的强度随着黏土含量的增加而略有提高,在黏土质量含量为 2% 时达最大值,约比纯环氧树脂强度高 5%,之后材料的强度随黏土含量增加而降低;材料的模量随黏土含量的增加而提高,几乎呈线性关系。对环氧/TJ1 插层复合材料的强度和模量均未由于黏土的加入而得到提高,反而有所降低,证实剥离型纳米复合材料的性能要比同样组成的插层型复合材料好。两种复合材料的冲击强度实验结果如图 4-47(b),从该图看出,对环氧/18-mont 复合材料,黏土质量含量为 2% ~3% 时的冲击强度最高,为未填充环氧的140%,随着黏土含量的继续增加,材料冲击强度下降。而对环氧/TJ1复合材料,黏土的存在使材料冲击强度降低,这一结果也说明,剥离的黏土比插层的黏土对提高材料性能更有利。但总的来说,环氧树脂与尼龙等热塑性树脂不同,通过PLS法无法使环氧树脂性能得到大幅度提高[31]。

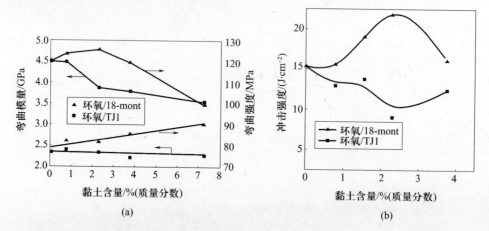

图4-47　环氧/18-mont和环氧/TJ1两种材料的基本力学性能与黏土含量的关系
(a)弯曲强度和模量;(b)冲击强度。

另一方面,聚醚酰亚胺(PEI)、聚醚砜(PES)、聚芳醚酮(PAEK)和聚砜(PSU)等是一类分子刚性大、耐热性好的无定形态高性能热塑性树脂,因为分子中含有大量的芳杂环结构,表现出与通用工程塑料很不同的物理性能,尤其是它们的强度和耐热性非常突出,韧性比热固性树脂好,因此,我们也研究了有机黏土在这些高性能热塑性树脂中的插层和剥离行为。

图4-48为有机黏土TJ1及其与四种聚合物经过溶剂法混合后所得复合材料的XRD图,从图4-48a看出,有机土TJ1的面间距为$d_{001}=2nm$,其与PAEK和PES复合后黏土的衍射峰完全消失(见图4-48d和e),说明在这两种复合材料中,黏土层间距已经增大到XRD方法所不能检测到程度。对于我们所使用的XRD仪,其最小入射角为$2\theta=1.5°$,根据Bragg方程$2d\sin2\theta=n\lambda$,计算出仪器所能检测到的最大面间距为8nm,复合材料中衍射峰消失说明相邻的黏土片层间的距离已超过7nm(蒙脱土片自身厚约1nm),比有机土原来的层间距增大了至少六倍。这种情况

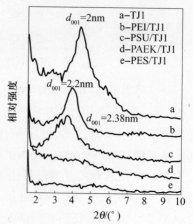

图4-48　TJ1有机黏土以及不同热塑性树脂/TJ1复合材料的XRD谱

下,习惯上认为黏土已完全剥离,以独立的纳米厚的片层形式分散在树脂中,所以PAEK 和 PES 与黏土混合后得到的是剥离型纳米复合材料。而在 PEI、PSU 与黏土的混合物中还保留着强烈的 XRD 衍射峰(见图4-48b和c),其中 PEI/TJ1 复合材料中黏土的层间距为 2.2nm,仅比黏土原来的层间距增大 0.2nm,说明 PEI 基本没有插入到黏土层间。PSU/TJ1 中黏土的层间距为 2.38nm,情况与 PES 基本相同,说明这两种聚合物均不能插入到黏土层间。

对聚合物插层层状硅酸盐的研究表明,像 TJ1 这样的有机土与聚合物通过熔体或溶液混合时,很容易被各种极性较强的聚合物如尼龙、PET、PBT 等插层,但多数聚合物并不能驱使黏土剥离,所以利用直接混合法通常只能得到插层型纳米复合材料。但在室温溶液混合这样很温和的条件下,PAEK、PES 却能使黏土完全剥离,这一现象是很不寻常的,应该有其特殊的原因。

因为溶液混合是在有溶剂的情况下进行的,溶剂的作用也必须考虑。选择 PAEK 作为能使有机黏土剥离的聚合物的代表,选择 PEI 作为不能插入到黏土层间的聚合物的代表,研究它们与黏土混合的特点及插层的过程。图 4-49(a)a 为有机土 TJ1 的 XRD 谱,图 4-49(a)b 为黏土与溶剂 THF 充分混合后所得混合物的 XRD 谱,显然,黏土与 THF 混合后层间距从 2nm 增大到 3nm,说明溶剂 THF 进入了黏土的层间,加入 PAEK 混合后,未除去溶剂时混合物的 XRD 谱见图 4-49(a)c,可以看出,衍射峰消失,黏土层间距进一步增大到剥离的程度,说明高分子也插入到黏土层间。然后除去溶剂得到聚合物/黏土复合材料,其 XRD 谱见图4-49(a)d,仍然没有出现 XRD 衍射峰,说明溶剂挥发时并未将大分子带出来,聚合物分子留在了黏土层间,这说明 PAEK 与黏土间的相容性良好,它们间的作用力比较强。

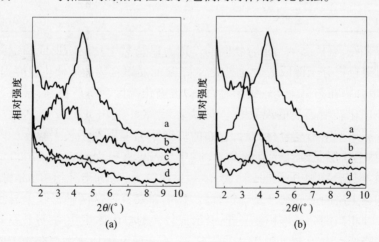

图 4-49　(a)TJ1,TJ1/THF,TJ1/THF/PAEK 和 TJ1/PAEK 混合物以及
(b)TJ1,TJ1/dichloridethene,TJ1/ dichloridethene/PEI 和 TJ1/PEI 混合物的 XRD 谱

图 4 – 49(b)a 为有机土 TJ1 的 XRD,图 4 – 49(b)b 为有机黏土与 1,2 – 二氯乙烷混合后的 XRD 谱,同样是混合后黏土层间距增大,溶剂插入到黏土层间。图 4 – 49(b)c 是 TJ1 与 PEI 共同混合后混合物的 XRD 谱,同样地,与聚合物混合后,衍射峰消失,层间距增大到剥离的程度,说明在层间首先插入溶剂后,PEI 可以进入黏土层间。但除去溶剂后所得复合材料的 XRD 谱 449(b)d 显示,溶剂挥发后,混合物的层间距减小,几乎恢复到有机土原来的层间距,说明在溶剂挥发的同时,聚合物分子也被排除出来,这一现象表明 PEI 与黏土相容性不好。

从上面的实验结果推断 PAEK 插入到有机黏土层间的过程应该是溶剂首先将黏土层间距撑开,由于 PAEK 与溶剂及黏土上的有机覆盖剂相容性好,PAEK 也进入黏土层间。PAEK 是刚性大分子,分子链中含有体积很大的苯环和酚酞侧基,因此该分子的体积很大,它进入黏土层间的结果是黏土的层间距进一步增大,达到剥离的程度。但 PEI 和 PSU 在与黏土混合时随着溶剂的挥发被排出了黏土层间,从结构上看,这两种聚合物的分子链中也含有苯环,也是相当刚性的,所以可能是后两种聚合物与黏土间的相容性不好,不能存于黏土层间。

表 4 – 8 列出了四种聚合物及其有机黏土复合材料的玻璃化温度(DSC 测定),复合材料中黏土的含量都为 10 份,并在相应聚合物的玻璃化转变温度下,即 PAEK/TJ1 在 227℃,PES/TJ1 在 237℃,PEI/TJ1 在 219℃,PSU/TJ1 在 192℃加热处理了 24h,以除去可能的溶剂残留。

表 4 – 8 纯树脂及其与 TJ1 复合体系的 T_g

	PAEK	PES	PSU	PEI
纯树脂	227.5℃	237℃	192℃	219℃
树脂/TJ1 体系	210℃	229℃	191℃	218℃

一般来说,有机黏土与聚合物间的作用力以及黏土片层所形成的空间上的限制应该对聚合物分子链段的运动产生约束,从而使聚合物的玻璃化温度提高,实际上,多数聚合物在与黏土实现纳米复合后,玻璃化温度会有所提高,某些聚合物甚至出现玻璃化转变消失的现象[32]。但从表 4 – 8 中看出,PAEK 和 PES 与黏土混合并形成剥离型纳米复合材料后,它们的玻璃化温度出现了较大幅度的降低。分析原因,黏土片层是刚性平直的晶片,厚 0.96nm,直径为 100nm ~ 1000nm,PAEK 和 PES 这类聚合物因分子链刚性大,体积也比较大,均方半径达 10nm 量级,聚合物插入到黏土层间形成纳米复合材料后,黏土和聚合物这两种形状差异很大又很刚硬而尺寸相当的分子堆积在一起,会形成较大的自由体积孔洞,导致材料玻璃化转变温度降低。对于 PEI 和 PSU 的情况,因为 PEI 和 PSU 这类聚合物不能插入到黏土层间,与黏土间没有达到分子水平的混合,不会导致自由体积增加,所以聚合物与黏土混合后玻璃化温度几乎没有下降。

正电子湮没(positron annihilation)技术是一种可用来研究材料结构的比较新的表征手段,其中正电子寿命可用于表征聚合物的自由体积[33]。为了证实上面的推断,对 PAEK 及其与有机黏土的复合材料进行了正电子寿命谱分析。表4-9 为纯 PAEK 试样和含3.5 份、10 份黏土的 PAEK/TJ1 试样的正电子寿命谱实验结果,其中第三寿命可用来表征材料中自由体积孔洞的大小,第三寿命的强度可表征自由体积孔洞密度。从表4-9 中看出,在 PAEK 中复合了少量黏土后,正电子谱的第三寿命 τ_3 增加,说明自由体积孔洞的体积增大了;第三寿命强度 I_3 有小幅度的提高,说明材料中自由体积孔洞的数目也有增加。

表4-9 PAEK 和 PAEK/TJ1 体系的正电子湮没寿命及强度

黏土含量	τ_1/ps	τ_2/ps	τ_3/ns	$I_1/\%$	$I_2/\%$	$I_3/\%$
0 份	230.2	432.6	1.732	29.4	56.3	15.3
3.5 份	253.1	486.3	1.856	22.3	62.5	17.2
10 份	245.6	449.2	1.885	29.4	52.1	18.5

表4-10 为四种聚合物及其与黏土形成的复合材料的热失重分析结果,聚合物/有机黏土复合材料为经过热处理的粉料,热处理条件是在聚合物的玻璃化转变温度下加热24h,黏土的含量为10 份。可见,PAEK 和 PES 与黏土混合形成剥离型纳米复合材料后,热解温度大幅度提高,可能是由于聚合物的端羟基与黏土发生了作用,使容易引发热解的分子末端得到保护,分子稳定性提高。PEI 和 PSU 不能插入到黏土层间,结果热解温度几乎没有提高,这也证明它们的端基和黏土间的作用力小,不足以影响它们的热解温度。综合热性能实验结果,可以认为,刚性链的聚合物,如果聚合物与黏土间的作用力强,在混合时能促使黏土剥离,得到剥离型纳米复合材料,复合的结果是使材料的玻璃化温度降低,热解温度提高;而与黏土间作用力不强的聚合物不能插入到黏土层间,复合后对聚合物的玻璃化温度和热解温度都不产生明显影响。

表4-10 试验树脂及其与 TJ1 复合体系的热分解温度(括号内为升值)

材料	热分解温度起始点/℃	热分解温度峰点/℃
PAEK	433.4	469.9
PAEK/TJ1	468.8(34.4)	507.3(37.4)
PES	468.2	514.4
PES/TJ1	536.8(68.6)	579.1(64.7)
PEI	518.7	541.8
PEI/TJ1	520.1(1.4)	541.3(-0.5)
PSU	513.1	532.3
PSU/TJ1	516.7(3.6)	537.8(5.5)

我们开展有机黏土改性热固性树脂和热塑性树脂的初衷是通过改进复相体系树脂中有关组分的性能来提高最终复合材料的性能,但探索研究发现,这个技术的改进效果并不理想。无论对于高性能的热固性基体树脂,还是高性能的热塑性树脂,聚合物/黏土复合材料的性能似乎都较低,不足以应用在高性能的航空级树脂基复合材料方面,为此,还需要更加深入的研究和探索。

参 考 文 献

[1] Hodgkin J H, Simon G P, Varley R J. Thermoplastic toughening of epoxy resins: a critical review[J]. Polymers for Advanced Technologies,1998,9(1):3 – 10.

[2] Bucknall C B, Partridge I K. TPhase separation in epoxy resins containing polyethersulphone[J]. Polymer, 1983,24(5):639 – 644.

[3] (1) McGrath J E, Hedrick J C, Hedrick J L, Cecere J A, Liptak S C. An overview on the toughening ofepoxy-resin networks with functionalized engineering thermoplastics[J]. Abstracts of papers of the American chemical society,1990,200:42;(2) Hedrick J L, Yilgor I, Jurek M, Hedrick J C, Wilkes G L, Mcgrath J E. Chemical modification of matrix resin networks with engineering thermoplastics. 1. Synthesis, morphology, physical behavior and toughening mechanisms of poly(arylene ether sulfone) modified epoxy networks[J]. Polymer,1991,32 (11):2020 – 2032. ;(3) Hedrick J C, Patel N M, Mcgrath J E. Toughening of epoxy-resin networks with functionalized engineering thermoplastics[J]. Advances in chemistry series,1993,(233):293 – 304.

[4] (1) Bucknall C B. Gilbert A H. Toughening tetrafunctional epoxy resins using polyetherimide[J]. Polymer, 1989,30(2):213 – 217. ;(2) Gilbert A H, Bucknall C B. Epoxy-Resin Toughened with Thermoplastic[C]. Makromolekulare Chemie-Macromolecular Symposia,1991,45:289 – 298. ;(3) Hourston D J, Lane J M, Macbeath N A. Toughening of epoxy-resins with thermoplastics. 2. tetrafunctional epoxy-resin polyetherimide blends[J]. Polymer International,1991,26 (1):17 – 21. ;(4) Girardreydet E, Riccardi C C, Santeria H, Pascault J P. Epoxy-aromatic diamine kinetics. 2. Influence on epoxy-amine network formation[J]. Macromolecules,1995,28(23):7608 – 7611. ;(5) Bonnaud L, Pascault J P, Santeria H, Zhao J Q, Jia D M. Effect of reinforcing glass fibers on morphology and properties of thermoplastic modified epoxy-aromatic diamine matrix [J]. Polymer Composites,2004, 25(4):368 – 374.

[5] GirardReydet E, Vicard V, Pascault J P, Santeria H. Polyetherimide-modified epoxy networks:Influence of cure conditions on morphology and mechanical properties[J]. Journal of Applied Polymer Science,1997,65(12): 2433 – 2445.

[6] Kim D, Beak J O, Choe Y, Kim W. Cure kinetics and mechanical properties of the blend system of epoxy/diaminodiphenyl sulfone and amine terminated polyetherimide-carboxyl terminated poly(butadiene-co-acrylonitrile) block copolymer[J]. Korean Journal of Chemical Engineering,2005,22(5):755 – 761.

[7] Hwang S, Kim M, Kim D, Choe Y, Kim W. Cure kinetics and mechanical properties of new polyetherimide toughened epoxy resin[J]. Journal of Chemical Engineering of Japan,2005,38(8):623 – 632.

[8] (1) Usuki A, Kawasumi M, Kojima Y J. Mater. Res. 1993,18(5):1174 – 1178;(2) Usuki A., Kawasumi M., Kojima Y. J. Mater. Res. 1993,18(5):1179 – 1184;(3) Usuki A., Kawasumi M., Kojima Y. J. Mater. Res. 1993,18(5):1185 – 1189;(4) Qiao Fang, Li Qiang, Qi Zongneng, Wang Fusong. Polymer Communication,

1997(3):135 – 143;(5)Zhao Zhudi,Li Qiang,Ou Yuchun,Qi Zongneng,Wang Fusong. Acta Polymer Sinica,1997(5):519 – 523;(6)Liu Limin,Qiao Fang,Zhu Xiaoguang,Qi Zongneng. Acta Polymer Sinica,998(3):304 – 310.

[9]　(1)刘克静,张海春,陈天禄. 中国发明专利 CN85. 101721(1987);(2)张海春,陈天禄,袁雅桂. 中国发明专利 CN85. 108751(1987);(3)陈天禄,袁雅桂,徐纪平. 中国发明专利 CN88. 102291. 2(1988).

[10]　L Yang,Xiao-Su YI,B Tang. An Experimental Study on PEK-C Modified Epoxies and the Carbon Fiber Composites for Aerospace Application. Chinese Journal of Aeronautics,13(2000)4:242 – 250.

[11]　李炀,益小苏,唐邦明,王美炫. 热固/热塑复相增韧体系及其先进复合材料的研究[J]. 高分子材料科学与工程. 18(2002)2:37 – 41.

[12]　张明. 通用航空坏氧树脂的固化和相行为研究[T]. 北京航空材料研究院硕士研究生学位论文,2006.

[13]　张明,安学锋,唐邦铭,益小苏. 增韧环氧树脂相结构[J]. 复合材料学报,2007,24(1):13 – 17.

[14]　(1)许元泽. PAEK 改性热固性树脂体系 TTT 相图的绘制与相分离过程的模拟与观察. 973 课题(2003CB615604)总结报告分报告,2008;(2)张秀娟. 热塑改性热固性树脂体系固化中的形貌—流变学研究[T]. 上海:复旦大学博士学位论文,2007.

[15]　张明. 航空 RTM 树脂的固化行为与相结构—性能关系研究[T]. 北京:北京航空材料研究院博士学位论文. 2010.

[16]　李艳亮. 先进树脂基复合材料 RTM 苯并噁嗪树脂的结构与性能[T]. 北京:北京航空材料研究院博士学位论文,2009.

[17]　益小苏. 下一代高性能航空复合材料及其应用技术研究. 国家科技部国际科技合作项目研究工作技术总结(课题编号:2008DFA50370).

[18]　程群峰. 双马来酰亚胺树脂基复合材料的"离位"增韧研究[T]. 杭州:浙江大学博士学位论文,2008.

[19]　David S. McLachlan,Michael Blaszkiewicz and Robert E. Newnham. Electrical resistivity of composites. J. Am. Cerm. Soc. ,1990,73(8):2187 – 2203.

[20]　李小刚. PMR 型聚酰亚胺树脂及其复合材料性能研究[T]. 北京:北京航空材料研究院博士学位论文,2005.

[21]　Kenneth J. Bowles,Linda McCorkle and Linda Ingrahm. Comparison of Graphite Fabric Reinforced PMR – 15 and Avimid N Composites After Long Term Isothermal Aging at Various Temperatures. NASA/TM – 1998 – 107529.

[22]　吕建坤. 环氧树脂及高性能热塑性树脂与黏土插层复合的研究[T]. 杭州:浙江大学博士学位论文,2001.

[23]　Giannelis E. P. Adv. Mater. 1996,8(1):29 – 35.

[24]　(1)Messersmith P B,Giannelis E P. Chem. Mater. ,1994,6:1719 – 1725;(2)Wang M S,Pinnavaia T J. Chem. Mater. ,1994,6:468 – 474;(3)Pinnavaia T J,Lan T,Kaviratna P D,Wang Z,Shi H. Proc. ACS Div. Polym. Mater. Sci. Eng. (PMSE),1994,71:117 – 118;(4)Lan T,Wang Z,Shi H,Pinnavaia T J. Proc. ACS Div. Polym. Mater. Sci. Eng. (PMSE),1994,71:297 – 297.

[25]　Lü J,Ke Z,Qi Zh,Yi Xiao-Su. Study on Intercalation and Exfoliation Behavior of Organoclays in Epoxy Resin[J]. J. of Polym. Sci. ;Part B:Polym. Phys. 39(2001):115 – 120.

[26]　吕建坤,柯毓才,漆宗能,益小苏. 环氧/黏土纳米复合材料的形成机理与性能. 高分子通报(Polymerica Bulletin),2000,2:18 – 26.

[27]　Lan T,Kaviratna D,Pinnavaia T J. Proc. ACS Div. Polym. Mater. Sci. Eng. (PMSE),1994,71:527 – 528.

[28]　Y Ke,J Lü,YI Xiao-Su,J Zhao,Z Qi. The effects of promoter and curing process on exfoliation behavior of

Epoxy/caly nanocomposites[J]. J. of Appl. Polym. Sci. 2002(78):808 – 815.

［29］ 吕建坤,柯毓才,漆宗能,益小苏. 插层聚合制备黏土/环氧树脂纳米复合材料过程中黏土剥离行为的研究[J]. 高分子学报,2000,1:85 – 89.

［30］ Shi H,Lan T,Pinnavaia T J. Chem. Mater. ,1996,8,1584 – 1587.

［31］ DAI F, XU Y,ZHENG Y,YI X – S. Study on Morphology and Mechanical Properties of High-functional Epoxy Based Clay Nanocomposites. Chin. J. of Aeronautics. 18(2005)3:279 – 282.

［32］ Lan T,Kaviratna P D,Pinnavaia T J. Chem Mater,1995,7:2144 – 2150.

［33］ Jean Y C. Microchem J,1990,42:72 – 77;Eldrup M, Lightbody D. Chem Phys,1981,63:51 – 58;Jean Y C, Sandreczki T C. J Polym Sci,Part B,1986,24:1247 – 1251.

第 5 章 "离位"复合增韧概念与层状化界面相结构

先进的碳纤维增强树脂基复合材料层合板(Composite Laminate)作为飞机机身材料,它的特征性能指标主要包括由连续纤维控制的压缩强度(Compression Strength)和由树脂特性等所决定的性能如冲击损伤阻抗、冲击损伤容限和玻璃化转变温度(T_g,或湿热使用温度)等(图 5 - 1)。众所周知[1],连续碳纤维增强的复合材料层合板对法向冲击载荷(主要是低速冲击)非常敏感,其典型的损伤机制是分层(Delamination),复合材料层合板一旦因冲击而产生分层损伤,其冲击后压缩强度(Compression After Impact,CAI)和许用设计应变将急剧减小,而冲击后压缩强度和许用设计应变一直是设计和应用复合材料层合板的最重要的指标。

航空工业习惯上以 CAI 对树脂基复合材料的韧性进行分级[2]。按照空中客车(Airbus)公司的理解[3](见图 5 - 1),第一代复合材料不能兼顾压缩强度和冲击后压缩强度;第二代复合材料主要在提高压缩强度的同时进行了增韧,其冲击后压缩强度有所提升;第三代复合材料主要是大大提升了冲击后压缩强度,但压缩强度的提高尚不显著。空中客车公司因此预测,航空树脂基复合材料技术的发展趋势是同时、大幅度地提高复合材料的压缩强度和冲击后压缩强度。

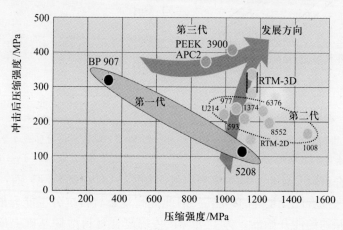

图 5 - 1 航空复合材料压缩强度与冲击后压缩强度(CAI)的关系及发展趋势[3]

更具体地[4],就冲击后压缩性能而言,在可接受的压缩强度前提下,第一代环氧树脂基复合材料的 CAI 大约在 100MPa ~ 190MPa 的范围,也称作标准韧性的环氧树脂复合材料;第二代(中等韧性环氧)复合材料的 CAI 大约在 170MPa～250MPa 的范围,第三代(高韧性环氧)复合材料的 CAI 大约在 245MPa～315MPa 的范围,而超高韧性环氧树脂基复合材料的 CAI 应该在 315MPa 以上。美国航空航天局(NASA)建议民用航空飞行器的 CAI 应大于 310MPa,这显然就是超高韧性复合材料的范围。特例的超高韧性树脂基复合材料如环氧基复合材料 Torayca 3900/T800S 或热塑性复合材料 PEEK APC2 的 CAI 值极高,空中客车公司认为 PEEK 热塑性复合材料也属于第三代复合材料(见图 5－1)。

类似地,国际上最著名的碳纤维增强材料及其技术领航者的日本东丽公司也预测了先进复合材料未来的发展走向[5](图 5－2),他们认为早期的碳纤维连续增强复合材料层合板不能兼顾耐热性和冲击损伤阻抗,后来虽然在树脂的耐热性上有所提高,但冲击损伤阻抗仍显不足,因此他们预测未来航空工业用飞机主承力结构的先进复合材料应该是高耐热与高冲击损伤阻抗兼顾。

尽管东丽公司没有像空中客车公司那样给出未来航空高性能树脂基复合材料的耐热与冲击损伤阻抗的具体指标量值,但他们都非常看重复合材料层合板的冲击损伤阻抗及冲击损伤容限却是不争的事实。美国波音(Boeing)公司则直截了当地给出了高韧性连续碳纤维增强环氧树脂基复合材料层合板的冲击后压缩强度(CAI)具体指标(图 5－3),这个指标可以看作是进入国际民用航空复合材料市场的门槛值。

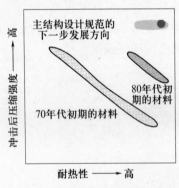

图 5－2　日本东丽公司对碳纤维连续
增强复合材料发展趋势的预测[5]

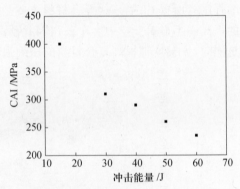

图 5－3　波音公司对环氧复合材料的
性能要求(引自 BMS 8－276F)

影响复合材料 CAI 性质的主要损伤机制是层合板内部的分层,而"层"实际上就是富树脂区或者说就是纯的树脂层,因此提高复合材料抗分层能力的努力是从提高基体树脂的韧性开始的。为了实现在传统复合材料增韧基础上的跨越式发展,同时兼顾高损伤容限(CAI 值≥300MPa)和优良的复合材料工艺特性(例如预浸料复合材料),我们针对层状复合材料冲击损伤的特征,在"插层"(Interleaving)增韧复合材料的基础上[6,7],提出了一种"离位(Ex－situ)"复合增韧的新概念和新

186

理论,并由此发展出了以表面功能化附载为代表的新技术[8,9]。本章主要研究和讨论提高纯树脂的韧性与提高复合材料层合板抗冲击分层能力的关系,引出"离位"增韧的新概念,然后研究讨论热塑性/热固性复相树脂在层状化复合相界面上的相互作用及其过程,建立"离位"复合增韧的材料学模型及其理论基础,最后,从复合材料工艺技术的角度,研究讨论"离位"表面附载复合材料技术的工艺制度和参数优化等问题。

5.1 "离位"概念的发展背景

20 世纪 80 年代开始,各先进国家广泛开展了碳纤维增强热固性树脂基复合材料的增韧改性研究[10],其基本思想是通过提高本征脆性基体如环氧(EP)、双马来酰亚胺(BMI)和聚酰亚胺(PI)等的韧性来提高第一代热固性树脂基复合材料的韧性和抗冲击损伤能力。从复合材料"复合度"的观点[11],第一代的航空复合材料是单一相热固性树脂与碳纤维的简单层状化复合(2 – 2 复合),而用增韧的树脂基体(或者说,用液态橡胶相或热塑性树脂改性热固性树脂的复相树脂基体)制备复合材料,显然可以提高复合材料的韧性和抗分层能力。在这个基础上,在 20 世纪 80 年代直至 90 年代后期,国际上产生了一系列所谓的第二代增韧树脂的复合材料,它们的 CAI 值一般都可以达到 180MPa ~ 250MPa 左右,复合材料的发展阶段和水平因此从第一代进入了第二代。

从第一代脆性基体树脂基复合材料发展到第二代增韧改性的树脂基复合材料,所采用的高分子材料改性技术实质上就是"整体"化的树脂基体增韧技术。针对航空工业使用的高性能热固性基体树脂,"整体"增韧技术的基础是热塑性树脂(Thermoplastic,TP)/热固性树脂(Thermosetting,TS)双组分高分子在热力学和动力学基础上的化学反应诱导相分离、相反转和相粗化机制,产生出微观上的复相(双相)双连续(3 – 3 连接度复合)的颗粒包复结构,并且"分相"和"粗化"都均匀地发生在体系的任意空间位置,因此,这种"整体"化的增韧技术是"原位(In – situ)"的。大量的工程实际已经表明,"原位"增韧会带来两个技术问题:①引入大量韧化成分后,增韧基体及复合材料的黏度、铺覆特性等工艺性能劣化,给复合材料的施工工艺带来很多困难;②化学成分的改变以及固化后相结构的改变,使得基体树脂的微观结构控制变得非常复杂;③这种增韧复合材料的 CAI 值上限通常低于 300MPa,低于设计上对新型民用航空复合材料损伤容限的高要求(310MPa)。

那么,树脂基复合材料层合板的冲击分层损伤究竟是一个什么样的过程呢?国内外大量的研究和测试验证工作发现[12,13],低速冲击引起层合板局部分层,使损伤区域的层合板变成几个子层合板,这些子层合板的弯曲刚度比原来层合板的要低,抵抗屈曲载荷的能力更弱,会在远低于未损伤层合板失效应变的载荷下屈曲。当屈曲分层边缘的应力超过固体树脂的极限强度,分层就会扩展,导致层合板失效。在压缩载荷下,分层能够引起三种模式之一的屈曲:全局失稳/层合板屈曲、局部失稳(较薄的子层合板屈曲)、以及这两者的组合屈曲。随着分层长度增加,失效模式一般从全局到局部再到混合模式[14]。而如果冲击的能量作为弹性应变能被复合材料所吸收,则一般不会出现分层损伤;但是当吸收的能量超过复合材料得损伤阈值,分层损伤就一定产生[15]。

实践上主要借助低速冲击试验和压缩试验来研究复合材料层合板的冲击损伤过程及其损伤特性[16],这两种试验装置的实际照片见图 5-4(落球冲击试验机和复合材料层合板的压缩试验夹具)。图 5-5 是一个不同低速冲击能量复合材料试验样品的 C 扫描系列试验的结果,试验选用的材料是一个标准的碳纤维增强环氧树脂基复合材料体系 T300/5228[①],其纤维体积含量约为 60%,铺层顺序为[45/0/-45/90]$_{2s}$共 16 层,按照 QMW 方法进行实验[17]。由图 5-5 的超声波 C 扫描图像可见,对复合材料层合板的法向低速冲击造成了层间的分层损伤,损伤的面积(或宽度)随冲击能量的提高而增加。

(a)　　　　　　　　　　　　(b)

图 5-4　层合板法向冲击(a)和冲击后横向压缩(b)实验装置(沈真)

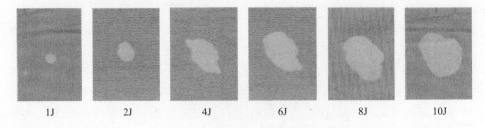

1J　　　　2J　　　　4J　　　　6J　　　　8J　　　　10J

图 5-5　C 扫描测得的 T300/5228 复合材料层合板在不同能量冲击后的分层损伤投影

---

① 高温固化环氧树脂基复合材料,北京航空材料研究院先进复合材料国防科技重点实验室产品。

这个试验结果告诉我们,既然这种层状化复合而成的"标准"或"经典"的复合材料层合板的损伤确实是以分层为特征的,一个逻辑的推论就是应该在复合材料的层间建立高损伤阻抗的结构而不是以整个复合材料的连续相树脂基体为增韧的对象,这样做至少可以最经济地利用增韧材料的效果,并一定能够提升复合材料层合板整体的抗分层能力。如果这个命题成立,我们则应该把提高整个基体树脂韧性的那种机制(或者说那种韧化材料结构)精确定域在层状复合材料的层间,如此,就产生了"离位"($Ex-situ$)复合增韧新概念里最关键的两个技术:"韧化结构"与"定域技术"。

在材料科学里,"原位"和"离位"概念可以分别解释为[9,18]:"原位"指在初始"均匀"分散的多组分、多相体系里,通过化学反应、相分离运动、外场诱导等技术方法,在同一个位置上或同一体系内部,形成某一个新组分、新相或新形态,这个最终状态将基本保持初始的"均匀"空间分布状态,因此它是"整体"的;而"离位"指在多组分、多相体系里,事先将某一个组分移动到特定位置,形成"非均匀或结构化"的初始空间状态,然后通过化学反应、相分离运动、外场诱导等技术方法,只在这个位置上或附近,形成某一个新组分、新相或新形态,使得这个最终状态基本保持"非均匀或结构化"的初始空间状态。

结合"离位"新概念的词义解释,针对我们所研究的典型的层状化的复合材料,所谓"离位"复合增韧,从复合原理上讲,就是将增韧相从复相的基体树脂中分离,让它精确定域在层状复合材料的层间,如此,在不改变原有热固性预浸料所有工艺优点,并保持其面内力学性能不变的同时,建立起复合材料层间的特殊的韧化微结构,从而大幅度提高复合材料的抗分层损伤阻抗,同时兼顾了低制备成本。这种"离位"复合增韧的结构特征示意地表达在图5-6里[19]。由于这样的增韧方式必定体现在复合材料的制备过程当中,所以也称为"复合增韧"。

在技术层面,"离位"复合增韧的关键是控制热塑性/热固性复相树脂界面上的扩散和相变,尤其是当这种界面是2-2平面复合状态时(扩散运动退化为一维,即层厚度方向),以便诱导产生高韧性、层状化的相反转3-3复合双连续结构,即"韧化结构",同时,还必须把这种特定的韧化结构精确地"定域"在层状复合材料的层间,并且不影响复合材料的面内力学性能。

事实上,热塑性树脂/热固性树脂界面上的相互作用本身就是一个非常重要的高分子物理和高分子材料研究命题[20],例如,Kim等研究了层状化几何意义上热塑性PSF(Polysulfone)膜与环氧树脂(EP)的界面结构[21],发现热塑性的PSF溶解在EP中的速率和固化速率决定了PSF的扩散梯度,而且PSF膜在EP中形成了具有浓度梯度分布的多种相形貌(图5-7),其中,相分离导致PSF与EP的界面相存在着三种不同的相结构,分别是海(PSF)-岛(EP)结构(图5-7(b))、双连续结构(图5-7(c))、以及海(EP)-岛(PSF)(图5-7(e))。同时,他们还研究热

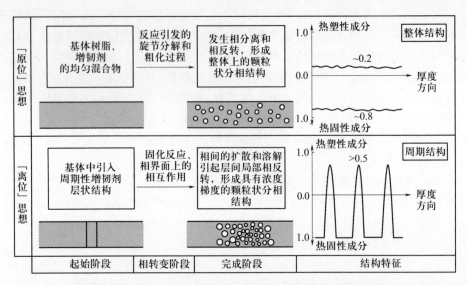

图 5-6 "离位"技术思想与"原位"技术思想的异同比较[19]

塑性 PEI(Polyetherimide)树脂与 EP 界面相的形成及其形貌[22],发现其形成机理及其形貌与 PSF/EP 体系很相似(图 5-8)。

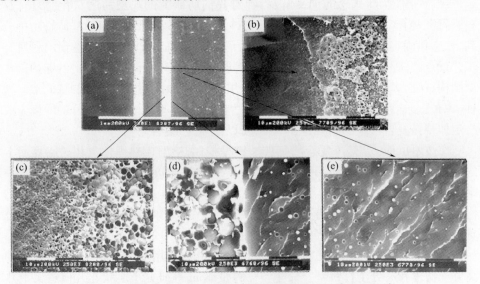

图 5-7 8%质量分数 PSF 增韧 EP 树脂的层状化界面形貌谱
(a) 低放大倍数下的总体情况;(b) 相反转的岛—海形貌;
(c) 双连续的颗粒形貌;(d) 相界面区域;(e) 相反转前的岛—海形貌。

为了深入探讨这些热塑性/热固性高分子 2-2 层状化界面上的相互作用及其过程,下面我们从理论建模、模型界面分析等几个方面,专门研究这种特定界面相

190

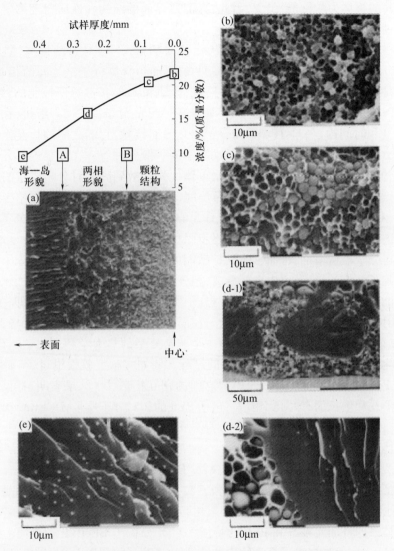

图 5 – 8　半互穿网络结构的材料断口电子扫描显微镜(SEM)照片

（a）总体情况；（b）、（c）双连续颗粒结构；（d –1）和（d – 2）双相（相中相）结构；.（e）岛—海结构。

复合高分子材料体系的相界面过程与相界面结构。

5.2　热塑性/热固性树脂的层状化界面扩散行为

如果在热固性(TS)基体树脂复合材料的层间利用热塑性树脂(TP)进行"离位"改性,面临的首要问题是热固性/热塑性树脂的界面作用和界面行为。材料科学上,界面是化学不均一的区域,具有独一无二的结构,而这些有限的区域经常控

191

制着材料的整体力学性能[23-25]，因此，弄清楚界面的结构和性质对理解复合材料的宏观性能至关重要。

在一般几何意义上而不是在层状化几何的意义上，对热塑性/热塑性树脂（TP/TP）的界面研究已比较成熟。TP/TP的界面包含高分子链之间的相互反应，这主要是由热塑性高分子链的Rouse松弛、运动和Fick扩散等所控制的[26-29]，但是TP/TS高分子界面的形成机理则不同于TP/TP高分子[30-32]，一般讲，在给定的固化温度和时间内，一旦TP/TS高分子相界面接触，它们之间的相互作用即取决于热力学的相容性条件，也取决于动力学的扩散条件等。在相容或部分相容的条件下，低相对分子质量的热固性树脂单体优先扩散到高相对分子质量的热塑性树脂中，这个扩散运动是互溶系数以及温度、时间和位置的函数[33]；在给定的扩散温度下，对应一个具体的时间点，低相对分子质量的扩散相将在高相对分子质量的基体相内部形成一个浓度分布，然后逐步固化，这个化学交联反应必然导致TS树脂的相对分子质量增加，进而影响其扩散能力。因此，与此同时，相对分子质量的增加影响了系统的熵，导致出现相分离，相分离又将反作用于不同组分的相容能力和扩散能力，当扩散的热固性树脂相对分子质量增大到一定程度，体系即将进入凝胶状态时，扩散和相分离可能就会停止，在固化完成以后，留下一个TP与TS相互缠绕、复杂结构的界面相。显然，这是一个非常复杂的热力学和动力学并存、多个物理和化学过程相互影响、相互竞争的过程。例如文献上就报道过DGEBA/DDS体系与Poly(vinylpyrrolidone)即PVP之间的相互扩散[34]，结果表明，控制TP/TS界面的形成和生长的有好几个因素，包括PVP的相对分子质量，DGEBA/DDS的固化工艺，由于DGEBA和DDS的扩散导致的不完全固化，以及DDS分子导致的PVP基体塑化等。

在测试研究手段方面，利用电子探针（EPMA）分析技术研究有机复合材料的界面特征是一种近几年发展起来的新颖技术，最早报道该技术应用的是Oyama等[35]，他们使用EPMA技术研究了环氧树脂与热塑性PVP双层膜的界面特征，使用环氧体系的特征元素S和PVP的特征元素N分析了EP/PVP在界面上的扩散特性。Matsuda等根据离子聚合物中的特征元素Zn、Cl，利用EPMA方法研究了离子聚合物与环氧复合薄膜的界面特征[36]。但是EPMA技术在高性能航空树脂基复合材料上的相关研究应用报道极少。

针对我们的高性能航空树脂基复合材料"离位"复合增韧模型，为了定量地研究热塑性树脂与环氧树脂在层状化几何界面上的扩散行为，我们首先利用EPMA元素分析方法表征了一个固化的聚芳醚酮/环氧树脂（PAEK/EP）模型层合体系的界面元素成分分布[37]，以便了解反应初期EP向热塑性PAEK内部的扩散和渗透情况。测试分析的依据是EP树脂的密度为$1.24mg/cm^3$，同时其固化相中含有S，而PAEK树脂中不含S，同时其密度较大，为$1.31mg/cm^3$。空白实验结果表明，C、

O、S 三种元素在纯 EP 基体中的分布均匀,C、O 两种元素在纯 PAEK 中的分布也均匀,纯 EP 与 PAEK 的密度差异较好地反映在两者的 C 含量上,故 C 可以作为密度变化的特征元素,所以,通过测试层状化界面附近 S 和 C 元素的变化即可以了解界面区域 EP 与 PAEK 相的分布情况,图 5-9 所示为这个试验的测试结果。由图可见,在 EP/PAEK 相互贴合的界面上,沿扩散的方向(厚度方向),C 和 S 两种元素在界面区域此消彼长,对应各自的元素扩散分布。由于 S 元素只存在于固化剂 DDS 中,因此可以认为它是随着环氧组分一同进入 PAEK 内部的,可以看作是环氧树脂存在的标记。这个测试结果表明,EP 组分的确通过界面扩散进了 PAEK 树脂内,并形成沿扩散方向的梯度的浓度分布。

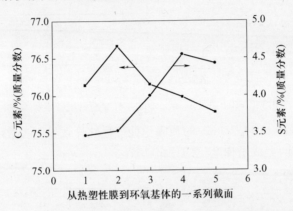

图 5-9　浇注体表面到环氧树脂内部 C、S 元素变化趋势(张高科)

　　因为界面扩散受到动力学因素的影响,所以不同固化工艺必然影响 TP/TS 两相层合体系的界面结构。仍取同一 EP/PAEK 模型层合体系进行研究,其中,层状化复合模型试样的 PAEK 组分不变,而 EP 组分一侧采用两个不同固化度的模型材料:一个试样采用新鲜、未热处理的 EP 树脂;另一个则采用了预先在 130℃/60min 条件下经过了预固化处理的 EP 树脂。将 PEAK 薄膜分别与这两个 EP 试样界面复合、固化,再把这固体试样切开,用 EPMA 元素分析方法表征 EP/PAEK 界面区域 C、O、S 三种元素的分布情况等,结果见图 5-10。

　　对于未预固化的 EP/PAEK 层状化模型试样,图 5-10 中,PAEK 膜在所有照片的左侧,表面附载贴合在 EP 体材料上,视野 107.4μm,PAEK 膜厚约占 1/3。上排照片中的第 2、3、4 张分别为 C、O、S 元素面分布,亮点越多则表明含量越高。不难看出,在视野的范围内,S 即 EP 组分已进入了 PAEK 层,从 EP 体指向 PAEK 膜,EP 含量逐渐降低,密度逐渐提高。反之,从 PAEK 膜指向 EP 体,EP 含量逐渐提高,密度逐渐降低。

　　图 5-11 是预固化 60min EP/PAEK 层状化模型试样的元素分布情况,图示的其他条件同图 5-10。比较图 5-11 和图 5-10 不难发现,两者 C、O、S 元素分布

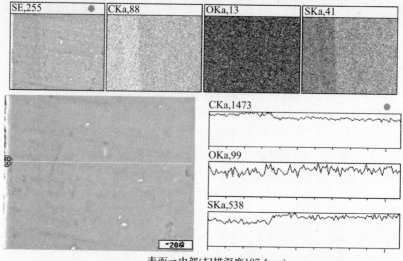

表面→内部(扫描深度107.4μm)

图 5-10　未预固化 EP/PAEK 界面上沿线分析方向的微区成分分布(张高科)

的总体情况基本相似,但是 60min 的预固化处理显然导致界面扩散的深度减小,元素的浓度分布变陡,形成了梯度化的分布特征。

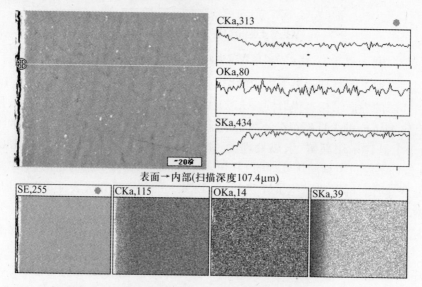

表面→内部(扫描深度107.4μm)

图 5-11　预固化 60min EP/PAEK 界面上沿线分析方向的微区成分分布(张高科)

　　图 5-12 显示了不同预固化处理时间的 PAEK/EP 层状化复合试样界面区域的光学(OM)照片和 SEM 显微照片对比。首先,在固化状态层状复合试样的 OM 照片中,PAEK 膜的颜色为红棕色,颜色较深,而 EP 体材料则为淡的灰黄色。颜色

194

较淡,因此利用二者的颜色差可以很容易地看出,在 PAEK/EP 的界面区域存在着较为连续的浓度梯度。相对而言,短时预固化处理试样的界面深度较大,存在一个比较宽的扩散区域(图 5-12(a)),而长时处理试样的界面深度较小,浓度变化比较剧烈(图 5-12(b))。在 SEM 显微照片上,相对而言,长时处理试样的界面结构变化(图 5-12(b))比短时预处理试样来得更加剧烈。这个结果与图 5-10 和图 5-11 的 EPMA 测试结果基本一致。产生这个差异的原因主要就是预固化提高了 EP 树脂自身的相对分子质量,从而降低了 EP 单体在同等条件下向 PAEK 膜内的纵深扩散能力,形成比较陡峭的元素梯度分布和结构分布。可以相信,这个差异一定会影响 PAEK/EP 界面层合试样或其他 TP/TS 层状化复合试样的其他结构及其界面性能。

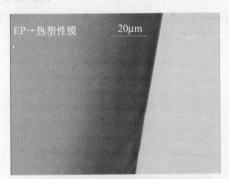

PAEK膜(颜色较深)/EP体材料(颜色较浅)

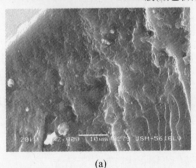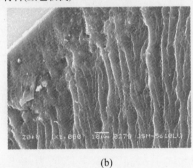

(a)   (b)

图 5-12　预固化对 EP/PAEK 界面区域结构的影响(张高科)

(a) 预固化 15min 样品;(b) 预固化 30min 样品。

5.3　热塑性/热固性树脂复相体系的相分离建模[31]

上面的预实验表明,热塑性/热固性树脂层状化界面相互作用之初应是一个扩散过程,体系的初始状态是 TS 树脂与 TP 树脂泾渭分明的界面,伴随固化反应的进行,TS 组分向 TP 区域内部扩散,对应一个由浓度控制的元素或成分的梯度分布,最终在 TP 层内形成一个有限深度的 TS 浓度梯度,而传统 TP/TS 体系在反应之初通常有一个均匀的 TP/TS 配料溶液(均相结构),经过反应诱导,在一定的固化阶段体系发生相分离,生成均质的微米或纳米级的不均一的韧化相结构。

这种界面过程的实时观察有一定的实验技术困难,通常只能如上所述,借助 SEM 观察体系固化后最终的相结构。为了更加理性地了解这个界面相互作用的过程(时间分辨),下面首先以"原位"增韧体系的研究为基础,采用合适的相分离动力学模型,对这种层状化体系的相变过程进行理论计算,并与实验数据进行对照,为 TP/TS "离位"复合材料的层间相结构控制提供理论依据。

相分离的过程是体系守恒序参量随时间演化的一个过程,影响体系相分离过程最重要的参数为自由能、序参量与扩散系数,描述相分离动力学的固体模型(Model B)和流体模型(Mode H)都假定共混组分间具有相同的动力学特性,相分离中扩散过程是相分离的主导步骤。

动力学对称的假定并不是在所有的混合物中都成立,尤其是对各种各样的复杂流体。在大多情况下,复杂流体两组分的运动模式是一快一慢,例如聚合物溶液、胶体的悬浮液、乳液、TP 改性 TS 等这样的玻璃化温度或相对分子质量存在较大差异的复合体系。描述这种动力学不对称体系的相分离模型有弹性固体模型和黏弹相分离模型。这两个模型是 Onuki[38] 和 Tanaka[39] 从 Doi 和 Onuki 所发展的双流模型(Two Fluids Model)出发、先后提出的非常类似的高分子相分离模型。基于 Onuki 的弹性固体模型的数值模拟已有相当清晰的相反转演化过程的二维和三维图像,比较柔软的一相易承受应力而形变,即使含量稀少,却能形成连续相,而相对较硬的相因不易变形,即使含量较大,也只能形成分散相。Tanaka 认为 Onuki 的模型并不完全适合于高分子共混体系,其最主要的区别在于高分子是黏弹性的流体,在短时间内可以表现出弹性特征,但在较长的时间尺度内,主要表现的则是黏性特征,因此 Onuki 模型并不能描述相分离的后期相反转结构的逐渐松弛而消失等问题。虽然如此,在高分子体系中单纯的模量反差体系仍然是存在的,例如 TP 改性 TS 体系,人们对这一体系为何形成相反转结构的机理不太清楚,运用 Onuki 模型却能很好的解释这一机理过程。例如环氧(EP)/聚酰亚胺(PI)体系[40],PI 具有高于其固化温度的玻璃化转变温度,具有较高的模量,在聚合过程刚开始时,体系以溶液形式存在,随着环氧开始聚合,相对分子质量逐渐增大,致使组分不再相容,相分离发生,形成双连续相或一般球状相,在应该表现黏性松弛的长时间尺度阶段,相反转结构却因环氧的固化而永久地被固定。因此,对 Onuki 模型进行适当的修正,可以用它来描述 EP/PI 的相反转过程,其中环氧的模量是时间的函数,从一个很小的值增加到一个较大的值。

对于相分离中流体力学效应不显著的体系,例如 TP 相对分子质量较高、体系初始黏度较大的体系,包括本研究的 PAEK 改性高温固化环氧树脂体系,很少出现在其他体系中观察到的由于界面快速流动引起的二次相分离现象,且固化过程中体系的黏流活化能在实验的 TP 浓度范围内变化较小。对于这种即有模量反差、流体力学效应又可以忽略的体系,下面以 Onuki 的弹性固体系模型为基础,分析计算界面贴合条件下 TP/TS 层状化复合体系的相分离形貌演化过程。

根据模式—模式耦合模型和经典的弹性理论,Onuki 弹性固体模型的自由能泛涵为

$$F = \int d\boldsymbol{r} \Big[f(\varphi) + \frac{1}{2} |\nabla\varphi|^2 + a\varphi \nabla \cdot \boldsymbol{u} + \frac{1}{2}K |\nabla \cdot \boldsymbol{u}|^2 + \mu Q \Big]$$

$$(5-1)$$

式中:积分号前两项为 Flory-Huggins-de Gennes 或 Ginzberg Landau 自由能密度;α 为浓度和弹性场的偶合常数;$\boldsymbol{u}$ 为位移向量(三维情况是张量)。

如果只考虑到线性情况,本体弹性能来自于与浓度关系不大的本体模量 K 和各项同性形变的贡献,而剪切弹性能则来自于与浓度有一定关系的剪切模量 μ 和各向异性形变 Q,其中

$$Q = \frac{1}{4} \sum_{i,j} \Big[\nabla_i u_j + \nabla_j u_i - \delta_{ij} \frac{2}{d} \nabla \cdot \boldsymbol{u} \Big]^2 \qquad (5-2)$$

$$\nabla_i = \frac{\partial}{\partial x_i}$$

D 为空间维数,μ 假定与浓度 φ 服从线性关系:

$$\mu = \mu_0 + \mu_1\varphi \qquad (5-3)$$

由于该自由能应能满足力学平衡的条件 $\delta F/\delta u_i = 0$,故运用这一条件可以消去 u,得到浓度 φ 与弹性场之间的依赖关系:

$$\delta u_i = -(\alpha/K_L) \frac{\partial \omega}{\partial x_i} \qquad (5-4)$$

$$\nabla^2 \omega = \varphi - \bar{\varphi} \qquad (5-5)$$

$\bar{\varphi}$ 为体系的平均浓度,K_L 与本体模量和剪切模量有如下关系:

$$K_L = K + 2(1 - 1/d)u_0 \qquad (5-6)$$

在小形变情况下,可将 Q 按 δu 展开,只保留其中一阶近似

$$\hat{Q} = (\alpha/K_L)^2 \sum_{i,j} \Big[\nabla_i \nabla_j \omega - \frac{1}{d}\delta_{ij} \nabla^2 \omega \Big]^2 \qquad (5-7)$$

最终在自由能泛函中略去与浓度无关的常数项,得到的自由能泛函为

$$F = \int d\boldsymbol{r} \Big[f(\varphi) + \frac{1}{2} |\nabla\varphi|^2 + \mu_1 \varphi \hat{Q} \Big] \qquad (5-8)$$

运用这一自由能泛函构造时间分辨的 TDGL 方程(Time Dependent Ginzberg Landau):

$$\frac{\partial\varphi}{\partial t} = M\nabla^2 \frac{\delta F}{\delta\phi} = M\nabla^2 \Big[\frac{\partial f}{\partial\varphi} - \kappa\nabla^2\omega + g_E\hat{Q} \Big] +$$

$$2g_E \sum_{i,j} \nabla_i\nabla_j\varphi \Big[\sum_{i,j} \nabla_i\nabla_j\varphi - \frac{1}{2}\delta_{ij}(\varphi - \bar{\varphi}) \Big] \qquad (5-9)$$

其中 $g_E = \mu_1 (\alpha/K_L)^2$,当 $g_E = 0$ 时,Onuki 的弹性固体模型可以合理地还原到经典的 Cahn-Hilliard 方程。

热塑性/热固性层状化界面复合增韧体系在理论分析上属于一种具有非均匀浓度空间分布的相分离体系,这种体系的一个显著特点是 TP 与 TS 在反应之初存在截然分明的分界界面,界面两侧的 TP 与 TS 的浓度都为 100%。在一定的工艺条件下(固化条件),TS 低聚物由于其相对分子质量较低、黏度较小,因此首先向 TP 层扩散;而 TP 相由于其相对分子质量较高,黏度较大,一般不发生扩散迁移,这样,浓度扩散方向沿层状复合界面的法向垂直单向进行,而在界面层的平行方向,由于体系组成相同没有浓度梯度,所以没有扩散运动。

与一般的扩散过程不同,TS 向 TP 的扩散过程中化学反应自始至终存在,所以体系的扩散迁移过程不是一个完全由浓度梯度控制的过程,即必须对 Ginzberg-Landau 方程进行改造。另外,TP 与 TS 存在模量反差的不对称因素,且这种模量反差随时间不断发生变化。我们首先来模拟在自由空间(非受限空间)内 TP 增韧改性 TS 体系反应诱导失稳相分离中的形貌演化特征,以检验模型的可靠性。

采用与 Onuki 类似的模拟方法,自由能 F 选择约化的 Ginzberg Landau 自由能的形式:

$$\frac{\partial f}{\partial\varphi} - \kappa\nabla^2\varphi = -\varphi + \varphi^3 - \nabla^2\varphi \qquad (5-10)$$

对于方程(5-9)可采用按照 CDS 的离散化方案,将空间分成 256×256 的格点,每个格点上设置一个具有 ±0.01 平均涨落的序参量 $\varphi(r)$(-1.0 1.0)。为避免数据值的不稳定性,时间步长取 $M_t = 0.2$。根据序参量算出方程(5-10)中每个格点的两个方括号内的项,将两项分别储存为两个数组,然后根据这两项数组的 CDS 离散差分计算出每个格点上的新的浓度。

剩下的一个关键问题是如何根据式(5-5)得到 ω,一个较为简单的求解可以采用如下的方程:

$$\frac{\partial \varpi}{\partial n} = \frac{1}{2}(\nabla^2 \varpi - \varphi_t(r) + \bar{\varphi}) \qquad (5-11)$$

式中: $\varphi_t(r)$ 为在 t 时刻格点 r 处的浓度。每当步长增加一次,按式(5-11)迭代 20 次, $\varpi(r)$ 非常接近 $\omega(r)$,这样,可以将迭代 20 次计算得到的 $\varpi(r)$ 直接赋值给 $\omega(r)$。

由于热固性树脂的模量是固化时间的函数,其变化的快慢又与体系反应温度有关,因此需要选择合适的模量随时间与温度演化的动力学方程。该方程可以通过对流变实验数据的拟合来确定。

图5-13为实际 DGEBA/DDS 体系170℃固化时复数模量随时间的演化曲线。利用式(5-12)拟合实验复数模量随时间的演化曲线,可以看出,拟合结果较好。表5-1为不同温度下的拟合参数 G_0 , B 和 k 等。

$$G = \frac{G_0}{1 + B(-kt)} \qquad (5-12)$$

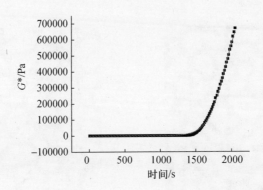

图5-13   DGEBA/DDS 体系170℃下的 G^* 随时间的演化曲线

表5-1   DGEBA/DDS 体系根据方程(5-12)的数据拟合

$T/℃$	G_0/Pa	B	k
170	878329	4719250	0.00799
180	6387288	230739	0.00911
190	7647439	13132	0.00948

根据以上的模拟条件和表中所列的参数,下面以此为基础,并采用无量纲化方法[41]进行模拟分析。图5-14为自由空间(非受限空间)内 TP 改性 TS 体系相分

离过程中时间分辨的形态演化理论计算结果。模量发生变化的组分(热固性树脂)的平均浓度为 0.7,热塑性树脂组分的平均浓度为 0.3。图中颜色较浅的相区为热固性树脂、例如 EP 富集区。从图 5 – 14 中可以看出,在相分离的初始阶段,由于模量均很低,含量较多的 EP 形成了连续相,含量较少的 TP、例如 PES 形成了分散相。当模量开始增长时,相反转开始出现。

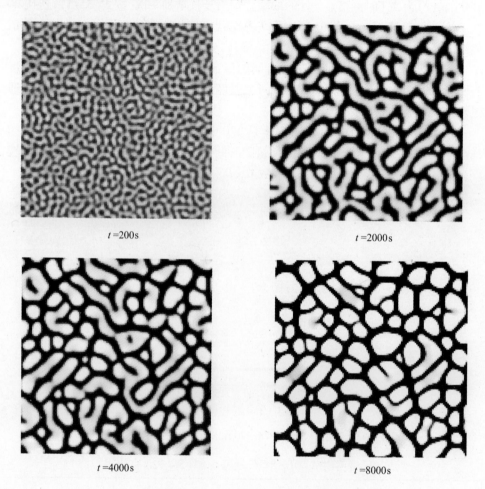

图 5 – 14　50%(体积分数)PES/DGEBA/DDS 体系的
时间分辨相分离演变(PES、EP 模量不等)

图 5 – 15 为实验的 DGEBA/DDM/PES 25 份体系的相结构在 140℃ 的时间分辨演化过程。从图可以看出,虽然实际相结构的具体演化细节与理论计算的结果并不是很符合,但至少可以发现,用弹性固体型可以预测 TP 改性 TS 体系相分离、相反转结构的基本过程。

200

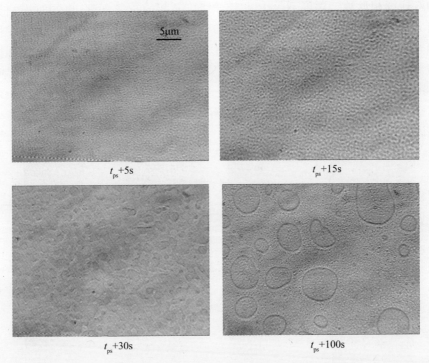

t_{ps}+5s

t_{ps}+15s

t_{ps}+30s

t_{ps}+100s

图 5 - 15　25% 质量分数 PES/DGEBA/DDM 体系的时间分辨形貌演变

5.4　热塑性/热固性树脂复相体系的界面相分离模拟[31]

　　把上面讨论的热塑性/热固性树脂复相体系的相分离过程进行层状化处理,与均相相分离相同,动力学方程采用式(5-9),自由能方程选择式(5-10)。对于方程(5-9),同样采用按照 CDS 的离散化方案,将空间分成 256×256 的格点,在 x 方向上预置一个线性浓度梯度 $\varphi(r) = 0.89 - 0.78/256x$,每个格点上设置一个 ±1% 的平均涨落序参量 $\varphi(r)(-1.0\ 1.0)$。在 $x = 0,256$ 处设定一个浓度不变的边界条件,在 y 方向设定循环边界,时间步长取 $M_t = 0.2$。同样根据序参量算出方程(5-10)中每个格点的两个方括号内的项,将两项分别储存为两个数组,然后根据这两项数组的 CDS 离散差分,计算出每个格点上的新的浓度。

　　图 5-16 为这个模型热塑性/热固性树脂层状化复合试样在不同温度下时间分辨的界面形貌演化过程模拟结果,图中的黑色区域为 TP 富集相,白色为 TS 富集相。从图中可以看出,TP/TS 层合相界面上的扩散运动稍微先于相分离并与之并行进行,当约化时间 $t = 5$ 时,TS 组分向 TP 相的扩散已经开始而相分离还没有发生,随后,相分离跟进,沿 TS 组分的扩散方向,先后出现相分离和相反

转的双连续相形貌。温度不仅影响 TS 相向 TP 相的扩散深度,也同时影响界面相内分相结构的相尺寸与分布,在190℃条件下,TP/TS 层合相界面区域在约化时间 $t=20$ 时已几乎全部实现相反转,形成尺寸大小相差悬殊、沿 TS 组分扩散方向梯度分布的双连续分相结构;而当温度下降,在同一约化时间点,各层面的扩散深度、相分离、相反转和相粗化的程度均有所下降;当温度下降至170℃,体系在约化时间 $t=20$ 时,TS 组分甚至没有扩散透 TP 薄膜,相应的相尺寸也小于高温固化体系。

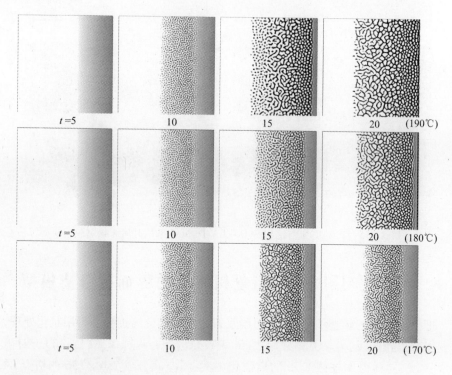

图 5-16 不同温度对 TS/TP 层状化界面相分离形貌的影响模拟($g_E=100$)(许元泽)

图 5-17 为 TS 与 TP 不同模量反差条件下时间分辨的层状化相形貌演化过程模拟结果,所有模拟条件下的 TS 相扩散均没有穿透 TP 薄膜。从图中可以清楚地看到,模量反差为 $g_E=100$ 相界面上的形貌演化过程发展得较快,从 TS 相指向 TP 薄膜方向,在约化时间 $t=19$ 时,相分离和相粗化已经出现,并部分形成相反转的双连续分相结构,到 $t=59$ 时,在 TS 组分扩散所到的所有层面均已全部生成双连续反转相结构;而在模量反差较小时,在所有模拟实验的条件下,TS 相的扩散深度和相结构生成的深度几乎与高模量反差时相等,但在时间顺序上稍缓,并且相组织结构更加均匀、细腻。

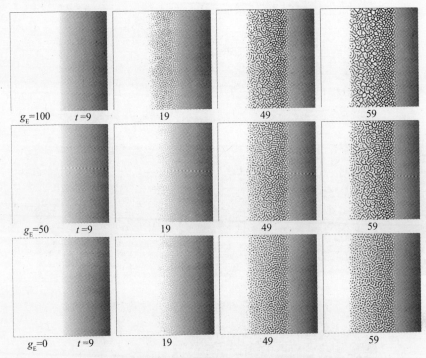

图 5-17 TP 与 TS 的模量差对层状化界面相分离
形貌的影响模拟(TP30%, $T=190℃$)(许元泽)

5.5　实际热塑性/热固性树脂的层状化界面相结构[42]

实际热塑性/热固性树脂界面过程的研究仍选择二、四官能团混合的模型环氧树脂体系(简称 EP),其中二官能团环氧树脂为双酚 A 二缩水甘油醚环氧,四官能团环氧树脂为四缩水甘油胺环氧,固化剂为 $4,4'$ 二胺基二苯酚。热塑性增韧剂树脂仍选用热塑性的聚芳醚酮 PAEK。

PAEK/EP 界面层状化模型试样实际上就是将 PAEK 薄膜贴附在 EP 树脂的表面,即 PAEK 表面附载。试验选择了两种界面复合工艺:其一,将 PAEK 薄膜直接贴附在块状 EP 表面,试样从室温升温到 130℃并保持不同的时间,之后在 180℃固化 2h,在 200℃后固化 2h;其二,先将块状 EP 从室温升温到 130℃并保持不同的时间,然后贴附 PAEK 薄膜,再在 180℃固化 2h,在 200℃后固化 2h。对照预试验结果可知,第二条工艺路线在界面复合前 EP 树脂已有一定的固化度,这种预固化的体系相对于没有预处理的体系,其元素扩散应该有所差异。这两条工艺路线制备的 PAEK/EP 界面层状化复合试样固化后的低温脆断断口形貌见图 5-18 和图 5-19。其中,图 5-18 照片的 PAEK 膜复合在 EP 块体的右面,而图 5-19 照片的

203

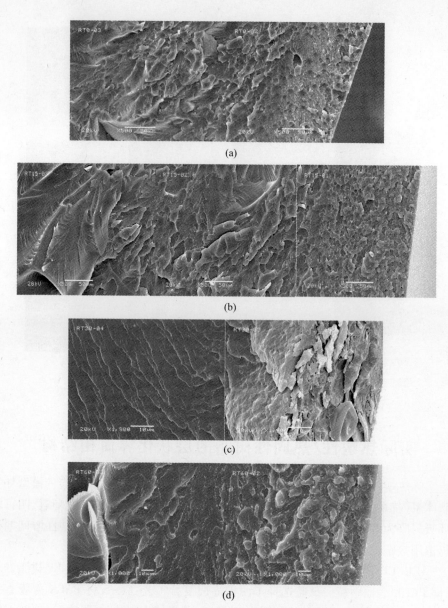

图 5 - 18　PAEK/EP 层状化界面复合试样低温脆断断口 SEM 照片

(a) 130℃/0min；(b) 130℃/15min；(c) 130℃/30min；(d) 130℃/60min。

PAEK 膜复合在 EP 块体的左面。

由图 5 - 18 可以看出，随着 130℃恒温台阶时间的延长，韧化相层的宽度变窄，同时增韧相的结构变化梯度增大，这是因为在 130℃时，虽然 PAEK 膜的部分溶解使得低分子 EP 组分的扩散变得容易，但 EP 交联固化也得到加速，由本书中已讨论的 TTT - η 关系知，这时 EP 的黏度迅速提高，这一竞争的结果导致溶解扩

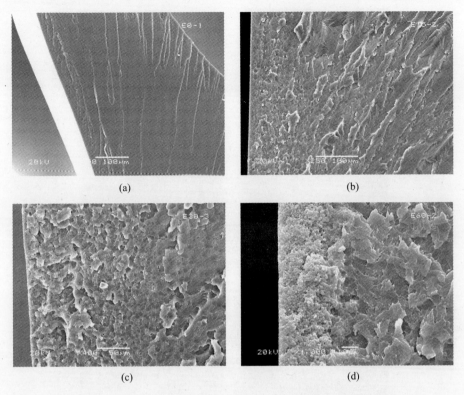

(a)　　　　　　　　　　　　　　　(b)

(c)　　　　　　　　　　　　　　　(d)

图 5 - 19　预固化对 PAEK/EP 层状化界面复合试样的影响（SEM 照片）

（a）130℃/0min；（b）130℃/15min；（c）130℃/30min；（d）130℃/60min。

散区变窄。

由图 5 - 19 可以看出，界面复合前预固化的时间越长，增韧结构区域就越窄，增韧相结构的梯度就越大。在 130℃恒温 60min 后，可以明显的看到和"原位"共混增韧相似的 EP 颗粒状相分离结构（图 5 - 19（d））。将图 5 - 19（d）进行局部放大的结果见图 5 - 20，由照片可见，130℃的预固化反应增加了 EP 树脂本体的黏度，即使 PAEK 膜在高温下溶解得很快，但 EP 的扩散也会因为其本体黏度的增加而受到限制，因此其扩散的深度也有限。

仔细观察 PAEK/EP 界面复合试样的界面结构（图 5 - 21），可以清晰地看到两者之间有一个很狭窄的突变区，左侧是无结构的固体环氧浇注体形貌，而右侧是环氧的相反转分相颗粒形貌，它们之间的界面应该就是初始态 PAEK/EP 层合试样的 PAEK 表面附载膜与 EP 基体树脂的界面，这至少说明初始的界面没有漂移。

如果 EP 树脂事先进行了预固化处理，其在分相区与 EP 本体树脂区的界面过渡似乎更柔和一些（图 5 - 22），相信这种较柔和的过渡对材料的总体性能是有好处的，这也说明对 TS 树脂适当的预固化处理对改善界面结构及其性能应该

图 5 – 20　PAEK/EP 界面层合试样的界面相反转形成的双连续颗粒结构

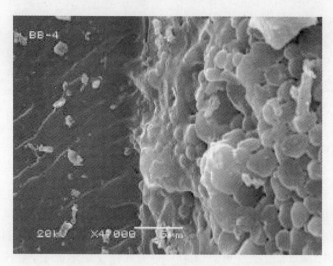

图 5 – 21　PAEK/EP 层合试样中 EP 与 PAEK 的边界

是有利的。

　　为了考察 EP 在 PAEK 膜里一维扩散和富集是否产生"溶涨"效应,又制备了一个固定厚度为 15μm 的 PAEK 薄膜,将它表面附载在 EP 树脂的表面并一起固化(图 5 – 23),这时,可以清晰地看到 EP 相表面上 PAEK 膜曾经存在的位置,但 PAEK 已经被全部刻蚀掉了,取而代之的是 EP 的相反转分相颗粒结构层。认真的测量还可以发现,EP 相颗粒层的厚度大于曾经存在那里的 PAEK 膜的厚度,说明 EP 在 PAEK 里的扩散和富集的确产生了"溶涨"效应。当然,这个试验是在无压条件下进行的,而实际的复合材料成型总存在一定的压力条件,因此估计,在实际

206

图 5 – 22　PAEK/EP 层合试样的典型相界面过渡区

情况下,这种"溶涨"效应应该非常有限。

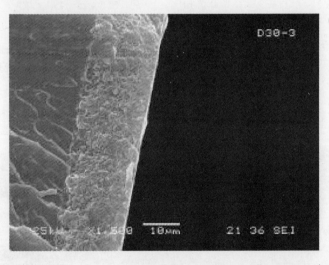

图 5 – 23　PAEK/EP 层合试样中 EP 表面的 PAEK 层

　　进一步地,仔细观察图 5 – 20 照片里的 EP 粒子尺寸,发现其粒径分布似有一定规律,为此,进行了粒径分析,分析前,先在厚度方向上进行区域划分,以划分好的区域为单元进行测量,结果见图 5 – 24,可以看到,从 PAEK 与 EP 的表面附载界面指向 EP 方向(由左指向右坐标),分相的 EP 粒子的尺寸先是经历一个短暂的平台区,然后爬升,粒径长大。

　　将图 5 – 24 的结果用式(5 – 13)换算成 TP 含量和厚度的关系见图 5 – 25。

$$\varphi = 0.2548 + 0.02547 \times \ln\left(1 - \frac{d - 0.925}{0.9133}\right) \qquad (5-13)$$

其中,式(5-13)来自第4章,可以看到,PAEK/EP界面附载单向扩散的结果是在厚度方向上,PAEK组分在原先附载的位置左侧保持较高的水平,然后迅速降低,形成界面过渡区。

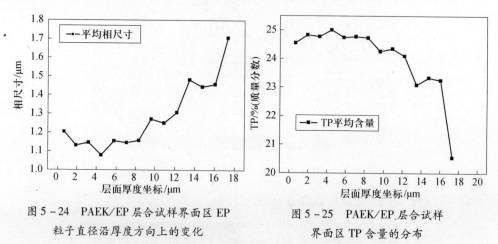

图5-24　PAEK/EP层合试样界面区EP
粒子直径沿厚度方向上的变化

图5-25　PAEK/EP层合试样
界面区TP含量的分布

图5-26为一个EP/PAEK/EP三层贴合界面模型试样,即在两层EP基体树脂中间加入一层约10μm厚的PAEK薄膜,形成一种层状化的材料组分"三明治"的结构,实际上,它是单面表面附载模型的对称复合。从图5-26的脆断断口SEM形貌来看也的确如此,这种结构已非常贴近未来"离位"复合材料的层间结构。

图5-26　定域于两层环氧树脂之间PAEK层(EP/PAEK/EP三层贴合模型)
反应诱导相变后的特征形貌(照片中的PAEK已化学刻蚀全部去除)

进一步的研究以PAEK/BMI界面层合试样为模型[43]。将这个试样固化,得到图5-27所示沿厚度方向、与PAEK/EP试样类似的相结构分布,所不同的是,BMI

树脂在 PAEK 薄膜内的反应诱导分相结构比 EP 在 PAEK 里的分相结构来得复杂，即存在双连续的相反转分相颗粒结构，也存在粒径相差悬殊的颗粒相结构，这与 BMI 的多组分化学结构有关。首先，PAEK/BMI 的互溶对应了一个均相混合体系，但是 PAEK/BMI 的互溶是有条件的，BMI 里较低相对分子质量的 BMPM 和 DAB-PA 小分子可能分别扩散进入与其层状化界面黏附的 PAEK 薄膜(图 5-27(a)，右指向左为扩散方向)，而随着温度的变化，这个体系也发生了类似 PAEK/EP 体系那样的反应诱导相分离。又由于这个体系的分相特征和浓度分布特征，最邻近 BMI 基体的扩散层内的高浓度 BMI 相形成单一相的"大岛"(图 5-27(c))，而岛的周围则密布分散着由于 PAEK/BMI 二次分相所形成的细小的相反转颗粒双连续结构。沿扩散方向，随着 BMI 扩散的浓度逐渐降低，某一个层面上 BMI 相的大颗粒突然变小，而 PAEK 相成为连续相的"大海"，只不过这时的体分以 BMI 相颗粒的"小岛"作为高体分，"大海"不过是环绕密集岛屿之间的小河流。随着 BMI 扩散浓度的进一步降低，BMI 颗粒的粒径进一步变小，但颗粒之间的周期性不变，成为双连续的颗粒结构(图 5-27(b))。

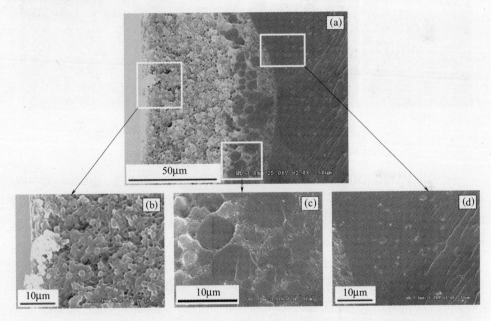

图 5-27 PAEK/BMI 层合模型的形貌谱(其中(b)、(c)和(d)分别是(a)图的局部放大)

与 EP/PAEK 层合试样结构不同的是，PAEK 热塑性树脂里的一些低相对分子质量尾端可能反向扩散进入了 BMI 相，因为在 BMI 基体里发现了离散的 PAEK 颗粒(图 5-27(d))，但在总量上，这个双向扩散运动的主流是 BMI 相向 PAEK 相的扩散。

与图5-27实验类似,但也许更加清晰一些的界面显微照片见图5-28,这里,可以清晰地观察到少量PAEK扩散到BMI基体形成的PAEK在BMI基体中的海岛结构(图5-28(b)),完全相反转结构(图5-28(e))、双连续相结构(图5-28(d))和半互穿网络相结构区域(图5-28(c))等。同时,BMI相的扩散导致PAEK薄膜由原来的20μm溶胀到大约70μm。

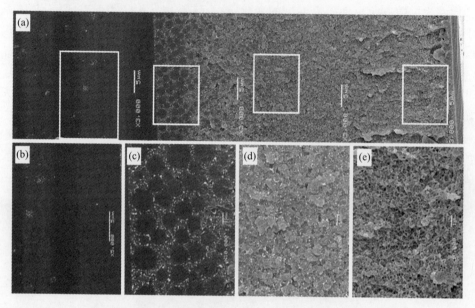

图5-28　PAEK厚膜/BMI层合模型(180℃/60min)的形貌谱
(其中(b)、(c)和(d)分别是(a)图的局部放大)

　　在BMI/PAEK/BMI层状化"三明治"的结构模型上,由图5-29相结构SEM照片可以发现,由左(图5-29(b))向右(图5-29(c))两面扩散进入PAEK薄膜的BMI相形成粒径分布大致均匀的相反转双连续BMI颗粒(图5-29(a)),而在原先BMI/PAEK的组分界面上则出现"尖锐"的相结构变化。

　　类似地,改PAEK厚膜为PES厚膜,将其贴附在BMI表面形成界面层合的模型,分别将这个模型试样固化180℃/120min(图5-30)和180℃/180min(图5-31),观测其界面形貌,发现有与PAEK/BMI类似的界面相变形貌,这里就不再赘述。

　　综合上面的研究结果,热塑性/热固性树脂的界面过程可以用图5-32来说明。温度过程开始前,热塑性树脂和热固性树脂两种成分在各自的区域内都是100%,随温度升高,低分子的热固性组分(如EP或BMI)开始向高相对分子质量的热塑性树脂(如PAEK)内扩散,在热塑性树脂表层形成一个随深度降低的热固性组分的浓度梯度;在一些情况下(例如BMI与PAEK或PES),热塑性组分也会

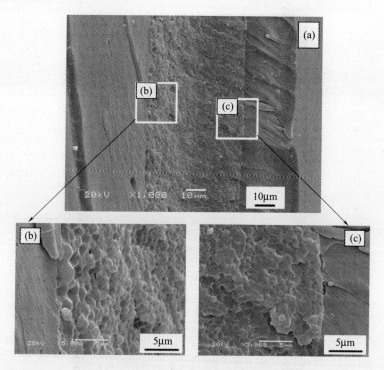

图 5 - 29　BMI/PAEK/BMI"三明治"层合模型的形貌谱(其中(b)和(c)是(a)的局部放大)

向热固性树脂内扩散,但无论是量还是扩散速度都很小。随着界面上热固性树脂固化度地提高以及开始凝胶,扩散将越来越困难,最终冻结在一个组分的浓度梯度分布上。注意,图 5 - 32 中没有标注出热塑性树脂膜吸收热固性组分后的溶涨和相界面移动。

　　关于上面的 TP/TS 单面贴膜模型和 TS/TP/TS"三明治"模型,图 5 - 33 也进行了一个小结。图 5 - 33(a)中 PAEK 膜与 EP 基体各居一侧,膜的内部会形成递减的 EP 组分分布;而图 5 - 33(b)中的 PAEK 膜位于 EP 基体之间,则应形成对称的分布,在中心部位具有较高的热塑性成分含量;靠近两个界面的地方则是有很高的 EP 浓度,使两相连续过渡;再往外的部位仍是 EP 基体组分,保持 EP 材料原有的性能。

　　将这种"三明治"结构引入层状复合的复合材料,使高浓度的热塑性组分定域在碳纤维层间,而高浓度热固性连续相仍位于碳纤维层内,则可以使用相对较少的增韧树脂获得高韧性的层间及系统,而层内仍旧维持热固性基体的特性,一方面提高复合材料的抗冲击性能,另一方面也保持了材料的常规性能和工艺性。这正是"离位"复合增韧新概念所追求的。

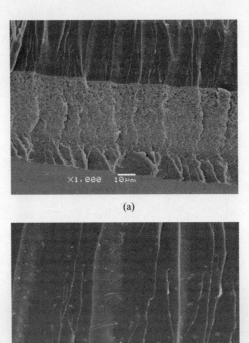

(a)

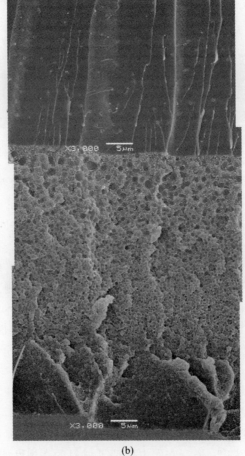

(b)

图 5 - 30　PES 厚膜/BMI 层合模型(180℃/120min)的形貌谱

(其中图(b)是(a)图的局部放大)

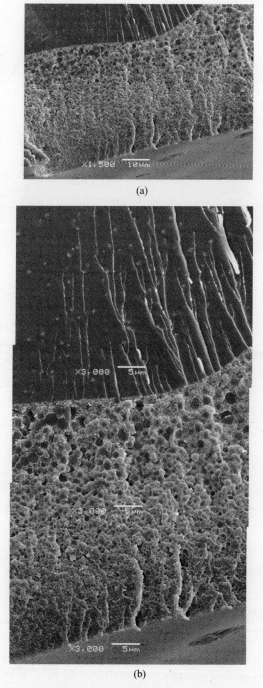

(a)

(b)

图 5-31　PES 厚膜/BMI 层合模型(180℃/180min)的形貌谱

(其中图(b)是(a)图的局部放大)

213

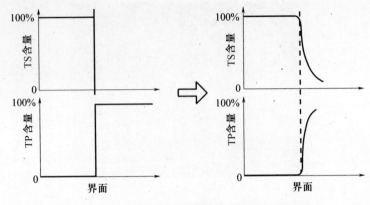

图 5-33　TS/TP 层合模型的界面相互作用示意

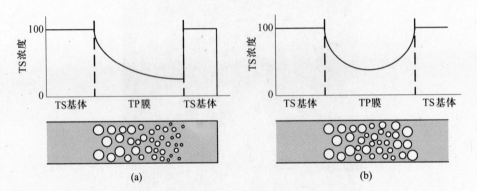

图 5-33　TS/TP 单侧模型以及 TS/TP/TS"三明治"模型固化后
内部的 TS 相浓度以及相形态示意
(a) TS + TP; (b) TS + TP + TS。

5.6　热塑性/热固性树脂层状化复合界面结构的优化

　　根据上面的实测和模拟实验的结果,为了实现先进复合材料"离位"复合增韧的目标,需要对基体树脂与增韧剂之间的扩散和渗透行为进行"定域"控制,控制的目标是热固性树脂与增韧树脂之间有合适的扩散、渗透、浓度分布、相变状态、特别是相变区域的层厚等。

　　已知 TTT-η 关系中凝胶线和"S"形玻璃化转变线附近的黏度对于界面过程控制非常重要,下面再次给出二、四官能团混合模型环氧树脂体系(EP)在这一区域的 TTT-η 关系(图 5-34)。该树脂的传统固化工艺是由室温 2℃/min 升温至 130℃,并在 130℃ 停留 15min ~ 30min,以传热克服可能的温度场不均匀;之后 180℃ 固化 2h,然后 200℃ 后固化 2h。由前面的研究结果和分析知,

130℃的恒温台阶可以认为是预固化阶段,这一阶段的黏度变化对最终的相结构影响很大。

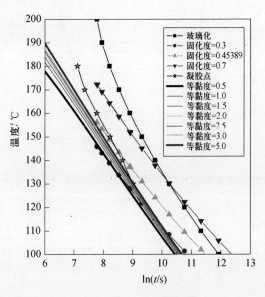

图 5-34　模型 EP 树脂工艺段的 TTT-η 关系

用化学流变模型对以上两个工艺制度下的树脂黏度变化进行预测,结果列于表 5-2 中;又用对整个升温过程和恒温 60min 时间内的黏度进行流变测试,结果见图 5-35。可见,当恒温时间由 15min 增加到 30min 时,该模型 EP 树脂的黏度增幅不大。

表 5-2　化学流变模型对两种传统工艺的黏度预测

	黏度／Pa·s
η_{I}	0.090
η_{II}	0.232
η_{opt}	1.563

设在 130℃ 保温 15min 的工艺为传统固化工艺 I,在 130℃ 保温 30min 的工艺为传统固化工艺 II,将以上两种固化制度加入到图 5-34 中可得到图 5-36。由图 5-35 可以发现,130℃ 恒温 15min 和恒温 30min 的黏度都是基本处于谷底斜坡区,相对于恒温 60min 的黏度都比较低,考虑到黏度的增加会抑制扩散的速度,因此将原有的恒温时间延长到 60min,并设该工艺为优化工艺,将优化后的工艺也添加到图 5-36 中,并用动力学模型和流变模型进行黏度与固化度分析,结果见表 5-3。

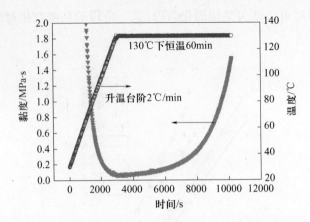

图 5-35　实际固化过程中升温段和预固化段的黏度实时检测

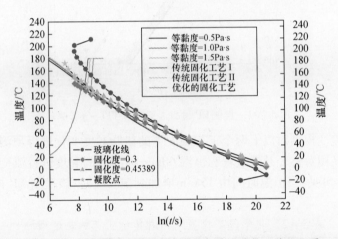

图 5-36　以 TTT-η 关系为基础的相界面结构工艺优化图

表 5-3　化学流变模型预测的黏度和动力学模型预测的固化度

工艺	黏度/Pa·s	固化度(α)
传统工艺 I	0.090	0.2284
传统工艺 II	0.232	0.2642
优化工艺	1.563	0.3281

图 5-36 中和优化参数有关的部分集中在该图的左上部,为了突出重点,特将这一部分放大,得到图 5-37。

由以上细观、包括了不同升温固化曲线的 EP 材料的 TTT-η 图和黏度、固化度等参数知,当在 130℃ 恒温 15min 和 30min 时,该 EP 树脂的固化度均小于 0.3,且黏度也小于 0.3Pa·s,此时 EP 树脂的流动性很好,对于与其界面复合的 PAEK 膜的溶解性以及向该膜扩散的能力应该都比较强,在这种条件下,反应诱导相变生

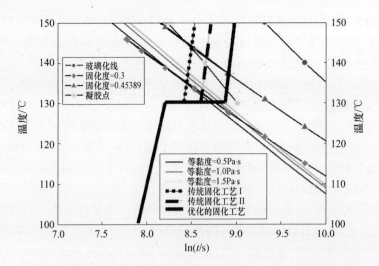

图 5 - 37　以 TTT - η 关系为基础的相界面结构工艺优化细观图

成的界面韧化结构将类似于"原位"共混增韧复相材料的 3 - 3 双连续颗粒韧化结构。这两种实际的界面层状化复合试样(EP/PAEK)固化后的脆断断口的相形貌见图 5 - 38(a)和(b)。

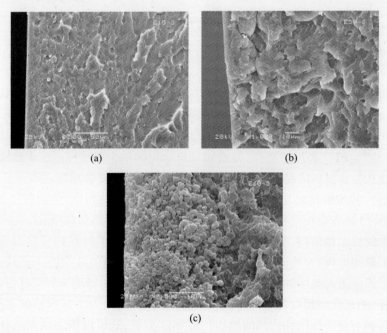

图 5 - 38　130℃恒温不同时间的 PAEK/EP 层状化界面结构的断口形貌照片(SEM)
(a) 130℃/15min；(b) 130℃/30min；
(c) 130℃/60min,即工艺优化形成的典型双连续相反转结构。

比较图 5 - 38 的这些微观照片可见,这 3 种层合界面区域虽然也因为 EP 树脂向 PAEK 膜的扩散而存在受浓度梯度控制的结构梯度,但韧化结构的深度已远远大于初始 PAEK 膜的平均厚度(约 20μm),且恒温时间越短,韧化结构的厚度越大(见图 5 - 38(a)和(b)),这种界面结构其实已经被证实不适合"离位"复合增韧[44];而如果我们调整工艺制度成 130℃ 恒温 60min 时(优化工艺,图 5 - 38(c)),这时 EP 树脂的黏度已增长至约 1.5Pa·s,固化度大于 0.3,从图 5 - 35 可以看出,此时该 EP 树脂的黏度正好处在迅速增长阶段,但是还没有达到凝胶,因此该黏度的 EP 树脂向 PAEK 膜扩散的能力有限,且可扩散的时间很短,有利于形成窄的界面韧化结构。后来的复合材料研究制备和测试证实,这种窄(或薄)的界面韧化结构适合与碳纤维复合材料层合板的层间精确定位,而该模型界面复合试样的断口正是这种典型的高韧性相反转双连续 3 - 3 颗粒韧化结构相形貌(图 5 - 38(c))。

这个实验结果表明,黏度调节对最终相结构和过渡层结构起了决定性的作用,而从工艺上讲,这种黏度的变化是由工艺参数决定的,因为工艺参数的改变也改变了树脂的预固化度。针对这样的工艺—结构优化,很显然,TTT - η 关系提供了一个非常有用的优化平台,在这个平台上可以找到固化度、黏度、玻璃化转变温度等一系列相关信息,这就是用 TTT - η 关系进行"离位"复合增韧结构—工艺关系优化的目的。

5.7 小结

"离位"新概念的核心是在复合材料的层间建立高损伤阻抗的 3 - 3 双连续韧化结构,或者说,是一种把提高基体树脂韧性的材料韧化结构精确定域在层状复合材料层间的技术,其目的是提高层状复合材料的抗冲击分层损伤能力,因此,"韧化结构"与"定域技术"是"离位"复合增韧概念里的两个关键词。由于这样的增韧方式体现在复合材料的制备过程当中,所以称为"离位"复合增韧。

"离位"技术的核心是精确控制层状化复合的热塑性树脂/热固性树脂(所谓 TP/TS 层合)的界面相结构,形成以热固性树脂为主体的热塑性/热固性树脂 3 - 3 双连续颗粒界面相结构,为此,在给定的、满足复相高分子材料相变热力学和动力学条件的热塑性树脂/热固性树脂配对体系的条件下,通过适当的工艺技术手段,控制层合界面上的热固性组分向热塑性树脂层内的扩散、链增长和交联、反应诱导失稳分相、相粗化和相反转等并存但相互竞争的过程;而为了实现精确定域,控制热固性树脂向热塑性树脂内部的短程扩散非常重要,这可以依靠预聚或预固化来调节热固性树脂的初始黏度和初始固化度。

为了理解 TP/TS 层合界面相的结构及其形成机制,可以进行建模分析和模拟。利用改进的弹性固体模型,并预置宏观浓度梯度分布进行层状化的设计和处理,可以模拟受限空间内——层状化"离位"复合增韧过程中 TP/TS 体系反应诱导相分离过程和相形貌的演化过程;而在热塑性树脂/热固性树脂复相材料的 TTT－η 关系及其转变性质的理论基础上,可以实现这种层状复合材料界面相结构的设计、控制和优化。关于 PAEK/EP 和 PAEK/BMI 以及 PES/BMI 这几组材料试验的实测结果表明,层状化相界面上的扩散、溶涨、交联固化反应、反应诱导分相、相粗化之间的相互作用等共同控制了界面结构的演变与最终确定,这个结果与理论模拟的结果互为映证。当然,由于实测材料体系与模拟实验体系的差别,也由于实测相变与模拟实验相变的初始条件和边界条件上的差别,特别是由于实时观测实际 TP/TS 复合材料铺层间相结构的演化过程存在实验技术上的困难,两者之间的符合目前主要还只是定性的。

从 PAEK/EP 和 PAEK/BMI 这两组材料试验的结果看,一定的预固化处理以控制热固性组分向热塑性组分内的扩散速度和深度对于精确"定域"十分有利。理论上讲,双连续的颗粒分相区应窄(或薄)、"定域"放置在复合材料的层间以提高层间的抗冲击性能,而热固性树脂的主体则应"定域"放置在碳纤维层内以保持热固性复合材料固有的高刚度、高强度性能。

PAEK/EP 层状化界面"离位"工艺优化技术的几个实例(图 5－39):图 5－39(a)没有得到最优的相结构,影响了增韧效果的最大发挥;图 5－39(b)已经开始

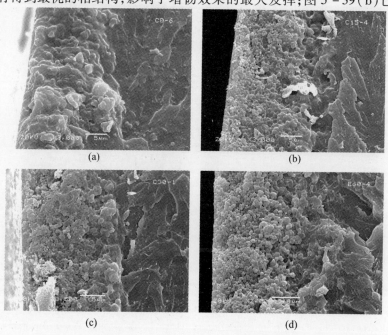

图 5－39　不同"离位"界面结构的比较
(a)未得到最优的相结构;(b)开始相反转;(c)渐趋理想;(d)理想相结构。

出现相反转,但是并没有达到理想的状况;图 5 - 39(c)已经接近理想的形貌,有助于韧性的改善;图 5 - 39(d)理想的相结构,在适当的厚度范围(窄或薄层)内形成了非常明显的相反转 3 - 3 双连续韧化结构,并与相邻的基体树脂形成较好的连接。

为了得到适宜的"离位"界面韧化结构,具体的调整方案应根据具体的树脂/增韧剂体系而定,而基体树脂体系的 TTT - η 关系则是实现这种微调的有效工具。从图 5 - 35 可以看出,对于本研究所用的 PAEK/EP 体系,130℃是个比较重要的温度段,此温度下会发生凝胶曲线与等黏度线的交叉,因此,对原固化周期中的130℃预固化阶段与加压时机进行调整,适当延长的 130℃预固化时间至 60min,可以确保浅层扩散及"窄"韧化结构形成。此外,增加一个 80℃下 15min 的预压实台阶,可以保证质量平衡和热平衡,同时抑制孔隙生长。该优化的固化工艺参见图5 - 40。

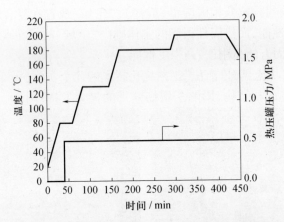

图 5 - 40   经过调整优化后的 PAEK/EP 模型材料固化工艺

参 考 文 献

[1]   Sela N,Ishai O. Interlaminar fracture toughness and toughening of laminated composite materials:a review[J]. Composites 1989,20(5):423 - 435.

[2]   益小苏. 先进复合材料技术研究与发展[M]. 北京:国防工业出版社,2006.

[3]   Raekers B. Composite Technology at Airbus. International Symposium on Manufacturing for Composite Aircraft Structures,26 - 27 May 2004. DLR Braunschweig,Germany.

[4]   (1)Raecker H G. Rigidite 5276 - A Highly Damage Tolerant Epoxy System for Primary Aircraft;(2)Cyanamid Company. Advanced Composite Prepreg Products Selector Guide.

[5]   Masayoshi Kamiura. Toray's Strategy for Carbon Fiber Composite Materials. The 3rd IT - 2010 Strategy Seminar(Carbon Fiber Composite Materials)Presentation,April 11,2008.

[6] Masters, J. E. , J. L. Courter and R. E. Evans. Impact fracture and failure suppression using interleaved composites. The 31st International SAMPE Symposium and Exhibition. 1986, Calif. , Pp. 844 – 858.

[7] Odagiri N, Kishi H, Nakae T. Torayca T800/3900 – 2 toughened epoxy prepreg system: Toughening concept and mechanism. Proceeding of the American Society for Composites 6th Technical Conference. 1991, Lancaster, Pa. : Technomic, 43.

[8] 益小苏. 先进复合材料及其制备制造技术基础与功能原理. 国家 973 计划项目申请书, 2001.

[9] 益小苏. 国家 973 课题《多层次细观结构与特征目标性能的关联、数理模拟和结构优化设计》(课题编号 2003CB615604).

[10] Lin S C, Pearce E M. High-Performance Thermosets: Chemistry, Properties, Applications. Hanser Gardner: New York, 1994, Chap. 2.

[11] David S. McLachlan, Michael Blaszkiewicz and Robert E. Newnham. Electrical resistivity of composites. J. Am. Cerm. Soc. , 1990, 73(8): 2187 – 2203.

[12] 程小全. 复合材料低速冲击后压缩行为研究[T]. 北京: 北京航空材料研究院博士后出站报告, 2000.

[13] 张子龙, 程小全, 益小苏. 复合材料层合板准静态横压损伤及其压缩破坏研究[J]. 复合材料学报, 2002(19), 5: 108 – 113.

[14] Evans R E, Master J E. A new generation of epoxy composites for primary structural applications: Material and mechanics. Toughened Composites, ASTM STP 937, N J Johnston Ed. American Society for Testing and Materials, Philadelphia, 1987, 413 – 436.

[15] Soutis C, Curtis P T. Prediction of the post-impact compressive strength of CFRP laminated Composites[J]. Composites Science and Technology 1996, 56: 677 – 684.

[16] Advanced Composite Compression Tests, Boeing Specification Support Standard BSS 7620, 1982; Standard Tests for Toughened Resin Composites, NASA RP – 1142, 1985.

[17] Curtis P T. RAE TR 88012 (Royal Aerospace Establishment, UK), 1988.

[18] 益小苏, 许亚洪, 程群峰, 安学锋. 航空树脂基复合材料的高韧性化研究进展. 科技导报. 2008(6), 26: 84 – 92.

[19] X S Yi, X An, Tang B, Pan Y. *Ex-situ* formation of periodic interlayer structure to improvesignificantly the impact damage resisitance of carbon laminates. Advnced Engineering Materials. 2003, 5 No. 10, C360; DOI: 10: 1002/adem 200300360.

[20] Min H S, Kim S C. Fracture toughness of polysulfone/epoxy semi-ipn with morphology spectrum. Polymer Bulletin, 1999, 42: p221 – 227.

[21] Min H S, Kim S C. Fracture Toughness of Polysulfone/Epoxy Semi-IPN with Morphology Spectrum. Polymer Bulletin, 1999, 42, p221 – 227.

[22] Kim Y S, Kim S C. Properties of Polyetherimide/Dicyanate Semi-interpenetrating Polymer Network Having the Morphology Spectrum. Macromolecules, 1999, 32: 2334 – 2341.

[23] Cooper G A, Kelley A. Role of the Interface in the Fracture of Fiber-Composite Materials. in Interfaces in Composites, Philadelphia: ASTM STP452, 1968, 90 – 106.

[24] Sottos N R. The Influence of Interphase on Local Thermal Stresses and Deformations in Composites. Ph. D. Dissertation, University of Delaware, Newark, Delaware, 1990.

[25] Palmese G R. Interphases in Thermosetting Composites, Ph. D. Dissertation, University of Delaware, Newark, Delaware, 1990.

[26] P. G. de Gennes. Scaling Concepts in Polymer Physics. Cornell University Press: Ithaca, NY, 1979.

[27] Doi M, Edwards S F. The Theory of Polymer Dynamics. Clarendon Press, Oxford, 1986.

[28] H. H. Kausch and M. Tirrell. Polymer Interdiffusion. Annual Review of Materials Science, 1989, 19, 341 – 377.

[29] Wool R P, K. M. O' Connor. A Theory of Crack Healing in Polymers. Journal of Applied Physics, 1981, 52 (10), 5953 – 5963.

[30] Pangelinan A B. Surface Induced Molecular Weight Segregation in Thermoplastic Composite. Ph. D. Dissertation, University of Delaware, Newark, Delaware, 1991.

[31] 许元泽. PAEK 改性热固性树脂体系 TTT 相图的绘制与相分离过程的模拟与观察. 973 课题 (2003CB615604)子课题研究报告分报告, 2008.

[32] 张秀娟. 热塑改性热固性树脂体系固化中的形貌—流变学研究[T]. 上海:复旦大学博士学位论文, 2007.

[33] Rajagopalan G, Immordino K M, Gillespie Jr J W, McKnight S H. Polymer 2000, 41:2591.

[34] Oyama H T, Lesko J J, Wightman J P. Interdiffusion at the Interface between Poly(vinylpy) and Epoxy. Journal of Polymer Science Part B:Polymer Physics, 1997, 35, 331 – 346.

[35] Oyama H V, Solberg T N, Wightman J P. Electron microprobe analysis as a novel technique to study the interface between thermoset and thermoplastic polymers. Polymer, 1999, 40:3001 – 3011.

[36] Matsuda S, Hojo M, Ochiai S, Murakami A, Akimoto H, Ando M. Effect of ionomer thickness on mode I interlaminar fracture toughness for ionomer toughened CFRP. Composites:Part A, 1999, 30:1311 – 1319.

[37] 张高科. 混合环氧树脂固化的原位红外分析及"离位"EP/TP 复合材料界面的组成特征研究. 973 课题 (2003CB615604)子课题研究报告分报告, 武汉:武汉理工大学, 2005/11/19.

[38] Onuki A. Dynamic Scattering and Phase-Separation in Viscoelastic 2 – Component Fluids[J]. Journal of Non-Crystalline Solids, 1994, 172:1151 – 1157.

[39] Tanaka H, Araki T, Koyama T, Nishikawa Y. Universality of viscoelastic phase separation in soft matter[J]. Journal of Physics-Condensed Matter, 2005, 17(45):S3195 – S3204.

[40] Davies M, Hay JN, Woodfine B. Toughening of Epoxy-Resins by Polyimides Derived from Bisanilines[J]. Abstracts of Papers of the American Chemical Society, 1994, 207:41.

[41] 张红东. 高分子相分离的理论和模拟[D]. 上海:复旦大学博士学位论文, 1999.

[42] 张明. 通用航空环氧树脂的固化和相行为研究[T]北京:北京航空材料研究院硕士学位论文, 2006.

[43] Cheng Q, Fang Zh, Xu Y, Yi Xiaosu. Morphological and spatial effects on toughness and impact damage resisitance of PAEK-toughened BMI and graphite fiber composite laminates. Chinese Journal of Aeronautics. 22 (2009):87 – 96.

[44] 安学锋. 基于复相体系的层状化增韧复合材料研究[T]. 杭州:浙江大学博士学位论文, 2004.

222

第6章 "离位"复合材料结构—性能 关系与基本应用效果

在结构复合材料领域,插层(Interleaf)增韧的原理是在复合材料的层间插入独立的热塑性树脂膜以形成高韧性树脂层,抑制冲击分层损伤及基体的开裂,从图6-1的层间结构对比可以看出[1],热塑性树脂插层的加入确实起到了这个作用,裂纹被限制在碳纤维铺层间而没有向层间扩展(图6-1(b));同样能看到的是固化后独立存在的热塑性插层,它并未与相邻的碳纤维铺层融为一体,这使层合板的厚度适度增加、刚度降低,影响了减重效果。"离位"复合增韧的基本思想是将热塑性增韧材料预先定域在层间,在复合材料的固化过程中,引发交联固化反应诱导相分离、相反转和相粗化,形成热塑性树脂连续地包裹热固性颗粒的双连续3-3结构,这样一来,层间将不存在独立的增韧层而是热固性树脂的连续过渡,只是层间的热固性树脂具有与碳纤维层内完全不同的高分子微结构,其中热塑性增韧成分因在厚度方向上存在浓度梯度而周期性、层状化地构成连续相或分散相。一个具有完全不同微结构特征的环氧树脂/热朔性树脂/环氧树脂连续过渡模型已在第5章讨论了,这里再次给出它的显微结构照片如图6-2所示。

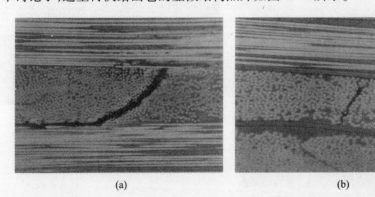

(a)   (b)

图6-1　无插层和插层(Interleaf)复合材料的层间结构状态比较[1]

(a)纯热固性EP树脂基复合材料的层间; (b)热塑性树脂膜插层EP复合材料的层间。

泛论之,"离位"复合材料的概念还可以用一个更通俗的层状化复合材料的模型所解释,那就是多层防弹玻璃或车窗玻璃(图6-3)。为了提高脆性玻璃的防弹或防撞击能力,在这些层状化"复合材料"的设计里,均在两张玻璃片层之间设置了一层柔性高分子的插层如PVC胶膜,并保证两者之间良好黏结,在弹击或撞击

图 6-2　定域于两层环氧树脂之间的环氧树脂双连续 3-3 颗粒结构层
（EP/PAEK/EP"三明治"模型）[2]

事件发生时,不致引起整块玻璃粉碎性、穿透性的灾难性破坏。显然,这个模型没有改变玻璃脆性的本质,但通过层间插入改变了整个层合系统对外部冲击的响应机制和破坏模式。

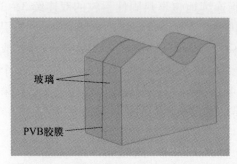

玻璃

PVB胶膜

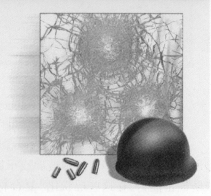

图 6-3　层状化、含柔性高分子夹层材料的防弹、防撞击玻璃制品举例

本章将以层状化(laminated)、实际的环氧树脂(EP)基、双马来酰亚胺树脂(BMI)基、苯并噁嗪(Benzoxazine,BOZ)树脂基和聚酰亚胺树脂(PI)基"离位"复合材料为例,详细讨论其结构—性能的关系,以及具有自主知识产权的"离位"预浸料制备技术及其初步的工艺与应用效果。

6.1 环氧树脂基"离位"增韧复合材料

试验选用的模型基体树脂材料为二、四官能团混合环氧树脂(EP/DDS),热塑性增韧剂材料选用高性能热塑性工程塑料聚芳醚酮(PAEK),这两者我们在前面的章节均讨论过。"离位"增韧的环氧树脂基复合材料的制备技术参见有关的发明专利[3,4],此处略。

如第5章已讨论过的,图6-2的环氧树脂基EP/PAEK/EP"三明治"结构连续过渡模型对应了一个环氧树脂颗粒尺寸和热塑性增韧剂含量的梯度分布(图6-4)。图6-5所示为PAEK"离位"增韧EP复合材料跨层间区域的显微照片[5],图中的PAEK相经四氢呋喃(THF)化学刻蚀已不复存在,从而清晰地暴露出相反转、双连续3-3结构的环氧树脂颗粒。图6-5中,层间厚度相当于2-3根碳纤维的直径,约十多个微米。这个定域在碳纤维层间的环氧树脂微结构与图6-2的EP/PAEK/EP"三明治"模型过渡层的结构基本一致,而且其浓度和粒径变化也有与图6-4模型接近的分布特征:热塑性组分的浓度在层间中心层位置达到最大值(约24%~25%),而分相形成的热固性树脂颗粒的直径在这个中心层位置逼近其最小值(约1μm~2μm)。这个试验结果证明,"离位"制备层间增韧复合材料的技术路线可行,能够得到模型所预想的双连续韧化材料微结构。

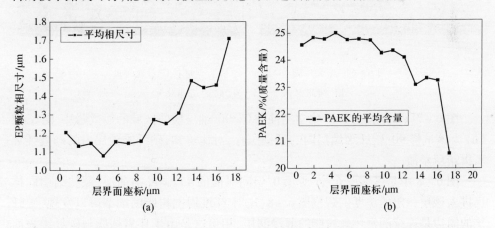

图6-4 EP/PAEK/EP"三明治"模型中EP颗粒的粒径分布(a)和PAEK的浓度分布(b)

图 6-5　环氧树脂基"离位"增韧复合材料 0°/45°层间 EP 相的双连续 3-3 颗粒结构形态[5]

图 6-6(a)为 0°碳纤维铺层接近层间的部位,照片的上方已经是一个碳纤维铺层层间。可以看到,铺层内部距层间较近的部分同样发生了相反转,刻蚀后的基体呈现为相互连接的球状环氧颗粒。但更加深入铺层内部之后,基体则仍旧保持为环氧连续相,说明这种双连续特征的微结构仅仅适度渗入了碳纤维铺层。从图 6-6(b)可以清楚地看到这两种相结构的分界面,分界面以上的以环氧为连续相,如同未增韧的环氧树脂铺层。分界面距离层间大致有 5 根纤维的距离,约为 40μm。

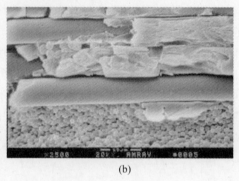

(a)　　　　　　　　　　　　　　　　(b)

图 6-6　环氧树脂基"离位"增韧复合材料 0°层内部的
EP 树脂形态[5],(b)为(a)的局部放大

图 6-7(a)为未经 THF 化学刻蚀的 0°/90°铺层层间区域的显微照片,图 6-7(b)为该试样 90°碳纤维铺层内的显微照片,对比可知,碳纤维铺层内的确被纯环氧树脂所浸渍。

图 6-8 中是紧邻图 6-6 所示 0°层间对面的 45°碳纤维铺层,颗粒结构同样已进入该层一定的深度。观察图 6-8(b)中纤维周围树脂的细节可以发现,碳纤维的周边是连续的富环氧树脂的薄浸润层,相信这是由于环氧树脂与碳纤维表面环氧涂层(sizing)之间的亲和力所致。由于 THF 的化学刻蚀作用,显微照片里的

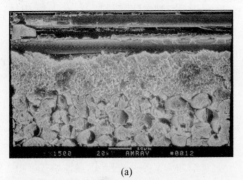
(a)

(b)

图 6-7　环氧树脂基"离位"增韧复合材料未刻蚀 0°/45° 层的界面和 90° 层内结构[5]

(a) 0°/45° 层的界面结构；(b) 90° 层内结构。

富环氧层已从碳纤维表面脱离。Turmel 等[6] 和 Venderbosch 等[7] 曾经分别报道过，在增韧环氧基体复合材料中，纤维周围出现了富环氧层，并且怀疑这是导致基体树脂的高韧性难以在复合材料中体现出来的原因之一。而在"离位"复合材料里，碳纤维周边高浓度热塑性树脂的存在并没有影响这个有益的亲和作用。显然，这个富环氧的碳纤维表面结构将维持良好的界面浸润性和界面结合力，因此是高性能复合材料所追求的微结构。

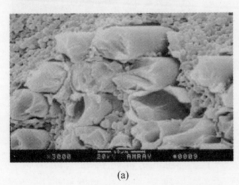
(a)

(b)

图 6-8　环氧树脂基"离位"增韧复合材料 45° 层内树脂形态及碳纤维周围细节[5]

(a) 45° 层内树脂形态；(b) 碳纤维周围细节。

　　图 6-9 是 -45°/0° 层间以及 90°/45° 层间的相形貌显微图像，所不同的是其初始接触状态是环氧基体与热塑性 PAEK 粉体的界面接触态。这里也出现了相反转的双连续 3-3 颗粒结构。从两相结构的分布看，PAEK 渗入铺层内部的深度以及碳纤维四周的环氧包覆与图 6-5 的情况基本相同，碳纤维四周同样被一层环氧树脂所包围，由此看，无论表面附载采用的 PAEK 材料是薄膜形式还是粉体形式，所得层间中环氧颗粒直径都比较小，约在 1μm～2μm，而进入热塑性树脂内部的颗粒直径则更小，通常小于 1μm。这个在有限空间中失稳分相形成小尺寸环氧相颗

粒的现象 Murakami 也发现过[8]。也已经在前面说过,热塑性/热固性树脂复相体系相反转后热固性树脂相的尺寸主要由热塑性树脂的含量决定,环氧颗粒直径小,说明 PAEK 的含量比较高,"离位"复合所形成的因此是一种高浓度热塑性树脂的层间结构。

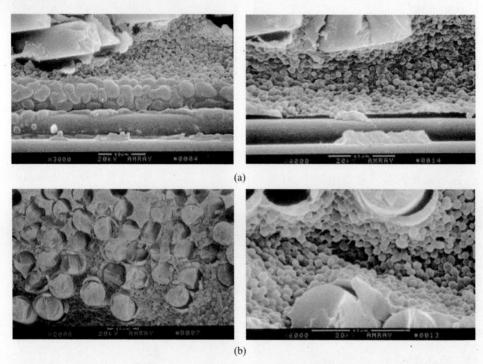

(a)

(b)

图 6-9　环氧树脂基"离位"PAEK"粉末"增韧复合材料层合板的层间相形态[5]
(a) -45°/0°层间; (b) 90°/45°层间。

　　根据以上的观测结果,可以初步建立一个"离位"复合材料的层间结构模型[9,10](图 6-10),初始被表面附载而预制在碳纤维铺层间的热塑性树脂层经过热固性树脂的扩散、交联固化,特别是经过相分离、相反转和相粗化等一系列热力学和动力学过程,形成为一个跨层间的独特的热固性树脂连续结构,其形貌特征是连续的颗粒结构,与此同时,热塑性树脂也是连续地分布在热固性树脂颗粒之间,即"双连续"。值得注意的是,这种双连续结构的边界并不是两个碳纤维铺层的层间,而是浅层扩散进入了碳纤维铺层的层内,这个浅层扩散可能是因为热塑性树脂层的溶胀,也可能是固化压力的挤压,正是因为这个浅层扩散的双连续结构,产生了一种"机械"咬合作用,特别是在断裂韧性 I 型张开试验里,这种咬合将产生"犁地"效应,在裂纹扩展时引发大量纤维的拔出和断裂(图 6-11),导致裂纹扩展或分层的阻力成倍地增长。

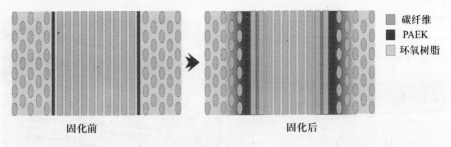

碳纤维
PAEK
环氧树脂

固化前　　　　　　　　　　固化后

图 6 - 10　富热塑相层间结构向碳纤维层内的浅层扩散示意[5]

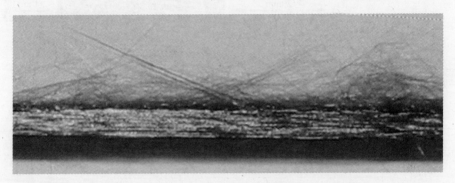

图 6 - 11　由扩散造成的"机械"咬合导致在 DCB 实验中
形成大量的纤维拔出和断裂[5]

A. P. Mouritz 等[11]研究了使用 Kelvar - 49 纤维缝纫玻璃纤维前后的层间韧性和断裂机理,I 型断裂韧性 G_{1C} 测试结果表明,经过缝纫的复合材料层间断裂韧性提高 1.5 倍 ~2.3 倍,裂纹尖端的 SEM 照片(图 6 - 12)发现其主要增韧机理是裂纹前端在缝纫处偏斜,而在裂纹前端 7mm ~ 15mm 处由于缝纫,复合材料没有任何分层的迹象。他们所发现的利用缝纫达到的裂纹扩展外观图像与我们利用"离位"增韧达到的外观图像非常相象。

"离位"增韧复合材料的研究初衷是提高复合材料的冲击后压缩强度(CAI, Compression After Impact),因此首先测试评价了环氧树脂基"离位"增韧复合材料的冲击后压缩强度。环氧树脂基"离位"增韧复合材料的制备采用了 PAEK 固体薄膜和粉体两种材料形式[12],复合材料的力学测试方法采用了 Hogg 等建议的缩小了的层合板试样[13],这里简称为 QMW - CAI 测试方法①,表 6 - 1 列出了该"离位"增韧复合材料的基本 CAI 性能。

---

① QMW CAI 测试方法是由 Prichard 和 Hogg 等人提出,是 Boeing CAI 测试的缩小版本,以节约增强纤维和树脂,降低测试成本。QMW - CAI 测试的试样尺寸 89mm ×55mm ×2mm,铺层方式[45/0 - 45/90]$_{2S}$,冲头直径为 20mm,冲击能量为 2J/mm。

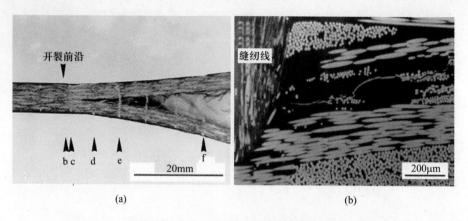

(a)   (b)

图 6-12　缝纫复合材料 DCB 实验 I 型断裂过程中试样开裂图像
(a)和裂纹推进前端的缝纫线阻挡显微照片[6](b)

表 6-1　两种制备方法"离位"增韧的环氧树脂基层合板的 CAI 性能

试样	CAI/MPa	平均值/MPa	标 准 差	纤维体积含量/%
(a) PAEK 薄膜/T700 试样				
I	321	345	21.8	59.3
	364			
	349			
II	324	313	15.6	59.9
	302			
	端头压塌			
(b) PAEK 粉末/T700 试样				
试样	CAI/MPa	平均值/MPa	标 准 差	纤维体积含量/%
III	286	295	16.5	64.2
	314			
	285			
IV	287	298	14.8	64.7
	308			
	两次冲击			

　　两种不同的初始增韧材料形式都表现出显著的增韧效果。粗看起来,似乎固体膜增韧试样的 CAI 性能更高一些,但扣除纤维体积含量的影响,进行数据的均一化处理后,它们之间的差别其实很小[5]。

　　PES 是环氧树脂增韧理论研究最常用的热塑性成分之一,而且已经应用于

230

某些商业化树脂体系中。用 PES 对环氧树脂基复合材料层合板进行"离位"增韧的 CAI 评价效果见表 6 - 2,可见"离位"增韧方法对 PES/EP 复合材料体系同样有效。

表 6 - 2   PES 膜增韧 EP/T700 复合材料试样

试样	CAI/MPa	平均值/MPa	标 准 差	纤维体积含量/%
V	269	298	37.2	61.5
	285			
	340			

图 6 - 13 给出 PAEK"离位"增韧环氧树脂复合材料的两个初期试验的 CAI 结果(PAEK/EP/T700,PES/EP/T700)与其他同类复合材料 CAI 值的比较[2],其中,3501 - 6/AS4、934/IM7 和 3502/AS4 可认为是第一代环氧树脂基复合材料的代表,它们一般都未增韧,因此其 CAI 值一般都很低;5288/T700、5228/T800、977 - 2/IM7、3900/T800 和 977 - 3/IM7 可以说是第二代、甚至是第三代增韧环氧树脂基复合材料的代表,其 CAI 值普遍较高,而 APC - 2 是纯热塑性的 PEEK(PolyEtherEtherKetone)复合材料,其 CAI 值当然很高。相比之下,"离位"增韧复合材料的 CAI 值还是非常有竞争力的。

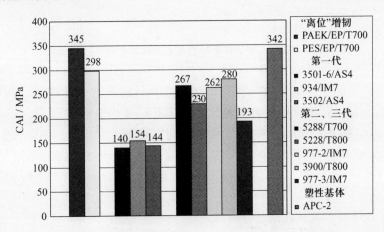

图 6 - 13   不同复合材料的冲击后压缩强度(CAI)性能对比

G_{Ic} 和 G_{IIc} 是表征材料断裂力学性能的两个重要指标,常被引用以评价层合板的层间韧性,它们与 CAI 值的关系也令很多人感兴趣。PAEK 薄膜、PAEK 粉体和 PES 薄膜等三种"离位"复合增韧复合材料层合板的这两项性能列于表 6 - 3。也正是在这个试验中,观察到试样受拉张开,预制裂纹扩展时大量的纤维跨越开口并被拉断的现象(见图 6 - 11)。

表6-3 "离位"复合增韧环氧树脂基复合材料试样的 G_{Ic} 和 G_{IIc} 测试结果[5]

试 样	$G_{Ic}/\mathrm{J\cdot m^{-2}}$	$G_{IIc}/\mathrm{J\cdot m^{-2}}$
PAEK 膜/EP/T700	806 ~ 1003	743 ~ 912
PAEK 粉/EP/T700	762 ~ 828	998 ~ 1535
PES 膜/EP/T700	721 ~ 915	787 ~ 1266

图6-14 将不同代次典型复合材料的 G_{Ic}、G_{Ic} 和 CAI 值放在一起进行了对比,可以发现,相对于文献报道的第一代的 T300/5208 复合材料、第二代的 T800/5288 复合材料等,"离位"增韧复合材料的 G_{Ic}、G_{Ic} 和 CAI 值增长显著。

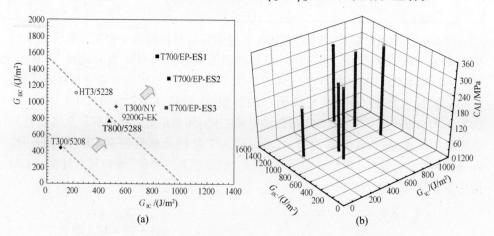

图6-14 "离位"增韧环氧树脂基复合材料的韧性指标比较[2]
(a) 不同代次复合材料的 G_{Ic} 和 G_{Ic} 比较;(b) 不同代次复合材料的 G_{Ic}、G_{Ic} 和 CAI 值比较。

将这些早期实验制备的"离位"增韧复合材料的其他力学性能、特别是静态力学性能与第二代增韧的复合材料 5288/T700 以及热塑性的 PEEK/AS4 复合材料进行对比(图6-15),结果显示,两者之间在静态力学性能方面的数据基本相当,但"离位"增韧复合材料的 CAI 性能增幅显著,远超过增韧的第二代复合材料的水平(5228/T300),与热塑性基体的 PEEK 复合材料(PEEK/AS4)基本相当。

除了能够得到高韧性的复合材料之外,更能够体现"离位"增韧技术优势的是可以在基本不改变现有复合材料的基本性能以及制备工艺的前提下,实现材料韧性的大幅提升,也就是高性能化。下面的实例将充分表现这一优点[2]。

NY 树脂是国内开发较早的环氧树脂体系,已应用于实际飞机结构中。该树脂韧性较低,经过采用 PAEK"离位"表面附载复合增韧后,其低速冲击韧性有了很大提高,而其他常规力学性能并没有太大的损失,其具体测试结果参见表6-4。比较实验中,空白对比实验以原 T300/NY 预浸料为基础制备复合材料。空白试样

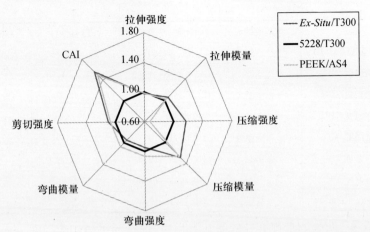

图 6-15 "离位"增韧环氧树脂复合材料的力学性能及与其他材料的比较[2]

和"离位"复合增韧的试样 T300/NYES① 均按相同工艺固化。复合材料常规性能及冲击后压缩性能所需实验板材均在同一热压罐内制备,试样采自同一批次成型。

表 6-4 T300/NY 和 T300/NYES 复合材料的力学性能列表[2]

性　能	测试条件	测试方法	T300/NY	T300/NYES
0°拉伸强度/MPa	干态室温	GB/T 3354—1999	1486	1489
0°拉伸模量/GPa	干态室温	GB/T 3354—1999	152	119
泊松比	干态室温	GB/T 3354—1999	0.303	0.32
90°拉伸强度/MPa	干态室温	GB/T 3354—1999	25.2	51.1
90°拉伸模量/GPa	干态室温	GB/T 3354—1999	8.31	8.38
90°拉伸断裂伸长率/%	干态室温	GB/T 3354—1999	0.299	0.63
0°压缩强度/MPa	干态室温	GB/T 3856—1983	1272	1125
0°压缩模量/GPa	干态室温	GB/T 3856—1983	131	116
90°压缩强度/MPa	干态室温	GB/T 3856—1983	172	202
90°压缩模量/GPa	干态室温	GB/T 3856—1983	10.3	10.6
0°弯曲强度/MPa	干态室温	GB/T 3356—1999	1508	1447
0°弯曲模量/GPa	干态室温	GB/T 3356—1999	118	112
层间剪切强度/MPa	干态室温	JC/T 773—1982	55.0	111
0°弯曲强度/MPa	干态 120℃	GB/T 3356—1999	1161	995
0°弯曲模量/GPa	干态 120℃	GB/T 3356—1999	118	97.4
层间剪切强度/MPa	干态 120℃	JC/T 773—1982	38.5	56.2

① 后缀"ES"表示"离位"增韧。

性　能	测试条件	测试方法	T300/NY	T300/NYES
冲击后压缩强度 CAI/MPa	干态室温	BSS－7260	142	314
纵横剪切强度/MPa	干态室温	GB/T 3355—1982		98.9
纵横剪切模量/GPa	干态室温	GB/T 3355—1982		4.21
带孔拉伸强度/MPa	干态室温	HB 6740—1993		311
带孔压缩强度/MPa	干态室温	HB 6741—1993		293
$G_{Ic}/(J/m^2)$	干态室温	HB 7402—1996		521
$G_{IIc}/(J/m^2)$	干态室温	HB 7403—1996		937
边缘分层 $G_c/(J/m^2)$	干态室温	HB 7071—1994		434

比较可见，两者的常规力学性能基本相当，但在冲击后压缩性能方面，"离位"复合材料的 CAI 值比空白试样的有很大提高，约为未改性的原复合材料的 180%以上。"离位"复合改性后复合材料的带孔拉伸强度及带孔压缩强度与 T300/NY复合材料的（322MPa 与 309MPa）相当，而 G_{Ic}，G_{IIc} 性能则有大幅度提高（T300/NY 分别为 175J/m² 和 348J/m²），可见，经过"离位"复合增韧处理，原有复合材料的基本性能得到保持，固化工艺制度也不需要做大的改变，但实现了韧性的大幅度提升，这显然有利于充分发掘现有树脂体系的潜力，低成本推进复合材料的扩大应用。

6.2　双马来酰亚胺树脂基"离位"增韧复合材料[14]

研究所选用的双马来酰亚胺（BMI）树脂是标准材料产品的预聚改性材料①。其热压罐工艺如图 6－16 所示，然后在烘箱中 230℃后处理 4h。制样、研究和测试工作细节参见文献[15]。

BMI 树脂基复合材料"离位"增韧的研究仍选用热塑性 PAEK 作为增韧剂，增强材料选用 T700 碳纤维。除了直接使用纯 PAEK 薄膜材料外，本研究还专门实验制备和研究了一种 BMI/PAEK 共混复合增韧薄膜[16]，为此，首先将基体树脂 BMI与增韧剂 PAEK 按照一定比例溶于四氢呋喃（THF）中，配成 5%（质量分数）的溶液，然后采用流延法成膜。

BMI 复合材料"离位"增韧前后的冲击后压缩强度 CAI、超声波 C 扫描（C－Scan）图像及其分层损伤面积等测试结果列于表 6－5。增韧前，BMI 复合材料的CAI 值约 180MPa，采用"原位"整体增韧的办法直接将增韧剂引入到整体的基体中

---

① 牌号 6421，北京航空材料研究院先进复合材料国防科技重点实验室产品。

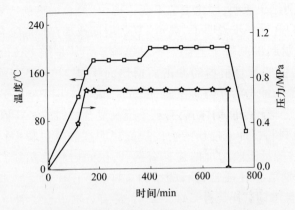

图 6-16 BMI 预浸料的典型固化工艺参数

去,此时复合材料的 CAI 值约 199MPa,冲击后压缩强度有所提高,但是幅度不大,主要原因是树脂基体的韧性很难直接转移到复合材料中去。将同样量的 PAEK 粉体采用"离位"复合增韧的方法引入复合材料中,此时复合材料的 CAI 值为 254MPa,提高了约41%,效果显著。在保持 PAEK 量不变的同时,采用 PAEK/BMI 共混复合膜进行"离位"增韧,其效果更加明显,复合材料的 CAI 值达到 290MPa,提高了约61%。

表 6-5   BMI/PAEK 复合材料的 CAI 值、超声波扫描
图像和分层损伤面积对比

BMI/PAEK 复合材料	CAI/MPa	损伤 C 扫描	损伤面积/mm²
空白试样(未增韧的纯 BMI)	180		544
17.5%(质量分数)PAEK"原位"增韧	199		408
PAEK 膜"离位"增韧	254		345
BMI/PAEK 复合膜"离位"增韧	290		220

C-Scan 检测结果表明,固化工艺不变,"离位"复合增韧前后复合材料层合板的质量不受影响,这进一步说明了"离位"复合增韧技术在提高复合材料韧性的同时并没有对复合材料的制造工艺产生不良影响。尤其是用 PAEK/BMI 共混复合膜进行"离位"增韧的复合材料的冲击后损伤面积是 220mm^2,而纯 PAEK 膜"离位"增韧复合材料的冲击后损伤面积是 345mm^2,说明采用 PAEK/BMI 共混复合膜更有利于提高复合材料层间韧性,更有利于提高复合材料的 CAI 值。

该 BMI 复合材料抗冲击损伤能力的提高说明在破坏过程中材料内部的能量吸收在增加,导致能量吸收增加的途径有两种,层间树脂的塑性变形或者纤维断裂。图 6-17 分别是 BMI 复合材料的空白试样(纯 BMI 树脂基未增韧的复合材料)和"离位"复合增韧试样经过 CAI 测试后,沿着长轴中心线剖开、抛光的显微光学图像(OM)。在空白试样中,层间形成了大量的裂纹,导致层间严重的分层,而在"离位"复合增韧的试样中,层间裂纹的数量和长度均得到了有效地控制,表明"离位"复合增韧的确提高了复合材料的层间强度和冲击阻抗能力。

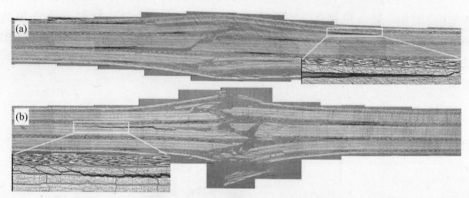

图 6-17　BMI 复合材料 CAI 试样的典型截面图像及其局部放大
(a) 未增韧空白试样; (b) "离位"复合增韧试样。

既然 PAEK/BMI 复合膜可以显著提高复合材料的 CAI 值,那么在保持 PAEK 含量不变而改变 PAEK/BMI 复合膜的配比,结果会是如何呢? 如表 6-6 所示,CAI 值随着 PAEK:BMI 的比例逐降低而升高,导致这种现象的原因可能是随着 BMI 量的增多,在固化过程中,PAEK 更容易溶于 BMI 相中,在层间形成更有利于能量吸收的微观结构。

表 6-6　不同 PAEK/BMI"离位"增韧复合材料 CAI 值比较

PAEK:BMI 复合模混合比	CAI/MPa	C_V/%	PAEK:BMI 复合模混合比	CAI/MPa	C_V/%
60:40	290	3.27	90:10	256	5.57
80:20	272	2.15	100:0	254	8.70

除 CAI 性质之外的其他力学性能测试结果表明,该复合材料"离位"增韧前后的常规力学性能基本不变(表 6-7)。

表 6-7   BMI 树脂基复合材料的静态力学性能比较

	空白试样	PAEK 膜"离位"增韧		空白试样	PAEK 膜"离位"增韧
0°拉伸强度/MPa	2299	2116	0°压缩模量/GPa	120	115
0°拉伸模量/GPa	124	115	弯曲强度/MPa	1914	1893
泊松比	0.316	0.294	弯曲模量/GPa	111	101
0°压缩强度/MPa	1102	1089	层间剪切强度/MPa	103	100

纯 BMI 基体相树脂的层间结构如图 6-18 所示,这是一个 0°/45° 铺层的截面,图中,两个碳纤维铺层均被 BMI 完整浸润和浸渍。PAEK/BMI 复合膜"离位"增韧复合材料的层间出现固化引发的相分离,形成了 PAEK 与 BMI 两相相互交叉的 BMI 相双连续 3-3 颗粒结构(图 6-19),BMI 颗粒的粒径大约是 1μm,PAEK相已用 THF 刻蚀去除。图 6-20 是纯 PAEK 薄膜"离位"增韧 BMI 复合材料的层间相形貌,PAEK 相同样被 THF 刻蚀掉。图中的 BMI 分相颗粒粒径比 PAEK/BMI复合膜形成的 BMI 粒径大许多,大约是 2μm。

图 6-18   纯 BMI 树脂基复合材料的层间形貌(0°/45°)

图 6-21 是 PAEK"离位"复合增韧前后复合材料的动态黏弹谱(DMTA)曲线。增韧前(图 6-21(a)),纯 BMI 基复合材料的玻璃化转变温度大约为 305℃,说明 BMI 相在复合材料中呈单一均相分布。"离位"复合增韧后(图 6-21(b)),

图6-19 PAEK/BMI复合膜"离位"增韧复合材料的层间的
BMI相双连续3-3颗粒结构SEM显微照片

(a) 1500×;(b) 2500×。

图6-20 纯PAEK膜"离位"增韧复合材料的层间的
BMI相双连续3-3颗粒结构SEM显微照片

(a) 1500×;(b) 4000×。

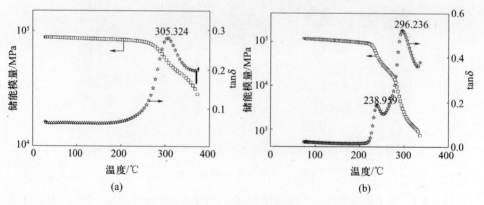

图6-21 BMI基复合材料的动态黏弹谱(DMTA)曲线

(a) 纯BMI树脂复合材料;(b) 纯PAEK膜"离位"增韧复合材料。

238

出现了两个玻璃化转变温度,和 SEM 观察的结果一致,说明在复合材料中出现了相分离,其中 238℃是增韧相 PAEK 的玻璃化转变温度,而 296℃是 BMI 相的玻璃化转变温度。PAEK 相的引入导致 BMI 的交联密度有所降低,因此 BMI 相的玻璃化转变温度有所下降。

6.3 苯并噁嗪树脂基"离位"增韧复合材料

苯并噁嗪(Benzoxazine,BOZ)树脂及其复合材料是一类新型的材料,目前正在受到国内外研究界的关注[17]。

本研究课题来自一个国际合作项目[18],研究用到的苯并噁嗪(BOZ)树脂由某国外复合材料公司提供,其化学结构和组成不详。根据该公司介绍[19],与传统的环氧树脂相比(见表 6 – 8),该树脂的优点是力学性能好,热稳定性好,固化收缩小,可室温长期储存。因为室温储存可节省可观的冷藏费用,所以 BOZ 树脂是一个低成本的材料选择。其次,该 BOZ 树脂其实是一个体系,既可以作为预浸料使用,也可以用于 RTM、RFI 液态成型,工艺适应性很好,显示出一材多用的优点。但是该材料存在一个明显的缺点,即树脂韧性比较低,导致复合材料的抗冲击损伤能力不足。对此,国外已尝试用"原位"的传统方法对该树脂进行增韧改性,其典型的层间形貌如图 6 – 22 所示。

表 6 – 8 苯并噁嗪树脂与 SOA 环氧树脂的基本性能对比(Helen W. Li)

纯树脂性能	BOZ 脂	EP 脂	纯树脂性能	BOZ 脂	EP 脂
密度/(g/cm³)	1.09 to 1.21	1.26	压缩强度/MPa	214 ~ 234	221
收缩量/%	− 1.8 ~ 1.0	5	压缩模量/GPa	4.1 ~ 4.7	3.5
吸湿率①/%(质量)	1.3 ~ 2.1	3.5	G_{IC}/(J/m²)	160 ~ 500	350
T_g 点 G′,湿热/℃	160 ~ 267	140			
① 吸水处理:沸水浸泡 3 天					

研究中我们发现,该树脂与 PAEK 树脂之间符合相分离的热力学和动力学条件,因此可以对这种复合材料采用 PAEK"离位"复合增韧技术进行增韧改性,为此,将 PAEK 薄膜与该 BOZ 预浸料热熔复合,然后采用热压罐固化,其典型固化工艺如下(图 6 – 23):以 2℃/min 升温至 135℃ ±5℃,保持 30min ±5min;从第 15min 开始加压至 0.6MPa ± 0.05MPa 并一直保持到固化工艺结束;之后以 2℃/min 的速率继续升温至 185℃ ±5℃,保温 120min ±5min;固化结束后,以 3℃/min 的速率冷却至 60℃ 以下出罐,取出制件。

首批试制备的 BOZ/PAEK/T700 预浸料复合材料的典型力学性能见表 6 – 9。

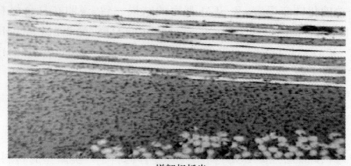

增韧相析出

图 6-22 "原位"增韧的苯并噁嗪复合材料的层间结构(Helen W. Li)

表中 BOZ 指未增韧纯 BOZ 复合材料空白试样,而 BOZ/PAEK 指"离位"增韧的复合材料试样。比较可见,"离位"增韧复合材料的 0°方向性能略有下降或基本不变,而 90°方向的性能略有提升或基本不变,但是增韧复合材料的冲击后压缩强度出现大幅增加,由未增韧的 170MPa 左右提升到增韧后的 290MPa 左右,显示了"离位"增韧的本质优势。

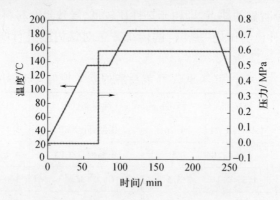

图 6-23 苯并噁嗪复合材料的典型热压罐固化工艺

表 6-9 苯并噁嗪复合材料"离位"增韧前后的性能比较

性能	测试标准	空白试样	"离位"增韧试样	性能比/%
0°拉伸强度/MPa	GB/T 3354—1982	3151	2951	93.6
0°拉伸模量/MPa		172	163	94.7
泊松比		0.302	0.334	
90°拉伸强度/MPa		47.1	60.5	128
90°拉伸模量/MPa		11.5	11.0	95.6
90°拉伸断裂应变		0.42	0.54	128.5

240

性 能	测试标准	空白试样	"离位"增韧试样	性能比/%
0°压缩强度/MPa	GB/T 3856—1983	1832	1682	91.8
0°压缩模量/MPa		159	152	95.5
90°压缩强度/MPa		288	287	99.6
90°压缩模量/MPa		12.5	13.2	105.6
0°弯曲强度/MPa	GB/T 3356—1982	1765	1625	92
0°弯曲模量/MPa		130	124	95.3
层间剪切强度/MPa	JC/T 773—1982	136	133	97.8
CAI/MPa	BMS8 – 276	172	293	170

图 6 - 24 是纯 BOZ 树脂基以及 BOZ/PAEK"离位"增韧复合材料试样冲击试验的 5 个试样的超声波 C - 扫描照片，比较可见，未增韧复合材料的冲击损伤面积远远大于增韧试样的情况。

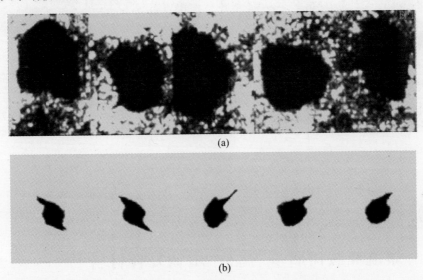

(a)

(b)

图 6 - 24　苯并噁嗪复合材料低速冲击后的 C - 扫描损伤面积对比
(a) 未增韧空白试样；(b) PAEK"离位"增韧复合材料试样。

"离位"增韧 BOZ/PAEK 预浸料复合材料的典型层间相形貌见图 6 - 25，经过 THF 刻蚀，可以看到，在图中的 0°/45°层间以及 45°/90°层间都存在富热塑性树脂的 BOZ 相反转、双连续 3 - 3 颗粒结构。相对而言，在这个 BOZ/PAEK 复合材料里所发现的相反转颗粒结构与已知的环氧树脂或双马来酰亚胺树脂复合材料相比显得非常细小，几乎不容易被发现，但它始终是存在的，而在国外该复合材料的"原位"增韧的层间（比较图 6 - 22），并不能发现这样的结构。事实上，这样的特征形

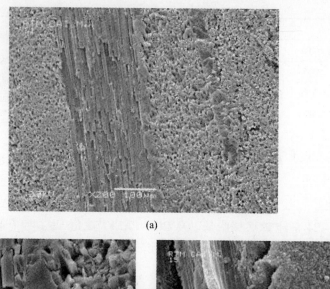

(a)

(b)

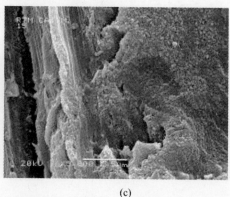

(c)

图 6 – 25　PAEK"离位"增韧苯并噁嗪复合材料的层间相形貌 SEM 照片

（a）低放大倍数横截面层间概貌；（b）典型层间概貌；（c）层间相形貌细节。

貌正是我们知识产权保护的内容[20]。

6.4　聚酰亚胺树脂基"离位"增韧复合材料[21]

目前,国内外对 PMR 型聚酰亚胺树脂基复合材料的增韧还鲜见报道[22]。本研究选用 PMR 型的聚酰亚胺(PI)树脂标准材料产品①,热塑性增韧剂材料依旧选用聚芳醚酮(PAEK),这是为了统一比较,增强材料是 T300 碳纤维。试验变量是在 PI 预浸料上表面附载热塑性 PAEK 层的复合方式,附载材料仍分别是薄膜材料和粉体材料[23]。

---

① 牌号 LP – 15,北京航空材料研究院先进复合材料国防科技重点实验室产品。

考虑到 PI 复合材料较高的耐热温度及其与 PAEK 玻璃化转变温度的落差,首先测试了等量 PAEK 的引入复合方式对 PAEK/PI 复合材料 T_g 的影响,测试方法采用动态黏弹谱(DMTA)技术,测试结果见表 6 – 10。

表 6 – 10　PI/PAEK 复合材料层合板试样的 T_g(℃)比较

未增韧空白试样	PAEK 整体增韧	PAEK 膜"离位"增韧	PAEK 粉"离位"增韧
283.9	255.6	266.1	281.3

测试结果表明,采用热塑性 PAEK 树脂增韧剂后,复合材料的 T_g 有所下降,尤其是"原位"整体增韧和薄膜方法"离位"增韧情况下较为明显,相比之下,粉体"离位"增韧复合材料的 T_g 与增韧前相比变化很小。

在静态力学性能方面,从表 6 – 11 可看出,三种增韧方式增韧后复合材料的强度、模量均有所变化,但变化幅度有限,规律不明显。然而,从表 6 – 12 的增韧方式对复合材料的冲击损伤情况以及 CAI 数据看,在相同冲击条件下,增韧复合材料的损伤面积都要小于未增韧的,而且,不同增韧方式对损伤面积及 CAI 的影响还是比较显著的,尤其是粉体方法制备的 PAEK/PI 复合材料的 CAI 值高达 327MPa。

表 6 – 11　PAEK/PI 复合材料层合板试样的常规力学性能比较($V_f = 50 \pm 3\%$)

测试项目	未增韧空白试样	PAEK 粉体"离位"增韧	PAEK 薄膜"离位"增韧	PAEK"原位"整体增韧
拉伸模量/GPa	104	83.6	91.1	90.6
压缩强度/MPa	806	841	870	807
压缩模量/GPa	102	85	90	90
弯曲强度/MPa	1147	1186	1403	1113
弯曲模量/GPa	105	100	101	90.8
层间剪切强度/MPa	85.1	84.8	92.2	93.7

表 6 – 12　PAEK/PI 复合材料试样 QMW – CAI 冲击试验的结果($V_f = 50 \pm 3\%$)

试样	损伤情况	CAI/MPa	离散系数/%
未增韧空白试样		212	5.29
PAEK"原位"整体增韧		276	0.14

试　样	损伤情况	CAI/MPa	离散系数/%
PAEK 薄膜"离位"增韧		309	9.74
PAEK 粉体"离位"增韧		327	5.91

在测试后的试样上裁取试样，在 THF 溶剂中刻蚀除去 PAEK，通过扫描电镜观察刻蚀后复合材料微观结构形貌（图 6-26），可以清晰地看出，在 PAEK"原位"整体增韧的复合材料试样上，无论是富树脂区，还是纤维上，均均匀依附着许多微小 PAEK 颗粒，颗粒大小平均约为 0.1μm。

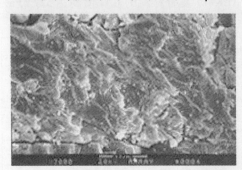

图 6-26　PAEK"原位"整体增韧 PI 复合材料试样断面的 SEM 照片

PAEK 薄膜"离位"增韧复合材料的微观结构如图 6-27 所示。从图中可以看出，靠近纤维层的树脂及纤维上都附着许多可能是相反转的 PI 小颗粒，颗粒呈圆球形，大小从 0.1μm ~ 0.5μm。

PAEK 粉体"离位"增韧复合材料层间的富树脂区域也出现了一定的相结构（图 6-28），但由于热塑性树脂是喷涂在预浸料上的，故与薄膜"离位"增韧方法相比，可能 PAEK 颗粒并未均匀分散在层间，因此整个区域内双连续颗粒的现象不清晰，而是聚集成块。

在图 6-29 中可以看到，碳纤维周围及与相邻富树脂层出现了"石钟乳"结构，即由于 PAEK 的分布不均匀，仅仅使得部分区域发生了相反转。总之，无论是引入独立的 PAEK 增韧薄膜，还是直接在预浸料上附载 PAEK 粉末，所得复合材料中观察到的 PI 颗粒的直径都比较小，一般在 0.1μm ~ 0.5μm 范围内，相信这种几

图 6-27　PAEK 薄膜"离位"增韧 PI 复合材料断面的 SEM 照片

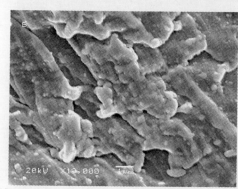
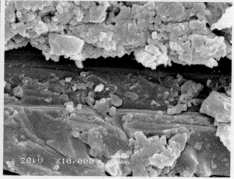

图 6-28　PAEK 粉体"离位"增韧 PI 复合材料断面的 SEM 照片

百个纳米的颗粒结构有利于改善层间的吸能性能,提高复合材料的冲击韧性。

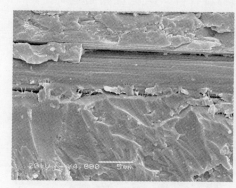
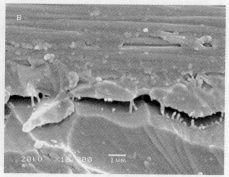

图 6-29　PAEK 粉体"离位"增韧层合板层间纤维与树脂间的形貌

不同与环氧类或双马类树脂基复合材料,聚酰亚胺复合材料的一个关注重点是高低温热循环诱导微裂纹现象,因此有必要研究"离位"复合增韧结构对聚酰亚胺复合材料微裂纹倾向的影响。将 PAEK/PI"离位"增韧的复合材料剪裁成小样,在0℃与300℃下进行冷热循环试验,观察试样的端面显微结构变化,图6-30(a)中给出未增韧与"离位"复合增韧复合材料沿延纤维方向未经冷热循环断面照片,可以看出,未增韧复合材料层间并不十分明显,而经过"离位"增韧后(图6-30(b)),层间的富树脂层较为明显。

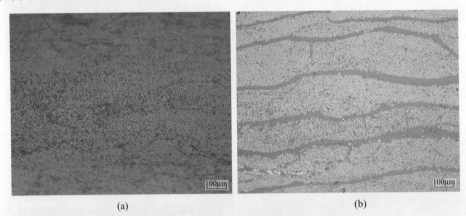

图6-30　PI树脂基复合材料的截面照片
(a)未增韧;(b)"离位"增韧。

经过对复合材料20次冷热循环后发现(图6-31),在未增韧复合材料的表面以及靠近表层部位首先出现了微裂纹,其内部没有发生变化,而"离位"增韧复合材料表面基本无变化。随着冷热循环次数的增多(图6-32和图6-33),未增韧复合材料内部逐步出现微裂纹,而且微裂纹的数量及长度逐渐增多,甚至延长到几乎贯穿整个断面;而"离位"增韧的复合材料试样经过80次冷热循环后,基本没有发现截面微裂纹现象,说明"离位"增韧结构将有益于提高PI树脂基复合材料的抗微裂纹能力。

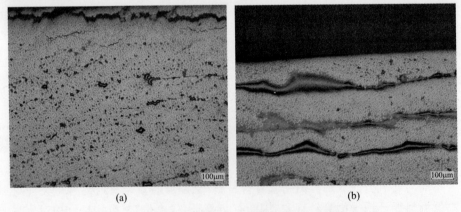

图6-31　PI树脂基复合材料冷热循环20次后的截面照片
(a)未增韧;(b)"离位"增韧。

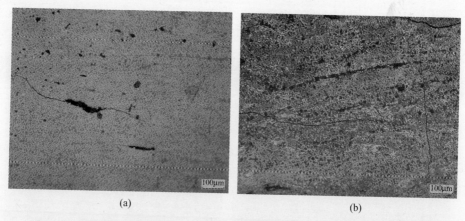

图6-32 未增韧PI树脂基复合材料冷热循环40次(a)和60次(b)的截面照片

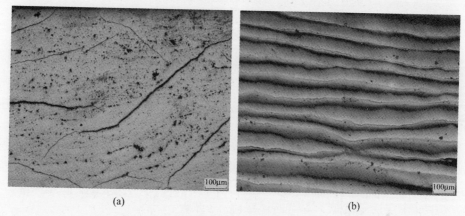

图6-33 PI树脂基复合材料冷热循环80次的截面照片

(a)未增韧；(b)层间增韧。

6.5 "离位"附载增韧预浸料技术① 及其复合材料基本性能

鉴于"离位"复合增韧技术良好的效果，走出实验室的研究范畴进行工程化放大就提上了议事日程。如同上面具体讨论的环氧树脂基、苯并噁嗪树脂基、双马来酰亚胺树脂基和聚酰亚胺树脂基"离位"复合材料的例子，在实验室研究阶段，我们曾经尝试采用不同的方法在热固性树脂预浸料上附载热塑性高分子增韧层，这种制备技术实际上就是表面附载技术，其中，热塑性高分子薄膜的表面附载最具

① 本工程化项目得到中国第一航空集团公司"创新基金"计划的资助。

247

连续化放大和工业化生产的价值。为此,我们首先研制了连续化的聚芳醚酮(PAEK)热塑性高分子膜,其基本形态见图 6 – 34。

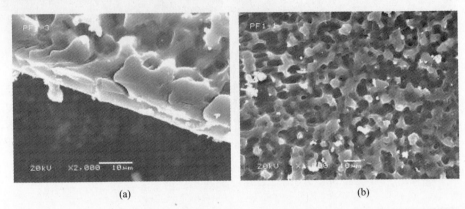

(a)　　　　　　　　　　　　　　　　(b)

图 6 – 34　PAEK 增韧薄膜(ES™ – Film)微观结构的 SEM 照片

(a) 端面状态;(b) 表面状态。

从 PAEK 膜的断面 SEM 显微电镜照片看(图 6 – 34),该薄膜具有疏松的孔洞结构,其表面存在大量盲孔,同时,还可以通过人为制孔来调节和控制热固性树脂在该热塑性树脂膜内的流动,以利于热固性树脂的渗透和浸渍,也可以保证预浸料固化过程中的吸胶。

所有 PAEK 薄膜的制备都在特殊的设备上利用气相分相连续化地完成,所形成的产品命名为 ES™ – Film 增韧薄膜,简称 ES™ 增韧膜。初步优选出两种面密度分别为 20g/m² 和 25g/m² 的增韧膜,并制定了《ES™ – Film 增韧膜标准》[1]。这个中间产品后来申报了产品商标注册(参见第 12 章)。

把 ES™ 增韧膜连续地表面附载在热固性树脂预浸料表面的工序在热熔预浸机上完成。工艺技术上,可以用 ES™ 增韧膜取代原来预浸料制备过程中的上层隔离膜,通过两道热压辊实现表面附载复合。图 6 – 35 所示为热熔预浸机表面附载制备 ES™ 增韧预浸料的照片,由此获得的预浸料产品命名为 ES™ – Prepreg 预浸料,目前已制定了《ES™ – Prepreg 预浸料标准》、《热熔法 ES™ – Prepreg 预浸料制备工艺标准》等。ES™ 增韧膜和 ES™ – Prepreg 预浸料具有全部中国自主知识产权。这个产品也申报了产品注册商标。

目前试制的 ES™ – Prepreg 预浸料均为单面热塑性增韧膜附载,所以这种预浸料的正反两面的外观不一样。图 6 – 36(a)为环氧树脂 5228 ES™ – Prepreg 预浸料被 PAEK 热塑性增韧薄膜表面附载面的外观照片,由图可见,由于表面附载 PAEK

---

① 北京航空材料研究院材料标准,2008。

ES™增韧膜的多孔疏松特性,热塑性树脂附载面的颜色不均匀,隐约可见一些疏松、发白的表面结构。图6-36(b)为该预浸料附载面与背面的外观照片比较,由于预浸料背面是纯5228树脂浸渍,因此显得更加光滑、光亮。

图6-35　热熔预浸机自动覆膜制备 ES™-Prepreg"离位"预浸料

(a)　　　　　　　　　　　　　　　　　　(b)

图6-36　ES™-Prepreg"离位"预浸料的外观照片
(a) ES™-Film 覆膜面;(b) ES™-Film 覆膜面与背面的外观比较。

环氧树脂基 ES™-Prepreg 预浸料的典型的产品包括 T300/5228ES 和 T700/5228ES 等。为了进行一个比较全面的比较,表6-13 给出 PAEK 增韧改性的基体树脂5228 与国际其他增韧基体环氧树脂的基本性能对比,表6-14 给出不同纤维和不同织物(G0827 单向织物,G803 双向织物)增强的 5228 ES™-Prepreg 环氧树脂复合材料的基本性能,表6-15 给出作为对比系的其他国际主干增韧环氧树脂基复合材料的基本性能,包括 977-2、977-3 和 8552 等。这些国外主流高温固化环氧树脂体系的使用温度在 120℃~130℃之间,它们在第四代战斗机 F-22 以及 F/A-18,RAH-66,A330/340,JAS-39,V-22,MD-91,B777,A330/A340 等的机身蒙皮、隔框、机翼壁板、尾翼、地板梁、中央翼盒等主次承力结构上得到大量应用。

表 6-13　5228(PAEK 增韧)树脂基体与国外主流增韧
环氧树脂的基本性能比较

性　能	5228	977-2	977-3	R6367	8552
密度/(g/cm³)	1.26	1.31	1.31	1.31	1.30
玻璃化转变温度/℃	220	212	218	224	200
长期工作温度/℃	130	104	132	132	121
拉伸强度/MPa	98	81		105	121
拉伸模量/GPa	3.5	3.52		3.58	4.7
断裂伸长率/%	4.3				4.0
弯曲强度/MPa	148	197	144	144	
弯曲模量/GPa	3.4	3.45	3.79	4.4	

表 6-14　不同纤维及织物增强的 5228 ES™-Prepreg
复合材料的主要性能(PAEK 增韧)

性能项目	T300	T700	G0827	G803
0°拉伸强度/MPa	1670	2550	1300	573
0°拉伸模量/GPa	145	147	136	71
泊松比	0.317	0.307	0.316	
90°拉伸强度/MPa	69	75.9	57	
90°拉伸模量/GPa	8.2	8.26	9.76	
90°拉伸断裂伸长率/%	0.92	0.99	0.60	
0°压缩强度/MPa	1260	1300	1180	693
0°压缩模量/GPa	117	121	111	66
90°压缩强度/MPa	214	197	214	
90°压缩模量/GPa	9.1	10.2	10.3	
0°弯曲强度/MPa	1660	1900	1630	845
0°弯曲模量/GPa	113	132	110	59
层间剪切强度/MPa	94	95	105	78
纵横剪切强度/MPa	118	110	104	94
纵横剪切模量/GPa	4.8	5.8	4.9	4.0
CAI/MPa	245	289	243	

　　5228 ES™-Prepreg 复合材料与最典型的高温环氧树脂基复合材料 977-3 的性能比较见表 6-16。比较可见,5228 ES™-Prepreg 复合材料具有突出的韧性,优异的力学性能,耐热性,耐湿热性和抗疲劳性能,适于热压罐法,模压法成型复合材料,可用于制造飞机主承力构件,可在 -55℃~130℃长期使用。

表 6-15 国外主流高温环氧树脂基复合材料的基本性能

性 能 项 目	977-2/IM7	977-3/IM7	8552/IM7	8552/AS4
0°拉伸强度/MPa	2377	2510	2721	2200
0°拉伸模量/GPa	133	162	164	141
90°拉伸强度/MPa	67	64	111	81
90°拉伸模量/GPa	8.2	8.3	11	9.6
0°压缩强度/MPa	888	1680	1688	1529
0°压缩模量/GPa	137	154	149	128
90°压缩强度/MPa			304	
90°压缩模量/GPa			12	
0°弯曲强度/MPa		1765	1860	1888
0°弯曲模量/GPa		150	151	127
层间剪切强度/MPa		127	137	
纵横剪切强度/MPa	292		120	127
纵横剪切模量/GPa	17.9	4.9		
CAI/MPa	193	213	220	
开孔拉伸强度/MPa			428	
开孔压缩强度/MPa		322	336	
G_{IC}			3152	
G_{IIC}			577	
132℃湿热弯曲强度/MPa		965 *		
132℃湿热层剪强度/MPa		69 *		

注：(1) 71℃水浸一周；
(2) 对织物而言，0°为纵向；90°为横向

表 6-16 5228ES/T700SC 复合材料与典型高性能
树脂复合材料体系 977-2/-3 性能比较

	性 能	5228ES/T700	977-3/IM7[①]
纯树脂	拉伸强度/MPa	98	81.4[②]
	拉伸模量/GPa	3.5	3.52[②]
	断裂延伸率/%	4.3	—
	弯曲强度/MPa	148	144.7
	弯曲模量/GPa	3.4	3.79
	玻璃化转变温度 T_g/℃	220	218

性 能		5228ES/T700	977－3/IM7[①]
复合材料	湿态长期工作温度/℃	130	132
	0°拉伸强度/MPa	2550	2509
	0°拉伸模量/GPa	147	162
	90°拉伸强度/MPa	75.9	64
	90°拉伸模量/GPa	8.62	8.34
	90°拉伸断裂应变/%	0.99	0.77
	0°压缩强度/MPa	1300	1682
	0°压缩模量/GPa	121	153
	弯曲强度/MPa	1900	1764
	弯曲模量/GPa	132	149
	层间剪切强度/MPa	95	127
	130℃湿态弯曲强度/MPa	1140[④]	965（132℃[③]）
	130℃湿态弯曲模量/GPa	107[④]	
	130℃湿态层间剪切强度/MPa	42.3[④]	69.6（132℃[③]）
	开孔压缩强度/MPa	275	321
	开孔拉伸强度/MPa	485	—
	G_{IC}/(J/m²)	513	217[⑤]
	G_{IIC}/(J/m²)	622	
	G_C边缘分层断裂韧性/(J/m²)	382	259[⑥]
	冲击后压缩强度(4.45J·mm⁻¹)/MPa	289	193
	固化工艺	180℃/2h	180℃/6h

① IM7 碳纤维(模量276GPa)；② 977－2 树脂；③ 71℃水浸 7d；④ 95℃~100℃水煮 48h；⑤ 树脂；⑥ 边缘分层初始强度 MPa；⑦ DMTA tanδ

6.6 "离位"附载增韧预浸料的工艺与应用效果初步评价[5]

传统整体增韧的环氧树脂基预浸料由于引入了较多的热塑性成分,导致预浸料质地变硬、黏度降低,影响了铺贴工艺性。另一方面,一旦两层预浸料粘贴在一起,它们的树脂基体就成为一体,很难将它们分开而不破坏其完整性,因此铺贴过程中出现的铺层错误是非常难以改正的。那么,"离位"预浸料 ES™ – Prepreg 的铺复工艺和黏性性质如何呢? 为此,开展了"离位"预浸料的工艺使用性质研究。

评价预浸料工艺性的主要指标之一是其黏性,目前还没有这方面的国家标准,但《复合材料性能测试——技术要点与方法》一书的"环氧预浸料黏性试验方法"里有所提及[24]。我们的工艺试验选择了两片 75mm × 25mm 尺寸的预浸料试样,宽度取纤维轴向,将第一片"离位"预浸料粘贴到清洁的不锈钢板上,再黏贴第二片"离位"预浸料于其上,将不锈钢板垂直放置,同时开始计时。在 30min 内,如果有开裂、脱落现象,记录开裂或脱落经过的时间。按照这种方法比较纯5228环氧树脂预浸料和5228ES"离位"预浸料,结果发现,纯环氧树脂预浸料在不锈钢板基本上黏不住,而"离位"预浸料的黏性很好,30min 内均没有发生开裂或脱落。

这种方法只比较了室温黏性,而真正影响工艺性的往往是黏性太高造成预浸料易于相互黏连,为此又设计了下面的试验。从纯环氧树脂和"离位"环氧预浸料上分别剪裁 210mm × 130mm 单向预浸料各两片,进行对比试验。室温下将这两片预浸料对齐、贴合,但在一端留下 10mm 宽的预制裂口。施加以下压力:①无压力;②一般压紧;③加热压紧,比较能否将两张预浸料手工揭开,然后观察揭开面上预浸料的破坏情况。结果发现,纯环氧预浸料基本上只要发生接触就会粘在一起,很难重新分开,铺覆性很好而反复加工工艺性较差;而室温下"离位"预浸料没有什么黏性,但在加热的情况下则可以很方便地进行反复铺贴操作,而且发生铺层错误时也可以相对容易地进行改正。

为实际检验"离位"环氧预浸料的工艺性,特制造了两条帽形长桁缩比件,其外形和尺寸见图 6 – 37(a)。该帽形长桁长 436mm,桁底总宽 30mm(含裙边),裙边左右对称各宽 7.5mm 左右(含 R2 圆角)。帽形顶有加厚,总厚为 3mm(典型值),双斜墙及裙边厚 1.5mm(典型值)。桁顶/斜墙过渡外圆角 R2,内圆角 R1,裙边/斜墙边渡外圆角 R3,内圆角 R2。

长桁自下而上(裙边向长桁顶)的铺层编号为 1 ~ 26,0°方向定为长度方向,其铺层方式为:[45/0/ – 45/0/90/0/45/0/ – 45/0/45/0/0/ – 45/0/0/45/0/ – 45/0/0/90/0/ – 45/0/45]_T,其中 0°层 14 层,45°层 5 层,–45°层 5 层,90°层 2 层;8 层 ~ 20 层为桁顶加厚层,这 13 层以第 14 层为中心对称铺层;而非加厚层前 6 层为对称铺层。

由于该长桁典型件尺寸精细,且有内外圆角,用传统的整体增韧基体预浸料铺贴时比较困难,而"离位"环氧预浸料的铺覆则比较轻松。实际制备的长桁典型件见图 6 – 37(b)。可见制件表面质量良好,尺寸控制准确,尤其是内外圆角细节精

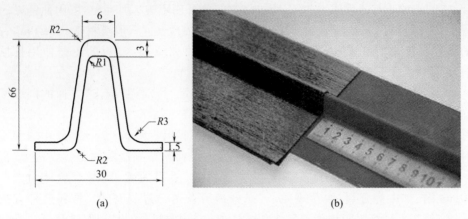

(a) (b)

图 6 - 37 帽型长桁缩比件截面设计图及长桁缩比件制件外观

(a) 长桁缩比件截面设计图；(b) 帽型长桁缩比件铺贴情况。

细,充分体现出层状化增韧基体预浸料出色的工艺性。

根据航空复合材料积木式的测试考核办法,在对复合材料成型工艺研究以及复合材料基本力学性能评价完成之后,又制备了几种典型螺接结构件,以对其性能进行评价。选定的典型件包括 $\phi6$ 单钉双剪和 $\phi5$ 双钉单剪(分别包含沉头和平头紧固件)两种,所有试件均采用 T300/NYES 复合材料制造,铺层形式为 $[\pm45/02/\pm45/90/\pm45/02/90]_s$。

从表 6 - 17 的数据来看,"离位"环氧预浸料(T300/NYES)复合材料螺接结构的挤压强度比未增韧的纯环氧树脂基复合材料(T300/NY)的结果略高。实际上,"离位"复合增韧本身并没有以改善挤压强度为目标,本试验的目的主要是为了验证"离位"改性不会影响基础材料原有的性能。从试验结果看,这一点完全达到了,而且性能略有改善。

表 6 - 17 典型螺接结构挤压强度对比

典型结构	材料	拐点挤压强度/MPa	极限挤压强度/MPa
$\phi5$ 平头双钉单剪	未增韧	547	606
	增韧	547	674
$\phi5$ 沉头双钉单剪	未增韧	518	632
	增韧	526	664
$\phi6$ 单钉双剪	未增韧	855	993
	增韧	883	1004

为了验证"离位"复合改性复合材料(T300/NYES)制造实际航空结构的可行性,根据某型机垂尾一个盒段的设计(图 6 - 38),又开展了加筋盒段的研制。首先制备壁板,为防止吸胶困难造成厚度超差,在铺完一半铺层后进行了预吸胶。铺层

完全的壁板在热压罐中于180℃下完成固化，而将200℃的后固化过程留到下一步与长桁和墙体共固化时进行。壁板制备完毕，在其上铺贴长桁和两道墙，而后在热压罐中完成共固化。

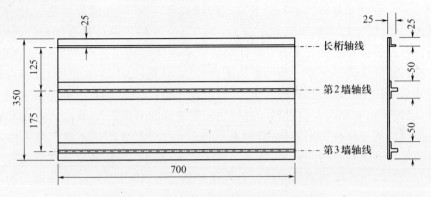

图6-38 典型加强盒段件的设计示意图

图6-39(a)所示为壁板与长桁、墙等共固化的装配体。在固定长桁、墙体时，需要仔细对准位置，并经过反复调整。由于"离位"预浸料具有单面强黏性，与原来的黏性预浸料相比，这种调整过程很容易进行，不会发生揭不下来或是损伤相邻铺层的情况。图6-39(b)为最终得到的垂尾盒段典型件外观照片，可见制件尺寸、细节准确，内部质量非常好。

(a)   (b)

图6-39 采用"离位"预浸料研制的垂尾盒段典型件
(a)共固化装配；(b)盒段典型件外观。

总之，由于"离位"预浸料表面附载热塑性薄膜的多孔性质，使得这种预浸料仍具有一定的黏性，便于铺贴操作，保持了传统环氧预浸料良好的铺覆性。又由于热塑性树脂附载面层的弱渗透、低黏性特征，需要时，还可以将已经铺好的铺层重新揭开，反复铺贴多次而不影响操作效果，使得铺贴工艺特性有所提高和改善。不过，这种预浸料两面的手感黏性不完全一样，其工艺特征需要有所适应。

6.7 小结

为了在传统复合材料的基础上实现跨越式发展,同时兼顾高损伤容限和优良的预浸料工艺特性,我们提出和发展了一种"离位"(Ex - $situ$)复合增韧的新概念。在复合材料科学意义上,"离位"复合增韧就是在微结构尺度产生了通过热塑性/热固性树脂反应诱导失稳分相所形成的颗粒状、双连续的 3 - 3 结构,并将这种高效增韧微结构精准地放置在碳纤维层间,且浅层渗入碳纤维铺层内,形成机械互锁结构,这种结构对提高复合材料受到树脂控制的层间剪切强度、G_{IC}、G_{IIC} 和 CAI 抗冲击损伤性能等具有突出的作用;而在层内,"离位"复合增韧不改变热固性单一相树脂浸渍纤维和层内的效果,从而保持了传统热固性树脂基复合材料固有的高刚度、高强度、与纤维的高界面结合力等优异的性能,以及对施工十分重要的手感黏性和贴模铺敷性。宏观上,层内 - 层间本身构成一个典型的周期性 2 - 2 层状复合结构。

在实验室基础研究的基础上,我们又对"离位"预浸料技术进行了连续化放大,将连续化的 ES™ - Film 多孔增韧膜连续化地表面附载在热熔预浸料上,形成了 ES™ - Prepreg 预浸料。这种预浸料具有两面不一致的外观和手感黏性,试验表明,这种不一致性有利于预浸料的铺覆、铺贴施工,在现场实际操作中,更加易于反复施工或修正铺层误贴、误铺等。

典型的环氧树脂 ES™ - Prepreg 预浸料 5228ES 具有良好的基础力学性能和优异的树脂相层间韧性性能,包括 G_{IC}、G_{IIC} 和 CAI 值等。

参 考 文 献

[1] Masters J E. Characterization of Impact Damage Development in Graphite/Epoxy Laminates[J]. Fractography of Modern Engineering Materials:Composites and Metals, ASTM STP 948,1987.

[2] 益小苏. 先进复合材料技术研究与发展[M]. 北京:国防工业出版社,2006.

[3] 益小苏,安学锋,唐邦铭,张子龙,纪双英. 一种提高层状复合材料韧性的方法(国防发明专利)[P]. 专利申请日:2001.03.26;专利授权号:01 1 00981.0;专利授权日:2008.6.22. 专利证书号:国密第3095#.

[4] 唐邦铭,益小苏,安学锋,许亚洪,赵新英. 高韧性层状复合材料的制备方法(国防发明专利)[P]. 专利申请日:2003.10.22;专利授权号:ZL200310102017.X;专利授权日:2008.06.25,专利证书号:国密第2874#.

[5] 安学锋. 基于复相体系的层状化增韧复合材料研究[T]. 杭州:浙江大学博士学位论文,2004.

[6] Turmel D J P,Partridge I K. Heterogeneous phase separation around fibres in epoxy/PEI blends and its effect on composite delamination resistance[J]. Composites Science and Technology. 1997,(57):1001 - 1007(6th International Conference On Composite Interfaces).

[7] Venderbosch RW, Meijer Heh, P. J. Lemstra. Processing of intractable polymers using reactivesolvents: 2. Poly (2,6 dimethyl 1,4 pheny; ene ether) as a matrix material for high performance composites[J]. Polymer, 1995, 36:1167 – 1178.

[8] Murakami, A., Saunders, D., Ooishi K., & Yoshiki, T. Fracture-behavior of thermoplastic modified epoxy resins[J]. Journal of Adhesion, 1992, 39:227 – 242.

[9] X. An, Sh. Ji, B. Tang, Z. Zhang and Xiao-Su Yi. Toughness improvement of carbon laminates by periodic interleaving thin thermoplastic films. J. Mater. Sci. Letters. 2002, 21:1763 – 1765.

[10] YI Xiao-Su, Tang An X, B, Pan Y. *Ex-situ* formation of periodic interlayer structure to significantly improve the impact damage resistance of carbon laminates. Advanced Engineering Mater. 2002, 83(14):3117/3122.

[11] Mouritz A P. Thermal Degradation of the Mode I Interlaminar Fracture Properties of Stitched Glass Fibre/Vinyl Ester Composites. Journal of materials science, 33(1998):2629 – 2638.

[12] 益小苏,安学锋,唐邦铭,张明. 一种增韧的复合材料层合板及其制备方法[P]. 国家发明专利、国际发明专利(PCT). 申请日:2006.7.19, 申请号:200610099381.9;PCT 申请日:2006.11.07, PCT 专利号:FP1060809P.

[13] Prichard J C, Hogg P J. The Role of Impact Damage in Post-Impact Compression Testing[J]. Composites, 1990, 21(6):503 – 511.

[14] 程群峰. 双马来酰亚胺树脂基复合材料的"离位"增韧研究[T]. 杭州:浙江大学博士学位论文, 2007.

[15] Cheng Q, Fang Zh, Xu Y, Yi Xiaosu. Morphological and spatiasl effects on toughness and impact damage resistance of PAEK-toughened BMI and graphite fiber composite laminates[J]. Chinese Journal of Aeronautics. 2009, 22:87 – 96.

[16] 许亚洪,程群峰,益小苏. 提高层状复合材料韧性的"离位"制备方法(国防发明专利)[P]. 专利申请日:2005.05.18;专利申请号:200510000969.X;专利授权日:05.5.18/2009.4.29, 专利授权号:ZL200510000969.X, 专利证书号:国密第 3441#.

[17] 李艳亮. 先进树脂基复合材料 RTM 苯并噁嗪树脂的结构与性能[T]. 北京:北京航空材料研究院博士学位论文, 2009.

[18] 益小苏. 下一代高性能航空复合材料及其应用技术研究. 国家科技部国际科技合作项目研究工作技术总结(课题编号:2008DFA50370).

[19] Helen Wei Li, Stanley Lehmann, Raymond Wong. Superior resin technology offers weight and cost savings in advanced composite structures [C]. SAMPE EUROPE International Conference 2005 Paris 399/404 Session 7C.

[20] 益小苏,安学锋,唐邦铭,张明. 一种增韧的复合材料层合板及其制备方法. 国家发明专利、国际发明专利(PCT)[P]. 申请日:2006.7.19, 申请号:200610099381.9;PCT 申请日:2006.11.07, PCT 专利号:FP1060809P.

[21] 李小刚. PMR 型聚酰亚胺树脂及其复合材料性能研究[T]. 北京:北京航空材料研究院博士学位论文, 2005.

[22] 谭必恩. 先进树脂基复合材料的研究——聚酰亚胺耐高温复合材料的探索及热塑性树脂增韧环氧基体的机理研究[T]. 北京:北京航空材料研究院博士后研究工作报告, 2001.

[23] 李小刚,益小苏,李宏运,马宏毅. 提高聚酰亚胺树脂基层状复合材料韧性的方法(国防发明专利)[P]. 专利申请日:2005.04.01. 专利授权号:ZL200510000856.X, 专利授权日:2008.12.10, 专利证书号:国密第 3187#.

[24] 王山根. 复合材料性能测试——技术要点与方法[M]北京:专利文献出版社, 1989.

第7章 "离位"增韧复合材料的损伤 行为与计算机建模分析

连续碳纤维增强的层状化复合材料层合板具有典型的多尺度、多层次结构特征,其损伤和破坏过程同样显示出这种多尺度、多层次特征。例如,在低速点冲击载荷情况下,沿冲头冲击点垂直指向复合材料内部,会出现一个圆柱状的"伞型"损伤锥体(图7-1),根据冲击能力和铺层结构的不同,往往出现每层不一样的层间分层损伤,这些分层损伤(裂纹)沿着相互邻近的碳铺层逐层推进扩展;而在复合材料受到点冲击的表面,往往出现点压痕,而在复合材料背面,常常观察到在冲击拉伸应力和横向剪切应力的共同作用下的面层材料分层、掀起、以及开裂等。图7-1给出这种典型的复合材料冲击分层损伤的图像示意[1]。

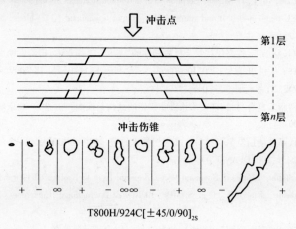

T800H/924C[±45/0/90]$_{2S}$

图7-1 典型的复合材料冲击分层损伤的图像示意[1]

大量理论和实验研究表明,低速大质量点冲击可以忽略其动态响应,即可用准静态压入方法代替冲击实验来模拟制造冲击损伤,ASTM 依此制定了 ASTM D6264-98 标准[2],简记为 QSI(Quasi-Static Indentation Test Method)方法。根据这个方法,一个金属球压头以恒速慢压入层合板,同时记录压头的压力—位移曲线,以便跟踪复合材料的压入损伤历程(图7-2)。研究表明,这种准静态压入损伤与常规的冲击损伤可能存在非常近的相似性,Jackson 等通过分析,给出了冲击能量和点接触力之间的对应关系[3];Sjöblom 等则通过实验结果的比较[4],验证了低速点冲击可以简化为等价的准静态问题,两者间的相关性相当好;Ishigawa 等发现[5],点冲击响应历程与点静态压入响应历程密切相关(图7-3)。动态响应中包含有振动,因此准静态点压入测试与动态测试相比,其数据分散性更小[6]。

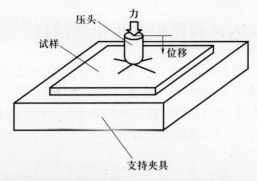

图7-2 ASTM D6264-98(QSI-Test Method)标准的准静态压入试验示意

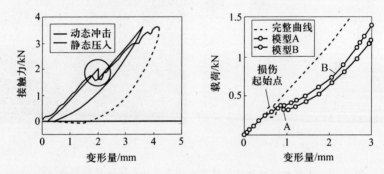

图7-3 复合材料层合板的冲击与点静态压入响应及其损伤起始状态的建模[5]

众所周知,碳纤维复合材料层合板具有一定的导电性,准静态点压入必然影响碳纤维复合材料层合板内部的导电微结构,根据这种导电微结构—电阻性质—力学性质的内在联系,有可能推断复合材料微结构随外载荷的变化及损伤状态和损伤程度,这样,就有可能在按照QSI方法研究层合板压入过程的同时,同步、在线、实时地获得与材料微结构有关的额外信息,了解复合材料的损伤过程。为此,本章报告了相关的实验研究结果。

最后,本章具体研究讨论了热塑性/热固性复相高分子材料的结构建模分析问题[7]。在显微结构观察和相尺寸统计分析的基础上,选取了 $8\mu m \times 8\mu m \times 8\mu m$ 的立方体微结构为热塑性/热固性复相增韧体系的代表性体积单元(RVE),采用 Pro-Design 对无热塑性包覆层和有热塑性包覆层的实际体系的三维结构进行了虚拟重构,用 TransMesh 实现了球体互穿部分网格的划分,采用 ProForecast 对增韧复相体系的冲击韧性进行了预测,预测值与实测值符合性较好。这个工作的意义在于这种热塑性/热固性高分子复相体系恰恰正是复合材料"离位"增韧的典型层间结构,因此,在尽可能逼真的条件下,利用计算机虚拟设计和结构—性能分析技术,研究典型复相体系的韧性性质与"离位"增韧所形成的 3 - 3 连接度[8]双连续颗粒结构的关系,将为结构的优化和韧性效果的最大化奠定理论基础。

7.1 静态点压入试验模拟分析损伤过程[9]

取未增韧的二、四官能度混合环氧树脂基复合材料层合板作为模型,从同一块层合板(EQ)上切下的 8 个试样,依次命名为 EQ1 至 EQ8,图 7 - 4 给出了全部实验的静态点压入力—点压入位移曲线,若干有代表性的试样阶段卸载后的 C - 扫描结果(图 7 - 4(a)),以及试样横截面的光学显微照片(图 7 - 4(b))等。

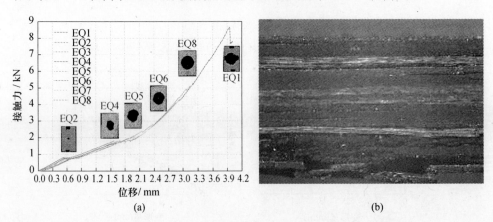

图 7 - 4   未增韧环氧基体试样在点静态压入不同阶段的损伤情况

从点压入力—位移曲线上看(图 7 - 4(a)),该曲线大致可以分成两段,各段大致可以用一条直线来近似,两段直线的交点大约在压深 2. 25mm 处,而从 C - 扫描的结果看,这也是试样内部的分层由非圆发展到完全成为大圆形的时候,也就是说,此时"锥体"以内全部损伤。到压入试验结束,从 C - 扫描图片可以看出,EQ1 试样已经发生横向折断,由图中的 EQ1 试样横截面照片(图 7 - 4(b))可以看到试样已经严重破坏,几乎每个层间都出现了分层,靠近背面的铺层出现了严重的基体开裂,并伴有显著的背面纤维断裂。压入点附近并没有观察到基体变形,这是纯环氧树脂基体复合材料层合板点压入破坏的典型特点。

再看试样 EQ2(图 7 -5),它在经历了第一个拐点后停止加载(参见图 7 - 4)。排除初始的不稳定阶段,其位移—力曲线基本上是直线,曲线的拐点出现在大约 0. 7mm 处,此处积分后得到的能量约为 0. 23J(全部试样的平均值为 0. 22J),与 CAI 测试时将近 4J 的能量相比是非常小的。C - 扫描看到的损伤区域很小,形状接近小圆形,面积则大体相当于跟冲头接触的面积。在这样小的载荷下,损伤不会是由纤维断裂引起的;而损伤区域没有出现按照某个特定方向取向的情况,应当是由多个分层共同叠加形成的。由横截面照片（图7-5(b)）可同时看到分层和层内基体横向开裂，分层集中在靠近背面的几个层间，照片中的区域内就有连续三个层间出现分层。分层间的铺层中能够观察到基体横向开裂，而且也贯穿了三个铺层。

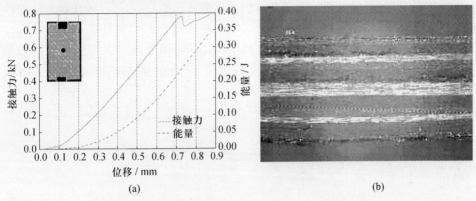

(a)   (b)

图7-5 试样 EQ2 损伤尺寸与准静态压入载荷的关系

(a) 经历第一个拐点后停止加载；(b) 对应点的横截面形貌(25×)。

图7-6 为 EQ4 试样的压入响应曲线和横截面显微形貌。从完整的位移—接触力曲线看，位移达到 1.5mm 左右时应该有一个波动，但 EQ4 曲线上的这个拐点不太明显，试验时，是根据位移决定停止加载的。C-扫描显示，损伤区域的投影呈现出沿 ±45°方向延伸的趋势。在横截面的照片中，分层的数量多，也出现大量的基体开裂，而且分层部位开始向层合板的内部移动。从大的趋势上讲，"损伤锥"的形状已基本形成。

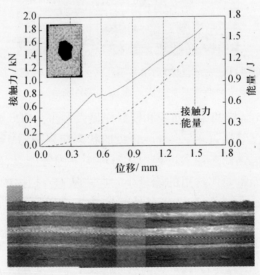

图7-6 EQ4 试样的准静态压入载荷—挠度曲线和损伤显微形貌

图 7 - 7 为 EQ5 试样的试验曲线和横截面显微形貌。试样在约 2J 时停止加载,位移—接触力曲线上已经有或大或小的多处拐点,表明相当多的损伤发生了,而且某些损伤还比较严重。C - 扫描图片也证实了这一点,各个层间、不同方向的损伤叠加在一起,区域内部接近完全损伤。从横截面照片看,层合板在压头附近已经分裂成几个独立的子层,而且某些子层还发生了严重的基体开裂。最严重的分层发生在自上而下的第一个和第二个 45°/90° 层间,而范围最广的两处分层则是第二、第三个 ±45°/90° 层间,它们都跨越了几乎整个损伤区域的宽度,但是在远离压入点的地方分层情况不是那么严重。

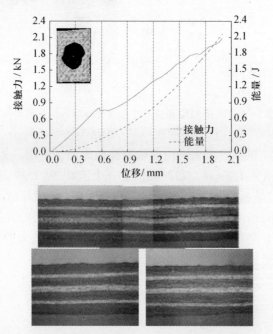

图 7 - 7 试样 EQ5(接近完全损伤)的准静态压入载荷—挠变曲线和损伤显微照片。
下面两张照片分别是损伤区域的左右端点

图 7 - 8 为 EQ6 试样的压入曲线和横截面显微形貌。EQ6 试样停止加载时其累积的点压入能量已经接近 4J,此时层合板的状态应当与 QMW CAI 测试冲击阶段完毕时相似。考虑到动态冲击过程中还有冲头回弹等能量,CAI 测试中真正传递给层合板的变形能量要比这里的能量小一些。从 C - 扫描的结果看,此时点压入区域内基本上已经全部分层,横截面照片上,差不多所有层间都出现了或重或轻的分层现象,其中三个 ±45°/90° 层间的分层尤为严重,基体开裂情况也更加严重。

需要注意的是,所有测试的试样中,所有最致命的层内基体开裂都出现在铺层的第二个周期内,这应当是因为该周期的两侧都发生了严重分层,而且在弯曲时又处于受压的位置,因此最容易因失稳而开裂。此外,试样的背面已经出现了纤维断裂的迹象。进行 CAI 测试的层合板试样此时的损伤情况与 EQ6 试样相仿佛,压缩性能很差也就不难理解了。对于 CAI 测试来说,压入过程到这里就可以告一段落。

继续加载,观察的是完全损伤后层合板的响应(图 7-9),第二周期的铺层完全开裂,背面也出现了严重的纤维断裂。另外需要说明一点,EQ8 实际上更接近完全破坏时的状况。

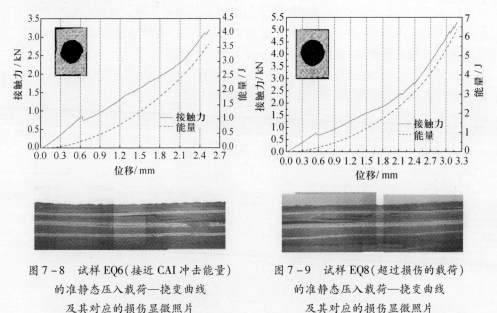

图 7-8　试样 EQ6(接近 CAI 冲击能量)
的准静态压入载荷—挠变曲线
及其对应的损伤显微照片

图 7-9　试样 EQ8(超过损伤的载荷)
的准静态压入载荷—挠变曲线
及其对应的损伤显微照片

除了已经发生弯曲断裂的 EQ1 试样之外,所有试样的上表面都看不到明显的压痕,也没有观察到纤维—基体脱黏的情况。EQ1 试样经历的大位移和高能量应当归因于试样没有固定紧,短边脱离约束,层合板发生弯曲变形。

对比未增韧的纯环氧基体层合板,选全周期 PAEK 热塑性树脂"离位"复合增韧的同种基体层合板 SQ 系列试样,同样先将试样加载至完全损伤,获得完整的位移—接触力曲线见图 7-10。

SQ 试样整个曲线的走势与未增韧 EQ 试样的情况基本相同,但是比较拐点出现的位置,结合相应位置上试样损伤情况的 C-扫描照片,就可以清楚地认识到,"离位"增韧试样抵抗损伤的能力要强很多。图 7-10 包含 SQ9 试样完全破坏后的横截面照片。层合板内同样有大量的层间分层以及层内基体开裂,加载点背面也出现了纤维断裂,但是与未增韧的环氧基体层合板相比,情况显得不那么严重,结构基本上还是完整的。还可以看到,上表面与压头接触的地方出现了凹坑,说明基体具有一定的塑性变形能力。此外,凹坑部位还有明显的纤维—基体脱黏现象。

对"离位"复合增韧的 SQ 系列试样,图 7-11 为 SQ2 试样的压入曲线和损伤形貌。与未增韧层合板相比,SQ2 试样位移—接触力曲线上的初始损伤很不明显,接触力只是稍有波动,而且出现初始损伤时的位移要大很多,载荷也要高不少。对曲线进行积分,出现波动时的能量约为 0.71J(全部试样的能量平均值为 0.77J),这远远超过未增韧环氧基体试样约 0.23J 的水平。从 C - 扫描的结果看,两者的差别倒是不那么显著(不排除存在不可见的微观裂纹),增韧试样的损伤同样局限在压头接触面附近,形状接近圆形,尺寸与压头接触面差不多。从横截面照片上看到的情况也与未增韧试样基本相同。比较而言,位移—接触力曲线上的波动较小,似能说明增韧试样的损伤情况要轻微一些。还有可能韧性层间树脂先以塑性变形逐渐消耗掉部分能量,使得分层所需的能量不如脆性环氧断裂所需要的那么多,亦即将瞬时的大损伤转化为一段时间内的平缓损伤。

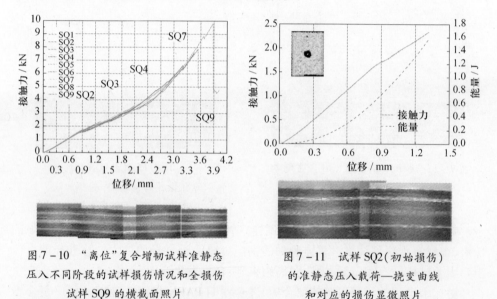

图 7 - 10 "离位"复合增韧试样准静态压入不同阶段的试样损伤情况和全损伤试样 SQ9 的横截面照片

图 7 - 11 试样 SQ2(初始损伤)的准静态压入载荷—挠变曲线和对应的损伤显微照片

图 7 - 12 为试样 SQ3 的压入曲线和损伤形貌。SQ3 试样停止加载的位置与 EQ4 试样大体相当,曲线也出现了拐点。与 EQ4 相比,SQ3 的抗损伤能力要强一些,损伤区域要小很多。在横截面照片上可以看到不太严重的层间分层,基体开裂很少见。主要的分层同样是位于三个 ±45°/90°层间。图 7 - 13 为 SQ4 试样的压入曲线和损伤形貌。SQ4 停止加载时的积分能量略超过 4J,比 CAI 测试中所施加的能量高一些。试样的损伤范围扩大了,不过还没有扩展到整个开孔区域的范围内。

图 7 - 14 为 SQ7 试样的压入曲线和损伤形貌。SQ7 停止加载时能量已经超过 CAI 测试所施加能量的两倍,试样在开孔处已完全损伤。横截面照片显示,分层损伤情况进一步加重,但是总的来说,分层的部位不像未增韧试样中那么多,主要表现为两个分层加宽。基体开裂有一定发展,但是数量很少,情况相对来说也不算太

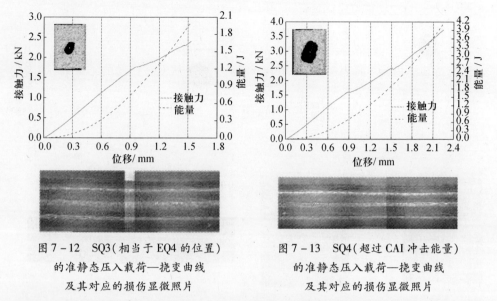

图 7-12　SQ3(相当于 EQ4 的位置)
的准静态压入载荷—挠变曲线
及其对应的损伤显微照片

图 7-13　SQ4(超过 CAI 冲击能量)
的准静态压入载荷—挠变曲线
及其对应的损伤显微照片

严重。图 7-14 中下面的两张照片分别是分层区域左、右两个边缘处的形貌,可以看出第二、第三两个 ±45°/90°界面的分层是扩展得最远的,覆盖了整个分层区域。这一点与纯环氧基体试样中的情况完全相同,可见这两个层间对于 QMW CAI 试样来说是最薄弱的。

SQ8 试样停止加载时,从位移、接触力、能量等方面看,都已经接近完全损伤(图 7-15)。分层损伤并没有明显增加,但是层内的基体开裂有较大发展,试样背面还开始出现纤维断裂的最初迹象。可以认为,在经过前面阶段的分层损伤增长之后,层间损伤的情况已经基本固定下来,分层形成的若干子层由于刚度不足,在比较大的弯曲载荷下失效断裂,并由此导致整个层合板的完全损伤。总的来说,试样的破坏远没有 EQ 试样系列严重,说明增韧层的存在的确起到了相当显著的抵抗层间损伤(以及由它引发的层内损伤)的能力。

图 7-16 将未增韧的 EQ 试样系列与"离位"复合增韧的 SQ 试样系列的情况进行比较,其相同点是:

(1)除发生损伤的拐点区域附近,位移和接触力间基本上是线性关系,整条曲线是由若干个很短的非线性区段和连接它们的直线组成的。这说明整个压入过程中,该层合板试样的主要响应行为可以用弹性变形来描述,可以通过弹性力学模型分段进行分析。

(2)损伤破坏的过程首先是试样发生弯曲变形,在靠近试样背面的某个或某几个铺层内出现了轻微的基体开裂,并由此引发了临近层间的分层损伤,这是损伤的起始。随载荷继续加大,原有的分层继续扩大,还可能有新的分层出现,使试样局部分裂成若干子板,与分裂前的整体相比,刚度及其所受的支持都有所下降。到

265

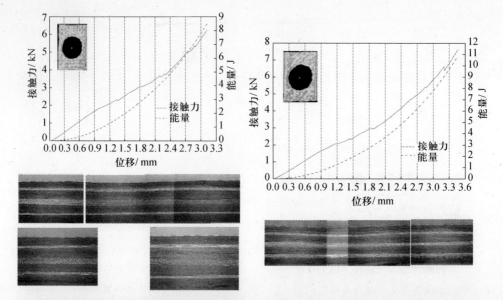

图 7 - 14 试样 SQ7（两倍冲击能量处）   图 7 - 15 试样 SQ8（接近完全损伤）

约 25mm 的临界压入点，应力转移过程结束，之后的过程中，无论基体增韧与否，压入力—位移曲线的增长都趋同，即出现另外的损伤机制。当分裂后的子板弯曲程度进一步增大，就发生了比较严重的基体开裂，最终导致层合板完全损伤。

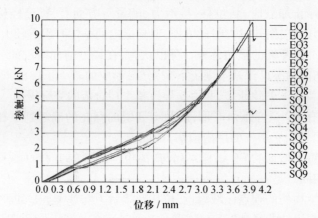

图 7 - 16 纯环氧和全周期"离位"复合增韧试样的响应对比（EQ：未增韧；SQ：增韧）

其不同点是：

（1）出现初始分层（接触力波动）时，增韧试样达到的位移更大，相应的接触力和能量也更高。从变形的角度看，这说明增韧层合板能够承受更大的弯曲变形；从能量的角度看，增韧层合板内出现初始损伤需要更高的能量。可以认为，韧性层通过剪切变形，使力的分布均匀，从而使各层的力更均匀地传递给刚性层（碳纤维层），使板的刚性上升。

（2）出现初始分层时，增韧试样的曲线波动不明显，不像纯环氧复合材料试样那样有一个显著的峰值。显然，在出现分层（可能还有基体开裂）之前，层间的3－3双连续颗粒韧化结构的塑性变形缓解了层与层之间的应力，推迟了分层损伤的出现，或者说使整个损伤失效过程平缓化。

（3）初始损伤出现后继续加载，增韧试样中损伤面积扩大的速度比较慢，而且新生分层比较少，基本上是几个主要分层的扩展和张大；基体开裂情况也在一定程度上保持稳定，直到加载后期分层接近完全时才开始有比较显著的加剧。而纯环氧基体层合板试样在出现损伤后，分层和基体开裂都迅速扩展，造成材料迅速失效。

（4）当加载的能量达到CAI测试所需能量（约4J）时，增韧层合板试样压入区域尚未完全损伤，分层损伤分布在几个孤立的层间，基体开裂的程度也不严重，因此，它保持了足够的结构完整性，剩余强度自然比已经基本完全损伤的纯环氧试样要高。

（5）从外观上看，纯环氧层合板试样受压后上表面看不到明显的凹坑，没有基体塑性变形或是纤维—基体脱黏的迹象，而增韧层合板试样上表面都有目视可见的凹陷，表明基体发生了塑性变形；当压入力很大时，压入点附近出现了纤维—基体脱黏。Bibo 等[10]、Dorey 等[11]都报道了同样的现象。

（6）从整个损伤过程看，初始时层间损伤和层内损伤都有发生，而后以分层损伤为主，层间损伤逐渐扩大，直到被夹具约束住，这以后损伤面积保持恒定（边缘被固定住了），主要破坏形式转而以层内基体开裂为主。对于未增韧的纯环氧基体层合板试样而言，当施加的载荷达到CAI冲击的水平时，材料的损伤已经接近完成；而在这一能量水平下，增韧基体层合板的损伤还局限在分层损伤的扩展阶段，因此，两者的剩余强度有较大的差别就是很正常的。

再从另一个角度看，如果层间的增韧树脂韧性更高，应该能够在出现分层前经受更大的载荷，更有效地阻止裂纹扩展，延迟层间完全开裂的发生，提高抗损伤能力。极端的情况是，如果层间韧性足够高，则可能层间还没有完全破坏，就出现严重层内断裂。这样看来，"离位"复合增韧方法将热塑性增韧树脂完全集中在层间，是非常有利于充分发挥其增韧潜力的。

图7－17显示了文献中纯PEEK基体和纯环氧基体碳纤维复合材料层合板试样遭受冲击后的内部损伤情况[12]。纯PEEK基体复合材料试样冲击后前表面有凹痕，伴随有垂直于表面铺层纤维的辐射压缩裂纹。C－扫描和X射线检测表明，纯PEEK基体复合材料试样具有较少的分层，而纯环氧层合板试样中的分层扩展得相当远。由于损伤受到限制以及倾向于钝化任何冲击引起的开裂的0°开裂，纯PEEK基体复合材料的剩余压缩强度显著提高。在SQ系列全周期"离位"增韧的复合材料试样中，可以观察到与纯PEEK复合材料近似的现象，这说明"离位"复合增韧虽然是对复合材料层合板局部的改性，但同样能够收到热塑性树脂整体增韧类似的增韧效果。

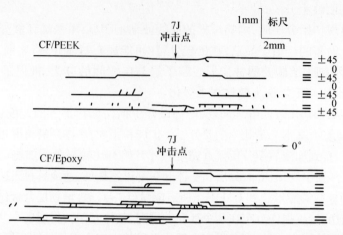

图 7 - 17 7J 能量冲击引起的两类[±45/03/ ±45/02]$_s$ 层合板内部的损伤[12]

从以上准静态压入试验的结果分析,在当前的测试条件下,90°铺层与其他方向铺层间的界面最为脆弱,如果针对这 6 个界面进行增韧处理,增韧剂的使用将更加经济。更进一步的观察表明,分层损伤最严重的是 3 个 ±45°/0°层界面,即下面的铺层是 90°方向的层间[13]。为了验证这个推测是否合理,制备这两种"选择性"增韧的复合材料试样,并测试其 CAI 性能,结果见表 7 - 1。

表 7 - 1 对(±)45°/90°层间进行"选择性"增韧后的效果

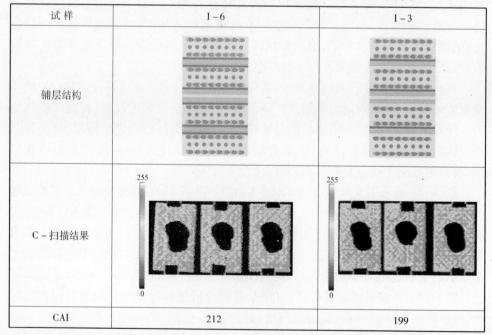

试样	I - 6	I - 3
铺层结构		
C - 扫描结果	255 … 0	255 … 0
CAI	212	199

试验结果表明,仅对最容易损伤的 3 个层间进行增韧处理,就取得了使用 8 个增韧层的效果。I-3 和 I-6 的对比,更突出地体现出合理的增韧位置选择对层合板试样韧性的影响要大于简单地增加热塑性树脂含量。

最严重的损伤(最大的分层)几乎都出现在 ±45°/90°层间,这不是偶然的。考虑到试样并不是完全对称夹持的,0° 和 90°层所受的约束有很大差别,在受压弯曲时的变形能力也就有了区别。看起来,0°层和与之相邻的 ±45°层的变形不匹配程度最大,因此最严重的破坏发生在它们之间。Cantwell 等人指出[14],低速冲击加载情况下,试样尺寸是决定其动态响应的关键因素。目标的响应以及产生损伤的量与目标弹性储存能量的能力有关。CFRP 的低速冲击试验表明,简支梁中的损伤模式会根据其长厚比而发生变化。短而厚的试样倾向于以层间模式失效,而长且薄的梁发生弯曲失效。与 NASA、Boeing 等测试规范相比,QMW CAI 测试方法由于试样比较薄,夹具开孔相对试样尺寸而言较大,试样边缘受到的约束相对较弱,在这一点上表现得比较明显,值得在今后的研究中加以改进。

7.2　碳纤维复合材料层合板的静态点压入—压阻特性[15]

根据碳纤维层状化复合材料多尺度、多层次的损伤和破坏过程特征,我们进一步研究了这种复合材料在厚度方向(层厚方向)上时间分辨的静态点压入载荷对复合材料层合板电阻性能的影响关系[16]。

对非电量进行电学测试的一个关键是制备电极。常见的电极制备方法包括导电涂料法、电镀法、物理薄层法以及力学方法等,本研究采用了导电涂料法[17]。有了合适的电极条件作为前提,则可以巧妙地设计材料实验,并在材料的机械性能或结构的测量过程中,在线、原位并且同步地测量这个材料的电阻值的变化,从而推断材料微结构的变化。

单向碳纤维树脂基复合材料层合板(Unidirectional Carbon Fiber Laminates,UC-FL)的结构属性是连续 1-3 连接复合结构。根据纤维的取向,复合材料层合板的力学性能和电学性能都表现出各向异性性质,其电导率在纵向、横向和厚度方向都不同。碳纤维层压板的电阻主要与下列因素有关:纤维的体积分数、纤维的铺层结构、纤维的连续性等。为了计算复合材料层压板的纤维轴向基本电学性质,已存在一些结构导电模型[18],这些模型的基本出发点是纤维轴向导电性是由一些并联和串联的电阻组成的网络所引起的,由于这些导电单元的变化,复合材料层压板在力学受载时会引起电导率的变化等。

首先考察一个简单的模型[19]。取单向碳纤维复合材料层合板放于环氧树脂支撑夹板之内,其中单向碳纤维沿试样的纵向一致排列。碳纤维为 T300,直径为 $8\mu m$,电阻率为 $3.1 \times 10^{-8}\Omega \cdot m$;基体树脂为聚丙烯。试样的纵向端面先用砂纸打磨,直至纤维均露出基体,然后涂敷导电银浆,引出导线。导电银浆涂遍试样端面以保证电极与整个端面的电接触。用热失重法测得试样的纤维体积分数 V_f 为49.5%。试样尺寸为200mm×6.5mm×0.14mm。

测量这个试样的纵向电阻,发现其沿纤维排列方向的纵向电阻 R_L 随试样长度 L 的增加而线性增加(图7-18(a)),符合电阻定理:

$$R_L = \frac{\rho L}{A} = \frac{\rho L}{WH}$$

式中:A 为试样截面积;W 为试样宽度;H 为试样厚度;ρ 为试样电阻率;L 为试样长度。由以上方程得到片材的电阻率 $\rho = 6.9 \times 10^{-3} \Omega \cdot cm$。

再固定试样长度分别为5.5mm和6.8mm,改变 W,测量 R_L 的变化,结果见图7-18(b)。试样宽度减小导致导电纤维数的减少,因此试样的纵向电阻减小。R_L 随 W 递减的规律与 L 有关,试样越长,纵向电阻 R_L 的水平越高。

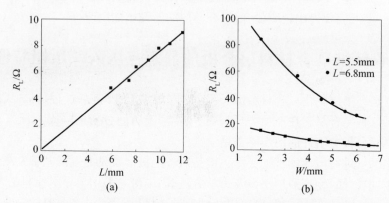

图7-18 试样纵向电阻 R_L 与试样长度(L)和宽度(W)的关系

(a) $W=6.5$mm; (b) $L=5.5$mm, 6.8mm。

再测试样的横向电阻 R_T,它随试样长度的增加而变化的规律 $R_T(L)$ 见图7-19(a),随试样宽度的增加而变化的规律 $R_T(W)$ 见图7-19(b)。实验发现,R_T 随 L 和 W 而变化的趋势恰与 $R_L(L)$ 和 $R_L(W)$ 相反。这种电阻随试样尺寸的变化关系显然与试样内部的导电结构有关,为此,可以建立一个碳纤维搭接导电模型。

假设:

(1) UCFL 片材横截面上有 m 根纤维,纤维均匀分布。将截面分成 m 个小方块,每根纤维占有一个方块,纤维波动仅限于这个小方块内,图7-20(a)。

(2) 纤维走向呈波浪状,相邻纤维相互搭接,搭接点均匀分布,两个相邻搭接点间距离为 $2l_0$,长度为 L 的片材上共有 n 个搭接点,则有等式 $L = 2nl_0$。

(3) 电流在材料内部流过的路径如图7-20(b)所示。一根纤维上有 n 个搭接点,则单层(以纤维直径为层厚)材料的横向电阻相当于 n 个电阻并联后的电

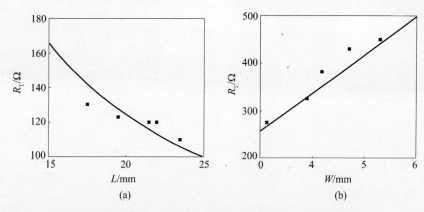

图 7-19　试样横向电阻 R_T 与试样长度(L)和宽度(W)的关系

(a) $W=5.6mm$；(b) $L=5.5mm$。

阻,总的横向电阻相当于 k 层并联后的总电阻。

（4）忽略纤维搭接点的接触电阻。

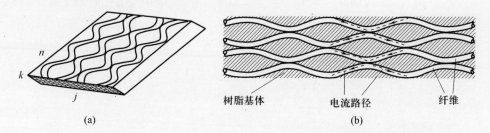

图 7-20　UCFL 复合材料的碳纤维搭接导电模型

根据假设(1),每根纤维平均占据横截面积 $S_f = \dfrac{WH}{m}$,则小方格边长为 $a =$

$\sqrt{S_f} = \sqrt{\dfrac{WH}{m}}$,因此 UCFL 片材厚度方向上的导电层层数为 $k = \dfrac{H}{a} = \dfrac{H}{\sqrt{\dfrac{WH}{m}}}$。每层

的纤维根数为 $J = \dfrac{W}{a} = \sqrt{\dfrac{Wm}{H}}$,则每条路径的电阻为 $R_0 = \dfrac{\rho_f Jl_0}{\pi r^2}$,式中 r 为单根纤维

的半径。

由每层的电阻 $R_k = \dfrac{R_0}{n}$ 导出片材的横向电阻 $R_T = \dfrac{R_0}{nk} = \dfrac{\rho_f Jl_0}{\pi r^2 nk} = \dfrac{\rho_f LW}{2\pi r^2 Hn^2}$,则

每根纤维上的搭接点数目为

$$n = \sqrt{\dfrac{\rho_f LW}{2\pi r^2 HR_T}} \qquad (7-1)$$

单位面积上纤维的搭接点数目为

$$N = \frac{nJK}{LW} = \sqrt{\frac{\rho_{\mathrm{f}} m^2}{2\pi r^2 HLWR_{\mathrm{T}}}} \qquad (7-2)$$

又纤维体积分数 $V_{\mathrm{f}} = \dfrac{m\pi r^2}{WH}$，则单位面积上纤维的搭接点数目为

$$N = \sqrt{\frac{\rho_{\mathrm{f}} V_{\mathrm{f}}^2 WH}{2\pi^3 r^6 LR_{\mathrm{T}}}} \qquad (7-3)$$

由式(7-1)又可得到两个相邻搭接点间距离为

$$2l_0 = \sqrt{\frac{2\pi r^2 HLR_{\mathrm{T}}}{\rho_{\mathrm{f}} W}} \qquad (7-4)$$

N 和 l_0 表征了单向碳纤维导电结构的基本特征,即搭接点的数目和两相邻搭接点的距离。

将图 7-19(a)和(b)中的实测数据代入方程(7-3)和式(7-4),对 $W = 5.6\,\mathrm{mm}$ 的试样,得到计算平均值 $N = 3222\,\mathrm{mm}^{-2}$ 和 $2l_0 = 430\,\Omega \cdot \mathrm{m}$;对 $L = 5.5\,\mathrm{mm}$ 的试样,得到平均值 $N = 3088\,\mathrm{mm}^{-2}$, $2l_0 = 447\,\Omega \cdot \mathrm{m}$,将这些数据代回方程(7-3)和式(7-4),得到实验数据的理论曲线如图 7-19(a)和(b)所示,它们可以表达为

$$R_{\mathrm{T}} = \frac{\rho_{\mathrm{f}} V_{\mathrm{f}}^2 HW}{2\pi^3 r^6 N^2 L} \quad 或 \quad R_{\mathrm{T}} = \frac{\rho_{\mathrm{f}} (2l_0)^2 W}{2\pi r^2 HL}$$

对这两个不同长度的试样,由计算结果可见 N 和 l_0 的平均值分别为 $N = 3087\,\mathrm{mm}^{-2}$ 和 $2l_0 = 449\,\Omega \cdot \mathrm{m}$,说明在每平方毫米截面上大约有 3000 个搭接点,而两相邻搭接点的距离约为 $2l_0 = 449\,\Omega \cdot \mathrm{m}$,约相当于 56 根纤维的直径。这个结果与文献报道[20]的约 42 根纤维直径的结果比较接近。根据以上 UCFL 复合材料的导电结构模型,可以认为用单位截面上邻近碳纤维的搭接点数目 N 和两相邻搭接点的距离 $2l_0$ 可以较好地表征这种导电结构的基本特征。

在静态载荷下,UCFL 层压板的纵向电阻随着纤维应变的增加近似线性增加: $R = \dfrac{\rho L}{A}$,这里 ρ 为电阻率,L 为电流路径长度,A 为导电面积。鉴于 UCFL 层压板的这个特性,可以将碳纤维看作为 UCFL 材料力学应变量的传感器。

对 UCFL 片材加载,试样的纵向电阻 R_{L} 随外力的变化如图 7-21 所示。随拉伸力的线性增加,R_{L} 逐步增大,但表现出几个转折点,直到试样拉伸断裂。这些转折点意味着试样内部有部分纤维断裂,因此,单向碳纤维增强树脂基复合材料中的碳纤维不仅增强,而且传感,通过对 UCFL 复合材料电阻的测量,可原位、在线检测复合材料内部纤维的受损情况。

进一步的实验[21,22]选用了北京航空材料研究院的 5228 环氧树脂/T300 复合材料层合板,其铺层、尺寸、固化工艺等符合这种材料的材料标准和工艺标准。ASTM D6264 - 98(QSI - Test Method)标准给出实底板(压入位移变形约束)和中心开孔底板(压入加弯曲载荷)两种夹具情况,而本实验仅考虑实底板的情况。其中,半球头钢压头 ϕ = 10mm。加载速度 10mm/min,卸载速度 50mm/min。

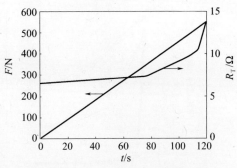

图 7 - 21　UCFL 试样拉伸实验中试样受力 $F(t)$ 和纵向电阻 $R_T(t)$ 的时间依赖性关系

因为 1 - 3 结构单向碳纤维复合材料的导电各向异性,所以电极根据不同的目的和需要,可以是侧面电极,也可以是端面电极,甚至可以采用双面点电极或不对称的一面为面电极、而另一面为点电极的形式,关键是在两个电极之间形成导电通道,能够最直接地反映出微结构的变化。为了在按 QSI 方法测定层合板压入深度—压力的同时测定其电阻值,特在每个层合板上制备了上表面、下表面和侧表面共 3 个电极。测试时,分别取其中的两个电极形成测量回路。读电阻值约在加压后 1min 进行,以便稳定结果。

图 7 - 22 为在碳纤维复合材料层合板上同步测到的电阻—压力—压入位移曲线,为表达方便,分别做成(a)电阻—压力和(b)位移—压力两张分图。图中不同的曲线分别代表上表面—下表面电极、上表面—侧表面电极和下表面—侧表面电极 3 种情况的测试结果。在图 7 - 22(a)里,随着压入压力的增加,不同电极之间的压阻行为明显不同:下表面—侧表面电极的压阻响应最为敏感,很小的压力就引起电阻的剧烈减少,随后,电阻值基本饱和而不再变化。上表面—下表面电极间的压阻变化最平缓,电阻—压力曲线的下降斜率最小,曲线基本可以近似为一条直线。上表面—侧表面电极之间的压阻行为大约介于以上两种情况之间。

显然,所有以上 3 种沿层合板厚度方向压阻的变化都源于碳纤维外表面之间在平均程度上的接触传导,不同电极之间压阻的变化反映出复合材料层合板在球形压头压入时不同的局部密度变化。由于试验中复合材料层合板是放在金属实底板上的,所以压入位移约束导致局部密度变化最大的地方出现在压头下不与压头接触的层合板下表面。直接与压头接触的上表面虽然也发生变形,使局部密度增加,但这种变化比下表面弱。上表面—下表面电极之间的压阻变化是层合板内压阻的平均度量。当最大试验压力达 2.0kN 后再卸载,所有以上 3 种情况都表现出压阻的可逆性,3 条曲线基本都沿原路返回起点,无迟滞现象。

对比压阻的可逆性变化,压入位移—压力的行为则有所不同,两个典型的试验

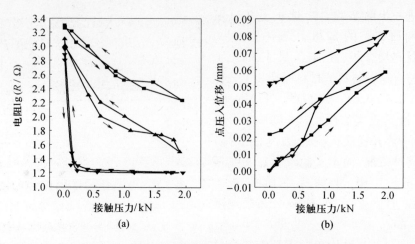

图 7 - 22   UCFL 试样的准静态压入—电阻实验结果

（a）电阻—压力；（b）位移—压力曲线。

■—上—下电极；▲—上—侧电极；▼—下—侧电极。

结果见图 7 - 22（b）。这个结果与 ASTM - QSI 标准中给出的图例曲线完全一致，它们都显示，一个加载—卸载周期结束后，层合板上记录到残余变形，层合板表面也存在肉眼可见的点压入损伤，说明试验选择的最大压力已超过层合板的损伤极限而造成永久损伤。这也说明，球头压入造成的碳纤维相互接触在卸载后虽然已经分开，但基体树脂（甚至纤维的）损伤已不可恢复。

图 7 - 22 所示的典型曲线分别选自一个上表面—下表面电极和一个下表面—侧表面电极的试验结果，按说，压入位移—压力曲线应与电极无关，它们应该一致，但由于压入试验选点的随机性，测试数据还是比较分散，但其趋势一致，数据误差可以量化。从以上的电阻—压力—压入位移试验结果可以想到，如果将压阻与压入变形（或压力）及压入损伤进行定量标定，则可能确定对应损伤初始值的那个接触电阻值，从而可能通过测阻达到确定损伤阈值的目的。

从图 7 - 22 的结果还可以看出，环氧树脂基碳纤维复合材料似乎具有一种类"弹性"（无迟滞）的接触电阻效应，压入导致纤维相互接触，卸载时电接触即时脱开，而且这种接触与脱开看上去与树脂基体无直接联系，其实并不然。图 7 - 23 为与图 7 - 22 相同的 3 种不同电极条件下测到的电阻—时间曲线。

在阶跃加载条件下，所有 3 种情况都表现出相同的瞬时电阻响应，其中下表面—侧表面电极表现出最大的电阻降，这与图 7 - 22 的结果一致。在各自 3 个压力值的保压阶段，所有 3 种电极条件的阻值都没有太大的变化，说明在恒压力下的碳纤维接触保持稳定。但在卸载阶段，不同电极条件却表现出不同的时间响应。其中，图 7 - 23（b）的上表面—侧表面电极形式对应的恢复时间最长，而图 7 - 23（c）的下表面—侧表面电极对应的电阻恢复时间最短，图 7 - 23（a）的电极形式大

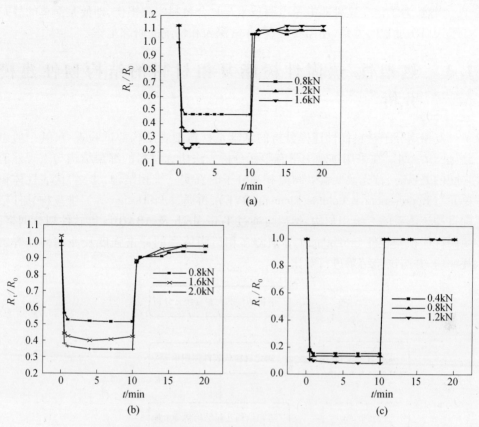

图 7-23　不同准静态压入载荷下 UCFL 试样比电阻率
随时间的变化关系测到的电阻—时间曲线
（a）上—下表面电极；（b）上—侧表面电极；（c）下—侧表面电极。

约为它们的平均。这说明，作用在层合板上表面的压力及其压入损伤使碳纤维脱离接触变得困难，而在材料也许尚无损伤能"弹性"恢复时，这种恢复基本是即时的。由此启示，通过测量在不同压入水平下的电阻—时间曲线，也许可以定量标定层合板的表面损伤及其分层，这显然对层合板压入损伤的表征是非常有意义的。

复合材料的横向平面导电性反映了复合材料中的碳纤维在平均程度上的表面接触，它与复合材料的树脂含量、纤维间树脂的性质、碳纤维的表面电性质等有关，而且也与材料电阻的压力响应和时间响应的机制与纤维间树脂的黏弹性—黏塑性以及树脂的压变形能力及其损伤程度有关，可能是表面损伤（压入损伤）以及分层的度量。本工作的意义在于通过标定压入深度—压力—电阻的定量关系，有可能找出对应损伤阈值的电阻值以及压入深度值，从而为在线跟踪损伤的产生与发展提供新方法。通过改变电极的形式建立各向异性的材料结构模型，将使导电复合材料具有敏感或传感性质，是复合材料的一种"机敏"性的应用[23]。

当然,为了建立这种非电量电测技术与复合材料实际损伤,即便是简单的静态点压入损伤过程的关系,还需要大量、非常深入和精细的研究工作。

7.3 热塑性/热固性树脂复相材料的结构韧性建模分析[7]

复相高分子材料韧性建模分析的基础是材料细观结构的试验观察,其一般思路见图7-24。在采用细观力学有限元分析方法研究材料的细观结构与宏观性能之间的关系时,首先要实验获得复相高分子的真实三维相结构,建立"代表性体积单元"(Representative Volume Element,RVE),再通过ProDesign等三维重构软件精确重构该体系的三维相结构,然后再通过TransMesh及ABAQUS等软件划分网格,使用性能预测软件ProForecast等预测多相树脂体系的冲击强度及冲击韧性等宏观响应,并与试验结果进行对比。

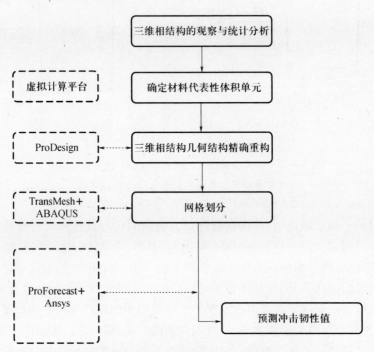

图7-24 多相体系细观力学有限元计算方法流程(李旭东)

以在第4章已研究过的二、四官能度混合环氧树脂(EP)为例,以热塑性的PAEK为增韧相,形成复相高分子模型材料[24]。图7-25再次给出这种模型环氧树脂与不同含量PAEK共混后所制备的浇注体的脆断断口SEM照片,在此基础上对分相后的相尺寸进行统计分析,结果见图7-26和表7-2。

276

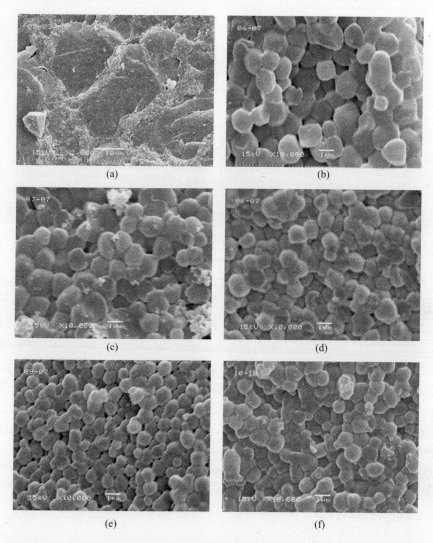

图 7 - 25　模型 PAEK/EP 复相体系的 SEM 显微结构照片,其中 PAEK 的质量含量
(a) 25 份;(b) 30 份;(c) 35 份;(d) 40 份;(e) 45 份;(f) 50 份。

表 7 - 2　PAEK/EP 体系相尺寸统计

PAEK 含量	粒径平均尺寸/μm	95% 置信区间的粒径范围/μm
30 份	1.59	1.04 ~ 2.10
35 份	1.32	0.84 ~ 1.74
40 份	1.18	0.73 ~ 1.54
45 份	0.96	0.61 ~ 1.27
50 份	0.99	0.63 ~ 1.31

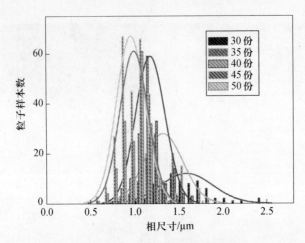

图 7 - 26   PAEK/EP 体系相尺寸统计分析直方图及对应的
正态分布曲线,中间变量:PAEK 质量含量

实际材料的微观结构一般都比较复杂,因此需要定义一个材料微观结构的代表性体积单元来替代实际的材料,即在计算机上"制备"出一个"虚拟材料"的微观结构。虚拟材料就是材料微观结构的"体积代表性单元"(RVE),被用来体现材料微观结构的典型特征或在统计学意义上表征微观结构的状态、织构与形貌,使数值材料技术与随后的各种计算得以建立在较为逼真的数字化微观组织结构"样本"的基础上。在确定多相树脂体系复合材料的"代表性体积单元"时做了以下几个方面的考虑:①必须在材料的细观尺度上、从多相树脂体系复合材料微观结构组成物的角度去定义"代表性体积单元";②当多相树脂体系复合材料微观结构内的组成物的分布不均匀时,"代表性体积单元"必须足够大,以确保它的有效性;对于给定的复相高分子材料体系,在确定"代表性体积单元"时必须遵循"连续性"、"特征性"和"相似性"等几个原则:

(1) 连续性原则:RVE 的尺度必须大于微结构内异质体之间的最小尺度 1,同时小于微结构达到各向同性下的尺度;

(2) 特征性原则:定义的 RVE 必须能够反映微观组织结构的主导性特征;

(3) 相似性原则:必须根据微观组织结构组成物的实际几何构造、空间取向等构造 RVE,并以此计算 RVE 的响应,包括几何相似,取向相似,边界状态相似,相结构相似,缺陷结构相似。

采用 ProDesign 软件构造该 PAEK/EP 复相高分子体系的微观结构,表 7 - 3 给出了不同组分比材料在 $8\mu m \times 8\mu m \times 8\mu m$ 立方体单元(RVE)中的重构结果。对比表 7 - 3 和表 7 - 4 的结果可以看出,"虚拟"重构模型的平均尺寸与实测尺寸基本吻合,同时重构的尺寸范围包含了实测尺寸的 0.95 正态分布置信区间,确保了重构的精确性和逼真性,同时也说明了选择 $8\mu m \times 8\mu m \times 8\mu m$ 立方体单位作为

"代表性体积单元"是合理的。以上结果为研究增韧树脂体系的结构—性能关系奠定了基础。

表 7 - 3　不同配比 PAEK/EP 模型体系的 ProDesign 重构结果(李旭东)

PAEK 含量	颗粒数/个	平均尺寸/μm	尺寸范围/μm	体积分数/%	界面厚度/μm³	含界面体积分数/%
25 份	109	1.9	1.2 ~ 2.65	73.82	—	—
25 份(+)	109	1.9	1.2 ~ 2.65	73.61	0.12	91.50
30 份	373	1.6	0.7 ~ 2.5	73.04	—	—
30 份(+)	373	1.6	0.7 ~ 2.5	73.04	0.1	89.87
40 份	452	1.2	0.7 ~ 1.7	70.47	—	—
40 份(+)	452	1.2	0.7 ~ 1.7	71.3	0.08	89. 44
50 份	782	1.0	0.5 ~ 1.5	70.95	—	—
50 份(+)	782	1.0	0.5 ~ 1.5	69.15	0.06	88.66

注: 1. 体系类别中(+)表示有包覆层;

　　2. 基体份数及含界面体积分数包括超出立方体的部分;

　　3. 界面厚度为假定值

作为例子,图 7 - 27 给出无热塑性包覆层的 30 份 PAEK/EP 体系的微观结构样本,"虚拟"生成了位于 $8\mu m \times 8\mu m \times 8\mu m$ 立方体中的 373 个 EP 球形颗粒,其平均粒径 $1.6\mu m(0.7\mu m ~ 2.5\mu m)$,其体积分数为 73.04%(包括超出立方体的部分)。图 7 - 28 给出了对图 7 - 25(b)中粒径进行测量的统计分布直方图,图7 - 29则给出了粒径与粒距分布图,可以看出,结构单元内模拟生成的粒径分布为正态分

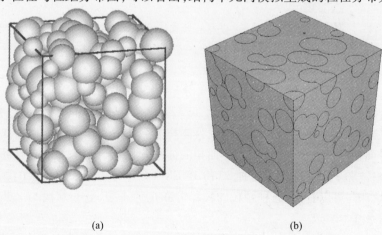

(a)　　　　　　　　　　　　　(b)

图 7 - 27　无热塑性包覆层 30 份 PAEK/EP 复相体系微观结构的计算机仿真图(李旭东)

(a) 计算机仿真图;(b) Abaqus/CAE。

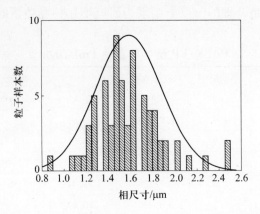

图 7 - 28　实测的 30 份 PAEK/EP 体系的粒径分布直方图

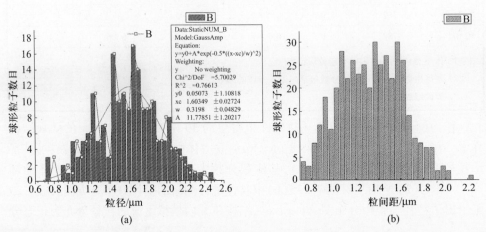

(a)　　　　　　　　　　　　　　　(b)

图 7 - 29　模拟的 30 份 PAEK/EP 无热塑性包覆层颗粒的粒径与粒距分布图(李旭东)

(a) 粒径分布图；(b) 粒距分布图。

布,分布状况与实测的粒径分布基本一致。

　　图 7 - 30 给出有热塑性包覆层的 30 份 PAEK/EP 体系的 RVE 微观结构样本。在 $8\mu m \times 8\mu m \times 8\mu m$ 的立方体中生成了 373 个含有热塑性界面相的球形颗粒,颗粒平均粒径 $1.6\mu m(0.7\mu m \sim 2.5\mu m)$,其体积分数 72.716%(包括超出立方体的部分),界面相厚度为 $0.1\mu m$,含有界面相的体积分数 89.874%(亦包括超出立方体的部分)。图 7 - 31 给出了这种 30 份 PAEK/EP 含有热塑性包覆层的颗粒粒径与粒距分布图,可以看出,这种颗粒的粒径分布也为正态,分布状况与无热塑性包覆层的体系基本一致。

　　网格划分是采用仿真技术模拟多相体系力学响应与微观结构失效行为的数值计算基础。为了得到理想的网格单位,网格划分常遵循以下原则:

　　(1) 对于已建立的几何模型,首先分配合适的全局种子密度;

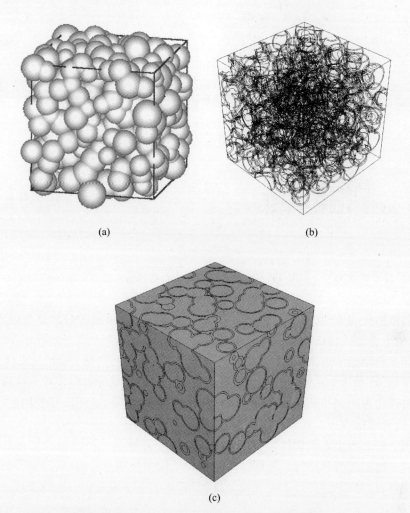

(a)

(b)

(c)

图 7-30　有热塑性包覆层 30 份 PAEK/EP 体系微观结构的计算机仿真图(李旭东)

(a) 计算机仿真图；(b) 过渡层仿真图；(c) Abaqus/CAE。

（2）由于几何模型较为复杂，所以一般仅支持四面体网格的类型，同时注意其附选项，以保证边界的种子与网格的一致性；

（3）在对复杂模型进行网格划分时，一般不直接划分，而是先对几何模型的内外表面划分；

（4）如果表面的网格一次划分成功(图像显示为白色)，则进而继续划分；若有部分边界面不能进行表面划分，则需要保留相关的集合设置；

（5）对于未能划分的表面几何，使用显示组对其进行单独显示，对显示的未能划分的集合，可采用以下措施：①利用修复部件工具，对未能划分的集合进行边、面的修复(包括连接离散的小边、小面或删除多余的边、面)；②对未能划分的集合，

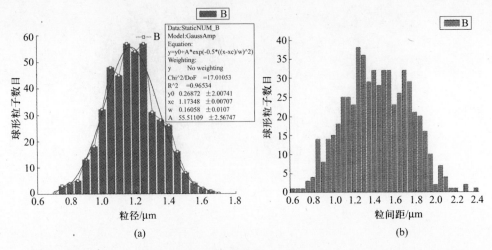

图7-31 模拟30份PAEK/EP有热塑性包覆层颗粒结构的粒径与粒距分布图(李旭东)

(a) 粒径分布图; (b) 粒距分布图。

进行虚拟拓扑的处理(主要是删除集合内多余的点、边、面);③对修复或处理好的集合,赋予更细的网格密度,使网格在局部细化;

(6) 利用显示组工具,还原几何模型,删除已划分的网格,再重新执行(4)以后的操作,直到这个几何模型网格可以划分为止。网格划分有时很难一次成功,有时会出现边界面网格(白色)与几何实体网格共存的现象,这还需要利用显示组工具,对边界网格进行二次划分,从而得到几何实体网格。

图7-32给出无热塑性包覆层30份PAEK/EP体系的微观结构网格划分图,图7-33给出含有热塑性包覆层体系的微观结构网格划分。可以看到所划分的网格衔接性好,界面处过渡均匀,无奇异性网格,达到了三维几何自适应程度。

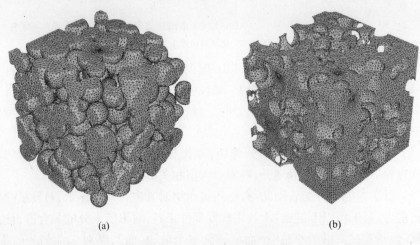

(a)　　　　　　　　　　　　(b)

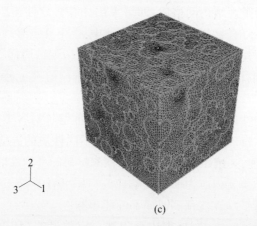

图 7 - 32　30 份 PAEK/EP 无热塑性包覆层体系微观结构网格划分（李旭东）
(a) 颗粒相；(b) 基体相；(c) 整体。

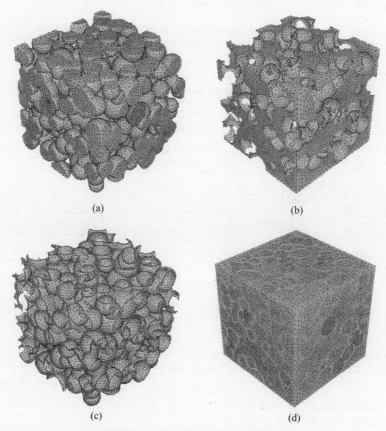

图 7 - 33　30 份 PAEK/EP 有热塑性包覆层体系的微观结构网格划分（李旭东）
(a) 富热固颗粒相；(b) 富热塑基体相；(c) 保护层；(d) 整体。

在获得复相体系的微观结构网格后,即可采用计算机软件预测其冲击韧性等性能。在多相树脂体系复合材料的力学性能预测中,以下几点必须注意:

(1)性能预测必须建立在计算机仿真的复相体系微观结构样本上;

(2)必须根据复相体系基体材料性能与增强颗粒的性能预测复合材料的性能;

(3)在复相体系的性能预测中,ProForecast 软件能够针对各类异质体材料,在划分出的网格的基础上自动识别异质体几何,进行不同性质的异质体之间的均匀化(Homogenization)处理,并按照体积平均概念预测材料的平均性能;

(4)依据当地网格单元内应力—应变响应的有限元计算结果,在后处理中按照体积平均的概念进行平均性能预测或局部性能预测;

(5)由于网格数量比较大,网格群内会出现一定数量的"计算奇异性单元",应依据连续介质的基本概念合理地处理了这些"计算奇异性单元"。

取热塑性 PAEK 树脂的弹性模量为 3899MPa,热固性 EP 树脂颗粒的弹性模量为 2785MPa,泊松比均取作 0.35,运用 ProForecast 软件的技术流程以及对"计算奇异性单元"的处理流程图见图 7 – 34 与图 7 – 35。

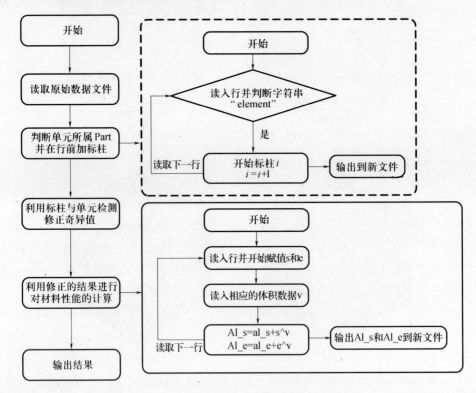

图 7 – 34　ProForecast 计算流程图(李旭东)

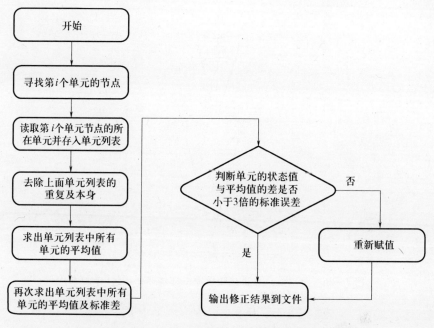

图 7 - 35　处理"计算奇异性单元"技术路线图(李旭东)

冲击韧性指材料在冲击荷载作用下吸收性变形功和断裂功的能力,通常用标准试样的冲击吸收功表示。根据 GB/T 2571—1995,摆锤冲击试样中心时的冲击速度为 2.9m/s,冲击后消耗的能量约在摆锤初始能量 10% ~85% 范围内。据此选定 5J 的摆锤,摆锤按照现在市场上较常见的简支梁式摆锤冲击试验机,同时参考国家标准[25,26,27],确定摆锤的质量为 1.189kg。标准试样的冲击断裂截面积 $A = 8mm \times 15mm = 120mm^2$。在本次模拟中,采用动态分析显示求解,根据不同条件下材料的韧性增大的客观条件,适当的调整冲击时间,以控制消耗的能量。图7 - 36 给出了标准缺口冲击试验中冲击摆锤部分几何尺寸,图 7 - 37 给出了标准缺口冲击试验中冲击体的几何、尺寸以及采用的数值计算网格。为了使计算精确,缺口尖端进行了网格细化,并将其约束为固定的单元个数,这里采用的是 C3D8R 的单元类型。

表 7 - 4 给出了不同配比复相体系的输入参数,图 7 - 38 以 30 份 PAEK/EP 体系为例,给出了冲击韧性计算过程中的 Mises 应力分布及动能与时间的关系图。表 7 - 5 和图 7 - 39 给出了冲击韧性计算的结果,可以看出,20 份 PAEK 时的计算误差为 -30.54%,计算值和试验测试数据相差较大,这主要是 20 份 PAEK 的树脂体系尚未完全相反转(图 7 - 40),体系的相结构仍以富热固相为三维骨架,而骨架间隙中填充了被热塑性皮层包裹的热固性球状颗粒(图 7 - 40(a)),而在建模时并没有完全考虑到这一实际物理过程,给计算结果带来了误差;而当树脂体系完全相

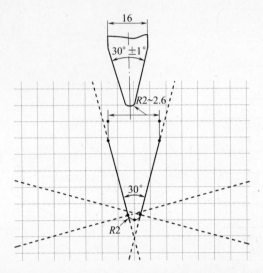

图 7-36 标准缺口冲击试验中冲击摆锤部分几何(李旭东)

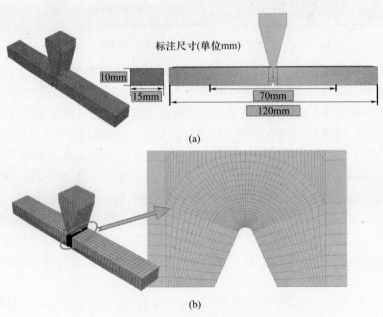

标注尺寸(单位mm)

(a)

(b)

图 7-37 标准缺口冲击试验的试样几何尺寸(a)及
冲击试验系统数值计算网格(b)(李旭东)

反转后,亦即形成建模时所用的连续富热固性颗粒填充网格状的富热塑性骨架结构时,预测误差急剧降低,体系在 25 份、30 份及 40 份 PAEK 时的预测误差绝对值均小于9%,预测值与实测值基本吻合;当体系热塑性含量增加到 50 份 PAEK 时,预测误差又达到10%以上,这主要是因为随着热塑性树脂含量的增加,体系黏度

286

也随之增加,给浇注体的制备带来困难,同时也增大了测试数据的分散性,因而也造成了预测误差的增加。

表 7-4   不同配比 PAEK/EP 体系冲击韧性预测输入参数(李旭东)

PAEK 含量	密度/(g/cm³)	弹性模量/MPa	泊松比	冲击时间/s
20 份	1.232	3229.60	0.349	1.0×10^{-3}
25 份	1.231	3208.49	0.349	13×10^{-3}
30 份	1.232	3189.39	0.349	15×10^{-3}
40 份	1.235	3194.74	0.349	16×10^{-3}
50 份	1.235	3179.11	0.349	14×10^{-3}

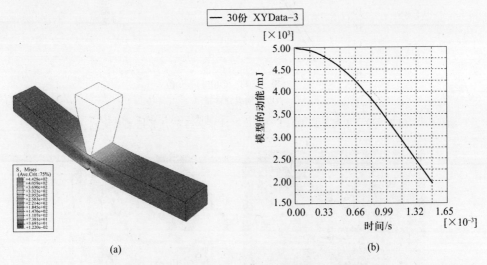

(a)   (b)

图 7-38   30 份 PAEK/EP 体系的冲击韧性计算(李旭东)
(a) Mises 应力分布; (b) 冲击过程模型动能—时间关系。

表 7-5   不同配比 PAEK/EP 体系冲击韧性计算结果与实测值的对比(李旭东)

PAEK 含量	摆锤动能变化			冲击韧性(a_k)值		
	初始最大值/mJ	完成最小值/mJ	耗能比/%	预测值/(kJ/m²)	实测值/(kJ/m²)	预测误差/%[①]
20 份	4999.75	3350.30	32.99	13.74	19.78	-30.54
25 份	4999.75	2499.21	50.01	20.84	22.72	-8.27
30 份	4999.75	1929.70	61.44	25.6	26.09	-1.88
40 份	4999.75	1109.08	67.34	28.06	26.07	7.63
50 份	4999.75	2211.23	55.77	23.04	20.44	12.72
① 预测误差为:(预测值—实测值)/实测值						

由表 7-5 和图 7-39 还可以看出,随着热塑性 PAEK 含量的增加,预测误差由负数变为正数,绝对值由大变小再变大,也就是说在 PAEK 含量较低时,预测值小于实测值,而当 PAEK 含量较大时,预测值则大于测试值。产生这一现象的主要原因可能是与两相的界面面积及界面能相关,而两相的界面能与两相的内聚能均难以测量,因此会给预测带来不确定因素,导致预测的不准确性。

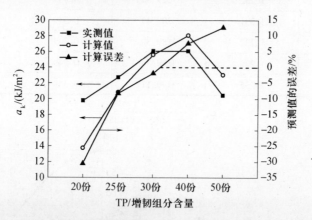

图 7-39 不同配比 PAEK/EP 体系冲击韧性的计算结果与实测值

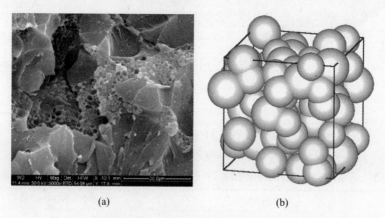

(a) (b)

图 7-40 20 份 PAEK/EP 模型体系实际相结构与计算机仿真图对比

(a) 断口形貌;(b) 计算机仿真图(李旭东)。

参 考 文 献

[1] Soutis C, Curtis P T. Prediction of the post-impact compressive strength of CFRP laminated Composites[J]. Composites Science and Technology. 1996,56:677-684.

[2] ASTM Designation: D 6264-98. Standard Test Method for Measuring the Damage Resistance of a Fiber-Rein-

forced Polymer-Matrix Composite to a Concentrated Quasi-Static Indentation Force[S]. 1998.

[3] JACKSON W C, POE C C Jr. Proceedings of the Ninth DOD/NASA/FAA Conference on Fibrous Composites in Structural Design, Report No. DOT/FAA/CT – 92/25, Ⅱ, September 1992, 981 – 998.

[4] Sjöblom P O, Hartness J T, Cordell T M. On low-velocity impact testing of composite materials. Journal of Composite Materials 1988, 22(1): 30 – 52.

[5] Ishikawa T, Aoki Y, Suemasu H. PURSUIT OF MECHANICAL BEHAVIOR IN COMPRESSION AFTER IMPACT(CAI) AND OPEN HOLE COMPRESSION(OHC). Proceeding of ICCM – 15, 2005, Durban, S. Africa.

[6] 程小全, 寇长河, 郦正能. 低速冲击后复合材料层合板的压缩破坏行为[J]. 复合材料学报 2001, 18(1): 115 – 119.

[7] 李旭东. 针对多相树脂体系的模拟与计算的若干基本问题. 中国国防科技报告, 2008, 8.

[8] David S. McLachlan, Michael Blaszkiewicz and Robert E. Newnham. Electrical resistivity of composites. J. Am. Cerm. Soc., 1990, 73(8): 2187 – 2203.

[9] 安学锋. "离位"增韧的材料学模型与应用技术研究[T]. 北京: 北京航空材料研究院博士后出站报告, 2006.

[10] Bibo G, Leicy D, Hogg P J, Kemp M. High-temperature damage tolerance of carbon fibre-reinforced plastics, Part 1: Impact characteristics. Composites 1994, 25(6): 414 – 424.

[11] Dorey G. Impact damage in composites-development, consequences and prevention. Proceedings of ICCM – VI and ECCM 2. 1987, 3: 1 – 26.

[12] Leach D C, Curtis D C, Tamblin D R. Delamination behavior of carbon fiber/poly(etheretherketone)(PEEK) composites. Toughened Composites, ASTM STP 937, N J Johnston Ed. American Society for Testing and Materials. Philadelphia, 1987, 358 – 380.

[13] Yi Xiao-Su, An X. Effect of Interleaf Sequence on Impact Damage and Residual Strength in a Graphite/epoxy Laminate. J. Mater. Sci. Letters. 22(2003): 1763 – 1765.

[14] CANTWELL W J, MORTON J. The impact resistance of composite materials-a review[J]. Composites, 1991, 22(5): 347 – 362.

[15] 益小苏. 复合导电高分子材料的功能原理[M]. 北京: 国防工业出版社, 2004.

[16] 陶小乐. 复合材料在压力场、温度场作用下的外场响应及工程运算[T]. 杭州: 浙江大学硕士学位论文, 2000.

[17] 益小苏, 廖建伟, 宋义虎. 测试导电材料结构的电学测试方法[P]. 申请日: 98.12.25, 公告日: 99. 09.15.

[18] (1)沈烈, 益小苏. 一个单向碳纤维增强树脂基复合材料导电结构模型[J]. 复合材料学报, 1998, 15: 66 – 70; (2)宋义虎, 郑强, 潘颐, 益小苏. 单轴压力对高密度聚乙烯/碳黑导电复合材料电阻特性的影响[J]. 高等学校化学学报, 21(2000)3: 475/478; (3)X ZHANG, Y PAN, Q Zheng, Xiao-Su YI. Time dependence of piezoresistance for the conductor-filled polymer composites[J]. J. Polym. Sci.: Part B: Polym. Phy. 38(2000): 2739 – 2749; (4)Zheng Q, Song Y, Yi Xiao-Su. Piezoresistive Properties of HDPE/Graphite Composites[J]. J. Mater. Sci. Letters, 18(1999)1: 35 – 37.

[19] 沈烈. 高分子复合材料的导电结构与性能[T]. 杭州: 浙江大学博士学位论文, 1999.

[20] 宋义虎, 郑强, 益小苏. 高密度聚乙烯/石墨半导体复合物的压阻特性[J]. 复合材料学报, 1999, 16 (2): 46 – 51.

[21] Xiao-Su YI, Hu Y, Tao X. Preliminary study on Simultaneous Measuring the Force-Depth-Piezoresistance Relation of Carbon Fiber Polymer Composites under Quasi-static Indentation Conditions. J. of Mater. Sci. Let-

ters,2001,20(18):1725 – 1728.

[22] 陶小乐,胡永明,益小苏.碳纤维复合材料层板在准静态球头压入条件下的压入深度—压力—电阻性质.材料工程(J. Of Mater. Engr.),2001,215(4):19 – 21.

[23] 益小苏,王炳喜.复合材料阻—容—温度—压力的同步在线测定方法[P].申请日:96.05.31,公告日:97.02.12.

[24] 张明,安学锋,唐邦铭,益小苏.增韧环氧树脂相结构[J].复合材料学报,2007,24(1):13 – 17.

[25] (1)GB/T 1043—2008.硬质塑料简支梁冲击试样方法[S].中华人民共和国国家标准.

[26] GB/T 1843—2008.塑料悬臂梁冲击试样方法[S].中华人民共和国国家标准.

[27] 徐桂芹.仪器化冲击仪在聚合物材料中的应用[A].2009 年中国工程塑料复合材料技术研讨会论文集[C].张家界,2009,7:283 – 287.

第8章 RTM液态成型树脂与"离位"RTM注射技术

树脂转移模塑(Resin Transfer Molding,RTM)液态成型技术是国内外近10多年来航空结构复合材料技术发展的重点。关于RTM成型技术的一般性描述可参考有关文献[1,2]。

发展RTM工艺技术的首要条件、或者说,一个限制性因素是所谓的"RTM基体树脂"(或适合RTM成型工艺的专用树脂,"RTMable Resin")。对RTM基体树脂工艺性的要求可概括如下[3]:

(1)黏度:树脂黏度范围是0.1 Pa·s~1.0 Pa·s,一般希望在0.2 Pa·s~0.3 Pa·s之间(图8-1),真空模塑最好低于0.2Pa·s。如果树脂黏度太高,注射时需要较大的注射压力,增强体纤维容易被冲刷错位,同时树脂对纤维浸润速度慢,不利于空气排出;如果黏度太小,树脂可能在浸润纤维束之前就充满模腔,导致制品中的疏松缺陷。

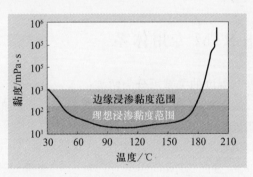

图8-1 典型RTM树脂的工作黏度范围

(2)树脂体系应具有较长的工艺适用期,在模腔充满之前不能固化,以利于大型制品的成型。

(3)树脂体系应有良好的固化反应性,固化时放热少,固化温度不应过高,且有适宜的固化速度,从凝胶化到固化及脱模的时间短,减少模具占用时间,提高生产效率。

(4)树脂体系应具备低挥发分,固化过程中不产生气体副产物,避免由此产生空隙,影响制品性能。

（5）树脂体系应与增强材料良好匹配，以确保树脂和纤维之间具有良好的浸润性和粘结强度，保证制品的性能。

（6）树脂固化时收缩率要低，以保证制品的尺寸精度和表面质量，并防止产生收缩应力，诱导产生空隙和开裂等。

（7）树脂的性能，如强度、模量、韧性、断裂延伸率、耐温和耐环境老化等方面，还应满足制品使用的技术要求。

RTM 成型工艺技术的关键是在注射阶段树脂保持稳定的低黏度和长适用期，以减少浸润、浸渍和充模缺陷；而当充模完成后，热固化反应的速度应快，时间应短，且固化反应的温度应比较低，以体现 RTM 成型工艺低成本的优越性。如何解决这对矛盾，正是目前 RTM 成型工艺用高性能基体树脂研究的方向之一。

目前国际上高性能航空结构件专用 RTM 树脂已初步形成体系，特别是环氧树脂、双马来酰亚胺树脂和氰酸酯树脂等，RTM 专用聚酰亚胺树脂还处在研发阶段[4]。这些树脂的耐温等级叠加起来已能覆盖一个较宽的应用温度范围，其工艺性能和使用力学性能基本满足应用要求。在我国国内，航空结构用 RTM 专用树脂体系还在建设和完善过程当中，本章主要介绍有关进展。针对航空复杂结构件的 RTM 注射成型工艺，本章还研究探讨了一个独特的新技术，即"离位" RTM 注射技术。

8.1 环氧树脂 RTM 专用体系[5]

环氧树脂按黏度与温度的关系可分为两类：

（1）树脂室温下黏度较高，其 RTM 成型工艺需要在较高的温度下进行，通常是单组分。这类树脂的固化剂一般是改性的胺类化合物。由于这类树脂使用温度较高，符合航空复合材料的发展需要，20 世纪 80 年代以来，这类树脂发展较快，Ciba-Geigy，Dow Chemicals，Shell Development 和 3M 公司等都对这类 RTM 工艺用的环氧树脂进行了大量的研究，主要目标是研究既有良好的加工性能，又具有较高的耐湿热性能的环氧树脂。Ciba-Geigy 公司在成熟的预浸料树脂体系 TGMDA/DDS 的基础上，开发出了 LSU940/XU205 新体系，它适合于 RTM 成型工艺。这个 RTM 改性体系的基本力学性能与预浸料树脂体系 TGMDA/DDS 基本相当，这两个树脂体系都可应用于航空制件。在典型航空复合材料制件中，最具有代表性的 RTM 树脂是 3M 公司研制的 PR 500 环氧树脂体系，该树脂已被 F-22 和先进武装直升机 RAH-66 等所采用，它不仅具有良好的 RTM 复合材料成型工艺性，而且具有较高的复合材料压缩性和较好的复合材料韧性。这三种树脂的各项性能见表 8-1。

表 8 – 1　典型航空结构用 RTM 环氧树脂的基本性能(文献)

性　能	TGMDA/DDS	LSU940/XU205	PR 500
拉伸强度/MPa	59	55	56
拉伸模量/GPa	3.74	3.24	3.6
弯曲强度/MPa	91	138	127
弯曲模量/GPa	3.44	3.41	3.5
玻璃化转变温度/℃	240	190	200
吸水率/%	—	—	1.56
断裂伸长率/%	—	—	1.9
工作黏度/mPa·s	—	—	≤450
工艺温度/℃	—	—	105
适用期/h	—	—	8

(2) RTM 用环氧树脂的成型温度一般不大于 40℃,室温下黏度较小,通常是双组分的,由环氧树脂和室温下黏度较小的固化剂研制而成。这类树脂体系的典型代表为 CYTEC 公司的 CYCOM 823[6]。CYCOM 823 树脂的供应状态为双组分,适用期无限长;当树脂各组分充分混合后,树脂体系室温下黏度较小(室温下的初始黏度为 250mPa·s,最小黏度达 20mPa·s);可室温注射,室温下适用期约为 4 天~5 天。CYCOM 823 树脂对碳纤维、玻璃纤维、芳纶纤维都具有良好的匹配性,可用于航空领域如复合材料桨叶 RTM 制造等航空动部件上。

以中温固化(120℃)的 RTM 专用环氧树脂为目标,我们研制开发了一种高性能的树脂体系[5],牌号 3266。3266 的设计原则是选择相对分子质量小的树脂以达到 RTM 工艺的低黏度,而树脂体系的高韧性则是通过固化后树脂网络的韧性设计来实现。为此,首先选用相对分子质量较小的间位型缩水甘油醚环氧和间位型缩水甘油酯环氧为基础,这些环氧树脂的室温黏度较低,另外,又配以液体的酸酐类固化剂进一步降低体系的黏度。由高分子物理的基本理论可知,在分子其他结构相同的情况下,间位型高聚物由于极限特征比 C_∞ 较对位高聚物小[7],故分子链较柔顺,得到的材料断裂伸长率较大,韧性较好,而直链型的高聚物的模量较高、断裂伸长率较小。因此,在间位型环氧中加入一部分直链型环氧 830,通过间位和直链环氧的合理搭配,在模量较高的前提下,提高了体系的伸长率,进而提高了树脂体系的韧性。经合理的配方设计与反复试验,得到了这个中温固化的 RTM 用环氧树脂体系。

在升温速率 2℃/min 的条件下,3266 环氧树脂的黏—温关系曲线如图 8 – 2(a)所示。在 20℃~50℃温度范围内,分别选取 23℃、30℃、40℃、50℃等 4 个实验点,测定不同时刻树脂的黏度,结果如图 8 – 2(b)所示。由图可见,树脂在 23℃的初始黏度为 281mPa·s,升温到 50℃,树脂的黏度迅速下降到约 64.9mPa·s。
3266 树脂体系在较低温度条件下的注塑时间窗口很长,在室温(近似约 30℃ 的)
条件下,其低于 250mPa·s 的时间长达 12h,能够满足大型复合材料构件 RTM 长
时间注塑的要求。在低于 150mPa·s 的黏度条件下,其反应时间窗口也可以长达
约 10h(40℃ 注塑)。这个结果显示了 3266 树脂良好的 RTM 工艺适用性。

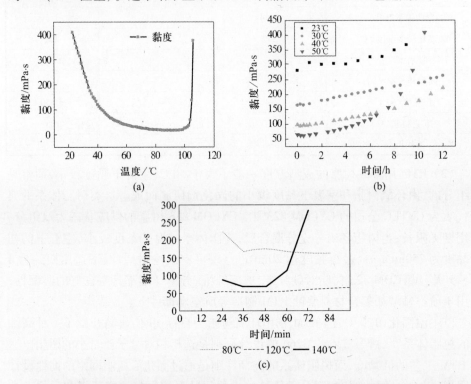

图 8-2 3266 环氧树脂的黏—温曲线(a),黏—时曲线(b)及 RTM 6 树脂的黏—时曲线(c)

图 8-2(c)还列举了国际名牌树脂 RTM 6 的黏度—时间曲线[8](文献),这个
高温固化 RTM 专用环氧树脂被广泛应用在空中客车公司的飞机体系里。与此相
比,3266 的黏度特性毫不逊色。为了进一步将 3266 的黏度特性与国际同类树脂
进行对比,又以 CYCOM 823 RTM 为参考系。CYCOM 823 是 120℃ 下使用的树脂
体系,其目标特性与 3266 相似,但使用温度等级稍高。3266 和 CYCOM 823 在
40℃ 条件下的黏度均约等于 100mPa·s,两者均在约 100℃ 条件下达到黏度的极小
值。3266 在 80℃ 条件下的黏度约等于 25mPa·s,而 CYCOM 823 在同样条件下的
黏度约等于 20mPa·s,两者基本相同。这个比较显示了 3266 树脂体系良好的
RTM 工艺适用性,以及它与国际标准材料的符合程度。

为了更加形象直观地说明黏度、温度、时间这三者的关系,同时也为了工程应
用的方便,作黏度等高线(等黏度)处理,便得到图 8-3 的时间—温度—等黏度曲

线,图上每条线上的数字代表对应的黏度(单位 mPa·s)。

由 3266 树脂的动态黏度曲线及 DSC 曲线分析可知,树脂在 30℃ ~ 80℃之间性能稳定而且反应放热曲线比较平缓,因此在理论上其中的任何一个温度点都有可能成为 RTM 的注胶温度,但必须以树脂黏度、适用期以及成型周期作为 RTM 成型工艺点的选择基础,因此确定低黏度平台的黏度要求分别为 500mPa·s、400mPa·s、300mPa·s、200mPa·s、100mPa·s 及 50mPa·s,由模型方程对 3266 树脂的工艺窗口(低黏度平台时间)进行了预报,结果列于表 8-2。

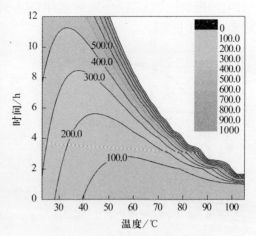

图 8-3 3266 环氧树脂的时间—温度—等黏度曲线

表 8-2 环氧 3266 树脂体系 RTM 工艺窗口预报

时间/h		黏度/(mPa·s)					
		≤500	≤400	≤300	≤200	≤100	≤50
温度/℃	50	9.24	8.31	7.11	5.43	2.55	—
	60	6.69	6.15	5.45	4.48	2.80	1.12
	70	4.77	4.44	4.02	3.43	2.43	1.41
	80	3.39	3.19	2.92	2.55	1.94	1.31
	90	2.41	2.28	2.12	1.89	1.49	1.10
	100	1.73	1.65	1.54	1.39	1.13	0.87
	110	1.25	1.20	1.13	1.02	0.85	0.68

对于高纤维体积含量($55\% < V_f < 65\%$)、树脂难于浸渍的编织复合材料制品而言,根据上述研究结果,综合考虑低黏度和低黏度保持时间的要求,基本可以确定 3266 树脂适宜的 RTM 注射温度为室温至 50℃。在这个温度条件下,树脂的开放时间可以大于 12h。

将 3266 树脂按 80℃/6h + 120℃/12h 固化,计算得到的的固化度变化见图 8-4。在这个条件下,3266 树脂浇注体的力学性能见表 8-3,由表可见,3266 树脂浇注体的力学性能优良,其基本力学性能已达到美国 CYTEC 公司同级别的 CYCOM 823 RTM 树脂和 Hexcel 公司名牌产品 RTM 6 的性能指标(文献值),某些性能如弯曲性能等还要高些。图8-5是3266树脂体系的一条典型拉伸应力—应变曲线,它的断裂伸长率高达6.5%,与RTM6环氧树脂3.4%的断裂伸长率相比,3266树脂的韧性非常好。

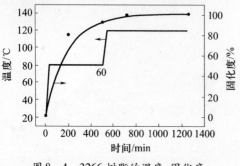
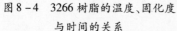

图8-4　3266树脂的温度、固化度与时间的关系

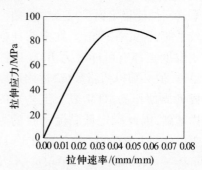

图8-5　3266树脂的拉伸曲线

表8-3　3266树脂浇注体的性能与对比

测试项目	3266实测数据	CYCOM 823 RTM	RTM 6(Hexcel)
密度/(g/cm³)	1.2	1.23	1.14
拉伸强度/MPa	80.58	80	75
拉伸断裂应变/%	6.5	—	3.4
拉伸模量/GPa	3.47	2.9	2.8
弯曲强度/MPa	151.4	144	132
弯曲模量/GPa	3.77	3.4	3.3
干态 T_g/℃	120(DSC)	125	—

在80℃/6h+120℃/12h的固化条件下,T300/3266复合材料固化后的玻璃化转变温度约为120℃,达到中温体系的耐温要求。对固化的复合材料水煮老化48h,再在75℃条件下测得复合材料的层间剪切强度约为45MPa;仅仅80℃/6h固化而没有120℃后处理12h的复合材料试样在同样的老化后,在75℃时已软化,完全测不出其剪切强度,说明后处理对完善固化树脂的结构,提高性能十分必要。据此,确定3266复合材料的固化工艺为80℃/4h+120℃/12h。

选用RTM工艺常用的单向碳纤维织物G827和碳纤维缎纹织物3186作为增强体,制备试验层合板,板厚2mm、纤维体积分数55%左右。经超声C扫描检验和随机剖面显微照片(图8-6),发现3266树脂对纤维织物的浸润性良好。复合材料的主要力学性能测试结果见表8-4~表8-9。

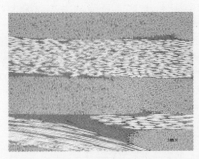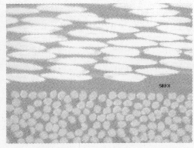

图 8 - 6　3186/3266 复合材料层合板的随机取样显微照片

表 8 - 4　G0827 单向碳布/3266 复合材料板材的测试结果

试验项目	-55℃（典型值/标准差）	RT（典型值/标准差）	75℃（典型值/标准差）
纵向拉伸强度/MPa	1380/200	1639/50.8	1299/78.5
纵向拉伸模量/GPa	109/17.0	116/19.5	104/2.49
横向拉伸强度/MPa	55.0/1.30	59.6/4.14 56.7/4.97	40.4/9.94 55.4/1.88
横向拉伸模量/GPa	10.4/1.50	7.63/0.111 6.81/0.410	6.96/0.311
断裂伸长率/%	1.27	1.41	1.25
主泊松比	0.310/0.033	0.328/0.007	0.347/0.027
纵横剪切强度/MPa	119/5.4	103/2.59	80.5/2.91
纵横剪切模量/GPa	4.58/0.80	3.78/0.18	3.44/0.09
纵向压缩强度/MPa	1200/40	938/288 1050/170	967/90
纵向压缩模量/GPa	105/4.30	105/7.92 113/7.35	126/5.10
横向压缩强度/MPa	275/3.00	193/9.78	121/12.1
横向压缩模量/GPa	10.7/0.73	9.38/0.69	7.81/0.85
纵向弯曲强度/MPa	1930/88.8	1580/39.1 1698/73.5	1300/23.0
纵向弯曲模量/GPa	113/2.80	103/4.67	107/1.61

表 8 – 5　G0827 单向碳布/3266 复合材料板材的拉伸疲劳测试结果

序　号	S_{max}/N	N	序　号	S_{max}/N	N
1	1200	1000000	3	1300	7913
2	1150	498608	4	1050	1000000
注:$S_{min} = 0.1 \times S_{max}$					

表 8 – 6　G0827 单向碳布/3266 复合材料板材的弯曲疲劳试验测试结果

序号	试样面积/mm²	加载系数	应力比	应力幅/MPa	平均应力/MPa	循环周期	断口情况
1	60.07	0.70	1.61	0.56	0.91	1000000	未断，停试
2	60.45	0.80	1.86	0.64	1.04	10475	破断
3	59.56	0.75	1.71	0.60	0.98	263637	破断
4	60.22	0.85	1.96	0.68	1.11	21774	破断

表 8 – 7　3186 缎纹碳布/3266 复合材料板材的测试结果

试 验 项 目	−55℃(典型值/标准差)	RT(典型值/标准差)	75℃(典型值/标准差)
纵向拉伸强度/MPa	730/52.0	774/59.9	757/34.1
纵向拉伸模量/GPa	82.3/8.10	69.2/2.22	77.1/1.04
横向拉伸强度/MPa	657/37.0	557/26.2	491/32.9
横向拉伸模量/GPa	49.4/5.20	60.7/2.41	56.6/1.06
断裂伸长率/%	0.89	1.11	0.98
主泊松比	0.060/0.008	0.0681/0.003	—
纵横剪切强度/MPa	114/9.5	108/3.00	81.8/2.02
纵横剪切模量/GPa	4.57/0.18	5.20/0.33	3.71/0.17
纵向压缩强度/MPa	587/28	552/35.0 528/63.0	523/28
纵向压缩模量/GPa	62.6/6.00	67.0/2.92 61.6/6.10	63.0/4.60
横向压缩强度/MPa	576/43.0	531/29.9 541/39.0	498/50.0
横向压缩模量/GPa	60.8/4.10	60.4/3.67 63.3/4.70	71.8/6.60
纵向弯曲强度/MPa	865/69.0	979/46.4	713/50.2
纵向弯曲模量/GPa	59.9/2.20	63.0/2.16	70.1/5.07

表8-8　3186缎纹碳布/3266复合材料板材的拉伸疲劳试验测试结果

序 号	S_{max}/N	N	序 号	S_{max}/N	N
1	580	23079	4	620	11770
2	500	1000000	5	660	1577
3	540	168200			

注:$S_{min}=0.1\times S_{max}$

表8-9　3186缎纹碳布/3266复合材料板材的弯曲疲劳试验测试结果

序号	试样面积/mm²	加载系数	应力比	应力幅/MPa	平均应力/MPa	循环周期	断口情况
1	90.35	0.60	1.53	0.28	0.46	1000000	未断,停试
2	89.55	0.70	1.78	0.33	0.54	377904	意外终止
3	87.32	0.65	1.60	0.31	0.50	1000000	未断,停试
4	90.24	0.80	2.06	0.38	0.62	83706	破断
5	89.82	0.70	1.79	0.33	0.54	1000000	未断,停试
6	89.58	0.85	2.17	0.40	0.66	13849	破断
7	89.87	0.75	1.90	0.35	0.58	88874	破断

为了考察3266树脂的湿热老化性质,图8-7中给出干态和湿态G827/3266复合材料的层间剪切强度随测试温度的变化规律,并将它们与几种典型中温固化环氧树脂复合材料的类似干、湿态层间剪切强度进行了对比[9]。作为对比的基准,位于图8-7上方的数据点是干态结果,下方的为湿热后的结果,图上方的实线和深色虚线为G827/3266的结果。对比发现,G827/3266的干态层间剪切强度随测试温度的变化规律与这三种典型中温树脂复合材料基本相当,而湿热性能的变化趋势明显优于这些复合材料。G827/3266经10℃水煮48h后,71℃的层间剪切强度保持率约为50%左右。3266复合材料进一步的湿热老化性能数据和盐雾老化性能数据见表8-10和表8-11。

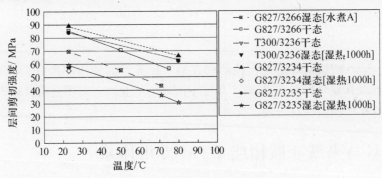

图8.7　干、湿态G827/3266复合材料的层间剪切强度随测试温度的变化规律,及与几种典型中温固化环氧树脂复合材料的对比

表 8-10 3266 复合材料的湿热性能测试结果

材　料	试　验　项　目	*RT*(典型值/标准差)	75℃(典型值/标准差)
G0827/3266	纵向弯曲强度/MPa	1470/48.8	1125/110 1070/32.5
	纵向弯曲模量/GPa	105/5.24	93.2/5.58 105/1.58
	层间剪切强度/MPa	65.5/1.33 69.5/0.99 81.3/1.10	60.4/2.67 42.5/1.09
3186/3266	纵向弯曲强度/MPa	—	756/40.7 640/37.4
	纵向弯曲模量/GPa	—	67.5/2.95 56.6/0.697
	层间剪切强度/MPa	—	44.0/1.79 44.8/1.03

表 8-11 G0827/3266 复合材料盐雾实验结果

盐雾时间/天	弯曲强度/MPa		弯曲模量/GPa		层间剪切强度/MPa	
	均值	保持率/%	均值	保持率/%	均值	保持率/%
0	1557	100	107	100	67.5	100
2	1481	95	106	99	70.9	105
4	1578	101	107	100	68.9	102
6	1571	101	107	100	70.4	105
8	1533	98	107	100	63.6	94
10	1535	98	104	97	63.7	94

　　鉴于 3266 树脂良好的工艺性能和在型号任务上的使用效果,RTM 专用环氧树脂 3266 及其复合材料获得 2005 年度中国航空工业第一集团公司科技进步一等奖和 2006 年度国防科技进步二等奖。

8.2　双马来酰亚胺树脂 RTM 专用体系[5]

　　RTM 工艺用双马来酰亚胺(BMI)树脂的发展与 RTM 环氧树脂相似,一类是工艺温度不大于 40℃的 BMI 树脂体系,这类树脂一般是在 BMI 树脂体系中加入低黏度的烯丙基或乙烯基化合物,通过稀释而达到适应 RTM 工艺的低黏度要求。这类 BMI 树脂玻璃化转变温度较低,故制成的复合材料使用温度不高。属于这类 BMI 树脂的有 Shell 公司的 Compimide 65 FWR 体系,BP 公司的 RTM - BMI 树脂,DSM 公司用于 FOKKER 50 型发动机舱盖后梁的 DESBIMID 树脂,以及中国航空工业集团公司复合材料特种结构研究所(637 所)用于 RTM 工艺雷达电线罩的 FJN - 5 - 02 树脂和北京航空制造工程研究所(625 所)研制的 QY8911[10] 等。另一类 BMI 树脂的 RTM 工艺温度较高,树脂的 T_g 也较高,通常情况下,这类 BMI 树脂很少加入稀释剂,而是通过分子设计或几种不同的 BMI 单体共混形成低溶点混合物而达到 RTM 低黏度的目的。属于这类 BMI 树脂的,国内有北京航空材料研究院先进复合材料国防科技重点实验室研制的 6421 树脂,它应用单官能化合物对高聚物相对分子质量控制的方法及单官能化合物作为稀释剂的应用经验研制而成;国外有 Compimide,它是用三种 BMI 单体共混,形成低溶点混合物而达到 RTM 低黏度的目的。这几种树脂的典型性能见表 8 - 12。

表 8 - 12　几种 BMI 树脂的基本性能[11]

性　能	BP RTM - BMI	Desbimid	XU292	F. JN - 5 - 02	Compimide	QY8911 - IV	6421
弯曲强度/MPa	118	100	184	83	102	119	130
弯曲模量/GPa	3.6	3.4	3.98	—	4.5	4.2	4.25
拉伸强度/MPa			93	71.2		81	79
拉伸模量/GPa			3.9			4.5	3.97
断裂应变/ %	—	3.0	3	1.85	—	2.2	2.25
T_g/℃	—	250	310	259	260		304
材料使用温度/℃			177	155		150	177
组分特点			单	双		双	单

　　6421 主要由二烯丙基双酚 A(DABPA)与 4,4 - 双马来酰亚胺基二苯基甲烷(BDM)按一个优化的比例混合而成[12]。为了兼顾 RTM 工艺的温度—时间窗口以及树脂的综合性能,在体系里加入了一定量的单官能团化合物烯丙基苯酚。烯丙基化合物与 BMI 单体的固化反应机理一般认为是马来酰亚胺环的双键与烯丙基首先在 110℃ ~ 150℃进行"烯"转移反应(图 8 - 8(a)),生成 1:1 的中间体,随后在较高的温度下,体系中的双键进行 Diels-Alder 反应,最终形成高交联密度的韧性树脂。如果在 110℃ ~ 150℃"烯"转移反应后停止加热,这个中间体的预聚产物可以在相当长的时间内保持熔点和黏度的稳定,这就为满足 RTM 工

艺的低黏度和开放时间的要求提供了条件。图8－8(b)所示为在130℃预聚后再次扫描得到的DSC曲线,比较可见,130℃预聚没有影响高温下Diels-Alder反应的性质。

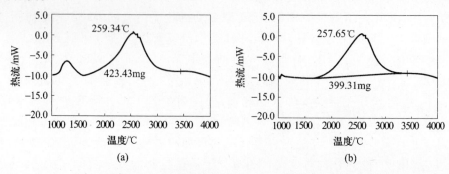

图8－8　BDM/DABPA体系未预聚(a)和130℃下预聚30min后(b)的DSC曲线

为了克服单官能团化合物的加入量对体系基本物理性能的负面影响,根据线型缩聚高分子反应控制理论[12],对加入总量进行了控制,加入的烯丙基苯酚的摩尔数仅占该官能团总数的5%。凝胶色谱(GPC)测试发现,这个体系由三种相对分子质量不同的化合物共混而成,相对分子质量大的占大部分,两种相对分子质量小的成分相对含量较低。经130℃反应1h、2h、3h、4h后,谱图上相对分子质量的变化并不大,说明"烯"转移反应按照线型扩链聚合反应机理进行,预聚产物可熔可溶,相对稳定,不发生交联反应。然后测试这个配比体系130℃预聚后的黏度—时间关系,发现4h后体系的熔融黏度仍然较低,约420mPa·s。

BMI树脂体系"烯"转移反应进行一定程度后,少量单官能团化合物的加入不仅能够降低BMI树脂的黏度,而且通过其封端作用能够抑制相对分子质量的增长,控制体系的相对分子质量及相对分子质量分布相对稳定,从而保证体系的黏度相对稳定,为树脂体系的RTM工艺创造了条件。

图8－9是6421体系的黏度—温度曲线和时间—温度转化关系(TTT)曲线族,表8－13给出这个基本配方的玻璃化转变温度随固化制度的变化规律。在120℃/4h＋150℃/2h＋180℃3h＋20℃/8h的固化条件下,固化后6421树脂的玻璃化转变温度大约为318℃,如图8－10所示。

6421树脂浇铸体的力学性能见表8－14,可见这个基本配方的力学性能还是比较优异的。以这个基本配方为基础研制的RTM复合材料(6421/单向碳布827)的主要力学性能及其与一种基准的预浸料级BMI体系[7](5405/碳纤维T300)的对比见表8－15和表8－16。两种BMI复合材料室温下的基本力学性能相当,但在高温环境中,6421复合材料表现出更加优良的性能。

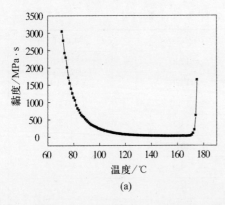

(a)

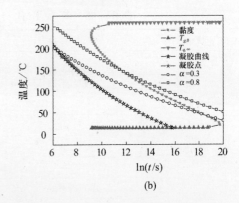

(b)

图 8-9　双马来酰亚胺树脂 6421 基本配方的黏度—温度曲线(a)和 TTT 关系(b)

表 8-13　6421 树脂基本配方体系浇铸体的 T_g 与固化制度的关系

固化制度	200℃/8h	200℃/2h+230℃/6h	200℃/2h+250℃/4h
T_g(DMTA 法)/ ℃	258	289	304

表 8-14　6421 树脂基本配方体系浇铸体的主要力学性能

	6421 树脂基本配方
密度/(g/cm³)	1.24
拉伸模量/GPa(RT)	3.97
断裂伸长率/%	2.25
弯曲强度/MPa(RT)	178
弯曲模量/GPa(RT)	4.25
冲击强度/(kJ/m²)	14.5
T_g/℃	304
起始热分解温度/℃	402

图 8-10　固化 6421 树脂的 DMA 曲线

表 8-15　两种 BMI 复合材料基本性能对比

性　能	6421/G827	5405/T300
拉伸强度/MPa	1640	1660
拉伸模量/GPa	131	135
弯曲强度/MPa	1730	1750
弯曲模量/GPa	125	120
层间剪切强度/MPa	92	97
CAI 值(T300)	177	191

表 8 – 16　两种 BMI 复合材料高温性能对比

性　能	测 试 条 件	6421/G827	5405/T300
弯曲强度/MPa	室温	1730	1750
	150℃,干态	1420	1110
	180℃,干态	1330	—
	150℃,湿态	1380	677
	180℃,湿态	1070	—
层间剪切强度/MPa	室温	92	97
	150℃,干态	71	59
	180℃,干态	56	—
	150℃,湿态	58	39
	180℃,湿态	50	

注:湿态为100℃时水煮48h

以 T700 级别碳纤维单向织物为增强体(纤维体积分数约58%)的 6421 复合材料 RTM 层合板的干态常温力学性能典型值见表 8 – 17。

表 8 – 17　T700 单向纤维 BMI 复合材料 RTM 层合板的主要力学性能

力 学 性 能		测试标准	$\bar{X}$	SD	C_V
0°拉伸	强度/GPa	GB/T 3354—1999	2.42	0.098	4.1
	模量/GPa	GB/T 3354—1999	119	3.1	2.6
0°压缩	强度/GPa	GB/T 3856—2005	1.10	0.061	5.5
	模量/GPa	GB/T 3856—2005	109	5.8	5.3
90°拉伸	强度/MPa	GB/T 3354—1999	37.1	9.1	25
	模量/GPa	GB/T 3354—1999	9.89	0.27	2.7
90°压缩	强度/MPa	GB/T 3856—2005	190	7.6	4.0
	模量/GPa	GB/T 3856—2005	10.2	0.83	8.1
0°弯曲	强度/GPa	GB/T 3356—1999	1.79	0.081	4.5
	模量/GPa	GB/T 3356—1999	106	1.9	1.8
纵横剪切	强度/MPa	GB/T 3355—2005	99.3	9.3	9.4
	模量/GPa	GB/T 3355—2005	4.84	0.35	7.2
层间剪切	强度/MPa	JC/T 773—1996	103	2.8	2.7
			99.9	2.5	2.5

在合适的 RTM 工艺条件下,6421 体系的层间剪切性能较高,达到成熟的环氧树脂的水平。从显微照片分析,6421 与碳纤维的界面结合情况良好(图 8 – 11

(a)),而在碳纤维编织复合材料的富树脂区,6421 树脂具有韧性破坏后的痕迹(图 8 - 11(b)、(c))。

(a)   (b)   (c)

图 8 - 11 BMI 复合材料层间剪切破坏后断面 SEM 照片

(b)是(a)的局部放大,而(c)是(b)的局部放大。

6421 树脂工艺性能优良,但韧性不足,用做航空结构复合材料需要进行增韧。目前,6421 树脂已经应用于多类重要航空型号任务。

8.3 聚酰亚胺树脂 RTM 专用体系[13]

20 世纪 90 年代,美国航天局(NASA)以苯炔基(4 - PEPA)为封端基,研究不同的二酐,如酮酐(BTDA)、联苯酐(BPDA)、氧醚二酐(ODPA)和硫醚二酐(TD-PA)及其同分异构体和二胺(如 ODA、PDA、APB 和 6F - APB 及其同分异构体)的反应,合成了一系列的所谓 PETI 齐聚物(Phenyl Ethynyl Terminated Imide oligomer)。由于苯炔基的交联温度比双马来酰亚胺(BMI)和 NA 封端的 PMR 系列的聚酰亚胺树脂高出 100℃左右,即将固化反应温度向高温一侧扩展,使得加工窗口变宽,最终将成形与固化反应彻底地分开,解决了聚酰亚胺复合材料的成形与性能之间的矛盾,这是聚酰亚胺树脂基先进复合材料的一个重大里程碑[14]。该类树脂力学性能优异,工艺性能良好。其中,以 3,3′,4,4′-联苯四羧酸二酐(BPDA)作为反应的二酐单体,与二胺 3,4′-二胺基二苯醚(3,4 - ODA)和 1,3 - 双(3 - 胺基苯氧基)苯(1,3,3 - APB)按照 3,4 - ODA 和 1,3,3 - APB = 15:85 的比例反应,最后以 4 - PEPA 封端、计算相对分子质量为 5000g/mol 的亚胺化预聚物[15],简称PETI - 5。PETI - 5 的组成和反应过程见图 8 - 12。

PETI - 5 的预聚物在成形大型复合材料结构件时表现出良好的工艺性,固化后的树脂具有优异的综合性能如高韧性、模量和良好的抗湿和溶剂性能等。最为引人注意的是 PETI - 5 的韧性很高,断裂伸长率达到 32%,可以与热塑性的聚酰亚胺相比。但是 PETI - 5 只适用于热压罐成形,不能 RTM 成型。

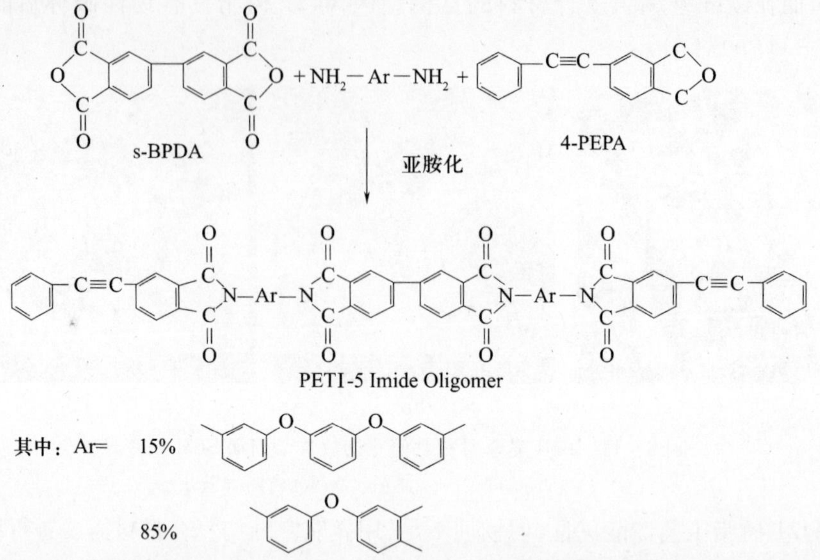

图 8 - 12　PETI - 5 亚胺预聚物的化学结构式

　　将 PETI - 5 中的二胺 1,3,3 - APB (85%):3,4 - ODA (15%) 调整为 1,3,3 - APB (75%):3,4 - ODA (25%),二酐 4,4′ - BPDA 和封端剂 4 - PEPA 不变,同时将相对分子质量由 5000g/mol 降低到 750g/mol,得到 PETI - RTM,它在 280℃ 能维持较低黏度 (≤0.6Pa·s)达 2h 以上(图 8 - 13(a)),可以 RTM 成型,固化后 T_g 为 246℃,其力学性能和高性能的环氧 PR500 基本相当,表现出良好的力学性能和韧性。其后,NASA 又发展了玻璃化转变温度为 298℃,称为 PETI - 298 的高温 RTM 树脂[16]。

　　2000 年,日本 Yakota 等[17] 将 3,4 - ODA 和 4,4′ - ODA 二胺同时引进到分子链上,开发了由异构联苯二酐 3,4′ - BPDA 合成的、非对称、芳香族、无定型的 PETI 聚酰亚胺(Asymmetric Aromatic Amorphous-PI, TriA-PI)。TriA-PI 的玻璃化转变温度与 PMR - 15 基本相同,但断裂伸长率大于 14%,远远大于 PMR - 15 的 1.1%,表现出良好的韧性。

　　在 PETI - 298 的基础上,NASA 又将刚性更大的 m-PDA 取代柔性的 3,4 - ODA,保持相对分子质量为 750g/mol 不变,该树脂固化后的 T_g 为 330℃,故被命名为 PETI - 330[18]。PETI - 330 在 280℃ 时黏度 0.06Pa·s ~ 0.09Pa·s,并且能维持 2h 以上,完全适用于 RTM 工艺的要求,其在 280℃ 时的恒温黏度曲线见图 8 - 13(b)。

　　利用异构联苯二酐 3,4′ - BPDA 的特性,在 PETI - 330 的基础上,引入刚性更好的二胺 TFMBZ 取代 m - PDA,该树脂固化后的玻璃化转变温度为 375℃,得到 PETI - 375,PETI - 375 树脂是目前国际上 RTM 专用 PI 树脂里 T_g 最高的。PETI - 298、PETI - 330 和 PETI - 375 的性能比较见表 8 - 18。

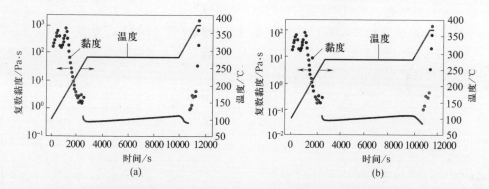

图 8-13　PETI-RTM(a)和 PETI-330 树脂(b)在 280℃时的黏度—时间关系

表 8-18　几种 PETI 类预聚物的熔体黏度 η^* 比较

预聚物	二胺组成/%	BPDA	280°C(Pa·s),初始	280°C(Pa·s),2 h
PETI-298	1,3,4-APB (75), 3,4-ODA (25)	4,4'-	0.6	1.4
PETI-330	1,3,4-APB (50), m-PDA (50)	3,4'-	0.06	0.9
PETI-375	1,3,4-APB (50), TFMBZ (50)	3,4'-	0.1	0.4

我们与中国科学院长春应用化学研究所合作,在 NASA 等工作的基础上,以非对称的异构联苯二酐(3,4'-BPDA,a-BPDA)作为二酐单体,以苯乙炔苯酐(4-PEPA)为封端基,引入合适比例的 3,4'-二苯醚二胺(3,4'-ODA)和 4,4'-二苯醚二胺(4,4'-ODA),合成出 3,4'-BPDA/3,4-ODA(50%):4,4'-ODA(50%)/4-PEPA 的低粘度预聚物聚酰亚胺树脂[19](图 8-14),当相对分子质量为 750g/mol 时,树脂的黏度低、开放期长,固化后材料的玻璃化转变温度高,显示了良好的综合性能,可以满足高温树脂 RTM 成型技术的需要。这个 PETI 树脂体系被命名为 9731。

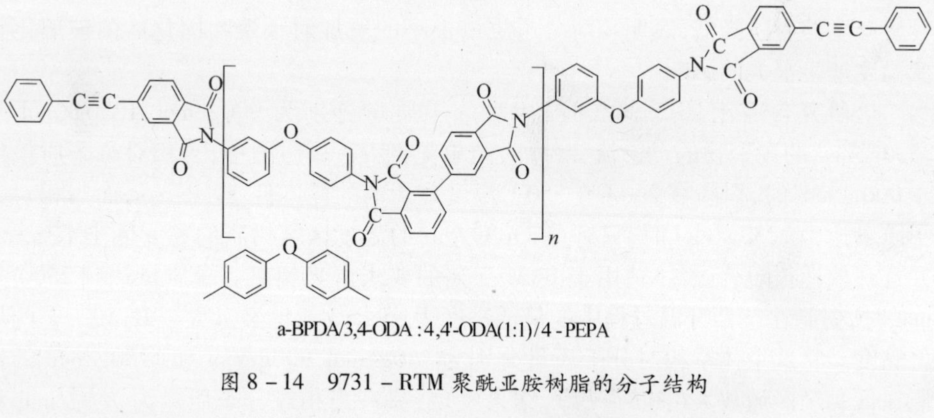

a-BPDA/3,4-ODA : 4,4'-ODA(1:1)/4-PEPA

图 8-14　9731-RTM 聚酰亚胺树脂的分子结构

307

分别将含有 3,4 - ODA、3,4 - ODA(50%):4,4′ - ODA(50%) 和 4,4′ - ODA 三种二胺的预聚物在 280℃进行恒温流变试验(图 8 - 15),发现 3,4 - ODA (50%):4,4′ - ODA(50%)体系的起始黏度、低黏度开放期和温度区间以及产物的玻璃化转变温度相对较好(表 8 - 19)。

表 8 - 19　不同二胺比例 PETI 树脂的流变特性

3,4 - ODA:4,4′ - ODA	100:0	50:50	0:100
低黏度温度区间/℃	263 ~ 365	276 ~ 367	289 ~ 359
280℃时开放期/min	46	140	151
280℃时起始黏度/(Pa·s)	0.2205	0.3664	0.5123
玻璃化转变温度/℃	348	385	389

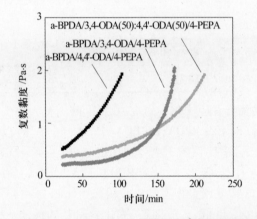

图 8 - 15　三种 PETI 预聚物的动态流变曲线

从表可以看出,相对分子质量从 750g/mol 增加到 900g/mol,三种含有 3,4 - ODA、3,4 - ODA(50):4,4′ - ODA(50) 和 4,4′ - ODA 二胺的树脂固化后的玻璃化转变温度均有所降低,表明相对分子质量很小的增加对预聚物固化后的玻璃化转变温度产生很大的影响。

再研究含有上述 3 种二胺、相对分子质量分别为 900g/mol,1250g/mol 和 2500g/mol 的预聚物的动态流变性能,结果见图 8 - 16。图中,当相对分子质量低于 900g/mol 时,树脂在 260℃ ~350℃温度范围内的黏度低于 1Pa·s,而当相对分子质量达到 1250g/mol 时,只有在 330℃左右的温度区域树脂的黏度低于 1Pa·s,并且开放期很短,已经不适用于 RTM 工艺的要求。当相对分子质量达到 2500 g/mol 时,树脂在整个升温过程中的最低黏度为 65 Pa·s,已经远大于 RTM 工艺的最低黏度。将这个体系相对分子质量分别为 750g/mol、900g/mol 和 1250g/mol 的树脂在低黏度区域放大(图 8 - 17),结果发现,只有当相对分子质量为 750g/mol 和

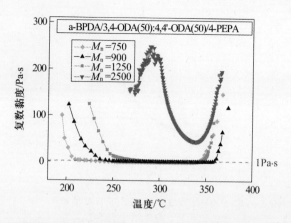

图 8 - 16　不同相对分子质量的 PETI 树脂动态流变性能

900g/mol 时,树脂才具有更低的黏度区和开放期。当温度达到350℃以后,这个体系的树脂才会开始反应,黏度增加。因此可以认为,在270℃ ~350℃温度范围内,这个体系的树脂具有一段很宽的加工温度窗口,可以满足 RTM 成形工艺的要求。

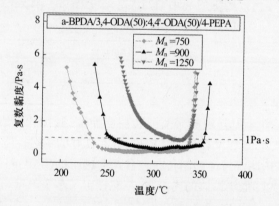

图 8 - 17　不同相对分子质量 PETI 树脂在低黏度区的流变性能

　　分别测试在 270℃、280℃、290℃、300℃、310℃和 320℃等六个温度点 3,4′-BPDA/3,4 - ODA(50):4,4′ - ODA(50)/4 - PEPA 预聚物的时间 - 黏度关系,结果见图 8 - 18。发现在 270℃下,9731 树脂具有最长的低黏度区域,开放期大约为 320min;随着温度升高,开放期逐渐缩短,280℃的开放期缩短至 242min,继续升高温度至 310℃和 320℃,树脂达到 1Pa·s 黏度的时间分别是 43min 和 12min。一般情况下,当树脂黏度在 0.2Pa·s ~0.3Pa·s 时最适合 RTM 注射,而 280℃时 9731 的大部分黏度值就在此范围内,因此可以选择在 270℃ ~280℃进行 9731 的 RTM 注射。

　　将不同相对分子质量的 PETI 树脂制备浇铸体,测试其玻璃化转变温度,结果见图 8 - 19 和表 8 - 20。图 8 - 19 为 PETI 树脂(3,4′ - BPDA/4,4′ - ODA/4 - PE-

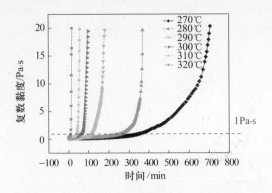

图 8-18 9731 树脂在不同温度下的黏度曲线

PA = 3/4/2) 在空气中的热失重曲线,可以看出,该树脂固化前后 5% 失重处的温度分别是 521℃ 和 545℃,而 10% 失重处的温度分别是 561℃ 和 566℃。固化后的树脂耐热性好于未固化的树脂粉末,可能因为粉末中还含有少量的溶剂。特别是固化后的 PETI 树脂在 500℃ 以前热失重变化很小,表现出良好的耐热氧化性能。

表 8-20 3,4′-BPDA/3,4′-BPDA(50):4,4′-ODA(50)/4-PEPA 树脂的
相对分子量对玻璃化转变温度的影响

$T_g/℃$,(400℃/120min)		
$M_n = 750g/mol$	$M_n = 900g/mol$	$M_n = 1250g/mol$
410	385	371

总之,对于苯乙炔苯酐封端的聚酰亚胺树脂而言,其固化反应机理与 PMR-15 完全不同,反应中间过程没有小分子放出,具有良好的耐热性能。

9731 聚酰亚胺树脂浇铸体的制备在一台真空热压机(TMP)上完成,模具尺寸 240mm × 160mm。为降低浇铸体的内应力,特意设置了多个温度台阶,其具体固化过程见图 8-20。

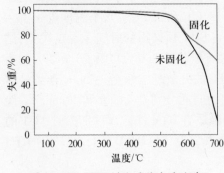

图 8-19 PETI 树脂的热失重曲线

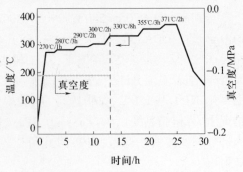

图 8-20 9731 聚酰亚胺浇铸体的
RTM 工艺曲线

聚酰亚胺树脂的高温 RTM 成型技术与环氧树脂和双马来酰亚胺树脂的 RTM 成型技术有着许多不同之处,由于 9731 聚酰亚胺树脂的注射温度在 280℃ 左右,同时还要保持较高的注射压力,为此,我们专门设计了一种试验专用的 RTM 注射装置(图 8-21)。首先,高温树脂的储胶槽可以达到较高的 RTM 注射温度并承受一定的压力,储胶槽的顶端有两个开口,可以实现抽完真空后加压注射。储胶槽通过一个管路连接模具,这个管路可以单独加热控温,管路中间带有节门,在树脂抽真空时呈关闭状态。模具采用线浇口注射,而对应的出胶一端开三个出胶口。整个 RTM 注射装置的密封选用耐高温的氟橡胶棒和耐高温(400℃)的腻子条。

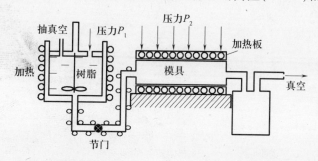

图 8-21　高温 RTM 注射试验系统示意图

由图 8-22 的 9731 树脂的 TTT 图可以发现,该树脂黏度小于 1Pa·s 时,最长的工艺窗口是 270℃ ~280℃ 的温度范围,适用时间大约 4h,确定平板模具(260mm × 180mm)的温度为 280℃,此时树脂的起始黏度仅为 0.05365mPa·s,可操作时间约 4h,满足 RTM 过程的需要。

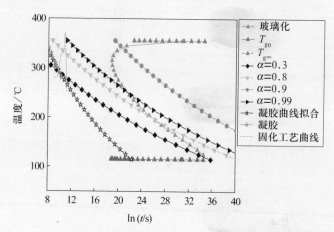

图 8-22　含有固化工艺曲线的 9731 树脂的 TTT 相图

在室温条件下,9731 树脂呈淡黄色粉末状,只有在 270℃ 以上才能熔融变成液态,因此 RTM 注射前,必须对粉末进行熔融脱泡处理。

RTM 成型采用真空辅助的工艺(即 VARTM)。事先将模具中的预成形体进行加热和抽真空处理。参考环氧和双马 RTM 树脂的注射压力,对于 G827 单向碳布,设定初始注射压力为 0.02MPa,台阶式加压,最大压力达到 0.05MPa(图 8-23)。

将图 8-22 的 9731 的 TTT 图中含有复合材料 RTM 成形工艺参数的部分放大,即得到图 8-24。

将成型浇铸体切样和测试,其力学性能见表 8-21。

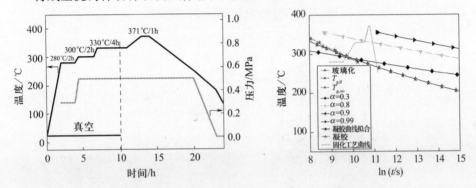

图 8-23 9731 聚酰亚胺树脂的 RTM 工艺曲线   图 8-24 含有固化工艺曲线的 TTT 相图
的局部放大图

表 8-21 9731 树脂浇铸体的主要力学性能

	测试环境	有效件数	平均值
拉伸强度/MPa			75.5
拉伸模量/GPa			3.23
最大应变/%	25℃	5	2.66
弯曲强度/MPa			111
弯曲模量/GPa			3.52

将 9731 树脂浇铸体的拉伸和弯曲强度与国内 RTM 类环氧树脂(3266)和双马来聚酰亚胺树脂(QY8911 和 6421)以及预浸料/模压聚酰亚胺(LP-15 和 KH-304)进行对比[10],结果如图 8-25 所示。可以看出,9731 的拉伸强度为 75MPa,大于国内开发的两种 PMR 型聚酰亚胺 LP-15(45MPa)和 KH-304(36MPa),与两类主要的双马树脂 6421 和 QY8911 基本相当,稍微低于高韧性环氧树脂 3266(80.1 MPa)。9731 树脂的弯曲强度为 111MPa,大于 LP-15(62MPa)和 KH-304(55MPa),与 QY8911(119MPa)基本相当,稍低于 6421(130MPa)和环氧树脂 3266(151MPa),说明 9731 是一种力学性能优异的高性能树脂。

9731 浇铸体的断裂冲击强度在 0.8241J/m² ~ 2.3351J/m² 之间,变化较大,而

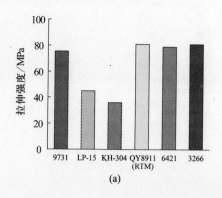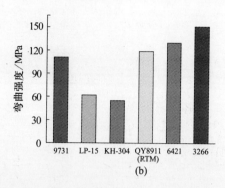

图 8－25　不同浇铸体的拉伸强度和弯曲强度比较

环氧树脂和双马树脂的断裂冲击强度一般在 $7J/m^2$ 左右,因此 9731 的韧性较低,需要进行增韧。

　　9731/G827 复合材料具有良好的力学性能,测试结果见表 8－22。从表中可以看出,在室温下,复合材料的拉伸和弯曲性能与 PMR 系列(如 PMR－15、LP－15、KH－304 和 BMP－350 等)的基本相同,由于纤维不同,比较只是大致的。9731 复合材料的拉伸、压缩和弯曲强度在 288℃时的保持率分别为 94%、86% 和 65%,表明复合材料的高温性质良好。

表 8－22　9731/G827 复合材料室温和高温(288℃)基本力学性能

组　号	测试环境	有效件数	平均值	离散系数
0°拉伸强度/MPa	25℃	5	1541	7.94%
	288℃	5	1443	5.32%
0°拉伸模量/GPa	25℃	5	113	10.7%
	288℃	5	106	8.36%
0°压缩强度/MPa	25℃	5	958	3.53%
	288℃	5	827	8.09%
0°压缩模量/GPa	25℃	5	113	2.36%
	288℃	5	113	3.21%
0°弯曲强度/MPa	25℃	5	1726	6.48%
	288℃	5	1128	5.54%
0°弯曲模量/GPa	25℃	5	119	3.11%
	288℃	5	113	1.42%

　　层间剪切强度比较能反应树脂的特性,将 9731 复合材料与目前国内主要聚酰亚胺复合材料的室温和高温的层间剪切强度进行对比,结果见表 8－23。从表中可以看出,在室温下,5 种预浸料/模压以及热压罐法成型的聚酰亚胺复合材料均

具有较高的层间剪切强度,由于纤维不同,不能直接进行比较。但可以看出,由 RTM 成形的 G827/9731 复合材料的剪切强度(97.9MPa)与其余 5 种热压罐或模压成型的复合材料的剪切强度接近。

表 8-23　不同类型聚酰亚胺复合材料的层间剪切强度

名　称	测试环境/℃	层间剪切强/MPa	成型方法
IM7/PMR-15	25	106	热压罐 模压
	316	43	
T300/KH-304	25	108	
	280	55	
T300/BMP-316	25	105	
	310	52	
T300/BMP-350	25	98.5	
	350	51.2	
AS4/LP-15	25	87	
	300	46	
G827/9731	25	97.9	RTM
	288	56.5	

在高温下,所有复合材料的层间剪切强度均下降至 45MPa~55MPa 之间,其中,G827/9731 复合材料在 288℃ 的层间剪切强度为 56.5MPa,保持率为 58%。G827/9731 复合材料的室温 G_{IC} 为 310J/m^2,G_{IIC} 为 590J/m^2,CAI 平均值为 137MPa,其韧性与一般的热压罐或模压成形的聚酰亚胺基本相当。

8.4　"离位"RTM 液态注射技术

所有液态成型技术的原理是共同的,液态、具有反应活性的低黏度树脂在闭合模具里流动,同时浸润并浸渍干态纤维结构,并在压力注入或真空吸注条件下排除气体,最终在模具内完成固化反应,得到成型的制品[2]。就流动路程而言,RTM 可以长程流动而 RFI 一般只能近程流动,因此,RTM 和 RFI 往往采用黏度不同的树脂体系。

所有液态成型工艺过程中都自始至终并存着两个子过程,流动、浸润、浸渗、充模等物理过程和由低黏度液态树脂转变为固体材料的化学反应过程。对于 RTM 工艺来讲,一个很低黏度,而且黏度不随时间和空间位置的变化而变化的树脂体系是非常重要的,这对界面浸润、纤维结构浸润、整体填充、排气、充模、成型等过程有很大的优越性。但由于这个物理流动子过程与化学反应子过程并存并相互作用,导致树脂的黏度随时间和流动路程而增加,由此产生一系列本征性的技术缺陷:①长程流动会越来越困难、特别对大型的 RTM 制品;②增黏引起浸润困难和"干斑"现象;③对树脂的黏度和开放时间提出越来越高的要求,甚至牺牲了力学性能;④最后,传统的加入热塑性高分子的增韧技术因为提高了体系的黏度而失去了可行性。

针对这个技术挑战,我们于 2001 年间提出"离位"液态成型技术的新概念[20,21],其实质是分离液态成型过程中以流动为特征的物理过程和以反应为特征的化学过程,把时标上两个平行进行的子过程分离成前后衔接的两个子过程,从而从根本上解决两个子过程相互影响的固有矛盾。"离位"液态成型技术的关键是分离化学反应的组分,解离化学反应等作用与充模流动过程之间相互牵制的矛盾,低黏度、不具反应条件的液态树脂仅仅负责界面浸润、结构浸渍、整体填充、排气和充模,当这个过程结束后,再来引发树脂的化学反应(图 8-26),从而达到分阶段、分步骤、有目的地实现复合材料的液态成型制备。

图 8-26 中的虚线代表传统的 RTM 充模成型过程,随流动路程和时间的增长,树脂体系的黏度和固化程度也在增长,当这个增长达到某一个极限,物理流动过程将被终止。因此,RTM 树脂都给出一个树脂的适用周期(或开放时间)。一般情况下,树脂的性能级别越高,其适用周期往往越短。图中的实线示意代表"离位"RTM 技术的过程,其特征是物理流动与化学反应的解离。原先平行的物理和化学过程被处理成前后连接的两个过程,只有在低黏度液态树脂的浸润、浸渍、填充、排气和充模完成以后,才引发模具内的化学反应,导致复合材料的成型。

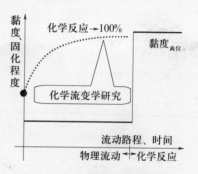

图 8-26 "离位"RTM 注射流动
与传统 RTM 流动的特征对比

从辩证的角度来看,"离位"液态成型技术的思想无非是把复杂的材料制备过程分解成相互之间尽量互不干扰的子过程,分而治之地解决问题。根据目前的理解,我们可能将流动过程与化学反应过程适当分离。这种分离可以发生在空间位置,也可以发生在时间序列上。

从理论上讲,"离位"液态成型过程具有以下优点:

(1)可以实现低压长程流动,低压和长程流动都意味着低成本。

(2)缺陷控制简单,工艺控制简单。

(3)反应性材料的适用期(开放时间)无限长。

(4)可以同时实现定型定位(tackification)和增韧,同时提高 RTM 的工艺操作性能和复合材料抗损伤性能。

与这个思想相对应,"原位"思想的核心是创造适当的条件,将时间、空间上的各个子过程、子结构在同一个时间和同一个位置内发生,一步解决问题。"原位"复合的优点是思路简单,技术方便,上手很快,但缺点是过程控制复杂,微结构的重复性、可控性差,推向应用非常困难。在复合材料领域,"原位"复合技术的研究在树脂基复合材料里有,在金属基、陶瓷基复合材料里也有。

1. 模型环氧树脂(EP)/玻璃纤维布复合材料[22,23]

"离位"RTM 注射工艺的基本思想是把 RTM 成型过程中的物理流动过程和化学反应过程按时间序列分离,为此,需要将一些反应组分预先复合在碳纤维织物结构上,既表面附载,同时又尽量不要影响 RTM 工艺的浸渗过程。

我们选择了 RTM 成型常用的 DGEBA/TGMDA 共混环氧树脂体系,用 DDS 作为固化剂。"离位"RTM 的实施途径是首先把固化剂 DDS 表面附载在增强体上,而 RTM 注射时,在一个合适的温度窗口,仅仅注入不反应的 DGEBA/TGMDA,待流动、浸润、浸渍等过程全部完成后,再提高温度,引发化学反应(见图 8 - 26),其RTM 工艺和正常 RTM 工艺没有区别。

试验材料基本配方为 DGEBA:TGMDA:DDS = 40:60:34,实测黏度曲线见图 8 - 27。根据 Stolin 经验方程,在等温固化条件下,这个树脂体系的黏度—温度—时间关系式见式(3 - 19)和图 8 - 28:

$$\alpha = 1 - \left[1 - 34880624te^{\left(-\frac{10503.4}{T} \right)} \right]^{7.63}$$

$$\eta(T,\alpha) = 2.11E(-15)\exp\left(\frac{12701}{T} + 252.6\left[1 - \left(1 - 34880624te^{\left(-\frac{10503.4}{T} \right)} \right)^{7.63} \right] \right)$$

式中:η 为黏度;$T(K)$,α 和 $t(\min)$ 分别为温度、固化度和时间。

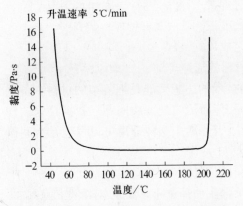

图 8 - 27　树脂体系的实测黏度—温度曲线

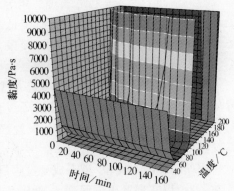

图 8 - 28　黏度—温度—时间关系预测

纯 TGMDA/DGEBA 混合环氧树脂(非 C 体系)和加入固化剂的树脂体系DGEBA/TGMDA/DDS(C 体系)的黏度对比见图 8 - 29。两者很不同的黏度行为预示了"离位"RTM 技术实施的可行性。

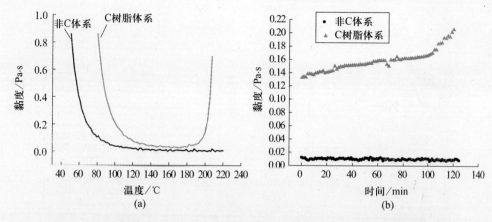

图 8-29 纯 TGMDA/DGEBA 混合环氧树脂(非 C 体系)与 DGEBA/TGMDA/DDS
(C 体系)的黏度—温度曲线(a)和在 100℃下的黏度—时间曲线(b)比较

为了在 RTM 注射的过程中尽管抑制 DGEBA/TGMDA 与"离位"预分离的 DDS 反应,必须选择一个合适的温度窗口。从 DGEBA/TGMDA/DDS 体系的 DSC 测试结果看(图 8-30),在较宽的温度范围内,树脂有一较为缓慢的单一放热峰,说明各组分反应同步,温度的波动对树脂体系的反应影响很小,反应放热峰的起始温度为 122℃。为此,试验选择 100℃作为合适的注射温度。

对于树脂在模具内的黏度变化,很难直接进行采样测定,因此模拟测试了 DGEBA/TGMDA 混合环氧树脂(非 C 体系)和已加入固化剂的 C 体系时间序列上的黏度响应(图 8-31)。在 100℃的注射温度下,由于非 C 体系纯混合环氧树脂中不含有固化剂,如预料地,该体系的黏度非常低,约 0.064Pa·s,并且黏度在选择的温度窗口不随时间变化,相信树脂低黏度流动的开放时间能够满足复杂复合材料构件长时 RTM 注射工艺的要求。一旦充模彻底完成(本试验选择注射时间 125min),就可以升高温度,引发固化反应。这时,模内的树脂黏度立即升高,升高的幅度达到一个数量级。这样的时间序列变温引发的模内树脂黏度变化基本实现了"离位"RTM 注射技术的意图。

估计在实际 RTM 注射的树脂充模过程中,DDS 多多少少会经历一个非常缓慢的扩散过程,从而少量扩散到树脂体系内引发固化反应,使模内树脂的黏度略有上升,但是相信整个黏度水平不会改变太多,例如在 100℃下经过 6h,树脂的黏度不变。因此,确定最终的树脂体系固化工艺为 180℃/2h + 200℃/2h。模型 C 体系 DGEBA/TGMDA/DDS 的浇铸体性能见表 8-24。

表 8-24 树脂浇铸体常规力学性能

项目 组分	玻璃化转 变温度/℃	拉伸性能			弯曲性能		冲击性能
		强度/MPa	模量/GPa	断裂伸长率/%	强度/MPa	模量/GPa	冲击强度/(kJ/m²)
C 体系	209.04	53.9	3.32	1.92	102.6	3.63	13.19

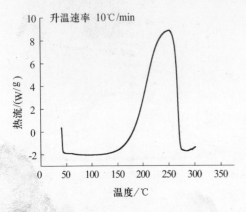

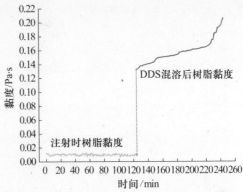

图 8-30　C 配方 DSC 扫描图　　　　图 8-31　"离位"RTM 树脂体系粘度示意图

　　"离位"RTM 注射复合材料的试验选用四向编制玻璃布 0°/45°/90°/ -45°,纤维面密度 $\rho = 820g/m^2$,共铺放 5 层,制得的复合材料层合板厚度为 3mm,纤维体积含量 $V_f = 53.8\%$。根据"离位"的设计,玻璃布被固化剂 DDS 表面附载预定型,然后放入模具中,密封合模。在 100℃/0.05MPa 的气压下注射树脂,固化工艺条件为 180℃/2h + 200℃/2h,模具的升温速率为 0.5℃/min ~ 0.7℃/min。固化过程完成后,冷却,开模,取出试件。目视检查板材已经完全固化,没有干斑存在,说明从宏观上来讲,树脂对固化剂的冲刷很小。

　　"离位"RTM 注射成型玻璃纤维布增强复合材料层合板的力学性能与常规 RTM 工艺方法制得的板材进行比较,结果见表 8-25。从力学性能上看,"离位" RTM 注射工艺制备的复合材料层合板与常规 RTM 工艺制备的层合板基本没有差异,两者的技术指标在波动范围内基本上一致。但是也应该看见,对于这个试验树脂体系,固化产物的韧性较差。相应的"离位"RTM 增韧复合材料试验证实,复合材料的 CAI 值提高 65% 以上,并且"离位"RTM 增韧未造成复合材料其他力学性能的降低。

表 8-25　两种 RTM 注射工艺制备复合材料板力学性能

力学测试项目	常规 RTM 成型工艺 四向玻璃布/RTM - C	"离位"RTM 注射工艺 四向玻璃布/RTM - C
纤维体积含量/%	53.8	53.8
拉伸强度/MPa	300	283
拉伸模量/GPa	15.8	16.4
压缩强度/MPa	471	432
弯曲强度/MPa	364	380
弯曲模量/GPa	14.2	18.1
层间剪切/MPa	47.1	45.6

以上研究表明,对 DGEBA/TGMDA 模型混合环氧树脂体系而言,"离位"RTM 注射成型工艺与常规 RTM 成型相比的工艺技术优点显而易见,而产物的力学性能与采用常规 RTM 工艺制备得到的复合材料的差别不大,说明"离位"RTM 工艺可以作为高温环氧树脂的一种低成本技术改进。

2. 模型双马来酰亚胺树脂(BMI)/碳纤维布复合材料[5]

BMI 复合材料"离位"RTM 注射技术的研究选用 N,N'-间亚苯基双马来酰亚胺(PDM),这是一种相对分子质量最小、较容易得到的芳香族 BMI 单体。仅从马来酰亚胺基与烯丙基反应的用量比来看,当马来酰亚胺基与烯丙基的摩尔比1:0.87,烯丙基化合物同为二烯丙基双酚 A(DABPA)时,BMI 单体分别用 $4,4'$-双马来酰亚胺基二苯基甲烷(BDM)和 N,N'-间亚苯基双马来酰亚胺(PDM),那么 DABPA 为 100 质量份时,BDM、PDM 的用量分别是 133.6 质量份和 100 质量份,可见相同质量的树脂总量,当 BMI 单体用 PDM 时,室温下为液体的 DABPA 用量就比较多,PDM 需要的量较少,这就为"离位"RTM 注射工艺设计提供了方便,因为较少用量的固体 PDM 与较多用量的液体 DABPA 极易实现混合。

N,N'-间亚苯基双马来酰亚胺(PDM)和二烯丙基双酚 A(DABPA)混合物的 DSC 曲线见图 8-32,它们在 120℃ 以前没有反应热的变化,可认为在此温度以前 N,N'-间亚苯基双马来酰亚胺(PDM)和二烯丙基双酚 A(DABPA)没有发生化学变化。同时,从二烯丙基双酚 A(DABPA)的黏度与温度的关系曲线上(图 8-33)可见,当温度在 60℃ ~70℃ 之间时,二烯丙基双酚 A(DABPA)的黏度仅为 80cPa·s,这样的黏度对树脂的"离位"RTM 注射充模应该非常有利。

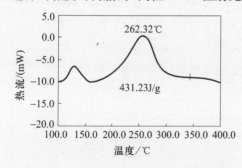
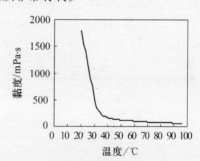

图 8-32 PDM/DABPA 体系的 DSC 谱图   图 8-33 DABPA 的黏度与温度关系曲线

N,N'-间亚苯基双马来酰亚胺(PDM)和二烯丙基双酚 A(DABPA)混合物的相态变化过程见图 8-34,在一个合适的温度范围,它们之间出现溶解,从固—液两相逐步变化成液体单相,溶解的速度与温度有关。适当控制温度就可以控制"离位"RTM 注射工艺的时间窗口,最后完成溶解。"离位"RTM 注射工艺的关键就是在整个注入过程中控制相态之间的溶解和反应,始终保持二烯丙基双酚 A 在某个温度下的低黏度特性,而不必考虑树脂黏度随时间的变化,获得"无限长"的 RTM 工艺期,在充模完成后,再启动热条件,迅速引发溶解和反应,按既定条件进行固化。

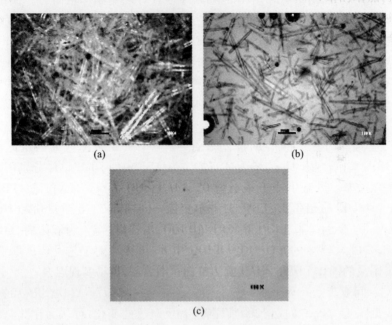

图 8 - 34　BMI 树脂体系在固化过程中相态变化
(a)反应初期的液固两相;(b)反应中间时的液固两相;(c)反应结束的均相。

表 8 - 26 列举了马来酰亚胺基与烯丙基的摩尔比为 1:0.87,选用相同的共聚体 DABPA 但不同的 BMI 单体在相同固化制度(150℃/2h + 180℃/2h + 200℃/2h + 250℃/4h)下得到的两种浇铸体的基本性能对比。两体系的基本力学性能相当,但 PDM/DABPA 体系具有比较高的玻璃化转变温度。

表 8 - 26　两种 BMI 树脂浇注体的力学性能

项　目	PDM/DABPA	BDM/DABPA
拉伸强度/MPa	63	65
拉伸模量/GPa	3.67	3.98
断裂伸长率/%	1.82	1.73
弯曲强度/MPa(RT)	160	165
弯曲模量/GPa(150℃)	100.2	
弯曲模量/GPa(200℃)	85.6	
弯曲模量/GPa(RT)	4.21	3.78
弯曲模量/GPa(150℃)	3.21	
弯曲模量/GPa(200℃)	3.01	
冲击强度/(kJ/m^2)	7.54	8.56
T_g/℃	344	308

为了用"离位"RTM 注射工艺技术制备高性能的复合材料,几个关键的步骤是:

(1)把少量的 BMI 单体预先复合固定在碳纤维织物上,得到合适浓度的预成型体(图 8 – 35(a))。图 8 – 35(b)就是 BMI 单体(第二反应组分 A2)与增强相碳纤维织物(B2 –2)复合的预成型体光学显微照片。

(2)控制模具温度 40℃~50℃和注射压力,低温注入低黏度的二烯丙基双酚 A(DABPA,第一反应组分 A1),同时通过温度控制组分之间的溶解和反应。

(3)直至液体流动完全充满模具后,提高温度,这时粘附在 B2 – 2 上的 A2、A1 两组分发生溶解和扩散,形成均相(图 8 – 35(c)),它进一步强化了浸渗效果,最后彻底浸渍干态织物。

(4)最后,热引发化学反应,按 150℃/1h + 180℃/4h + 200℃/4h 的工艺进行固化,升温速率 1℃/min~3℃/min,得到最终的复合材料固体。

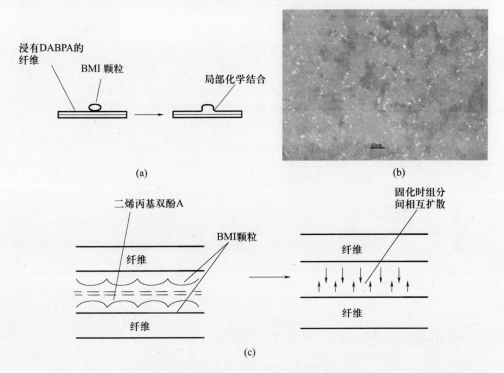

图 8 – 35　(a)BMI 单体在织物上的固定示意,(b)实际 BMI 单体固定在织物上的显微照片,(c)"离位"两组分随时间的扩散、混合与浸渍示意

相比之下,传统 BMI 树脂的 RTM 技术不仅要求模具温度高(> 130℃),更重要的是各种铺助管路也要求同样高的温度以利于树脂的顺利流动。这样不仅注射过程的难度较大,而且对树脂的适用期也有较高的要求。"离位"RTM 注射技术降

321

低了操作温度(把模具温度控制在70℃以下),控制在相当长的时间内不发生化学变化,这不仅便于操作,而且降低了工艺制造和铺助材料的成本。

由于预先把一种单体表面附载在纤维布上,占据了一定的内部空间,因此在制造纤维体积分数相同的复合材料制件时,充模阻力会比较大,注射时间会较长。但是由于"离位"RTM 注射工艺在较低的温度下进行,充模时液体组分之间没有化学反应发生,长的充模时间对最终产品质量并无影响。例如,12 层 G827 单向碳布为增强体,模具长度 340mm,采用"离位"RTM 注射工艺时,模具温度控制在 60℃,树脂注射压力 0.1MPa,充模时间 2h ~ 3h;采用传统 RTM 工艺时,模具温度 130℃,树脂注射压力 0.1MPa,充模时间 40min ~ 50min。

"离位"RTM 注射成型制备的 BMI 基碳纤维(G827 碳布)复合材料的特征力学性能与常规 RTM 工艺成型的 BMI 基复合材料基本相当(表 8 – 27)。弯曲模量虽然有所降低,但 115GPa 的模量在 G827 增强的复合材料种类里还比较理想(目前应用的 G827 环氧基复合材料 24 的弯曲模量约为 100GPa ~ 110GPa);而剪切强度的少许提高则说明"离位"技术可得到较好的复合材料界面。总的来看,材料的基本物性在层合板内分布均匀,并没有因为"离位"RTM"注射过程里反应的两组分没有传统的物理搅拌而影响了树脂的均匀性,但其工艺技术却显示出"离位"注射技术的特征性优点:流动过程中树脂基本不增黏,实现了低压注射条件下的长程流动(RTM),而且树脂体系的开放时间相当长,注射加工的时间窗口很大,给储存和应用带来极大的方便。

表 8 – 27　RTM 成型双马来酰亚胺树脂(BMI)基复合材料面内力学性能的比较

	G827/BMI("离位")	G827/BMI(传统)
弯曲强度/MPa	1740	1730
弯曲模量/GPa	115	125
剪切强度/MPa	98	92
纤维体积含量/%	55	55

8.5　小结

先进复合材料 RTM 成型技术的基础和关键是 RTM 专用低黏度树脂体系。针对航空工业不同温度区域的使用要求,我们研究发展了环氧树脂(EP)、双马来酰亚胺树脂(BMI)和聚酰亚胺树脂(PI)三类典型的 RTM 专用树脂体系,其典型的黏度性质比较见图 8 –36。这些树脂具有低黏度的特点,其固化浇注体或复合材料的力学性能优异,可以满足航空工业的应用需要。

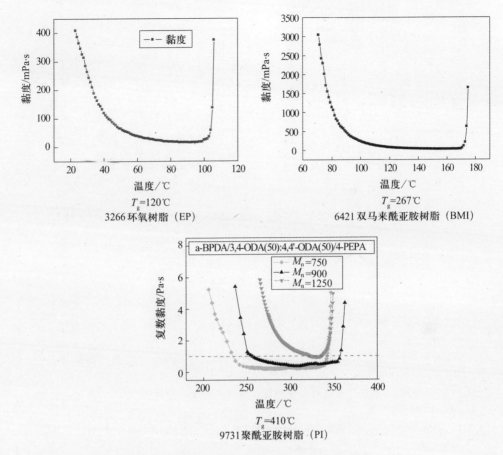

图 8 - 36 典型 RTM 专用树脂的黏度—温度曲线

但是值得指出的是,为了满足 RTM 树脂特定的低黏度要求,RTM 树脂及其配方设计中往往很难顾及固体树脂材料的韧性,这是一个两难的选择,对此,必须有新的应对选择。本书的后面将专门提出解决这个难题的方法:"离位"RTM 增韧技术。

针对 RTM 成型工艺技术的特点,一方面,从树脂体系或配方的设计角度,我们可以设计改进低黏度的树脂体系;另一方面。从工艺技术的角度,我们还可以改进 RTM 注射充模的工艺技术,一个创新性的对策就是"离位"RTM 注射技术,这个技术的显著特点就是在 RTM 树脂注射的时间序列上分离物理流动和化学反应两个过程,一把钥匙开一把锁,其原理思路以及一个在环氧树脂基复合材料上开展的概念性研究的试验结果见图 8 - 37。通过这个技术途径,理论上讲,我们可以"无限期"的注射树脂而不用顾及树脂的开放期,当然,这在实际操作中还是有一个开放期上限的,不过这个上限值可以相当长。

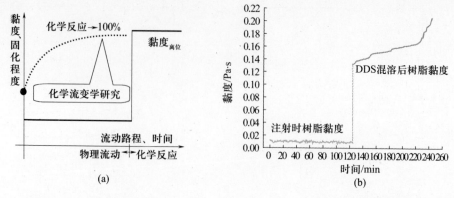

图 8-37 "离位"RTM 注射技术的原理思路(a)及一个概念性的试验结果(b)

参 考 文 献

[1] 益小苏,杜善义,张立同. 中国材料工程大典(第10卷)-复合材料工程. 北京:化学工业出版社,2006.

[2] 拉德 C D,朗 A C,肯德尔 K N,迈根 C G E.复合材料液体模塑成型技术.王继辉,李新华,译. 北京:化学工业出版社,2004.

[3] 阎业海,赵彤,余云照. 复合材料树脂传递模塑工艺及适用树脂 [J]. 高分子通报, 2001, (3):24-35.

[4] 益小苏,王震,刘志真,等. 高韧性树脂转移模塑聚酰亚胺复合材料技术. 北京:中国科学技术出版社, 2008-2009.

[5] 许亚洪.RTM 工艺用树脂及"离位"RTM 技术 [T].北京:北京航空材料研究院博士学位论文,2003.

[6] CYCOM® 823 RTM Liquid Epoxy Resin,Technical Datasheet. Cytec 公司资料. http://www. cytec. com/engineered-materials/products/Datasheets/CYCOM%20RTM%20823. pdf

[7] 何曼君,陈维孝,董西侠. 高分子物理.上海:复旦大学出版社,1991.

[8] HexFlow® RTM 6,180 C epoxy system for Resin Transfer Moulding monocomponent system。Product Data. Hexcel 公司资料. http://www. hexcel. com/NR/rdonlyres/B9DAF85C-DFA5-4158-8CE5-22A8F7146A94/0/HEXCELRTM6. pdf

[9] 《中国航空材料手册》编辑委员会. 中国航空材料手册. (第6卷)北京:中国标准出版社,2002.

[10] 陈祥宝.聚合物基复合材料手册.北京:化学工业出版社,2004.

[11] 梁国正,顾媛娟. 双马来酰亚胺树脂. 北京:化学工业出版社,1997.

[12] 潘祖仁.高分子化学,北京:化学工业出版社,1995.

[13] 刘志真.RTM 聚酰亚胺复合材料工艺和性能研究 [T].北京:北京航空材料研究院博士学位论文,2008.

[14] Paul M. Hergenrother. The Use, Design, Synthesis and Properties of High Performance/High Temperature Polymers: an Overview. *High Perform. Polym.* 2003,15: 3-45.

[15] John W Connell, Joseph G Smith Jr, Paul M Hergenrother, Monica L Rommel. Neat resin, adhesive and

composite properties of reactive additive/PETI – 5 blends. *High Perform. Polym.* 12（2000）323 – 333. Printed in the UK PII：S0954 – 0083（00）13251 – 9.

[16] John W. Connell, Joseph G. Smith, Jr, Paul M. Hergenrother and Jim M. Criss. High temperature transfer molding resins：laminate properties of PETI – 298 and PETI – 330. *High performance Polymers.* 2003，15：375 – 394.

[17] Rikio Yokota, Syougo Yamamoto, Shoichiro Yano, Takashi Sawaguchi, Masatoshi Hasegawa, Hiroaki Yamaguchi, Hideki Ozawa and Ryouichi Sato. Molecular design of heat resistant polyimides having excellent processability and high glass transition temperature. *High Perform. Polym.* 13（2001）S61 – S72. www. iop. org/Journals/hp PII：S0954 – 0083（01）22950 – X.

[18] Stewart Bain, Hideki Ozawa, Jim. M Criss. Development of a cure/postcure cycle for PETI – 330 laminates fabricated by RTM［J］. *High Performance Polymer*, 2006（18）：991 – 1001.

[19] 王震. 聚酰亚胺的复合材料制备与辐射固化［T］. 北京：中国科学院长春应用化学研究所博士学位论文，2002.

[20] 益小苏. 国家重大基础研究计划（国家 973 计划）申请书《先进复合材料的可控制备技术与功能原理》. 2001，北京.

[21] 唐邦铭，益小苏，安学锋，许亚洪，赵新英. 高韧性层状复合材料的制备方法（国防发明专利）. 专利申请日：2003.10.22；专利授权号：ZL200310102017. X；专利授权日：2008.06.25，专利证书号：国密第 2874#.

[22] 孙健生. 高温环氧树脂"离位"RTM 工艺与"离位"增韧技术研究［T］. 北京：北京航空材料研究院硕士学位论文，2007.

[23] 益小苏，张尧州，安学锋，唐邦铭，张明. 一种预优化液/固界面的"离位"树脂传递模塑成型加工方法（国防发明专利）. 申请日：2008.09.03，申请号：200810076554.4.

第9章 液态成型复合材料的"离位"增韧技术

如在第 1 章就已经提到的,"非热压罐(Out-of-autoclave,OOA)"成型制造技术是当今国际复合材料研究的主流,其中,关注的重点主要集中在液态成型技术的树脂转移模塑(Resin Transfer Molding,RTM)及其衍生的各种真空成型技术(Vacuum Assisted Process,VAP)上,包括树脂膜浸渗成型技术(Resin Film Infusion,RFI)等。液态成型技术的主要优点是低成本,能够制造高纤维体积含量、复杂构型的零件,并保持较高的尺寸、形状精度以及较高的结构设计效率。然而,液态成型技术必然也有其弱点,这主要就是与今天预浸料复合材料热压罐成型技术已经取得的成就相比,液态成型复合材料在产品的一致性(或重复性)和性能/重量比上还不及热压罐成型的预浸料复合材料[1](图 9 – 1),尤其是真空液态成型(VAP)的复合材料及其制品。其中,在液态成型复合材料性能/重量比方面,液态成型复合材料的一个显著弱点就是其韧性及其面内力学性能不及热压罐成型的预浸料复合材料。因此,液态成型复合材料在产品的一致性以及性能/重量比上追赶热压罐成型预浸料复合材料的技术水平就成为了当今技术发展的一个重要目标。

图 9 – 1　当前真空辅助液态成型(VaRTM)技术水平与热压罐成型技术水平的比较[1]

同样在第 1 章就已经提到,对于液态成型复合材料,把增韧组分直接混入基体树脂的增韧路线不可行,在预浸料复合材料上行之有效的插层增韧技术路线也不可行,因此,国内外的研究都不约而同地想到了基于预制织物(即 Fabric-based)的液态成型复合材料增韧技术[2]。在第 1 章里也已提到,这种增韧的概念和思路后来被归纳在我们"离位"表面附载增韧原理的大框架内,因为增韧组分事先被分离并在增强体上表面附载,最后在固化过程中被约束定域在层间的特定位置。本章主要讨论基于预制织物的 RTM 液态成型复合材料的"离位"表面附载增韧问题,在本章的最后一节讨论树脂膜浸渗成型技术(RFI)里的"离位"增韧问题。

9.1　RTM 液态成型复合材料的"离位"增韧原理

　　液态成型复合材料技术的一个重大挑战是如何在保持树脂的高流动特性和液态成型工艺性的同时对复合材料进行增韧,以 RTM 专用环氧树脂基复合材料的液态成型技术为例,国际著名的航空复合材料供应商、美国 Cytec 公司巧妙地将与这种环氧树脂相容,并起到增韧作用的热塑性高分子材料纺织成 40μm 左右的纤维,然后把这种纤维作为纬线,与碳纤维织成混编增强织物,在液态成型时,树脂的注入温度低于该热塑性纤维的熔点,因此保证了低黏度的 RTM 成型专用环氧树脂能够顺利实现流动和充模;在固化阶段,升高温度,该热塑性纤维在已充满树脂的模具内被基体环氧树脂中溶解,形成增韧的均一相基体,实现了液态成型复合材料的增韧[3]。这个技术被 Cytec 公司命名为 Priform ™技术[4,5]（图 9 - 2）,并获得专利。Priform ™材料技术在原理上属于基于预制织物的液态成型复合材料的"原位"增韧技术,因为热塑性高分子增韧热固性树脂的韧化结构均匀分布在整个复合材料基体内。Priform ™材料技术部分解决了液态成型的树脂流动问题,但其工艺窗口较窄,国际上要求改进的呼声还很高,其技术成本也比较高,而且复合材料纤维体分相对较低,面内力学性能显得不足。

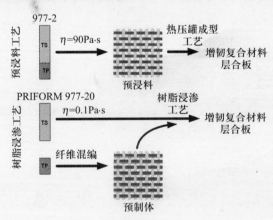

图 9 - 2　Cytec 公司增韧 RTM 技术原理图[4]

　　除 Priform ™技术之外,P. J. Hogg 等[6]从制备热塑性纤维/增强纤维的混杂纤维束（Commingle）入手（图 9 - 3）,例如用 PET 热塑性纤维作为增韧纤维相混纺进碳纤维或玻璃纤维束,然后制备复合材料并 RTM 成型,这种复合材料的断口表面分析发现（图 9 - 4、图 9 - 5）,PET 与环氧树脂发生了相分离,可以清楚地观察到PET 相的塑性变形和撕裂痕迹,这种复相材料也得到了增韧。

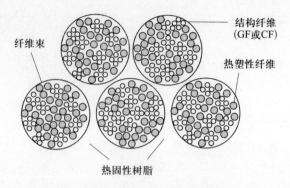

图 9 - 3　热塑性纤维及增强纤维混杂微观结构示意图(Hogg)

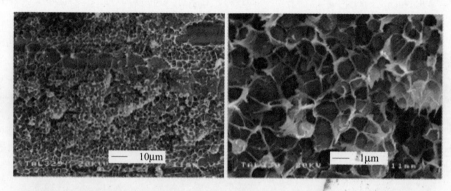

图 9 - 4　GF-mPET-EP1 复合材料的 DCB 断口 SEM 照片(裂纹从左向右)[6]

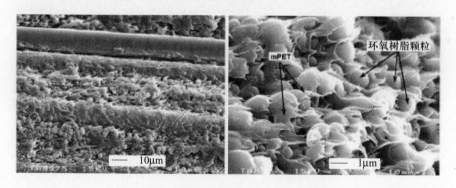

图 9 - 5　GF-mPET-EP1 复合材料的 4ENF 断口 SEM 照片(裂纹从左向右)[6]

　　Seferis 等一直致力于使用具有增韧效果的定型剂来增韧 RTM 复合材料[7],代表性的定型剂是聚酰胺 6 体系。他们将定型剂以喷涂或者撒粉的形式引入到预成型体上制备复合材料,结果发现固体复合材料的 G_{IIC} 提高 30% 左右(图 9 - 6)。在 G_{IIC} 试样的裂纹扩展表面(图 9 - 7),可以看出少量的定型剂颗粒改变了层间原有的脆性断裂"梳形"形貌,从而导致 G_{IIC} 的提高。通过对裂纹扩展分析还发现(图9-8),由于定型剂粒子未能有效地阻止裂纹扩展,因此 G_{IC} 有所降低。在材料制备技术上,他们的这种方法实际上就是表面附载技术的一个体现,而喷涂或者撒粉不过是表面附载技术的几种不同的原材料及其施工方法。

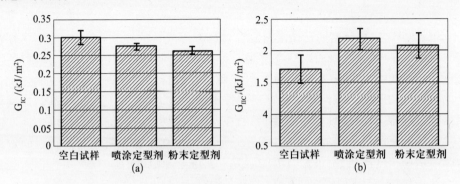

图9-6 定型与未定型复合材料的Ⅰ型(a)和Ⅱ型(b)试样的层间断裂能
(喷涂定型:环氧+50份PA;粉末定型:PT 500 + 50份PA)

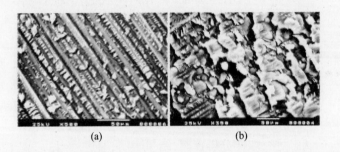

图9-7 未增韧(a)和用粉末粒子定型(b)的复合材料Ⅱ型断裂试样
表面 SEM 照片(裂纹沿纤维方向)

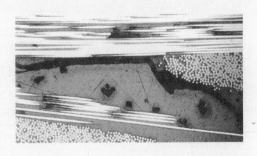

图9-8 Ⅰ型断裂试样中的层间裂纹扩展路径 SEM 照片(从左向右)

就在美国 Cytec 公司推出 Priform ™技术的前后,我们根据"离位"复合增韧在预浸料复合材料方面成功的经验,也提出和发展了一种基于预制织物(Fabric-based)的液态成型复合材料表面附载增韧技术[8,9,10]，下面系统介绍这个方面的工作。

9.2 "离位"RTM 增韧环氧树脂基复合材料[11]

根据"离位"复合增韧在预浸料复合材料方面成功的经验，首先需要把增韧相材料(膜或粉末颗粒)表面附载在增强纤维织物上，制备所谓的"离位"预制体，实现基于预制织物(Fabric-based)的液态成型复合材料增韧。表面附载在增强织物上的热塑性树脂组分颇似传统定型预制技术里的定型剂[12,13]，但定型剂的作用仅仅是固定纤维，没有增韧作用，其用量约在4%，而"离位"表面附载的热塑性增韧组分同样具有固定纤维的定型作用，但用量可以很高。这也启示我们将表面定型预制与增韧技术集成，有关这方面的研究下面还会专门讨论。

在预成型体结构一定的情况下，表面附载增韧组分的加入必然影响预成型体内的空隙率，从而影响树脂的流动。举环氧树脂(牌号3266①)RTM增韧体系为例，对于G827(T700)单向增强碳布，当表面附载的热塑性增韧组分-非晶聚芳醚酮PAEK的含量分别为0%、10%、15%时，应用真空铺助RTM技术(VaRTM)，注射低黏度的3266环氧树脂，注射压力0.1atm、模具温度40℃时，观察树脂的出模时间，发现随着增韧组分用量的增加，树脂的出模时间会延长。其次，PAEK在3266环氧树脂中的溶解特性也会影响该环氧树脂的流动，问题的关键是选择合适的工艺条件，使3266的流动过程不受PAEK溶解的影响。取模具温度为30℃，注射压力小于0.2MPa，采用VaRTM工艺进行注射，对进出口胶液在工艺过程结束时的状态进行取样分析控制，结果表明，通过适当的工艺控制可以控制PAEK在3266中的溶解行为和RTM工艺，从而使最终的组分分布状态服从预设计。

由于通过"离位"层间增韧的办法把增韧组分集中在纤维层之间，所制备复合材料试样的冲击损伤容限(用CAI表征)同比未增韧的复合材料已发生重要改变，G827(T700)单向碳纤维布增强的3266环氧树脂基VaRTM复合材料G827/3266(对比系)和PAEK层间增韧G827/3266ES复合材料的弯曲强度和层间剪切强度的对比见表9-1，其中后缀ES表示"离位"(*Ex-Situ*的简写)增韧。从表中可见，RTM"离位"增韧复合材料的韧性有了很大的提高效果，从未增韧的193MPa提高到294MPa，达到了高韧性复合材料的水平，而其他主要力学性能并没有受到影响。

---

①北京航空材料研究院先进复合材料国防科技重点实验室的牌号产品。

表9-1 RTM成型环氧树脂复合材料试样的力学性能比较

	G827/3266（空白）	G827/3266ES（"离位"）		G827/3266（空白）	G827/3266ES（"离位"）
纤维体积含量/%	55	55	层间剪切强度/MPa	85	86
弯曲强度/MPa	1580	1540	CAI值/MPa	193	294
弯曲模量/GPa	103	105	增韧相含量/%	0	15

在工艺条件与微结构的关系上,对于T700碳纤维/3266ES模型复合试样,在合适的工艺条件下,原先表面附载在增强织物上的PAEK与3266环氧树脂在固化过程中首先发生液—固两相混合,PAEK溶解在环氧中形成PAEK/EP均相结构,随着固化过程的进行,两者发生反应诱导失稳分相(旋节线分相),EP从PAEK/EP均相中析出,经过相反转和相粗化,形成层间的3-3双连续颗粒状分相韧化结构,这种特定的"离位"增韧结构主要定域在碳纤维铺层的层间。"离位"RTM增韧T700碳纤维/3266ES复合材料里PAEK经THF化学刻蚀后的形貌见图9-9。在这个例子里,我们又看见了曾经出现在"离位"增韧预浸料复合材料里的过程和产物(见第6章):预浸料增韧技术里的热塑性组分表面附载转变成为增强织物的表面附载,这种表面附载又同样转变成为2-2层状化复合材料里的热塑性组分层间预富集,经过同样的固化反应诱导相分离、相反转和相粗化,最终形成定域在层间的3-3双连续颗粒状分相韧化结构。

图9-9 T700/3266ES复合材料试样中相分离相反转形成的典型颗粒结构

这里继续选用热塑性非晶聚芳醚酮PAEK作为3266树脂"离位"增韧剂的优点是因为PAEK的玻璃化转变温度(230℃)能够覆盖3266树脂的使用温度。纯3266树脂基复合材料及其T700/3266ES"离位"RTM增韧复合材料的DMTA曲线见图9-10。图9-10(a)为纯3266树脂基复合材料的T_g峰(约112℃),图9-10(b)、(c)和(d)分别为T700/3266ES"离位"RTM增韧复合材料的DMTA

曲线中,三者之间的区别仅仅在于 PAEK 含量的不同。如图 9-10 曲线所示,所有图 9-10(b)、(c) 和 (d) 三个图都出现了两个损耗峰,分别对应纯 3266 树脂基复合材料的玻璃化转变温度和 PAEK/EP 分相体系的玻璃化转变温度,说明复合材料基体内并存有两个相,PAEK 相的玻璃化温度由于 3266 树脂的稀释作用有所下降。由于低温峰决定了该复合材料的长期使用温度,因此可以认为,PAEK 的引入基本不会影响 T700/3266ES"离位"RTM 增韧复合材料的使用温度限制。

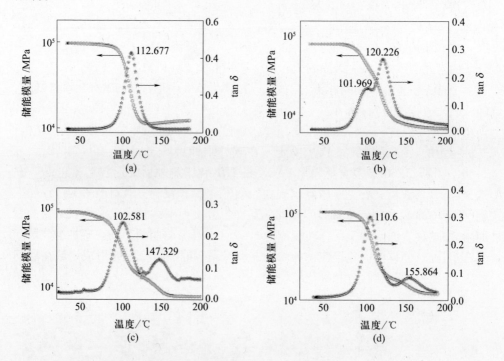

图 9-10   复合材料试样的 DMTA 曲线

(a) 纯 3266 基体树脂复合材料试样; (b) 5.0%(质量分数)PAEK"离位"增韧;

(c) 10.0%(质量分数)PAEK"离位"增韧; (d) 15.0%(质量分数)PAEK"离位"

增韧 3266ES-RTM 复合材料。

图 9-11 和图 9-12 分别比较了纯环氧树脂 3266 以及 T700/3266 复合体系"离位"增韧前后的微观破坏形貌。未增韧 3266 树脂的断口形貌是典型的脆性断裂(图 9-11(a)),故复合材料的破坏也具脆性破坏特征(图 9-11(b)),因而 T700/3266 复合材料的断裂韧性较低;而 PAEK 增韧 3266 树脂的断口形貌是韧性的(图 9-12(a)),T700/3266ES"离位"增韧复合材料的断口形貌也是韧性的(图 9-12(b)),两张照片上都依稀可见固化反应诱导相分离形成的典型 3-3 颗粒状结构,这就是 T700/3266ES 复合材料高韧性的原因。

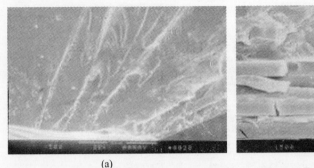

(a)

(b)

图9-11 未增韧3266树脂浇注体(a)及700/3266复合材料(b)层间的断口形貌

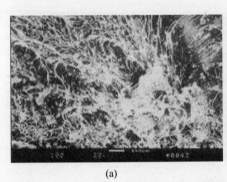

(a)

(b)

图9-12 PAEK增韧3266树脂浇注体(a)及T700/3266ES"离位"增韧复合材料
(b)层间的断口形貌

图9-13是两种复合材料冲击后层间分层情况超声波C扫描照片,可见由于PAEK在层间的引入,复合材料受到同样能量的冲击后,其抗层间分层的能力得到显着提高,分层破坏的等效直径由未增韧前的31mm降至23mm,这就是CAI值得以提高的直接原因。

9.3 "离位"RTM增韧苯并噁嗪树脂基复合材料[14]

研究所用苯并噁嗪(Benzoxazine,BOZ)来自某国外复合材料专业公司,其准确化学结构不详。关于这种树脂的预浸料改性研究在前面章节已有所接触和讨论。

在进行BOZ树脂基复合材料的"离位"RTM增韧前,根据该树脂的特性、包括TTT关系等对固化制度进行了一定的工艺调整,以使调整后的工艺帮助实现相结构的韧化。该树脂由供应商给出的初始固化工艺制度为180℃/3h,我们在130℃增加了一个恒温台阶:130℃/1h+180℃/3h(图9-14)。

图9-15给出了该BOZ树脂与PAEK热塑性增韧膜表面附载层状复合试

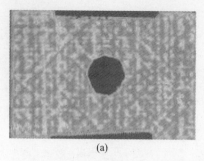 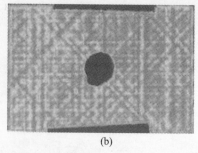

图 9-13 T700/3266 复合材料试样冲击后 C 扫描照片

(a)空白试样;(b)"离位"增韧复合材料。

样在 130℃下处理不同时间后的固化浇注体的断面 SEM 照片。由照片可以看出,130℃恒温处理时间越长,增韧区域变得越窄,增韧相的结构梯度变得更大。在 130℃恒温 60min 后可以明显的看到和"原位"共混增韧相似的 3-3 双连续颗粒相分离(图 9-15(d)),这是由于 130℃的预固化处理已引发树脂部分反应,增加了 BOZ 树脂本体的黏度,使得低分子 BOZ 的含量相对减少,其在相应温度下向 PAEK 薄膜的扩散也因其黏度的增加受到限制而变慢,其扩散深度有限。

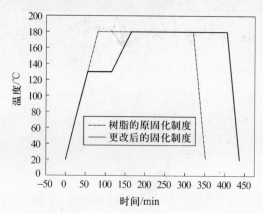

图 9-14 BOZ 树脂基复合材料 RTM 成型的初始固化工艺制度和调整的制度

由 130℃/1h+180℃/3h 固化制度制得的 BOZ/PAEK"离位"RTM 增韧复合材料层合板的外观见图 9-16(a),其相应的超声波 C 扫描结果见图 9-16(b)。由照片可以看出,复合材料试样的外观和内部质量基本令人满意。

首批试制备的 BOZ/PAEK"离位"RTM 增韧复合材料试样的力学性能测试结果见表 9-2。其中"离位"方案 I 的 PAEK 用量较少,"离位"方案 II 的用量加倍。比较

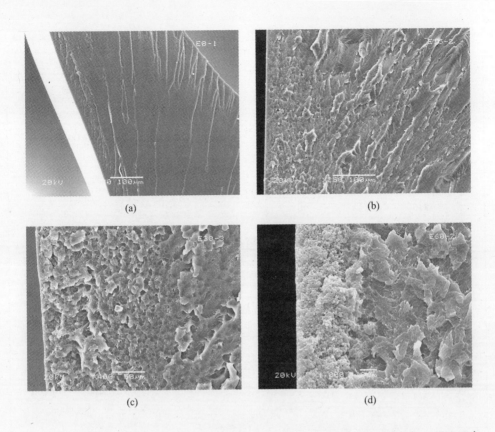

图9-15 130℃下"离位"处理不同时间的 PAEK/BOZ 界面贴合浇铸体低温脆断断口 SEM 照片

(a) 130℃/0min; (b) 130℃/15min; (c) 130℃/30min; (d) 130℃/60min。

图9-16 PAEK/BOZ 树脂基复合材料"离位"RTM 增韧成型层合板的

外观(a)及其超声波 C 扫描结果(b)

可见,该 BOZ/PAEK 复合材料的 CAI 值均有明显提升,且 PAEK 的用量越多,CAI 值增加越多,基本显示了"离位"增韧 RTM 成型技术对 BOZ 树脂基复合材料的适用性。

表9-2 BOZ/PAEK-RTM复合材料试样的冲击后压缩强度(CAI)典型性能及其比较

试 样 编 号	CAI/MPa	CAI/MPa	备注
B-1(1)	178		
B-1(2)	181	181	
B-1(3)	185		空白试样(未增韧)
B-2(1)	174		
B-2(2)	170	175	
B-2(3)	180		
I-1(1)	218		
I-1(2)	194	210	
I-1(3)	219		"离位"增韧方案I
I-2(1)	220		
I-2(2)	258	245	
I-2(3)	258		
II-1(1)	309		
II-1(2)	264	291	
II-1(3)	300		"离位"增韧方案II
II-2(1)	254		
II-2(2)	266	277	
II-2(3)	310		

图9-17(a)和(b)是我方提交外商、由外商提供的C扫描结果,其中,图9-17(a)是未增韧BOZ复合材料两面分别进行C扫描的典型照片对比,对应的CAI值在181MPa~175MPa之间;而图9-17(b)是"离位"RTM增韧的BOZ/PAEK复合材料两面分别进行C扫描的典型照片对比,对应的CAI值在291MPa~277MPa之间。

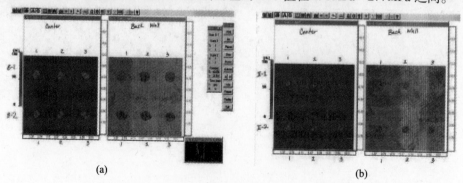

(a)   (b)

图9-17 RTM成型PAEK/BOZ复合材料试样的增韧与否的超声波C扫描结果比较

经过 THF 化学刻蚀,"离位"RTM 增韧 BOZ/PAEK 复合材料试样的典型层间相形貌见图 9 - 18(a)。在图中的高倍放大照片里,我们能够发现典型的"离位"增韧相反转、3 - 3 双连续的 BOZ 颗粒特征形貌(图 9 - 18(b)和(c))。

(a)

(b)   (c)

图 9 - 18　BOZ/PAEK 复合材料试样的典型层间相形貌
(a) 横截面层间概貌;(b) 典型层间概貌;(c) 层间相形貌细节。

9.4　"离位"RTM 增韧双马来酰亚胺树脂基复合材料[15]

首先,将热塑性非晶聚芳醚酮 PAEK 增韧膜表面附载在增强织物 G827(T700)表面,然后用 RTM 专用双马来酰亚胺(BMI)树脂(牌号 6421①)制备液态成型复合材料试样,按照图 9 - 19 的工艺制度注射和固化。

---

①北京航空材料研究院先进复合材料国防科技重点实验室的牌号产品。

为便于比较,特制备了三种状态的复合材料(表9-3)。表中,基准状态(空白试样)是非增韧的纯 BMI 树脂基复合材料,"离位"RTM 增韧的 BMI/PAEK 复合材料的状态包括方案 1 和方案 2,其中,韧化方案 1 和韧化方案 2 的区别仅仅是层间增韧剂 PAEK 的浓度。

表9-3 BMI 复合材料层合板的试样序号、增韧方案、I 型(G_{IC})和

II 型(G_{IIC})层间断裂韧性值对比

试样	增 韧 方 案	G_{IC}(J/m^2)/C_v%	G_{IIC}(J/m^2)/C_v%
1	空白试样(未增韧)	215/11.6	510/2.75
2	方案 1:"离位"增韧 16.8%(质量分数)PAEK	453/9.13	971/3.26
3	方案 2:离位"增韧 20.2%(质量分数)PAEK	627/3.19	905/5.37

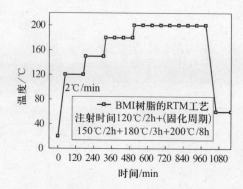

图9-19 6421 双马来酰亚胺树脂基复合材料试样的注射和固化温度—时间制度

首先测试和比较了所有三种复合材料试样的 I 型张开断裂力学性质及其层间微结构。如图9-20所示,在 I 型断裂的裂纹扩展载荷—位移曲线上(A),纯 BMI 树脂(非韧化)试样的初试开裂载荷和最终位移均最小(A-a),而高 PAEK 浓度 BMI/PAEK"离位"RTM 增韧试样的初始开裂载荷和最终位移最大(A-c),显示了 PAEK 浓度对增韧的直接作用,临界开裂载荷和最大破坏形变正比于 PAEK 的浓度。

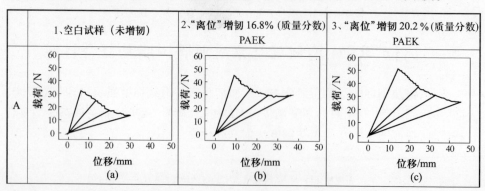

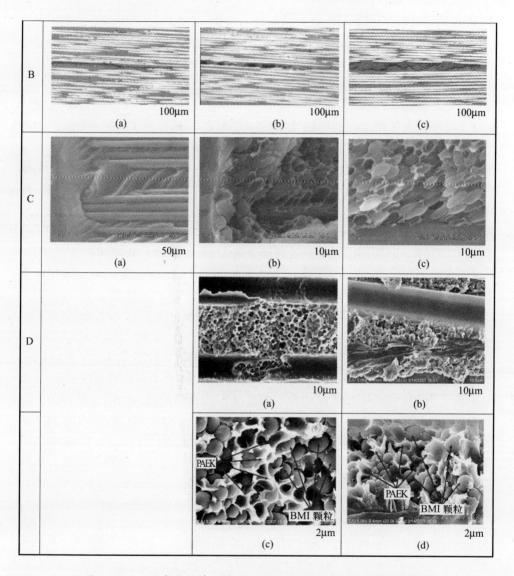

图 9-20　三种复合材料试样的 I 型张开断裂力学性质及其层间结构

（A）I 型张开断裂的载荷-位移曲线；（B）试样轴向截面的光学显微照片；

（C）裂纹尖端附近断口的形貌；（D）裂纹扩展段的断口形貌；（E）是（D）的局部放大。

　　对比相应试样的轴向截面显微照片（B），发现裂纹在非韧化试样中的扩展比较平滑（B-a），而在两个"离位"RTM 增韧试样（方案 1 和方案 2）中的裂纹扩展路线相对比较粗糙（B-b，B-c），裂纹走向在层间上下起伏，增加了裂纹的扩展阻力，消耗了更多的能量。这种裂纹路径平坦程度的差异得到了层间材料裂纹尖端附近的断口形貌的支撑（C），在非韧化状态试样的人工预制裂纹尖端及其附近（Ca)，断口树脂的表面比较光滑，几乎没有什么结构，仅仅是单一的组织；而在韧化状态试样上，热反应诱导失稳相分离、相反转和相粗化所形成的3－3连接度的BMI硬相双连续颗粒结构清晰可见(C－b、C－c)，这些颗粒大小不一，并且颗粒间存在PAEK相韧化薄层组织。

值得一提的是，对应着裂纹扩展载荷—位移曲线的第一个峰值，非韧化试样的断口上几乎没有任何BMI树脂塑性变形的痕迹(C－a)，反映了这种脆性材料的典型断裂特征和断口特征，而两种韧化试样(方案1和方案2)的断口上均明显发现硬相BMI颗粒的较大的塑性变形(C－b)、(C－c)，许多颗粒已经在预制裂纹尖端拉伸大应力的作用下被"竖着"拉长，成为椭圆球体，与此同时，颗粒间的PAEK相薄层也出现塑性拉伸变形的迹象。在高PAEK浓度韧化条件下，这种BMI粒子大变形的图像表现得淋漓尽致。在裂纹起始开裂之后，在韧化试样(D－a)、(E－a)和(D－b)、(E－b)层间的裂纹扩展必经之路上，遍布着的BMI硬相粒子，它们阻挡了裂纹的平坦推进；而连续密布在BMI颗粒间的PAEK韧化组织则通过塑性变形，进一步吸收了层间张开的能量。

有趣的是，在图9－20的人工预制裂纹尖端发现BMI粒子的大变形(C－b、C－c)却没有延续到随后的裂纹扩展路程中(比较C－b与D－a、E－a，以及C－c与D－b、E－b)，在裂纹扩展途中，多见的是PAEK连续相的变形(E－a、E－b)，这种变形角色变换的准确原因目前不详。一般可以认为，在人工预制裂纹尖端，复杂的多轴应力状态可能是BMI硬相粒子塑性变形的重要原因，这时，大拉伸条件下的缩颈力把PAEK薄层紧紧地压在BMI颗粒上，产生PAEK薄层与BMI颗粒一起变形的协同效应。一旦引发了开裂，应力状态退化为简单的拉伸，这时PAEK的内聚强度大于BMI与PAEK的相界面黏附力，导致颗粒与韧性材料之间的部分开裂，吸收能量，同时PAEK的韧性变形能力独立发挥，成为阻挡裂纹扩展的主力。这也就是张开载荷—位移曲线上(图9－20A)的载荷随位移的下降段。

不管怎样，显然，正是这种3－3双连接的PAEK热塑性韧相包裹BMI热固性刚性相粒子的协同变形效应，提供了非韧化与韧化两类试样完全不同的开裂起始抗力和裂纹张开扩展阻力，也提供了韧化材料较高的G_{IC}和G_{IIC}值(见表9－3)，因此，这种刚性颗粒与韧性粒子间组织所组成的层间独特结构是这种复合材料高层间韧性的基本原因。相比之下，高PAEK浓度的层间韧化相显然有利于这种增韧效果。

对于Ⅱ型剪切断裂力学性质与层间微结构，三种复合材料试样的Ⅱ型剪切试验结果如图9－21所示，如预料的，非韧化试样的剪切载荷—位移曲线陡而临界开裂点载荷值相对最低，而两种BMI/PAEK复合材料韧化状态试样的载荷—位移曲线的倾角都更小但临界载荷值都更高。至于两种浓度韧化试样(方案1和方案2)之间在剪切曲线上的区别，应该不是很显著，虽然两种韧化条件下的PAEK浓度不同。

比较三种不同方案试样 II 型剪切断裂的断口形貌(图 9 - 22),发现脆性断裂或韧性断裂的基本特征相对于 I 型张开断口的情况没有发生本质的变化。对应 I 型张开,非韧化试样层间树脂的 II 型剪切裂纹更加密集(图 9 - 22(a)),暗示着更多的裂纹扩张阻力;而两种韧化试样(方案 1 和方案 2)的断口上,主要是 PAEK 增韧相的塑性变形(图 9 - 22(b),9 - 22(c)),几乎看不见 BMI 硬相粒子的塑性形变(图 9 - 22(d),9 - 22(e)),说明在高剪切应力状态,层间的剪切应力肯定大于 BMI 颗粒与 PAEK 相的界面

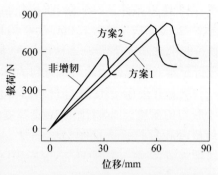

图 9 - 21　不增韧和两种"离位"增韧(方案 1 和方案 2)试样的 II 型剪切试验的载荷—位移曲线

黏附强度,载荷强制被转移到 PAEK 相上。可以认为,相比于 I 型张开,II 型剪切条件的层厚基本不变,它不能提供形变的空间,因此 BMI 硬相颗粒不可能参与这个剪切形变过程,这样,临界开裂应力也就不会因为 PAEK 相浓度的增加而升高,其载荷—位移曲线之间的区别也就不那么显著。

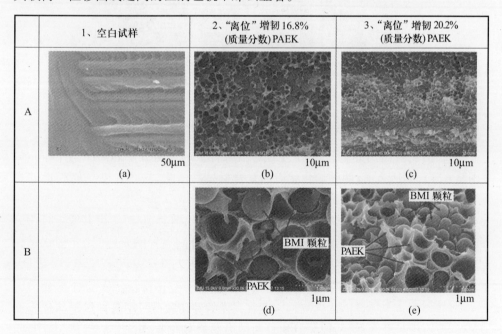

图 9 - 22　三种试样 II 型剪切断裂的断口形貌

(A) II 型剪切断裂试样的断口形貌;(B) 是(A)的局部放大。

不论是 I 型张开还是 II 型剪切,如果比较 PAEK 浓度对形貌的影响,不难发现,在低浓度条件下(16.8% 质量分数),BMI 的平均粒径约 0.8 μm,而在高浓度条件下(20.2% 质量分数),BMI 的平均粒径约 0.4 μm,这个规律符合热反应诱导失稳分相的基本理论[16]。高浓度条件下更小的硬相粒子粒径和更多的韧相体积分数肯定对增韧的总体效果是有利的。

接着开展了 BMI 复合材料试样的低速冲击及其冲击后压缩力学性质与破坏形貌的研究。非韧化的 BMI 基复合材料层合板在遭受冲击后的正面、反面和超声波 C 扫描透视图像见图 9 - 23。在适当的冲击载荷下,层合板的正面通常能观察到一个球面的凹坑(图 9 - 23(a)),其直径与冲击载荷和层合板的支撑性质有关;板的背面通常可见碳纤维层的开裂和纤维折断(图 9 - 23(b)),C 扫描则可以叠加确定所有分层面积的投影和(图 9 - 23(c)),其分层面的取向和大小与材料的本质性能有关。材料越脆,则冲击分层面积越大,反之亦然。

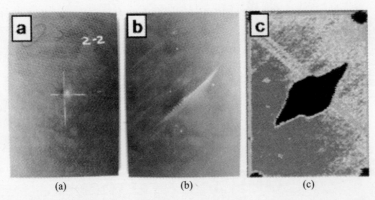

图 9 - 23   不增韧复合材料层合板冲击的正面、背面和超声波 C 扫描透视照片

准确的测量给出非韧化 BMI 复合材料层合板的冲击分层总面积为 1436mm² (图 9 - 24),相比之下,两种韧化状态的复合材料层合板(方案 2 和方案 3)的冲击分层面积仅不足其的 1/2,足见层间增韧的效果。

除冲击分层损伤面积外,在图 9 - 24 的这张对比图上,同时给出其他与 CAI 试验有关的重要数据如超声波 C 扫描图像结果等,特别重要的是,相比非韧化试样的 CAI 值约 155MPa,两个韧化状态试样的 CAI 值大约在 250MPa ~ 270MPa 之间,提升的幅度约 70%,说明韧化作用显著。

对这三种状态试样的长度方向截面显微观察发现,非韧化复合材料层合板的上表面冲击凹坑并不显见,但层合板背面已出现多层纤维层的开裂和纤维折断;而在板的内部,也可以发现多处分层损伤,这个分层损伤图像的叠加就是相应的 C 扫描透视结果(见图 9 - 24)。将这个冲击损伤的试样置于压缩载荷下直至其压溃

试样	实验步骤	C扫描照片	分层面积	侧横载面光学显微照片
1、不增韧空白试样	冲击后		1436 mm²	(a) 4mm 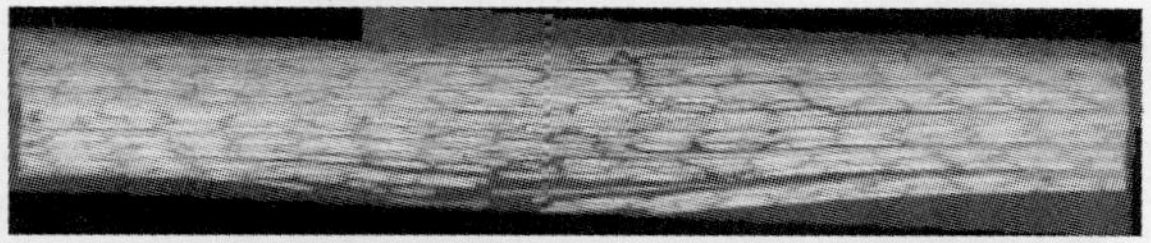
	冲击后压缩强度(CAI)	CAI(MPa)/Cv(%)=155/2.42		(b) 4mm 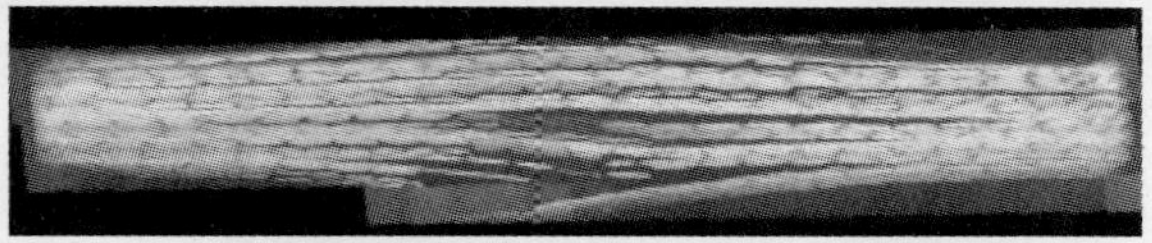
2、"离位"增韧16.8%(质量分数)PAEK	冲击后	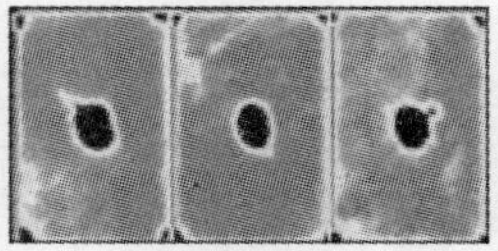	527 mm²	(c) 4mm 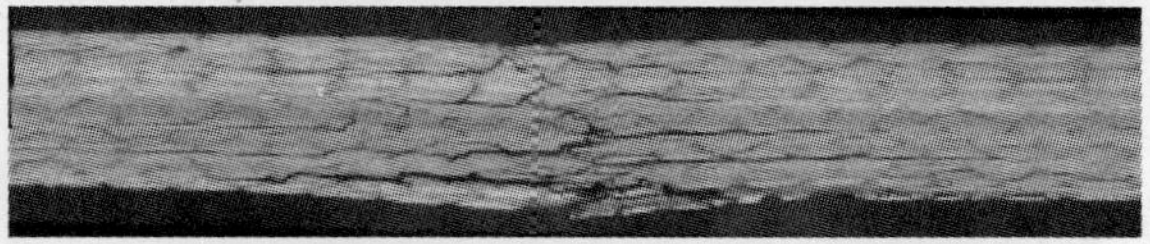
	冲击后压缩强度(CAI)	CAI(MPa)/Cv(%)=254/3.34		(d) 4mm 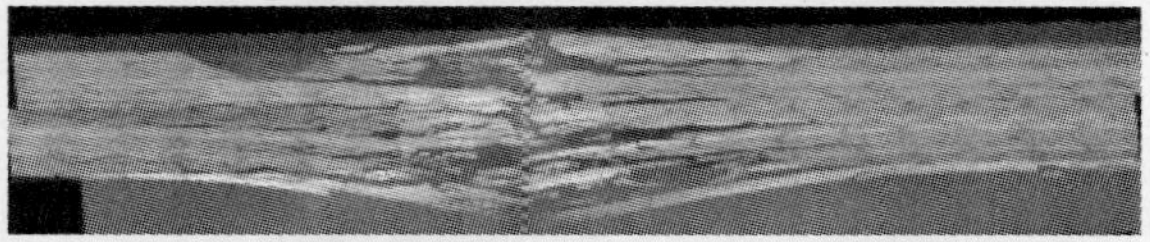
3、"离位"增韧20.2%(质量分数)PAEK	冲击后	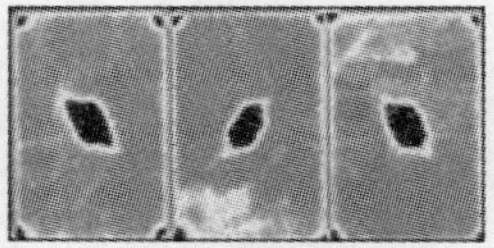	519 mm²	(e) 4mm 
	冲击后压缩强度(CAI)	CAI(MPa)/Cv(%)=277/2.93		(f) 4mm 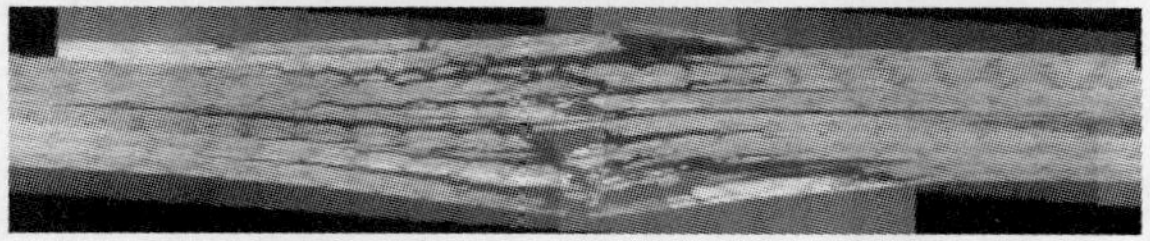

图9-24 不同制化状态BMI基复合材料层合板试样的冲击损伤及冲击后压缩试验结果对比

343

破坏(即 CAI 测试),得到材料的冲击后压缩强度 CAI 值。长度方向截面显微观察发现,这时的层合板已全部分层,几乎所有铺层均压溃破坏,但碳纤维本身的折断似乎并不比压缩试验前更严重,说明非韧化复合材料的冲击后压缩破坏主要是较小载荷下的彻底分层。

相比之下,韧化试样则在更大压缩载荷下压溃,这时,不仅所有铺层已全部分层开裂破坏,而且所有碳纤维均折断。这个现象告诉我们,韧化的层间通过其更高的 G_{IC} 裂纹张开韧性和 G_{IIC} 裂纹剪切韧性更多地吸收了冲击能量,并在存在冲击分层损伤的条件下,通过协调各碳纤维铺层的作用,更有效地把压缩载荷分配到碳纤维铺层层内,而不使富树脂的层间在较低的压缩载荷下屈曲,先行分层开裂。因此,两种韧化的复合材料层合板均表现出更高的 CAI 值(图 9 - 24)。这个试验结果表明,层间韧化不仅提高了复合材料层合板的冲击损伤阻抗(用分层的投影面积来评价),而且也提高了层合板的冲击后剩余压缩强度(用 CAI 值来评价)。

奇怪的是,随着层间韧化 PAEK 相浓度的适当增加,损伤阻抗和 CAI 值并没有随之增加,有点类似 G_{IIC} 不随层间 PAEK 相浓度的增加而增加(参比表 9 - 3)。一方面,这可能因为 PAEK 的浓度已进入脆—韧转变的阈值之上,即进入了韧性"饱和区";另一方面,也许层间韧性本来就是更多地提升 I 型张开韧性而非剪切韧性,而在冲击后压缩试验里,复合材料主要承受剪切载荷[17],因此,高 PAEK 相浓度在这个条件下无助于 CAI 值的提升。

比较冲击后压缩试验压溃的试样的横截面显微结构(图 9 - 25),非韧化的单质热固性树脂结构以及韧化树脂的 PAEK 相包裹 BMI 颗粒结构的图像清晰可见。如前述,裂纹在这种特殊的韧化结构内的推进必然遭遇更大的阻力,因此其 CAI 性质必然优异。与图 9 - 20 和图 9 - 22 不同的是,这个截面事先经过 THF 酸洗,PAEK 相已被化学刻蚀去除,所以照片里看见的仅仅是残留的 BMI 固化结构。

BMI 树脂基以及 BMI/PAEK"离位"RTM 增韧复合材料的面内力学性能与基本力学性能测试结果见表 9 - 4。按照国标,测试了上述三种状态复合材料层合板的面内力学常数,比较可见,"离位"层间增韧并没有以牺牲材料的面内力学性能为代价,相反,有些性能还略有提高。产生这个现象的原因可能是复合材料层合板的相对密度略有增加,具体数据见表 9 - 5,尤其是碳纤维铺层内的纤维体积分数增加明显(图 9 - 26)。这说明,在 RTM 工艺的过程中,由于层间韧化组分的存在,层合板的厚度略有增加,层合板工艺制造过程中的压实力也更大,这无疑会影响 RTM 注胶的效率。

1、空白试样

2、"离位"增韧16.8%(质量分数)PAEK

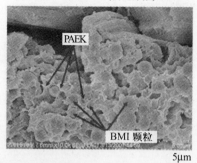

(a)   (b)

3、"离位"增韧20.2%(质量分数)PAEK

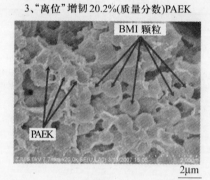

(c)

图 9 - 25　三种不同状态复合材料试样的层间形貌对比

表 9 - 4　G827/BMI 复合材料试样典型力学性能

力学性能	空白试样	"离位"增韧 16.8%（质量分数）PAEK	"离位"增韧 20.2%（质量分数）PAEK	测试标准
0°拉伸强度/MPa	1392	1500	1550	GB/T 3354—1999
0°拉伸模量/GPa	102	105	112	
泊松比	0.32	0.30	0.34	
0°压缩强度/MPa	1135	1117	1071	GB/T 3856—2005
0°压缩模量/GPa	101	104	110	
弯曲强度/MPa	1684	1806	1749	GB/T 3356—2005
弯曲模量/GPa	108	115	113	
层间剪切/MPa	103	108	104	GB/T 3357—2005

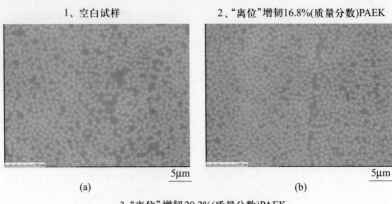

1、空白试样   2、"离位"增韧16.8%(质量分数)PAEK

5μm   5μm
(a)   (b)

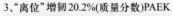

3、"离位"增韧20.2%(质量分数)PAEK

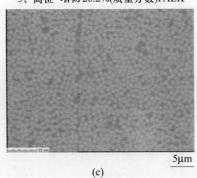

5μm
(c)

图 9-26   三种不同状态试样的碳纤维铺层层内截面照片

表 9-5   G827/BMI 复合材料试样的厚度及其纤维体积含量

	1、空白试样	2、"离位"增韧16.8% （质量分数）PAEK	3、"离位"增韧20.2% （质量分数）PAEK
平均 V_f/%	54.3	52.5	52.2
层内区域 V_f/%	55.7	60.2	61.3
试样厚度/mm	2.05	2.12	2.14

增韧前 G827/BMI 复合材料的玻璃化转变温度是 295.3℃（图 9-27（a）），"离位"增韧后复合材料出现了两个分别代表 BMI 基体相和增韧剂 PAEK 相的玻璃化转变温度(图 9-27(b))，其中低温峰值对应于增韧剂 PAEK，而高温峰值对应于 BMI 基体树脂，佐证了复合材料层间树脂发生了相分离。

346

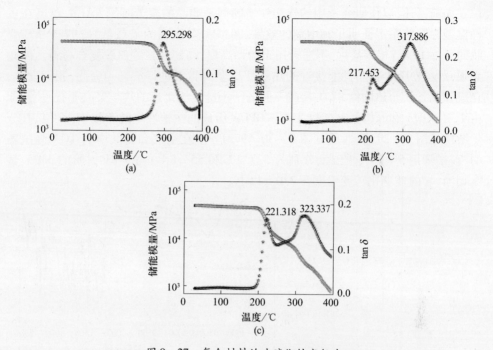

图 9 – 27　复合材料的玻璃化转变行为

（a）纯 BMI 空白试样；（b）BMI"离位"RTM 增韧 16.8%（质量分数）PAEK（方案 1）；

（c）BMI"离位"RTM 增韧 20.2%（质量分数）PAEK（方案 2）。

9.5　"离位"RTM 增韧聚酰亚胺树脂基复合材料[18]

关于 RTM 专用聚酰亚胺树脂 9731[①]已在第 8 章专门作了介绍，其分子结构见图 9 – 28。

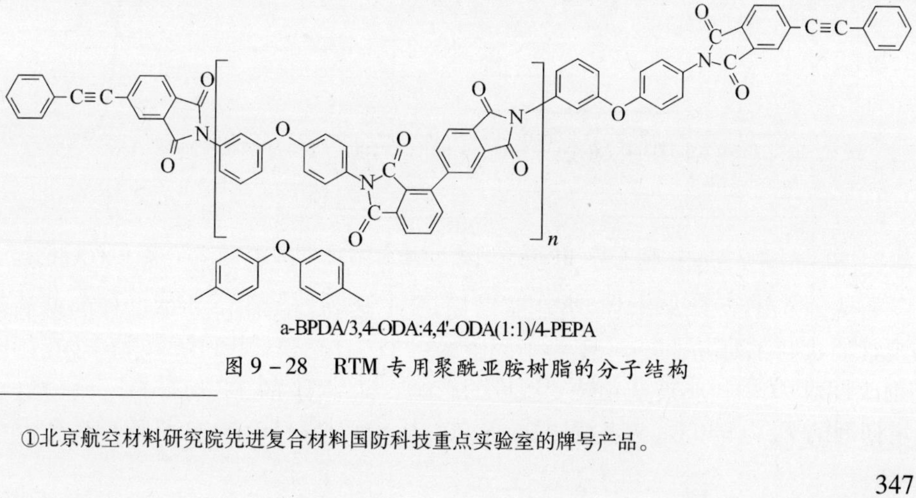

a-BPDA/3,4-ODA:4,4'-ODA(1:1)/4-PEPA

图 9 – 28　RTM 专用聚酰亚胺树脂的分子结构

[①]北京航空材料研究院先进复合材料国防科技重点实验室的牌号产品。

如前所述,以往研究选用的热塑性增韧剂是非晶的聚芳醚酮 PAEK,这已在多种模型树脂体系上证明了其增韧的效果。但 PAEK 自身的 T_g 较低,与 9731 聚酰亚胺的 T_g(410℃)相差甚远,不适合用来增韧高温、高韧性聚酰亚胺复合材料。因此必须开发与 9731 树脂性能接近的热塑性高温树脂来进行增韧。为此,我们设计、合成和制备了与热固性 9731 聚酰亚胺分子主链结构接近的热塑聚酰亚胺树脂,即由 4,4 - ODA 和异构联苯二酐 3,4′ - BPDA 组成的热塑性聚酰亚胺 9731 - T,其分子结构见图 9 - 29,热性质见图 9 - 30。9731 - T 在空气和氮气中的 TGA 测试表明,该增韧剂 5% 热失重温度分别为 537.2℃ 和 553.8℃,与 9731 树脂的 539℃ 基本相当,它的玻璃化转变温度在 330℃ 以上。

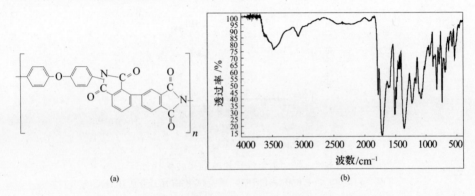

(a)   (b)

图 9 - 29   热塑性聚酰亚胺树脂 3,4 - BPDA - 4,4′ - ODA

(9731 - T)的结构图(a)和红外光谱图(b)

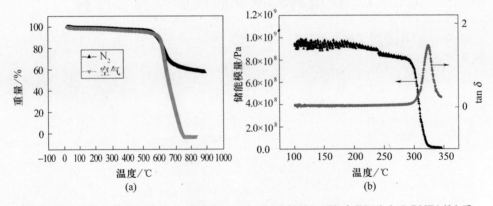

图 9 - 30   热塑性聚酰亚胺 3,4 - BPDA - 4,4′ - ODA(9731 - T)的 TGA(a)及 DMTA(b)图

首先对 9731 - T 热塑性聚酰亚胺增韧 9731 热固性树脂浇注体试样的玻璃化转变性质进行了研究,图 9 - 31 为不同含量 9731 - T(3,4′ - BPDA/4,4′ - ODA)增韧剂改性对 9731 树脂玻璃化转变温度的影响。纯 9731 的 T_g 为 410℃,纯 9731 - T 增韧剂的 T_g 为 330℃,两者按照 95:5、90:10、85:15 和 80:20 四个比例均匀混合

固化,得到的热塑性/热固性复相树脂体系的 T_g 分别为 399℃、390℃、384℃和 381℃,说明 9731 – T 增韧剂的含量对 9731 树脂的玻璃化转变温度有一定的影响,但影响不很大。

为了实现基于增强织物的表面附载增韧,进而研究了"离位"RTM 增韧复合材料层合板的性能,9731 – T 被研制成粉体形式(P,Powder)和薄膜形式(F,Film),它们被分别用来制备"离位"RTM 增韧的聚酰亚胺复合材料试样。9731 – T 膜(膜厚约 12 μm)的基本力学性能见表 9 – 6,从表中可以看出,9731 – T 增韧膜的断裂伸长率平均值为 15.243%,最大值能达到 25.367%,具有良好的韧性。

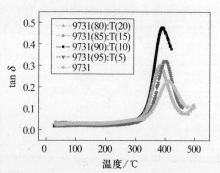

图 9 – 31　不同 9731 – T 树脂含量(T)对改性树脂体系玻璃化转变温度的影响

表 9 – 6　热塑性聚酰亚胺薄膜(9731 – T)的力学性能

名称	拉伸强度/MPa		拉伸弹性模量/MPa		断裂伸长率/%	
	最大值	平均值	最大值	平均值	最大值	平均值
典型值	164.07	131.99	2550.1	2050.6	25.367	15.243

"离位"RTM 增韧复合材料试样的 RTM 制样工艺制度见图 9 – 32。试样固化后进行超声波 C – 扫描和力学性能试验。

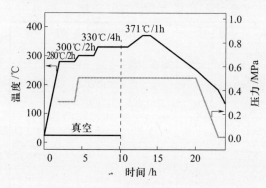

图 9 – 32　RTM 聚酰亚胺复合材料的固化工艺图

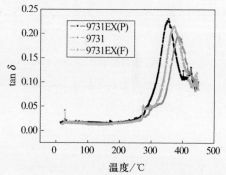

图 9 – 33　未增韧、粉末法(P)和薄膜法(F)三种复合材料"离位"RTM 增韧聚酰亚胺复合材料试样的 DMTA 图

将 9731 – T 含量为 15% 的粉末法和薄膜法增韧的两种"离位"RTM 复合材料试样经过 371℃/24h 后处理,然后进行 DMTA 试验,结果见图 9 – 33。从图 9 – 33 可以看出,未增韧、粉末法增韧和薄膜法增韧三种复合材料的玻璃化转变温度分别

为 384℃、371℃ 和 354℃，说明了"离位"RTM 增韧对复合材料的玻璃化转变温度有影响。不同后处理条件对玻璃化转变温度影响的结果见表 9-7。从表可以看出，随着后处理时间的延长和后处理温度的提高，复合材料的 T_g 有所提高，两种增韧方法并没有对复合材料的 T_g 有较大的影响，主要原因可能是聚酰亚胺又进一步交联，交联密度进一步提高，基本维持了材料的耐热性。

表 9-7   不同体系的玻璃化转变温度

	371℃/1h	371℃/6h	371℃/12h	371℃/24h	371℃/24h + 400℃/1h
基体	343.75	348.56	351.48	384.12	410
粉末法增韧	346.63	352.13	345.86	354.51	385.42
薄膜法增韧	326.61	341.56	342.13	361.47	386.84

复合材料韧性性质的一个重要度量是层间剪切强度，表 9-8 比较了室温和高温条件下 G827(T700)碳纤维布增强 9731 复合材料试样的层间剪切强度。比较不同制备方法"离位"RTM 增韧前后复合材料的室温和高温(288℃)层间剪切强度可以发现，经过"离位"增韧，复合材料的室温剪切强度有较大水平的提高，从未增韧的 97.9MPa 分别提高到 108MPa(P)和 110MPa(F)；而在高温下，G827/9731(P)和 G827/9731(F)的层间剪切强度保持率分别为室温强度的 87.3% 和 93.3%，说明"离位"RTM 增韧具有较好的高温力学性能。当然，由于热塑性聚酰亚胺增韧剂 9731-T 的 T_g 大约在 330℃，故在 288℃ 条件下层间剪切强度下降在所难免。

表 9-8   不同类型聚酰亚胺复合材料试样的层间剪切强度

名　　称	测　试　环　境	层间剪切强度/MPa
G827/9731	25℃	97.9
	288℃	56.5
G827/9731ES(P)	25℃	108
	288℃	49.3
G827/9731ES(F)	25℃	110
	288℃	52.7

9731 复合材料试样室温下具有良好的力学性能(表 9-9)，未增韧 9731 复合材料的拉伸强度和弯曲强度性能与 PMR 系列复合材料(如 PMR-15、LP-15、KH-304 和 BMP-350 等)的基本相同[19]，但在 288℃ 时，9731 复合材料的拉伸、压缩和弯曲强度保持率分别为 94%、86% 和 65%，表明它在高温下仍然表现出良好的性能。经"离位"RTM 增韧，无论是粉末法(P)还是薄膜法(F)，复合材料的室温和高温拉伸强度和弯曲强度同比增韧前略有下降，而粉末法和薄膜法之间的差异并不显著。

表 9 - 9 9731/G827 复合材料试样室温和高温(288℃)基本力学性能

性 能	未增韧(空白试样)		"离位"RTM 增韧试样	
			粉末法(P)	薄膜法(F)
	测试环境	平均值	测试环境	平均值
0 °拉伸强度/MPa	25℃	1541	1359	1323
	288℃	1443	1408	1312
0 °拉伸模量/GPa	25℃	113	107	101
	288℃	106	102	103
0 °压缩强度/MPa	25℃	958		
	288℃	827		
0 °压缩模量/GPa	25℃	113		
	288℃	113		
0 °弯曲强度/MPa	25℃	1726	1639	1467
	288℃	1128	1063	1112
0 °弯曲模量/GPa	25℃	119	112	96
	288℃	113	113	95.5
I 型断裂韧性 G_{IC}	25℃	310	410	459
	288℃			
II 型断裂韧性 G_{IIC}	25℃	590	939	1100
	288℃			

9731 复合材料试样的 I 型和 II 型断裂临界能量释放率试验均采用 G827 碳纤维增强体,18 层,厚度 3mm,纤维体积含量大约为 55% 。复合材料"离位"RTM 增韧前后的 I 型层间断裂韧性测试结果比较见图 9 - 34,量化的结果也列在表 9 - 9 中。未增韧 9731 复合材料的 I 型层间断裂韧性(G_{IC})为 310J/m² ,这是典型的脆性聚酰亚胺基复合材料的性能,"离位"RTM 增韧后,复合材料的 G_{IC} 大幅度升高,当热塑性聚酰亚胺质量含量为 15% 时,其粉末法和薄膜法增韧的复合材料的 G_{IC} 分别达到 410J/m² 和 459J/m² ,比增韧前分别提高 32% 和 48% 。增韧前,9731 复合材料的 II 型层间断裂韧性 G_{IIC} 是 590J/m² ,增韧后,粉末法和薄膜法复合材料的 G_{IIC} 分别升高到 939J/m² 和 1100J/m² ,比增韧前分别提高了 59% 和 86% 。9731 聚酰亚胺复合材料的 II 型层间断裂韧性曲线见图 9 - 35。

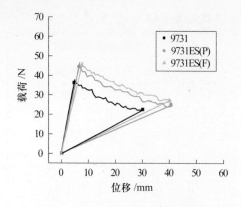

图9-34 未增韧、粉末法(P)和薄膜法(F)
"离位"RTM增韧复合材料试样的
Ⅰ型层间断裂载荷—位移曲线比较

图9-35 未增韧、粉末法(P)和薄膜法(F)
"离位"RTM增韧复合材料试样的
Ⅱ型层间开裂曲线比较

图9-36中,在未增韧9731(1)、"离位"粉末法增韧(P)和薄膜法增韧(F)三种复合材料试样的Ⅰ型(a)和Ⅱ型(b)层间断裂裂纹前端,发现"离位"RTM增韧复合材料的裂纹扩展出现了一定的偏移;进一步的放大(图9-37)可以看出,与未增韧复合材料断口呈现平直状态断裂相比较,"离位"RTM增韧后复合材料Ⅰ型层间断裂呈现锯齿状断裂特征。

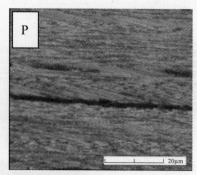

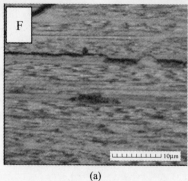

(a)

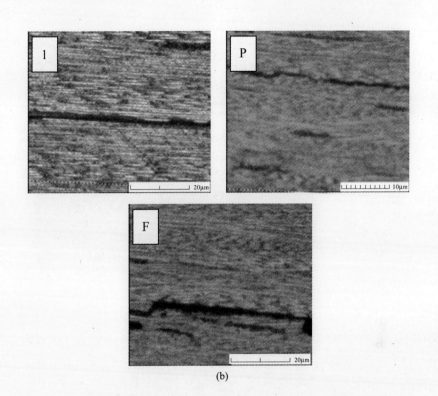

(b)

图9-36 9731复合材料Ⅰ型和Ⅱ型层间断裂试样裂纹扩展前端的形貌(SEM)

(a)复合材料Ⅰ型层间断裂试样；(b)复合材料Ⅱ型层间断裂试样。

图中1表示未增韧，P表示粉末法增韧，F表示薄膜法增韧。

在薄膜法(F)"离位"RTM增韧复合材料Ⅰ型断口表面(图9-38)的富树脂区，出现了热塑性/热固性树脂分相形成的典型相反转粒子结构，照片中，9731-T热塑性聚酰亚胺包覆在热固性9731粒子周围，热固性颗粒的粒径大约在30nm~50nm。当复合材料受到Ⅰ型断裂张开载荷时(图9-39)，热固性9731聚酰亚胺颗粒发生塑性变形现象，但是由于热塑性增韧剂与热固性聚酰亚胺的主链结构一样，二者界面结合良好，从照片中看不到9731粒子脱落形成的空穴。同样(图9-40)，在T300碳纤维表面也发现这样的相反转结构，同时还可以看出碳纤维与树脂浸润得很好。

分别测试以上三类复合材料试样的冲击后压缩强度(CAI)，经过冲击后的复合材料表面、背面缺陷图像、超声波C扫描图像、分层损伤面积和CAI值对比等见表9-10。三种复合材料试样经过冲击后其表面出现明显凹坑，背面出现明显的沿着对角线方向的损伤掀起，其长轴方向为45°，与试件的表面铺层方向相同。"离位"RTM增韧试样的损伤形貌有较大变化，损伤的尖角变钝，特别是经过薄膜法(F)"离位"RTM增韧的复合材料分层损伤形状基本呈椭圆状。"离

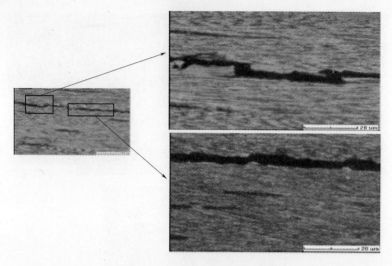

图 9-37 9731(F)"离位"RTM 增韧复合材料 II 层间断裂试样裂纹
扩展前端的局部放大形貌(SEM)

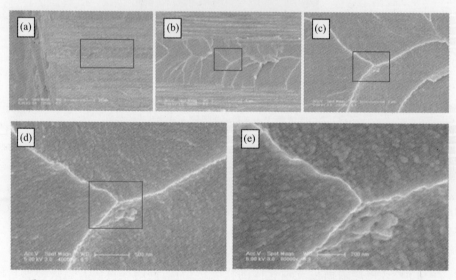

图 9-38 9731(F)"离位"RTM 增韧复合材料 I 型层间断裂试样的裂纹起始区域
(a) 1250×; (b) 5000×; (c) 20000×; (d) 40000×; (e)80000×。

位"RTM 增韧复合材料试样经过冲击后的表面凹坑直径和深度由未增韧的
ϕ12mm×0.8mm 降低到 ϕ8mm×0.6mm(P 增韧)和 ϕ8mm×0.5mm(F 增韧),
背面的损伤在平行于纤维方向和垂直于纤维方向的尺寸由未增韧的 75mm×
22mm 分别降低到 56mm×17mm(P 增韧)和 57mm×16mm(F 增韧)。超声波 C
扫描测量分层缺陷的面积由未增韧的 715m^2 分别降低到 498m^2(P 增韧)和

354

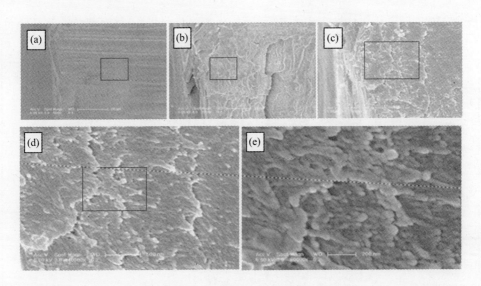

图 9 − 39 9731(F)"离位"RTM 增韧复合材料 I 型层间断裂试样的裂纹扩展区域
(a) 500 × ; (b) 2000 × ; (c) 20000 × ; (d) 40000 × ; (e)80000 ×。

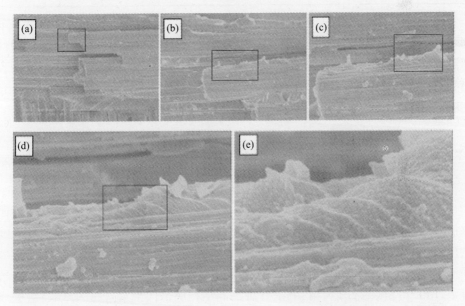

图 9 − 40 9731(F)"离位"RTM 增韧复合材料 I 型层间断裂试样的碳纤维表面形貌
(a) 1250 × ; (b) 4434 × ; (c) 8888 × ; (d) 17786 × ; (e) 70944 ×。

$475m^2$(F 增韧),说明两种方法均能明显增加复合材料的韧性。相应地,复合材料的 CAI 从未增韧 137MPa 提高到 249MPa(P 增韧)和 251MPa(F 增韧),达到中等韧性复合材料的水平。

表 9-10　三种复合材料试样的表面损伤,超声波 C 扫描,分层面积统计及 CAI 值

	表面损伤图像及 C 扫描图像	分层面积/mm²	CAI 值/MPa
未增韧复合材料		715	137
"离位"RTM 增韧(P)		498	249
"离位"RTM 增韧(F)		475	251

总之,针对聚酰亚胺高温树脂基复合材料,"离位"RTM 增韧新方法在基本不影响其静态力学性能的前提下,可以大幅度提高复合材料试样的韧性。当热塑性聚酰亚胺 9731 – T 的质量含量为 15% 时,粉末法和薄膜法"离位"RTM 增韧复合材料的 G_{IC} 分别提高 48% 和 65% , G_{IIC} 分别提高 59% 和 86% , CAI 值几乎翻倍。"离位"RTM 增韧高温聚酰亚胺复合材料技术也拥有自主知识产权[20]。

9.6　"离位"RFI 增韧环氧树脂复合材料[21]

树脂膜渗透成型(Resin Film Infusion, RFI)技术是美国波音(Boeing)公司于 20 世纪 90 年代为解决航空大型复杂结构复合材料制件的低成本制造问题发展而来的。传统 RFI 成型技术与 RTM 成型技术的区别在于,RFI 树脂事先是以树脂膜的形式预先置于增强纤维预成型体下方,树脂膜处于固态或半固态,而纤维结构处于未浸渍状态(也有经预成型浸渍有少量处理剂)的干态。在压力、温度和真空条件下,RFI 树脂膜的黏度降低,并从纤维预制结构底部向上渗透进入纤维体,完成对纤维的浸润、浸渍及排除掉纤维体中的气体,然后固化,制备出复合材料结构;而 RTM 成型工艺则事先要求有低黏度、高流动性的液体树脂,它可以从任意方向、层面或角度注入干态的增强纤维预成型体,然后固化成型。RFI 成型是定量的非连续源的树脂对形变过程中纤维床的浸渍过程,而 RTM 成型是连续源树脂对无形变纤维床的浸渍过程。

本研究采用的 RFI 专用环氧树脂①（这里暂称为 B 树脂）具有良好成膜性及良好的室温可揭取操作性的树脂,同时具有良好的可渗透性及纤维浸渍性,其 TTT 关系见图 9-41,图中亦给出一个具体的固化工艺制度。由图可见,该树脂在 130℃台阶内并不出现凝胶,这有利于树脂膜对增强织物的浸渍。这一台阶上的树脂有 1h 以上的浸渍开放期,此后升温,工艺线跨越凝胶线及 60% 和 80% 的固化度线,树脂将达到一定程度的固化。在 180℃/2h 台阶后,树脂固化度可以达到较高程度,但其玻璃化转变温度尚达不到 $T_{g\infty}$ 水平。固化度要跨越完全固化线需很长时间(对数时间关系),经过 200℃/2h 后处理,树脂固化反应跨越完全固化线而充分固化,而其玻璃化转变温度可接近 $T_{g\infty}$ 水平。后处理的工艺对于缩短固化时间,提高固化度及玻璃化转变温度有重要影响。

该 RFI 专用 B 树脂的固化工艺为(20→130)℃/55min,恒温 130℃/1h,再(130→180)℃/25min,恒温 180℃/2h,再(180→200)℃/10min,恒温 200℃/2h;完成固化后,以 2℃/min 冷却。整个固化过程中包含等速升温固化和等温固化两种固化行为,采用化学动力学参数作全程数值积分,可得到其对应工艺的理论固化度—时间关系,作为对比,B 树脂试样按实际工艺过程作 DSC 扫描,扫描中分台阶固化,模型预测及实测的工艺过程固化度—时间关系见图 9-42。

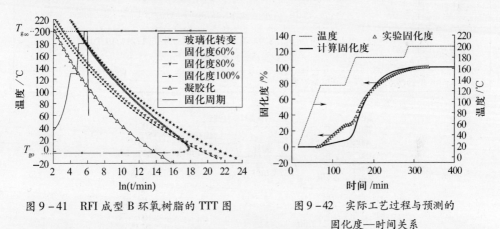

图 9-41　RFI 成型 B 环氧树脂的 TTT 图　　图 9-42　实际工艺过程与预测的
固化度—时间关系

如图 9-42 所示,在较低温度区,预测的固化度与实测有一定差别,而在高温阶段两者符合性较好,这主要是由于实测固化度以 DSC 曲线上的固化峰起始温度为起点测定,而模型计算过程则从固化过程的第一时刻起则开始计算,因此低温区内的实测固化程度如果平均到更宽的温度区间,则与计算预测的会更接近。另一方面,图 9-42 预测及实测固化度—时间关系中,在 130℃台阶及以前,树脂的固化度较小,约在 30% 以下,而在后续过程中固化增长速度迅速加快,这种变化趋势

---

① 北京航空材料研究院先进复合材料国防科技重点实验室试制产品,这里暂称为 B 树脂。

有利于在较低温度下树脂低黏度浸渍增强材料,而在高温时,树脂能在较短的时间内达到较高的固化程度,从而实现复合材料较高的刚性,以方便脱模,经较短时间后处理树脂即可实现完全固化。

比较 RTI 成型工艺与"离位"表面附载增韧技术即可发现,它们之间存在非常相似之处,RFI 成型技术里预制在增强织物底面上的树脂膜几乎就可以看作是"离位"表面附载技术里的树脂膜,只不过前者通常是热固性的树脂膜,而后者通常是热塑性的树脂膜,因此,一个逻辑的发展方向就是在传统 RFI 成型过程中集成实现 RFI 复合材料的"离位"表面附载增韧,这包括两个方面,一是设计增韧膜的形态与定位位置,另一方面是工艺技术实施。

从"离位"表面附载技术出发,在预成型体制备过程中,直接将非晶聚芳醚酮 PAEK 增韧膜定位在层间,复合材料单向层合板试样(T700SC – 12K)及 CAI 准各向同性试样的铺层按表9 – 11 的顺序执行,RFI 成型固化工艺见图9 – 43。

表9 – 11　复合材料平板"离位"增韧铺层顺序表

单向板	$[0\vert 0\vert 0\vert 0\vert 0\vert 0\vert 0\vert 0\vert 0\vert 0\vert 0\vert 0\vert 0\vert 0\vert 0\vert 0\ \vdots\ ]_{T=16}$
顺序号	上 1/2/3/4/5/6/7/8/9/10/11/12/13/14/15/16 下
CAI 板	$[45\vert 0\vert -45\vert 90\vert 45\vert 0\vert -45\vert 90\vert 45\vert 0\vert -45\vert 90\vert 45\vert 0\vert -45\vert 90\vert 90\vert -45\vert 0\vert 45\vert 90\vert$ $-45\vert 0\vert 45\vert 90\vert -45\vert 0\vert 45\vert 90\vert -45\vert 0\vert 45\ \vdots\ ]_{T=32}$
顺序号	上 1/2/3/4/5/6/7/8/9/10/11/12/13/14/15/16/17/18/19/20/21 /22/23/24/25/26/27/28/29/30/31/32 下
注:│PAEK 增韧薄膜,⋮RFI 环氧树脂膜叠层	

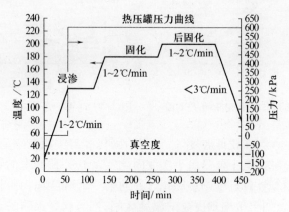

图9 -43　复合材料 RFI 成型工艺图

"离位"增韧 RFI 复合材料试样的性能与未增韧空白复合材料试样常规力学性能比较见表9 – 12。表中,"离位"增韧复合材料 EX – RFI/T700 主要由纤维控制的 0°拉伸强度与模量保持在未增韧复合材料 RFI/T700 的 80% 以上,这其中还

358

有纤维体积含量的影响在内。将"离位"增韧与未增复合材料的0°拉伸性能按65%纤维体积含量校正,其强度性能值分别为2159MPa("离位","EX"前缀)和2104MPa,模量值分别为135GPa和144GPa,两者强度十分接近而模量略有下降。

表9-12 "离位"增韧 EX-RFI/T700 及 RFI/T700 复合材料性能比较

性　能	EX-RFI/T700			RFI/T700			EXa/KBb
	Ave.	Sx	Cv%	Ave.	Sx	Cv%	
0°拉伸强度/MPa	1724	191	11.1	1910	131	6.9	90%
0°拉伸模量/GPa	106	2.49	2.35	131	4.62	3.5	81%
0°压缩强度/MPa	1053	146	13.9	1040	147	14	101%
0°压缩模量/GPa	88.7	5.13	5.78	123	2.60	6.2	72%
90°拉伸强度/MPa	33.5	3.93	11.7	48.9	5.99	12	69%
90°拉伸模量/GPa	8.8	0.52	5.89	8.66	0.192	2.2	102%
90°拉伸断裂伸长率/%	0.40	0.05	14.1	0.58	0.075	13	69%
90°压缩强度/MPa	154	4.51	2.93	177	6.02	3.4	87%
90°压缩模量/GPa	8.23	0.90	11.0	9.63	0.421	4.4	86%
0°弯曲强度/MPa	1394	76.6	5.5	1540	28.6	1.9	93%
0°弯曲模量/GPa	104	4.58	4.4	103	3.37	3.3	101%
层间剪切强度/MPa	77.9	2.63	3.38	85.8	5.59	6.5	91%

注:a:EX-RFI/T700Vf=59%;b,EX-RFI/T700Vf=51.9%

0°压缩性能与拉伸性能有相似的结果,纤维体积含量对其模量有较大影响。如果采用体积含量校正,其模量比值则为82%左右。一般情况下,90°方向强度性能分散性较大,同时由于体积分数的差异,性能相互关系变化更大。同强度相比,横向模量的变化相对较小,改性前后两者有一定差别,但均保持在原性能的85%以上。弯曲性能和层间剪切性能比较,"离位"增韧后复合材料强度及模量变化均较小,性能比值在90%以上。总体上,T700单向复合材料的模量经"离位"增韧有小幅度下降,而纤维控制的强度基本保持不变,这其中由于单向复合材料预成型时增强体较为疏松,纤维方向的准直程度变化较大,这一因素会对批次之间的复合材料性能有较大影响。考虑这些因素,可以认为,改性后RFI单向复合材料的性能水平仍能维持在较高的程度。

图9-44为"离位"增韧 EX-RFI/T700 及未改性 RFI/T700 复合材料 CAI 试样冲击后的超声 C 扫描结果比较。图中明显可见,"离位"增韧后,CAI 试样的损

伤面积及损伤宽度均有很大程度下降,增韧与未增韧复合材料两者的损伤面积之比为 0.185,损伤宽度比为 0.44,可见复合材料的"离位"增韧大大提高了复合材料的损伤阻抗。实验测得"离位"增韧及未增韧 RFI/T700,RFI/G827 复合材料的冲击后压缩性能见表 9-13。

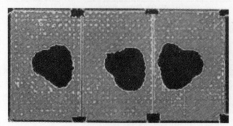 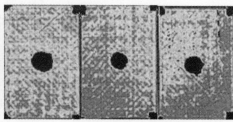

(a)RFI/T700 复合材料　　　　　　　　(b)EX-RFI/T700 复合材料

图 9-44　"离位"增韧前(a)后(b)复合材料 C 扫描结果比较

表 9-13　"离位"增韧复合材料的 CAI 及冲击损伤面积比较

项　　目	RFI/T700	EX-RFI/T700	EX/KB[①]
损伤面积/mm²	2778	516	0.185
损伤宽度/mm	62	27	0.44
冲击后压缩强度 CAI/MPa	156	275	1.76
①EX/KB 为 EX-RFI/T700 复合材料性能比 RFI/T700 复合材料性能			

　　表 9-13 中,"离位"增韧后复合材料的 CAI 值得到大幅度提高,复合材料的 CAI 值由较低的 156MPa 提高到 275MPa,达到高性能复合材料的水平。结合常规性能及湿热性能结果,可见"离位"EX-RFI/T700 复合材料体系有较高的常规力学性能,突出的韧性水平,湿热性能优秀,达到了第三代高性能复合材料水平。

　　在 RFI 成型过程中,复合材料非平板结构形式与平板结构形式在增强材料预成型及树脂的渗透固化过程等均有所不同,因此有必要实际考察"离位"技术在 RFI 预成型技术上的工艺适应性。成型考察实验选取Ⅰ字梁及空心Ⅰ字梁作为典型结构,其结构尺寸及子铺层单元组合见图 9-45 及图 9-46。Ⅰ字梁及空心Ⅰ字梁结构由上下板结构及加强筋组合而成,在航空结构中的机翼、垂尾、平尾、方向舵以及机身结构中大量采用这类结构,这类结构承载能力强,结构的效率高,可设计性强,复合材料的成型工艺非常具有典型性。Ⅰ字梁及空心Ⅰ字梁的铺层材料及单元内铺层方式见表 9-14。Ⅰ字梁及空心Ⅰ字梁复合材料 RFI 成型的工艺组合方式见图 9-47 及图 9-48,RFI 成型固化工艺规范参见图 9-43。

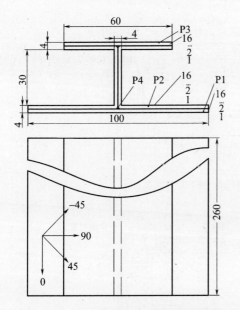

图 9 – 45　Ⅰ字梁典型结构及铺层单元

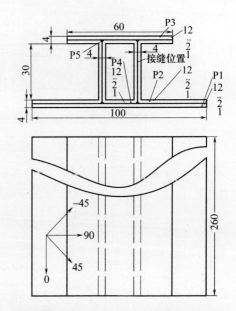

图 9 – 46　空心Ⅰ字梁典型结构及铺层单元

表 9 – 14　工字梁及空心工字梁铺层表

	铺层材料	子单元	铺层角度 1 – 16 层
Ⅰ字梁	（1）T700 单向带 6%（质量分数）定型剂预处理 （2）树脂膜 RFI，300g/m² 底面积 10 层	P1	45/0/ – 45/90/45/0/ – 45/90/90/ – 45/0/45/90/ – 45/0/45
		2×P2	45/0/ – 45/90/45/0/ – 45/90/90/ – 45/0/45/90/ – 45/0/45
		P3	45/0/ – 45/90/45/0/ – 45/90/90/ – 45/0/45/90/ – 45/0/45
		2×P4	0/0/0/0/0/0 束
	铺层材料	子单元	铺层角度 1 – 12 层
空心Ⅰ字梁	（1）G827 单向碳布 4%（质量分数）定型剂预处理 （2）树脂膜 RFI，300g/m² 底面积 12 层	P1	45/0/ – 45/90/0/90/90/0/90/ – 45/0/45
		2×P2	45/0/ – 45/90/90/90/90/90/ – 45/0/45
		P3	45/0/ – 45/90/90/90/90/90/ – 45/0/45
		P4	45/0/ – 45/90/0/90/90/0/90/ – 45/0/45
		4×P5	0/0/0/0/0/0 束
注：增韧薄膜置于各层之间；表面层无增韧薄膜			

考察试验发现，研制的 RFI 环氧树脂膜具有良好的揭取性，树脂膜的铺层易于裁切、对位。增强材料定型后，裁切铺层等操作性得到提高。直角弯曲后采用不大于 1cm² 的树脂膜不超过 60℃ 加热下接触压即可固定在增强材料上及模具块体上，整体铺层较方便，并易于修正。树脂膜铺层总量控制在目标含量（$V_f = 58\%$ ~ 62%）的 110% ~ 115%（质量分数）之间。RFI 成型的树脂膜、增强材料铺层定位及成型工艺组合封装操作容易，易于修正，表现出良好的工艺性。RFI 成型的典型

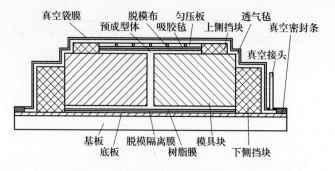

图 9 – 47　I 字梁复合材料结构 RFI 成型工艺组合

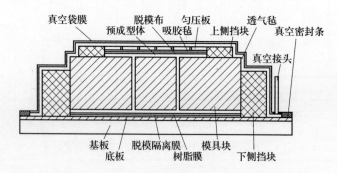

图 9 – 48　空心 I 字梁复合材料结构 RFI 成型工艺组合

件照片见图 9 – 49。制件内部质量良好,质量通过了超声波 C 扫描。制件成型尺寸满足设计目标,厚度尺寸公差在的 5% ~ 8% 以内,达到航空主承力结构复合材料厚度公差要求。

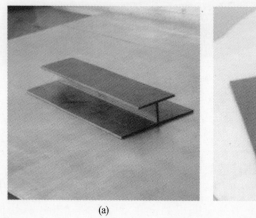

(a)

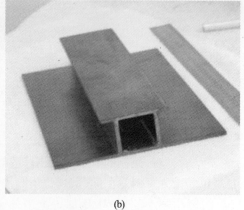

(b)

图 9 – 49　"离位"增韧 RFI 成型的 I 字梁和空心 I 字梁
(a) I 字梁; (b) 空心 I 字梁。

参 考 文 献

［1］ Solange C. Amouroux，Dirk Heider1，Sergey Lopatnikov，John W Gillespie Jr. MEMBRANE - BASED VAR-TM：MEMBRANE AND RESIN INTERACTIONS. Newark，DE 19716.

［2］ Thomas K. Tsotsis. Interlayer toughening of composite materials. Polymer Composites - 2009 DOI 10.1002pc. 205335：70 - 87.

［3］ Pederson C，Faro C L，Aldridge M，Maskell R. Epoxy Soluble Thermoplastic Fibers：Enabling Technology for Manufacturing High Toughness Structure by Liquid Resin Infusion. SAMPE Journal，2003，39（4）：22 - 28.

［4］ Lo Faro C，Aldridge M，Maskell R. Epoxy Soluble Thermoplastic Fibres：Enabling the Technology for Manufacture of High Toughness Aerospace Primary Structures Via Liquid Resin Infusion Process. in Drechsler，K.（Editor），"Advanced Composites：The Balance Between Performance and Cost" Proceedings of the 24th International SAMPE Europe Conference at Paris，France；2003；321 - 332.

［5］ Lo Faro C，Aldridge M，Maskell R. New Developments in Resin Infusion Materials Using Priform ® Technology：Stitching. in "Material & Process Technology - the Driver for Tomorrow's Improved Performance" 25th Jubilee International SAMPE Europe Conference at Paris，France；2004：378 - 385.

［6］ Hogg P J. Interlaminar Fracture Toughness of Hybrid Composite Based on Commingled Yard Fabrics. Composites Science and Technology，2005，65：1547 - 1563.

［7］ Hillermeier R W，Seferis J C. Interlayer Toughening of Resin Transfer Molding Compostes. Composites，Part A：Applied Science and Manufacturing，2001，32：721 - 729.

［8］ Long W，Xu J，Yi Xiao - Su，An X. A preliminary study on resin transfer molding of highly toughed carbon laminates by ex - situ method. J. Mater. Sci. Letters. 2003，1763 - 1765.

［9］ 益小苏，安学锋，唐邦铭，张子龙，纪双英. 一种提高层状复合材料韧性的方法（国防发明专利）. 专利申请日：2001.03.26；专利授权号：01 1 00981.0；专利授权日：2008.6.22. 专利证书号：国密第3095#.

［10］ 许亚洪，程群峰，益小苏. 提高层状复合材料韧性的"离位"制备方法（国防发明专利）. 专利申请日：2005.05.18；专利申请号：200510000969. X；专利授权日：05. 5. 18/2009. 4. 29，专利授权号：ZL200510000969. X，专利证书号：国密第3441#.

［11］ 许亚洪. RTM 工艺用树脂及"离位"RTM 技术 ［T］. 北京：北京航空材料研究院博士学位论文，2003.

［12］ Depase E. P，Hayes B S，Seferis J C. The 34th International SAMPE Technical Conference，2002.

［13］ Toughened Tackifier for Fibre Reinforced Polymer Composites. www. azom. com，Posted August 26th 2002.

［14］ 益小苏. 下一代高性能航空复合材料及其应用技术研究. 国家科技部国际科技合作项目研究工作技术总结（课题编号：2008DFA50370）.

［15］ 程群峰. 双马来酰亚胺树脂基复合材料的"离位"增韧研究 ［T］. 杭州：浙江大学博士学位论文，2008 .

［16］ T. Inoue，Reaction - induced phase decomposition in polymer blends. Progress in Polymer Sciences. 1995. 20：119 - 153.

［17］ Grande Dodd H，Ilcewicz Larry B，Avery William B，Bascom Willard D. Effects of intra - and inter - laminar resin content on the mechanical properties of toughened composite. NASA（non Center Specific），Publication Year：1991. Added to NTRS：2007 - 07 - 30，Accession Number：93N30845；Document ID：19930021656.

[18] 刘志真. RTM 聚酰亚胺复合材料工艺和性能研究 [T]. 北京:北京航空材料研究院博士学位论文,2008.

[19] 陈祥宝. 聚合物基复合材料手册. 北京:化学工业出版社,2004.

[20] 刘志真,李宏运,益小苏,唐邦铭,邢军. 一种提高树脂传递模塑成型聚酰亚胺复合材料的韧性方法(国防发明专利). 申请日:2008.11.12, 申请号:200810077268.4.

[21] 唐邦铭. 先进复合材料树脂膜渗透成形及其高性能化技术研究 [T]. 北京:北京航空材料研究院博士学位论文,2005.

第 10 章　定型剂材料体系与增强织物的定型预制

10.1　定型技术、预制技术与定型剂材料技术

如前所述,预成型体技术在液态成型复合材料技术中占据非常重要的地位,鉴于此,我们再次回顾前面已经讨论过的先进复合材料的树脂转移模塑(RTM)成型技术体系[1](图 10 - 1),图中,除 RTM 专用树脂体系、RTM 注射工艺和固化工艺外,先进复合材料 RTM 技术体系的另一个核心就是预成型体技术及其派生的纺织预制技术和预定型技术,而其中预定型技术里的定型剂材料技术还包括多个变体等。

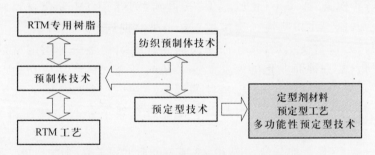

图 10 - 1　先进 RTM 液态成型技术体系[1]

为了更清楚的表述和讨论,首先定义几个专业用词。

(1) 把干态纤维束或纤维织物进行定型处理以克服其蓬松、松散状态的工艺操作定义为定型技术(Tackification technology)或预定型技术,定型处理采用的工艺材料称为定型剂(Tackifier 或 Binder),定型处理的产物称为(预)定型的纤维束或织物(Tackified tows、fabrics),也包括预制的织物(Preformed fabrics)。换句通俗的话,定型技术就像是头发的美容定型,发胶就是定型剂。复合材料定型处理的目的是使干态的纤维束、特别是平面的织物获得整体性,例如可以精确地剪裁形状或自由搬动而不溃散。织物的定型处理可以形象地比喻成在棉布上薄薄地刷上一层糨糊,以增加棉布的整体性。需要注意的是,棉布的柔度远远优于航空航天用到的碳纤维织物。

(2) 把(预)定型的纤维束或织物进一步制备成为形状和尺寸"近净型"的工

艺操作可以定义为预制技术(Preforming technology),预制技术采用的工艺材料也是定型剂,预制工艺的产出称为预制体(Preform)。打个通俗的比方,预制技术类似于装饰艺术里的"布艺",它通过定型预制使得柔软的布料成为立体的结构。复合材料的预制体通常是一个自支撑的三维空间结构,"近净型"的预制体通常已非常接近固体复合材料制件的最终形状和尺寸。一般情况下,定型技术与预制技术有上下游关系,是复合材料预制体价值链上两个相互依存的环节,因此这两者合一也常统称为预成型体技术。

定型预制技术的一个例子见图 10-2,这是空中客车公司 A330-300 和 A340-500/600 等系列飞机机翼扰流板(Spoiler)连接接头的预制过程示意[2,3]。首先,根据设计图样在碳纤维织物上画样和剪裁,这通常要求碳纤维织物具有良好的整体性和可剪裁性。在国际上,织物的画样和剪裁一般是数字化完成的,否则就需要一套实体的模板。然后,根据结构设计,进行一步一步的阶段定型预制,包括借助预制模具的铺贴、对准、弯边、缝纫、连接等,用完全干态的预定型的碳纤维织物,加工预制得到一个能够独立自支撑的近净形状和尺寸的预制体(图 10-2 中第 6 个小图)。在这个基础上,再将这个预制体装进 RTM 模具,通过 RTM 成型工艺,得到最终的 RTM 复合材料制件。经过最终装配,制得飞机扰流板连接接头并装机。据这个产品的生产厂介绍,这件制品的核心预制技术是缝纫,而采用的碳纤维织物是一种用定型剂预处理的特殊织物,是一种商业化的产品。这个新的复合材料产品成功地取代了传统的铝合金铸件,降低了铝合金铸件的焊接、装配工艺成本,同时大大降低了产品的重量。这个技术获得欧洲 JEC 复合材料展览会的年度创新奖(JEC,2004)。

由以上的例子,不难理解如图 10-3 所示的典型预定型/预制过程。如果有了一种经过定型剂预处理的织物,它具备整体性,不会在操作过程中自行松散,则可以准确地剪裁、下料。但要求这种织物仍然具有一定的柔度,不可太硬,不可影响纤维束或织物的可铺贴性。这个过程就是定型剂预处理,是整个预制过程的第一步。第二步,有了这种预处理的碳纤维织物,则可以进一步通过剪裁、铺放、折边、弯边、连接等,并借助专用工装(预制模具),在温度和/或压力的作用下,一步一步成型,再冷却和脱模,得到最终的织物预制体。一般情况下,这个预制体具有目标产品的近净型几何特征,但又不是固体材料,并且依然具有一定的可压缩性和压缩弹性,具有一定的刚性和强度,能够在一定环境条件下和时间周期里保持形状和尺寸的精度和稳定性,还具有相当比率的孔隙率。最后,在成型制备复合材料制品时,只要把这种近净型的预制体放入产品模具(如 RTM 模具),加温加压注入树脂,固化,冷却,出模,就可以得到最终的复合材料制品。

目前中国还没有商业化的预定型的工业织物,因此复合材料的预制工作通常

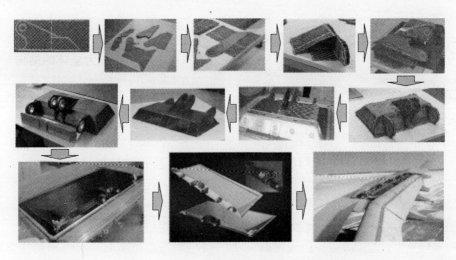

图 10 - 2 复合材料扰流板连接件的预制过程及制造过程示意[3]

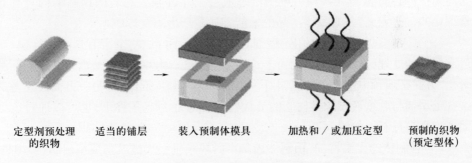

| 定型剂预处理的织物 | 适当的铺层 | 装入预制体模具 | 加热和／或加压定型 | 预制的织物（预定型体） |

图 10 - 3 纤维增强织物的典型预定型/预制流程

是在现场施工完成,图 10 - 4 显示了几张国产大型风力发电机叶片制造过程的现场照片。图 10 - 4(a)为玻璃纤维织物的叶片尖端,由于没有定型剂预处理而出现短纤维束的散落;图 10 - 4(b)是工人们在玻璃纤维织物表面局部喷涂定型剂液体,为定型和铺贴下一层玻璃布做准备;图 10 - 4(c)是工人们依靠液体定型剂的短时定型和黏结作用,手工铺贴新一层的大张玻璃纤维织物,制备结构铺层。显然,在这个过程中,定型剂还起到了黏结比较松散的织物的作用,甚至在玻璃布因为重力可能下滑的比较垂直的位置上。图 10 - 4(d)是这种大型叶片真空辅助树脂转移模塑(VaRTM)成型后的照片。

用定型剂处理纤维束或织物制备近净型的预制体是 20 世纪 90 年代初以来开发的一种复合材料辅助技术,它操作起来相对方便、柔性强,在一定程度上克服或弥补了纺织预制技术的不足,对形状要求高,性能要求稳定的复合材料制品非常重要,尤其适用于制备结构形状复杂的大型复合材料制品,也在保证产品质量,缩短生产周期及自动化方面具有重要意义,是复合材料近净型低成本化的有效途径。

(a)   (b)   (c)   (d)

图 10-4　大型风机叶片的织物现场定型预制(感谢中复连众公司/连云港许可拍照)

预制体必须满足一系列的工艺要求才能保证复合材料制件的定型效果和近净型尺寸[4]，而这些主要取决于增强材料的种类、织物结构、定型剂种类和预制体的形状和制造工艺等，下面几方面是预制体需具备的一些重要工艺特征。

(1)预制体结构的均匀性(包括微观结构)：最终近净型的自支撑预制体来自预制工序，这些工序中的许多参数必然影响预制体结构的均匀性，而这种预制结构的均匀性势必又会"遗传"到后续的液态成型工序，因此，均匀的预制结构具有非常重要的工艺意义，并对最终产品的性能和质量产生重要影响。

(2)预制体的浸润性：未用定型剂处理的纤维束或织物上带有自身的涂层，经过定型剂预处理，这些初始表面可能被定型剂覆盖，因此采用定型剂预处理和预制时，一方面必须考虑定型剂树脂对纤维束的浸润性和界面结合，另一方面还要考虑这些定型剂与后续液态成型树脂的界面浸润性。在一定条件下，也可以通过定型剂处理提高预制体的浸润性[5]。

(3)预制体的浸渗特征：预制体最基本的要求是必须被液态成型树脂(如 RTM 树脂)充分浸渗、浸透，并且要在尽可能小的压力和尽可能短的时间内完成，这其中的一个重要参数是预制体总体(平均)的渗透率。渗透率是增强织物材料或预制体的固有特性，它与预制体的纺织结构和预制特征密切关联，特别是纤维的体积含量[6]和定型剂的性质等。结构不均匀的预制体往往会造成流动"短路"效应，这是需要坚决避免的。

(4)预制体的抗冲刷性：高性能、高质量的复合材料制品往往要求纤维高含量，为了提高工艺效率，通常需要在一定的成型温度下施加比较大的树脂注射压力，这就要求预制体应具有良好的抗冲刷性，而抗冲刷能力与定型预制的效果有关。

(5)预制体的工艺性：采用定型剂预处理时，定型剂必须有一定的黏接力，能够提供原先比较蓬松、柔软的织物必要的整体性，便于剪裁下料；近净型的预制体必须有一定的刚度(自支撑性[7])，这些都依赖于织物的结构，预制体的设计、定型剂的用法和用量等。

(6)预制体的表面平整性：对于表面质量要求高的制件，预制体的表面质量也会影响着最终产品的表面质量(外观)。

(7)通过定型剂预处理的预制体必须保持形状和尺寸的稳定,能够经历一定时间和一定环境条件的变化,同时还必须具有适当的压缩弹性和可压缩率,否则将导致后续工艺合模的困难,甚至无法合模。预制体的回弹(spring in)和松弛效应必须不影响近净型的稳定性。

(8)预制体的一致性:预制体的几何形状和尺寸必须接近于实际制品的几何形状和尺寸(近净型),达到特定几何形状的能力取决于预制体的制备方法和相关工艺参数,但不论采用何种制备方法都需要考虑预制体的一致性问题和批次的稳定性。

采用定型剂对纤维织物进行预处理包括溶液法和粉末法两种。粉末法是将一定粒度、一定比例的固体定型剂粉末按照一定的工艺要求均匀散布在织物表面,然后加温,使定型剂树脂熔融,黏接起纤维束,再冷却,得到定型预处理的织物。粉末定型剂的施工方法有手工法、筛选法、静电喷射法等。溶液法是采用丙酮、乙醇等毒性小、易挥发的溶剂,配置成一定浓度的均匀溶液,用刷子或喷枪喷洒到织物表面,然后在常温放置或一定温度下烘干挥发分,得到定型预处理的织物。一般讲,不论采取哪种施工技术,定型剂用量在保证预制体工艺性的前提下应尽量少,一般为增强织物材料质量的3% ~8%。

国外民用复合材料产品用含定型剂预处理的增强织物已商品化,富士フアィバ公司[8]专业生产各种预处理的玻璃纤维毡,日本日东纺绩公司和旭フアィバー公司等也建立了织物定型剂预处理中心等。图10-5为日本生产定型预处理织物的生产线,这些预定型处理大部分采用热塑性聚酯胶黏剂,或不饱和聚酯和热塑性树脂的乳液定型剂等[9],这些定型剂材料并不适合强度和耐热性能要求高的航空航天用先进复合材料。

 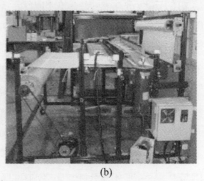

(a)　　　　　　　　　　　　　　(b)

图10-5　日本某定型增强材料中心的预定型织物处理生产线

(a)正面;(b)侧面。

本章主要研究讨论几种典型的定型剂材料及其制备技术,包括环氧树脂专用定型剂和双马来酰亚胺树脂专用定型剂等,同时介绍相应的预制定型技术。

10.2　定型剂材料概述

采用定型剂预处理织物或预制时,预制工艺对定型剂有特殊的要求:

(1)在用量有限的前提下,与纤维束或织物黏结适中,满足定型要求,保证纤维束或织物在全部工艺过程中不松散。

(2)施工操作方便、容易,环境友好,储存期长。

(3)在一定条件下溶解于与其配套的液态成型基体树脂如 RTM 树脂(图10-6),对复合材料成型工艺性能影响小或没影响,即不降低基体树脂的玻璃化转变温度 T_g,也不改变复合材料本身的所有力学、热学性能等。

(4)粉末定型剂除具备黏接性、相容性等性能外,还应满足粒径分布要求(范围为 100 目~320 目),熔点较高,便于粉碎,并在储存期间不黏结。

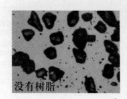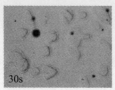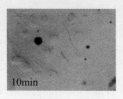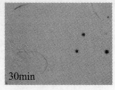

没有树脂　　　　30s　　　　10min　　　　30min

图 10-6　定型剂树脂 Atlac 在基体树脂乙烯酯里随时间的溶解过程照片[10]

所有这些因素决定了定型剂的研究与开发往往是特异的,一种定型剂只能针对一种或某几种工艺要求接近的基体树脂使用。

最初的定型剂主要是不饱和聚酯、环氧树脂和热塑性树脂的乳液定型剂等,其中,环氧类定型剂还分为反应型和非反应型两类。不含固化剂和促进剂的非反应型环氧定型剂能多次成型,并能适当提高复合材料韧性和层间剪切强度,如尼龙6改性的 Epon1007 环氧[11]、Duomod DP5045 弹性体粒子改性的 Epon1009 环氧[12,13]、Duomod DP5078 增韧的 Duomod DP5047[14]、丁腈橡胶增韧环氧[15]等。国外应用于航空航天先进复合材料 RTM 等液态成型工艺用商品化的环氧类定型剂有 PT500、Duo Mod ZT-2 和 CYCOM 790 等[16-19],双马来酰亚胺类定型剂有 CY-COM 782 等(表 10-1)。

PT500 是一种环氧型含固化剂的反应型定型剂,熔点为 70℃,其化学成分与3M 的 RTM 专用环氧树脂 PR 500 相近。文献[20]采用聚酰胺颗粒与 PT 500 混合,分别用溶液法和粉末法制备预成型体和复合材料,结果表明溶液法能有效控制回弹,聚酰胺颗粒的混合加入能明显提高层间韧性和层间剪切强度。

表 10 - 1　国外商品化的定型剂简介

品　种	生产厂家	特点或适用情况
PT500	3M	粉末,成型工艺为 177℃/2h,与 3M 的 PR500 配合使用
DuoMod ZT - 1	Zeon Chemicals	丙酮溶液,与 RTM 环氧树脂配合使用
DuoMod ZT - 2		丙酮溶液,与 120℃以上固化的 RTM 环氧树脂配合使用
Cycom 790	Cytec 公司	粉末,与 Cytec 的 RTM 环氧树脂配合使用,如 823RTM、875RTM、890RTM 成型工艺为(100℃ ~ 120℃)/(15min ~ 30min),最佳用量为纤维质量的 3% ~ 8%,储存期为 23℃下 12 个月
Cycom 782		粉末,与 Cytec 的 5250 - 4RTM、5280 - 1RTM 和 824RTM 树脂配合使用 成型工艺为(100℃ ~ 120℃)/(15min ~ 30min),最佳用量为纤维质量的 3% ~ 8%,储存期为 23℃下 12 个月

就定型效果而言,定型剂附载在什么位置异常重要,同时它还影响到定型剂能否实现定型、层间增韧双功能。定型剂的分布位置取决于粉末定型剂的粒径、定型剂的浓度、定型剂的施工方法、以及定型预制的条件等。小粒径、高浓度的粉末定型剂优先富集在碳纤维织物的表面,但取决于定型处理的温度高低,它们的分布状态还会发生改变。

文献[21]讨论了 PT 500 在织物上的分散状态及其对孔隙率的影响,扫描电镜分析结果表明,如果定型剂未固化或仅仅部分固化,定型剂将优先富集在织物表面,如果之后的定型预制温度较低(例如低于 80℃),这种纤维束外的分布状态将得以保留(图 10 - 7);然而,如果定型预制温度升高(比方达到 160℃),定型剂将被毛细作用吸入纤维束内部,使得纤维束而不是织物硬化。其次,对高纤维体积含量、低孔隙率的 RTM 复合材料层合板,定型剂应完全固化并分散在纤维束外,而定型剂在层间时,复合材料孔隙率低,力学性能高。

Duo Mod ZT - 1 和 Duo Mod ZT - 2 是一种丙酮溶液定型剂,主要用于航空级复合材料。它操作简便,容易喷射到织物表面,能与环氧树脂相容,并提高复合材料的 G_{IC}、G_{IIC} 和 CAI 值,且不损失弯曲强度和 T_g;其中,Duo Mod ZT - 2 的韧性比 Duo Mod ZT - 1 还要好。CYCOM 790 是增韧的环氧固体粉末定型剂,而 CYCOM 782 是改性双马来酰亚胺固体粉末定型剂,它们分别与 Cytec 的 RTM 环氧树脂和 BMI 树脂配套使用。据报道,这类定型剂还能提高复合材料的韧性,而对其热性能和力学性能没有影响[23];也有文献[24,25]报道,工业双马来酰亚胺固体粉末也可用于双马来酰亚胺树脂的 RTM 预制,能与 RTM 用双马来酰亚胺树脂配合使用,提高

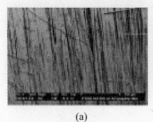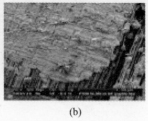

(a)   (b)

图 10-7　PT 500 粉末定型剂在纤维毡表面的分布[22]（70×）

(a) 160℃ (b)80℃

复合材料性能。由此可见,虽然定型剂原本仅仅是一种工艺助剂,但国际复合材料界已注意到开发既对强度和耐热性没有影响,又能提高复合材料 RTM 成型制品韧性的定型剂,换句话说,就是多功能的定型剂技术。这个想法我们在 2000 年前后也提出过并就此开展了研究。

10.3　环氧树脂基定型剂的设计、制备与应用

10.3.1　环氧树脂基定型剂的设计与配制[26]

环氧树脂基定型剂的试制研究以 RTM 专用环氧树脂3266① 为目标配合树脂。作为一种125℃固化的中温固化 RTM 用环氧树脂体系,3266 树脂的主组分为相对分子质量较小的双官能环氧树脂。考虑到定型剂与 RTM 树脂的相容性和定型剂在常温下的固态性质,定型剂的主组分也选用较高相对分子质量的双官能环氧树脂,加入活性端基的端羧基丁腈橡胶(CTBN)和其他填料调整配方,使定型剂具有较高的熔点,便于粉碎和储存,并在注射温度下具有较好的抗冲刷性,但其熔点又不太高,在中温固化树脂的固化温度以前能熔化、流动、浸润纤维束,并能溶解于RTM 树脂3266,否则因定型剂本身不能自身反应固化会在界面处形成未反应树脂的缺陷。

CTBN 是一种遥爪聚合物,分子两端各带有一个羧基的丙烯腈、丁二烯共聚物,其分子结构如下(图 10-8)。

$$\text{HOOC[(CH}_2 - \text{CH} = \text{CH} - \text{CH}_2)_x - (\text{CH}_2 - \text{CH})]_z\text{COOH}$$
$$|$$
$$\text{CN}$$

图 10-8　CTBN 分子结构式

---

①北京航空材料研究院先进复合材料国防科技重点实验室的产品牌号。

CTBN 在一定的丙烯腈含量范围内可以溶解在环氧当中,与环氧树脂的相容好。选用 CTBN 作为改性组分的主要原因是:

(1) CTBN 及其与环氧树脂的预聚物均能溶解于丙酮,成为均匀透明的溶液;

(2) CTBN 分子两端带有活性基团,可与环氧基团反应而提高相对分子质量,增加了预聚物的黏度;

(3) 据报道[27],CTBN 改性的双官能环氧树脂体系的模量和耐热性下降不明显,对多官能环氧树脂的韧性提高不多,却使耐热性下降。CTBN 的羧基与环氧树脂的环氧基团进行开环反应,在提高相对分子质量的同时提高树脂的韧性,既能作为增韧剂,又能作为相对分子质量调节剂。因预制体中定型剂含量约为 3% ~ 8%,CTBN 在定型剂中的含量不到 8%,因此 CTBN 对双官能环氧模量和耐热性的损失可忽略不计。

(4) 为了改进定型剂的耐热性,体系中加入了少量的高相对分子质量的酚醛环氧树脂,进行匹配。

CTBN 作为增韧剂,其混料方式有两种:一种是将 CTBN、环氧和填料按比例在常温下机械混合;另一种是把 CTBN 溶于环氧树脂中进行预聚反应,该方法是 Richardson 提出的[28]。在本研究中,CTBN 主要作为双官能线性化合物用于扩链环氧,并同时带入柔性链锻而提高环氧树脂的韧性,因此采用 Richardson 方法,将环氧树脂和 CTBN 按一定的比例加入反应器,升温至 150℃,在氮气保护下搅拌 1h。然后加入酚醛环氧树脂和填料搅拌 0.5h,降温至 130℃,倒出,得到黄色的固体定型剂,该定型剂命名为 ES – T321①。

丁腈橡胶中的羧基 –COOH 是一个强吸水基团,其饱和吸湿量比酯基 – COO – 大,预聚中 –COOH 与环氧基的反应程度对整个树脂基体吸湿大小有重要影响,为此选择橡胶与环氧的反应在环氧基大大过量下进行,因而理论上分析不存在 –COOH 未反应完全问题。借助于红外光谱分析预聚前的橡胶和预聚后预聚体的红外光谱图(图 10 – 9),可见在预聚后 $1710cm^{-1}$ 波数处的羧基峰已消失,在 $1730cm^{-1}$ 波数左右生成了酯基峰,说明丁腈橡胶中羧基已反应完全。

CTBN 带有活性基团羧基,能够与环氧树脂的环氧基团反应而提高树脂的相对分子质量。从图 10 – 10 可见,随着调节剂量的增加树脂的黏度相应的提高,并且黏度随着温度的提高而下降。本研究中选择环氧树脂和 CTBN 配比为120:10。

①北京航空材料研究院先进复合材料国防科技重点实验室的产品牌号。

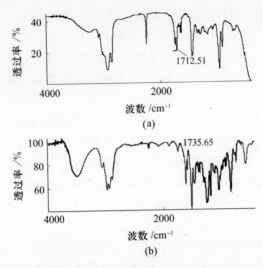

图 10-9　丁腈橡胶/环氧预聚体聚合前(a)后(b)的红外光谱图

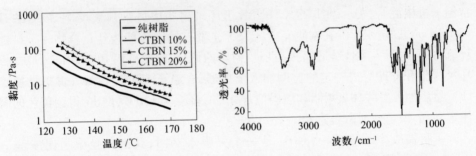

图 10-10　CTBN 对定型剂黏度的影响　　图 10-11　ES-T321 定型剂的红外光谱

　　填料的加入量对定型剂的熔点有影响。考虑到定型剂要求与树脂相容,它在常温下为固体,能保证预制体在较长的时间内不变形,而在成型温度 80℃下定型剂应熔化,据此调整定型剂的软化情况和预制效果,确定填料的加入量为 5%。

　　ES-T321 定型剂的红外光谱见图 10-11。从图可见,1730cm^{-1} 波数左右处的峰是羧基和环氧反应而产生的酯基峰,2200cm^{-1} 波数左右处是丁腈的特征峰,910cm^{-1} 波数左右处是环氧基团的特征峰,该红外光谱图可用于表征 ES-T321 定型剂。

　　ES-T321 定型剂作为环氧树脂为主组分的固态定型剂,含有一定的环氧基团,以便能与 RTM 的环氧树脂相容,并与 RTM 树脂的固化剂组分进行化学反应。采用 GB 4612—84 方法对固体定型剂进行环氧值的测定,结果表明,定型剂的环氧值为 0.128eq/100g。因定型剂常温下为固态,相对分子质量较大,因此相应的环氧值偏低。

ES – T321 定型剂完全溶解于丙酮,把 ES – T321 固体按一定比例溶解于丙酮,可得到均匀透明的液态定型剂溶液。该溶液使用("湿法")操作简便,只要采用刷子或喷枪均匀喷洒在织物上,自然晾干或在一定温度下烘干,即可得到预处理的织物,但"湿法"污染环境,不便于扩大生产,并且有火灾隐患。在 ES – T321 固体中加入少量的防黏剂,采用粉碎机粉碎成不同的粒度,即可得到 ES – T321 粉末定型剂。粉末定型剂污染环境少,使用方便。

定型剂的黏度—温度性质对预制体的成型工艺和定型剂与树脂的匹配性具有指导意义。升温速率为 2℃/min 时 ES – T321 的黏度—温度曲线见图 10 – 12(a)。预制施工时要求定型剂能够熔化,因此预制温度必须在定型剂的熔点以上,从图 10 – 12(a)可见,预制温度设在 80℃以上较好。由于不含固化剂,因此 ES – T321 定型剂的黏—温曲线没有拐点。用 DSC 方法测定 ES – T321 的热性质(图 10 – 12 (b)),升温速率为 10℃/min,测到熔点 54.7℃,软化温度 80℃。熔点大于 50℃保证了 ES – T321 常温下为固态,能够进行粉碎,制备粉末定型剂。该熔点温度高于目标 RTM 专用环氧树脂 3266 的注射温度(~45℃),因此定型剂具有一定的抗冲刷性。

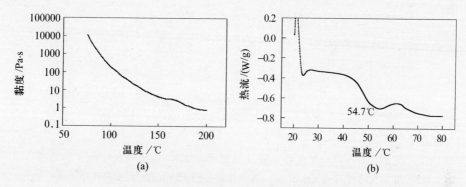

(a)　　　　　　　　　　　　(b)

图 10 – 12　ES – T321 环氧定型剂的黏度—温度曲线(a)和 DSC 曲线(b)

定型剂中改性剂用量—定型条件("定型熔点"和定型温度/时间)与定型效果的关系见表 10 – 2。

表 10 – 2　改性剂对 ES – T321 环氧定型剂熔点的影响

改性剂量/%	定型剂"定型熔点"/℃	定型温度/时间	定型效果
10	63		好
5	53	80℃/30min	好
2	35		差,常温下易变形

由于定型预制工艺中往往会反复铺贴,因此定型剂材料可能经受多次的热循环,为此,测试了 ES–T321 的热处理黏度变化,结果发现,ES–T321 经过 80℃/24h 一次性或反复的升降温考验,其黏—温性质基本没有什么变化(图 10–13(a));同理,又测试了材料在 125℃ 条件下长时老化中的黏度,发现也没有什么变化(图 10–13(b));再测试了材料的红外光谱,发现其化学结构也没有变化(图 10–13(c)),因此可以认为,ES–T321 可以经受通常定型预制工艺的正常热循环过程,不会发生化学反应而改变分子量从而改变工艺特性。

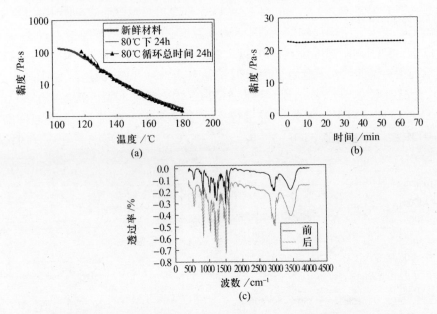

图 10–13　热处理对 ES–T321 定型剂的黏度—温度曲线影响(a);
125℃下黏度随时间的变化图(b);热处理前后的 ES–T321 定型剂红外光谱(c)

最后,又测试了 ES–T321 的储存稳定性。所谓储存稳定性即考虑了定型剂自身在常温下的储存期,也考虑了对纤维束或织物定型预制之后的稳定性,要求在这样的两个过程中都不应该发生化学反应。对新鲜材料和常温(18℃ ~ 25℃)下储存 3 个月、6 个月、12 个月时的定型剂试样进行黏度—温度关系测试,结果见图 10–14。由图可见,曲线基本重合,说明在该储存条件范围材料的主导特性,因此可确定 ES–T321 的储存期为常温下 12 个月。

10.3.2　环氧树脂基定型剂与 RTM 基体树脂的适配性[26]

定型剂首先应该能够在室温下定型纤维束或织物,能够在注射温度下保持定型效果,防止纤维束和/或织物被液态基体树脂冲刷变形,同时还能够在大于注射温度下的一个合适温度范围溶于液态成型用的基体树脂。对于本研究而言,首先

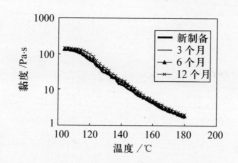

图 10 - 14　不同储存条件下 ES - T321 的黏度—温度曲线

测试了 ES - T321 在目标配合树脂 3266 中的溶解性。

把 7.5% 的粉末定型剂在 80℃ 温度下混入 3266 树脂中,搅拌 5min 至均匀,冷却至室温,进行 DSC 分析,并与 ES - T321 的 DSC 结果进行对比,结果见图 10 - 15 (a)。结果表明,7.5% 的粉末定型剂在 80℃ 下混入 3266 树脂后,定型剂自身的熔点吸收峰已消失,表明定型剂在 3266 树脂在 80℃ 下已完全熔于树脂中。表 10 - 3 为不同温度下 ES - T321 在 3266 树脂中的溶解时间,数据显示,在 RTM 工艺的注射温度及其适用期内中,ES - T321 不会立即溶解于 3266 树脂,而能够有一定的保持形状的时间周期,然后,就会被全部溶解。随着 3266 注射温度的升高,定型剂溶解时间缩短。

再将 ES - T321 和 3266 树脂的固化剂按一定比例均匀混合,进行 DSC 分析(升温速率均 10℃/min),并与纯 3266 树脂自身的 DSC 进行对比,结果见图 10 - 15(b)。ES - T321 与 3266 树脂固化剂反应的放热峰尖温度在 150℃ 左右,与纯 3266 树脂的固化峰温一致。因

表 10 - 3　不同温度下 ES - T321 定型剂在 3266 树脂中溶解时间

温度/℃	溶解时间/h
45	>8
80	>8
105	2

ES - T321 所含的环氧值小,与固化剂进行反应的环氧基团少,因此放热量比 3266 树脂小,说明 ES - T321 定型剂在树脂的固化温度下能溶解于树脂,并在 3266 树脂的固化过程中参与其固化剂反应,与树脂体系成为一体。

RTM 工艺的关键是树脂在注射温度下具有足够低的黏度,能够流动、浸润和渗透,因此树脂的流变性对复合材料的成型工艺影响非常大,要求定型剂的加入不影响树脂的流变性能。当升温速率为 2℃/min 时,纯定型剂 ES - T321 和 3266 树脂的黏度—温度曲线见图 10 - 16。在较宽的温度范围内,ES - T321 的黏度高于 3266 树脂,从而保证定型剂在 3266 树脂的注射温度(45℃ 左右)下具有较好的抗冲刷性,并在 3266 树脂的固化温度(80℃/2h + 125℃/4h)下完全熔于 3266 树脂,与树脂一起固化。由于 ES - T321 定型剂内不含固化剂,因此它的黏度曲线上没

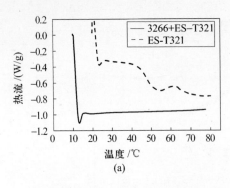 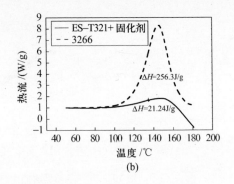

图 10 - 15　ES - T321 + 3266 树脂(a)和 ES - T321 + 3266 固化剂(b)的 DSC 曲线

有拐点。

　　在 3266 树脂里加入不同量的
ES - T321定型剂(占 3266 树脂质量
的 5.12%、9.0%、14.3%),测量这个
混合体系的黏度—温度关系,结果见
图 10 - 17(a)。从图可见,加入 ES -
T321 的 3266 树脂混合体系的黏度高
于纯 3266 树脂的黏度。随着定型剂
加入量的增加,树脂混合体系的黏度
增加,但加到约 14.3% 时,在一定温

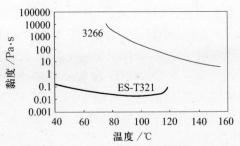

图 10 - 16　ES - T321 和 3266 树脂的黏度—
温度曲线比较

度范围内,体系黏度仍可以小于 200mPa·s,说明在这个条件下,树脂体系的黏度
仍满足 RTM 工艺低黏度的要求。实际应用中,ES - T321 在 3266 树脂的注射温度
下基本为固态,不溶于树脂,其定型作用保证预制体的整体性;但由于其不溶性,定
型剂势必占用体积,变成树脂流动时的阻力,降低了预制体的渗透率。

　　3266 树脂的成型固化初始温度为 80℃,为了了解在固化温度下树脂混合体系
的黏度变化,测试了 80℃ 条件下的黏度—时间的关系,结果见图 10 - 17(b)。从
图可见,加入 ES - T321 定型剂的曲线形状与纯 3266 树脂的曲线形状相似。随着
时间的延长,黏度下降,过一定时间后,树脂组分开始反应,黏度增加,出现拐点。
因定型剂的相对分子质量较大,随着定型剂加入量的增加,混合体系在 80℃ 下的
黏度增加,但这已对 RTM 注射工艺不会造成影响,因为这时已完成注射。其次还
发现,当定型剂加到 15% 时,在一定时间范围内,混合体系的黏度还是可以小于
200mPa·s;而加入量小于 10% 时,在 0min ~ 40min 的时间范围内,混合体系的黏
度都小于 200mPa·s。经 40min 左右后,几条曲线汇合为一起,说明定型剂的加入
量对反应活性没有太大的影响,凝胶时间基本相同。

　　把 ES - T321 粉末按一定质量比例混入 3266 树脂,搅拌均匀后,按 3266 树脂的

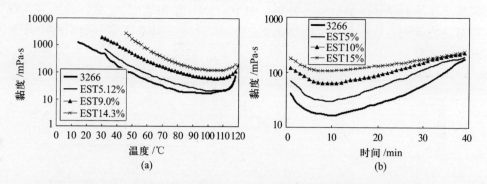

图 10-17 ES-T321/3266 混合体系的黏度—温度(a)和黏度—时间(b)关系

固化工艺进行固化,采用 DSC 和热重分析仪对树脂固化物进行热性能分析,发现定型剂的加入量对 3266 树脂玻璃化转变温度和热分解温度的影响如图 10-18。加入不同含量定型剂的 3266 固化物的 T_g 都在 105℃左右,T_m 在 355℃左右。随着定型剂加入量的增加,3266 固化物的玻璃化转变温度和热分解温度基本没有变化,说明定型剂的加入对 3266 本身的热性能没有明显影响。进一步的定量测试结果见表 10-4,表 10-4 还显示,添加定型剂也未对树脂的吸水率产生不利影响。

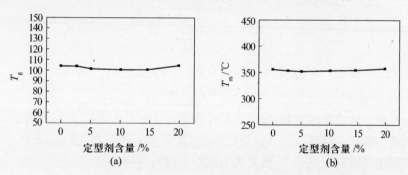

图 10-18 ES-T321 定型剂含量对 T_g(a)和对 T_m(b)的影响

表 10-4 定型剂的用量对热性能影响

定型剂用量/%	0	2.0	2.7	5.1	8	10.1	11.0	14.6	19.9
T_g/℃	104.00	—	103.91	101.44	—	100.64	—	100.73	104.55
热分解温度/℃	355.55	—	353.06	351.84	—	353.32	—	354.33	357.26
吸湿量/%	0.1647	0.1496	—	0.1557	0.1551	—	0.1581	—	—

因 ES-T321 所用环氧树脂是分子量较大的含环氧基团的化合物,因此可能会影响与 3266 混合固化后的物理性能,但定型剂的量少,一般是织物质量的 3%~8%,是树脂质量的 4%~11%(假设纤维体积含量为 50%,纤维密度为 $1.76g/m^3$,树脂密度为 $1.24g/m^3$),因此不会明显影响树脂体系固化后的性能。

树脂浇注体力学性能测试结果分别见图 10 - 19。结果表明,定型剂的加入并没有对浇铸体的力学性能产生明显负面的影响,这主要得益于定型剂结构中环氧组分的贡献。

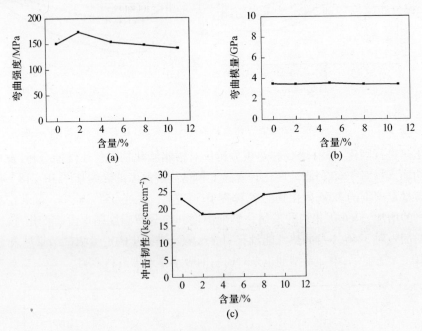

图 10 - 19　定型剂含量对树脂浇铸体弯曲强度(a),弯曲模量
(b)和冲击韧性(c)的影响

由于定型剂的作用主要是预制,而并非要对树脂主体进行改性,因此它对树脂的影响越小越好。综合考虑可以得出结论,在定型剂含量为 5% ~ 8% 时,定型剂对树脂固化产物的影响较少,是工艺上推荐使用的含量。

10.3.3　环氧树脂基定型剂的施工特性

采用丙酮溶剂溶解 ES - T321 定型剂,根据所需的定型剂量,配制成一定浓度的丙酮溶液,用刷子或喷枪均匀涂刷于碳纤维织物表面,自然晾干或温度为 75℃左右的烘箱中烘干 30min,所得到的定型织物发硬,能固定纤维束和织物不变形,裁剪时不分散,不飞纤维毛,操作起来很方便,但铺贴性变差。

采用粉碎装置和不同粒度的筛子,把合成出来的定型剂固体粉粹,并筛选出不同粒度的粉末,均匀分布在纤维束的单面或双面,在一定温度的加热装置下加热,使定型剂熔化,降温回到常温,也得到预定型的纤维织物,这时的纤维织物也发硬。在同等用量的情况下,粉末定型的预制体整体性比溶液法好。

采用实体显微镜对 ES - T321 定型剂定型的 G803 碳纤维织物(T300 - 40 碳

纤维 4 缎纹碳布,单位面积质量 285g/m² ± 12g/m²)表面进行观察,放大倍数为 500倍下的照片见图 10 – 20。定型处理工艺为 80℃ 加压/保温 30min,然后冷却到60℃下脱模。从图可见,溶液法定型的织物表面的定型剂颗粒很小,并且颗粒量少,颗粒分布较均匀,而粉末法定型的织物表面的定型剂量较多。

(a)   (b)

图 10 – 20　碳纤维布 G803 表面的实体显微镜照片

(a)溶液法 5% 定型剂含量的纤维布;(b)粉末法 5% 定型剂含量的纤维布。

ES – T321 定型剂溶液法处理(定型剂为织物重量的 5%)和 ES – T321 粉末处理(定型剂为织物重量的 2%)的 G803 织物纤维束表面 SEM 照片见图 10 – 21(处理条件 80℃/加压/30min,冷却到 60℃ 以下),可见溶液法处理的纤维束表面有少量定型剂析出,而粉末法处理的织物的定型剂大部分析出在织物外表面的纤维束表面,相比之下,溶液法处理织物中定型剂一般析出在纤维束内外都有。

继续采用 ES – T321 定型处理 G803 织物,温度 80℃ ~ 120℃(粉末法 90℃ 左右)/压力 0.085MPa 左右/时间 1h 以上,考察不同定型处理织物预制体的整体性,发现粉末法定型织物的整体性较好,3% 定型剂的用量即可达到定型效果;而 3% 用量溶液法预制织物的整体性较差,稍有外力织物就分层,直到 8% 的定型剂含量才有较好的整体性。作为例子,图 10 – 22 给出 5% 定型剂含量预制织物撕开后的表面光学显微镜照片,可见溶液法成型织物表面的定型剂含量较少,而粉末法成型的织物表面有大量的定型剂,并粘有纤维毛,撕开时不好分开。粉末法定型时定型剂大部分分布在层间,而溶液法时定型时则在层内和束内都有,层间定型剂含量相对较少。因为主要是层间分布的定型剂起铺层的定型作用,因此溶液法定型时定型剂含量不能太少。

深入的观察发现[29],在以溶液法制备厚层预制体的过程中(图 10 – 23(a)),ES – T321 定型剂分布将出现明显的沿厚度方向的偏析现象,预制体上下表面定型剂分布严重不均,在平均用量为 6.7% 左右时,上表面的定型剂含量达到 26%,而下表面也高达 16% 左右,表面高含量的定型剂会形成一层树脂薄膜,在 RTM 树脂的注射过程中,定型剂并不立即溶于树脂,因此这层树脂薄膜必然对 RTM 工艺中

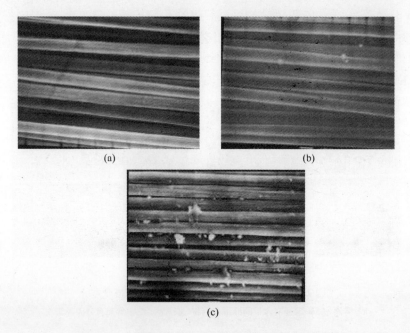

图 10 - 21　G803 织物表面及其定型处理的表面形貌

（a）未处理的织物；（b）溶液处理的 5% 定型剂的织物；（c）粉末处理的 2% 定型剂的织物。

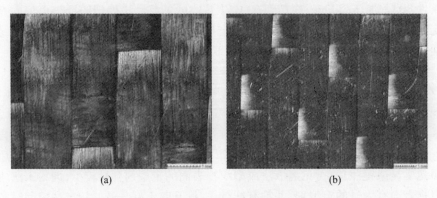

图 10 - 22　粉末法和溶液法定型的预制体织物的撕开表面

（a）粉末法；（b）溶液法。

液态树脂的流动产生阻隔作用,并可能封闭部分树脂流动通道,带来诸如局部分层、密集孔隙等缺陷。

实验分析还发现,这种偏析主要发生在溶剂脱挥阶段,随后的真空袋内加压预定型过程对定型剂的二次分布影响不大。由于溶剂脱挥是在开放环境中进行,工艺条件下不可能维持稳定的饱和蒸气压,而溶剂的蒸发是一种不可逆的液—气非平衡相转变过程,因此当预制体表层的溶剂蒸发,内部的溶剂将在毛细压力的驱动下由里向表运动,这个过程实际上就是定型剂随溶剂自内而外的迁移过程。下表面的定型剂含量高则可能与铺覆时定型剂随溶液向下渗透有关。

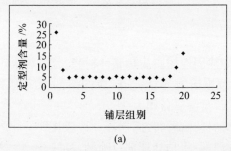
(a)

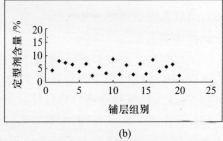
(b)

图 10-23 两种定型预制工艺对 ES-T321 定型剂沿层厚方向分布的影响
(a) 正常工艺定型的定型剂含量分布;(b) 分阶段脱除溶剂时定型剂含量分布。

针对定型剂在溶剂脱除阶段的偏析特点,在下料工序前以定型剂溶液涂覆干态织物,溶剂挥发后,在铺层阶段采用分阶段脱挥方法控制其迁移,这样可以将定型剂的迁移控制在组内,相对减轻了定型剂在整个厚度方向的不均匀性。图10-23(b)为采用分阶段脱除溶剂工艺获得的定型剂含量分布。另外,简单地增加冗余铺层吸附多余的定型剂也能实现定型剂在预制体厚度方向的均匀分布。

10.3.4 环氧树脂基定型技术的改进

复合材料的预制技术不仅包括定型剂材料及其与之配对的 RTM 专用树脂体系的相互关系,而且特别包括定型预制技术本身。从目前的发展看,定型剂材料即可以是反应型(含固化剂),也可以是非反应型(不含固化剂);即可以是湿态溶液(含溶剂),也可以是干态粉体(不含溶剂),对应的织物定型预处理以及定型剂的施工工艺、预定型效果等因此也就不一样。

湿态定型剂材料的施工工艺相对简单,可以现场配制,现场施工,但由于定型剂溶液的黏度往往较小,溶液对连续纤维织物的渗透能力较强,导致定型剂通常不会仅仅附载在织物表面,而会进入纤维束或织物的内部,但对定型功能来讲,我们并不需要定型剂进入纤维束或的织物内部。其次,尽管可以配制浓度和黏度比较适宜的定型剂溶液,但施工的刷涂难以保证定型剂含量在织物表面的均匀,尤其是多道刷涂时;再者,溶液中的溶剂挥发后,往往留下连续的固体定型剂的“薄膜”效应,导致后道工序的 RTM 注射流动困难和不均匀,引起制品的“干斑”等缺陷,再加上环境的考虑,因此,湿态定型施工方法弊大于利。

为了保持湿态预定型技术相对简单,现场配制、现场施工的优点,克服其深层渗透的缺点,我们发展了一种“反相析出”的预定型技术[30],这种技术兼有粉末法和溶液法的优点,能够在大量减少定型剂用量的前提下获得满意的层间定型粘合效果。其典型解决方案是将定型剂按工艺用量溶于某种溶剂,在预定型时预先在织物表面涂敷另一种溶剂,该溶剂不能溶解定型剂;然后再将定型剂溶液涂布在织物表面,反相析出后,定型剂将主要分布在织物表面。以此为基础,完成预制体铺层和后续液态成型过程。

其具体加工工艺过程描述如下:

(1)定型剂溶液制备:将定型剂材料如热固性树脂或热塑性树脂、或橡胶或热固性树脂和热塑性树脂或橡胶的预聚物、或混合物等,溶于相应的溶剂或溶剂系统,经搅拌或加热搅拌得到分散良好的溶液,过滤后备用。

(2)预定型织物预处理:根据定型剂材料的溶解特性,选择一种或几种不能溶解定型剂材料的溶剂或溶剂系统作为预处理剂;将预处理剂以喷洒、浸轧、辊涂、刷涂等方式浸润织物。

(3)预定型织物定型剂处理:将定型剂溶液以喷洒、或辊涂、或刷涂等方式分布在预定型织物表面,用量范围约占织物面密度的 1% ~ 15%,视织物结构而定。以热板,或烘筒,或热风通道,或自然风干等方式除去预处理剂和溶剂。

(4)预制体制备:将定型剂主要分布在表面的织物按设计要求裁切、铺层,采用真空袋加压法成型,获得预制体。预定型温度要与定型剂材料熔点相当。

该项技术具有以下优点:

采用了对人体无害或基本无害的蒸馏水、乙醇或二者混合物或以上述溶剂为主的混合溶剂作为预处理剂;预处理剂对织物进行浸润处理后织物内部孔隙和织物表面基本被预处理剂占据,定型剂溶液对织物的渗透过程受到抑制,可以大大提高定型剂溶液的浓度,减少有害或轻微有害溶剂的用量。

由于定型剂溶液覆盖在预处理剂上面,溶剂的双向扩散作用使得定型剂在织物表面反相析出,因而主要分散在织物表面,对提高预制体织物层间的粘合作用进而保持其整体性有益。

与溶液法相比,在预制体的层间粘合作用相当的条件下,采用该技术可以减小定型剂的用量,避免因定型剂用量大、相容性导致的基体树脂性能下降等问题。

由于定型剂主要分布在层间,织物层内和纤维束内树脂流道较为通畅,而织物层间孔隙相对较大,定型剂对层间孔隙影响不明显,有利于树脂流动,克服因流动受阻、流道封闭所致的制品缺陷。

结合复合材料性能改善的要求,可以将部分或全部功能改性剂如热塑性树脂聚醚砜、聚砜、聚醚酮、聚醚酰亚胺、聚酯、聚酰胺或橡胶材料或无机纳米粒子、纳米碳管等以此种方式置于预制体层间[31,32],实现定向分布。

这项技术利用定型剂在溶剂体系的溶解特性和非溶剂体系中的相反转沉淀析出的非溶解特性,巧妙将溶解和反相两个过程在增强织物的表面付诸工艺实践,能够大量减少定型剂用量,克服定型剂与基体树脂的相容性问题;同时又能减少有害溶剂的用量,有利于环境保护和安全生产;预制织物的铺覆性能不受影响。

图 10-24 为采用该技术与传统溶液法工艺获得的预定型织物表面状态对比。可以看出,传统溶液法获得的预定型织物定型剂不能实现层间分布,要获得较好的层间粘合效果,需要使用较大的用量;而采用本技术可以有效地将定型剂分布在层间和束间。

图 10-24 传统溶液法(a)和"反相析出"法新工艺(b)获得的预定型织物表面状态

研究中还发现,采用非溶剂对预定型织物进行处理,能够保证预定型织物具有良好的铺覆性,能够贴附模具,同时还能提高润湿和成型能力,这是由于非溶剂不能溶解定型剂,因此在脱除的过程中不会产生定型剂的迁移现象,可以有效控制定型剂在预制体厚度方向上的均匀分布。图 10-25 为采用非溶剂润湿处理的预制体沿厚度方向上的定型剂含量分布举例。

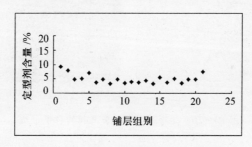

图 10-25 非溶剂处理的定型剂含量分布

更进一步地,尽管热固性树脂在充分固化后成为不融不溶的三维网络结构,但其结构的形成过程是逐步进行的,在实验研究中发现,如果在固化的某个阶段强迫中止固化反应,即有可能获得能溶于某种溶剂、具有不完整网络结构或以长链大分子为主体、具有热塑型性质的所谓"B 阶段"树脂,例如"B 阶段"环氧树脂。相关工作在胶黏剂领域有过报道,但还未见有用于定型剂的。这种同种材料在某个固化度阶段的"分离—预定型"技术恰恰又是一种"离位"新概念的体现。可以设想,由于化学结构的完全一致性,这种本质为热固性树脂的中间产物与基体混合后对基体的影响将会降到最小。为此,我们以环氧树脂 3266 为例进行了探讨:3266 树脂各组分按比例配好后置于容器内,在工艺条件下固化反应一定时间后将树脂放入冷冻柜内,使反应中止并在冷冻条件下保存该 B 阶树脂。将 B 阶树脂配成一定浓度的溶液后,按计划用量涂覆在干态的缎纹织物上,溶剂挥发后得到预制体。依照常规工艺可以顺利制备复合材料制件板,说明树脂本体预聚物可以作为复合材料定型剂用于预定型工艺。

由于定型预制任务的复杂性和对象的多样性,我们还实验研究了热塑性平面连续多孔膜多功能定型技术。首先,将以热塑性树脂为主、一定浓度的聚合物溶液(例如 PAEK)均匀涂布在可分离载体上,经烘干、收卷,可制得连续多孔的热塑性膜材,这其实就是在第 6 章里提到的 ES ™ – Films(图 10 – 26)。这种方法需要严格控制涂敷量,确保多孔膜材的面密度在长度和幅宽方向的均匀性。从图 10 – 26 这种平面连续多孔 PAEK 膜的上下表面微观形貌,可以看出其多孔疏松结构,这种结构有利于基体组分的扩散流动。工程应用实践表明,采用这种平面多孔膜材料在复合材料整体结构的特殊部位进行选择性定型预制具有一定的优点[33],当然同时还兼顾了"离位"层间局部增韧的效果。

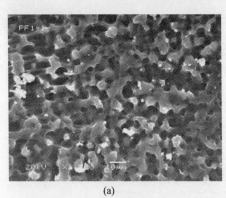 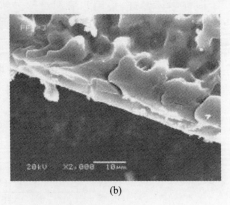

(a)　　　　　　　　　　　　　　(b)

图 10 – 26　热塑性 PAEK 多孔膜的微观形貌
(a) 表面;(b) 端面。·

10.4　双马来酰亚胺树脂基定型剂的设计、制备与应用

双马来酰亚胺树脂定型剂的配制与"离位"定型技术[26]:

双马来酰亚胺树脂定型剂的试制研究以牌号为 6421① 的 RTM 专用改性双马来酰亚胺树脂为目标配合树脂。双马来酰亚胺树脂定型剂的研制参照系为 Cytec公司的 CYCOM 782。CYCOM 782 定型剂在(100℃ ~ 120℃)/(15min ~ 30min)条

---

①北京航空材料研究院先进复合材料国防科技重点实验室的产品。

件下预制,在这个条件下 CYCOM 782 未完全固化,仅仅熔化,有一定的流动性,浸润纤维束,冷却到室温时又变成固体,从而保证预制体的整体性。

6421 RTM 专用树脂的主组分为 4,4′-双马来酰亚胺基苯基甲烷(BDM)和二烯丙基双酚 A(DABPA),考虑到相容性,目标定型剂也选择 4,4′-双马来酰亚胺基苯基甲烷(BDM)和二烯丙基双酚 A(DABPA)为主组分,添加促进剂进行预聚。4,4′-双马来酰亚胺基苯基甲烷(BDM)和二烯丙基双酚 A(DABPA)的配比根据 Giby-Geigy 公司的 XU 292 体系中的配比确定。该定型剂常温下固态,相对分子质量较高,为此选择一种环氧树脂在 180℃下与二烯丙基双酚 A 反应而提高相对分子质量,然后降温至 150℃,加入 4,4′-双马来酰亚胺基苯基甲烷(BDM)反应,得到一定相对分子质量的预聚物。通过调整环氧树脂的相对分子质量、用量和预聚时间的长短,最终得到常温下为固态的定型剂,命名为 ES-T641。该定型剂能溶于丙酮、也能制备粉末定型剂,给操作工艺带来方便。

环氧树脂与二烯丙基双酚 A 反应的温度和时间很重要。反应条件选为 180℃/1h～190℃/1h,获得的混合物常温下为黏稠的棕色液体。环氧树脂与二烯丙基双酚 A 的反应式如下(图 10-27):

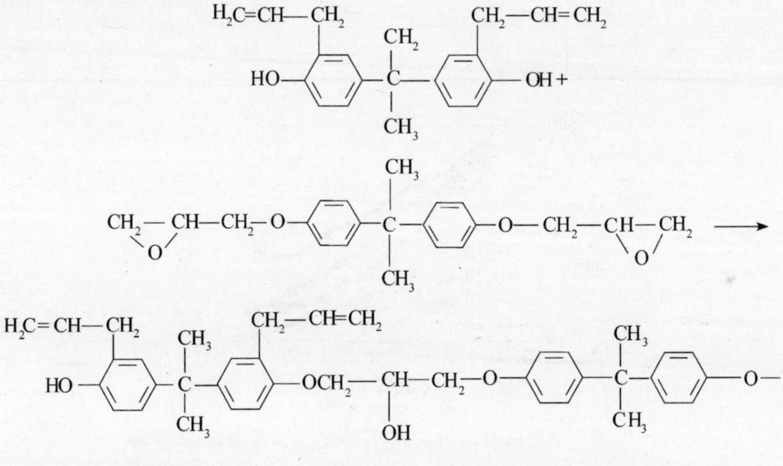

图 10-27　二烯丙基双酚 A(DABPA)与环氧树脂反应

在 180℃下进行反应而得到的二烯丙基双酚 A(DABPA)与环氧树脂反应物后,降温到 150℃,加入 4,4′-双马来酰亚胺基苯基甲烷(BDM)反应,得到一定相对分子质量的预聚物,其反应式如下(图 10-28):

"烯"扩展反应

选择不同环氧当量的环氧树脂与二烯丙基双酚 A(DABPA)反应,得到的反应物在 150℃下黏度适合,便于进一步与双马单体反应而增加黏度,反应物状态见表 10-5。得到的反应物在 150℃下与 4,4′-双马来酰亚胺基苯基甲烷(BDM)进一

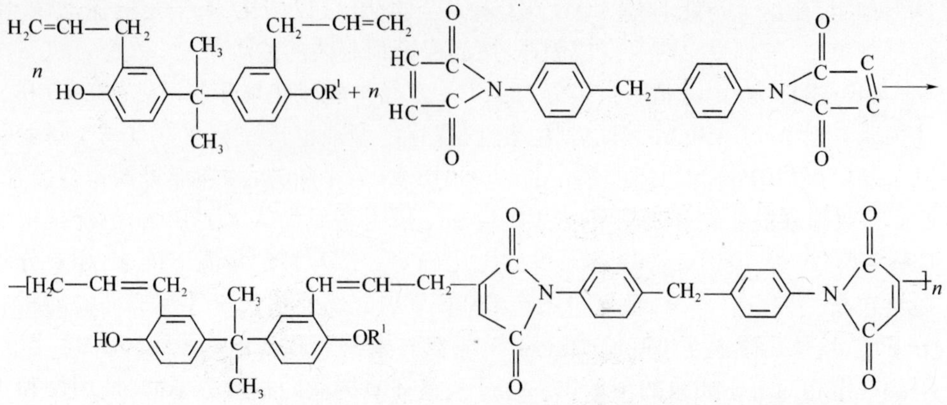

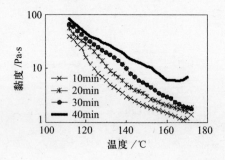

图 10-28　二烯丙基化合物与 4,4′-双马来酰亚胺基苯基甲烷的预聚反应

步反应,反应时间的长短根据最终定型剂的黏度—温度曲线来确定,不同反应时间的黏度—温度曲线见图 10-29。

表 10-5　环氧树脂种类对体系黏度的影响

环 氧 树 脂	E12	E20	694	E51
150℃的黏度/Pa·s	固体	20	1.2	8.7

图 10-29　反应时间对定型剂黏度—温度性质的影响

根据图 10-29 的黏度—温度曲线和树脂混合物在常温下的状态,可以确定反应时间。反应时间太短,黏度低,并且含有未反应的粉末状 4,4′-双马来酰亚胺基苯基甲烷(BDM),反应物不完全溶解于丙酮溶剂;反应时间过长,反应物的分子链太长或开始形成交联网络结构,反应物再加热时黏度太高,不能流动即固化,并且不完全溶解于丙酮。温度超过 150℃,很容易快速反应而凝胶,因此反应条件确定为 150℃/40min,得到的产物即 ES-T641 定型剂,其红外光谱见图 10-30(a),DSC 图谱见图 10-30(b)(升温速率为 10℃/min)。

从图 10-30(b)可知,该定型剂的 DSC 曲线有两个放热峰,在 140℃有一个不

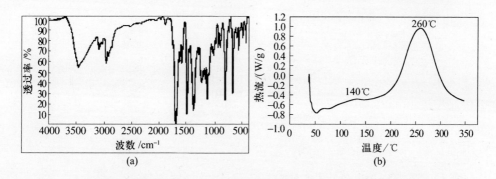

图 10-30 ES-T641 双马定型剂的红外光谱(a)和 DSC 曲线(b)

明显的小的放热峰,这是部分没完全预聚的二烯丙基双酚 A(DABPA)与 4,4′-双马来酰亚胺基苯基甲烷(BDM)的"烯"扩展反应时的放热;主要放热峰在 250℃左右,放热量也大,这与 Diels-Alder 加成反应有关,是双马树脂的主要固化反应,因此其固化温度较高。Diels-Alder 加成反应式如下(图 10-31):

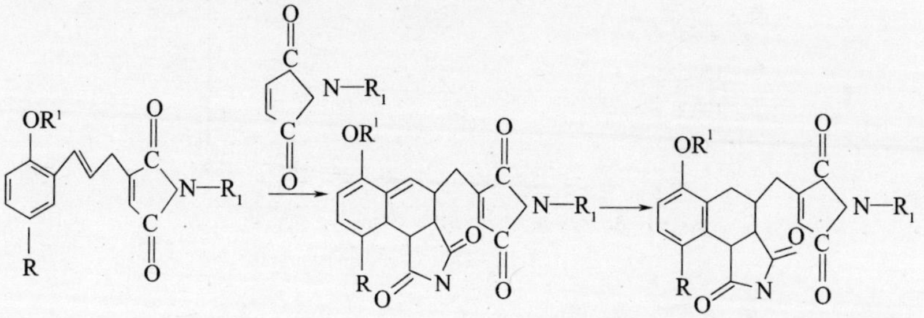

图 10-31 二烯丙基化合物与 4,4′-双马来酰亚胺基苯基甲烷的固化反应

双马来酰亚胺定型剂 ES-T641 是自固化的热固性树脂,升温速率为 2℃/min时,定型剂黏度—温度曲线见图 10-32(a),可知,ES-T641 在 110℃以下温度的黏度较高。由于一般 RTM 用双马来酰亚胺树脂的注射温度就在该温度附近,因此 ES-T641 在注射温度下不易流动,保证预制体的效果;它在 120℃左右的黏度已下降到 35Pa·s 左右,已熔化,能够流动,因此如果在预制过程中不需要固化而直接熔化,浸润,冷却预制时,温度可选在该温度附近。图中曲线在160℃左右有拐点,是双马来酰亚胺树脂的交联反应开始、相对分子质量增加的温度。

按 GB/T 6554—86 方法测试不同温度下 ES-T641 的凝胶时间,所测得的凝胶时间—温度关系见图 10-32(b)。从图可见,随着温度的提高,凝胶时间降低,在 180℃下很快就能凝胶。为了了解某一温度条件下的黏度—时间变化关系,给预制工艺参数的选择提供有效依据,分别测试 100℃、120℃和 140℃温度下的黏度

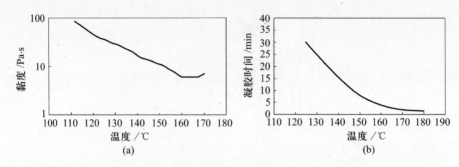

图 10 - 32   ES - T641 双马定型剂的黏度—温度曲线(a)和凝胶时间—温度关系(b)

随时间的变化曲线,结果见图 10 - 33。可见,在 100℃、120℃和 140℃温度下,黏度均随着时间的延长而提高,并且温度越高这个趋势越显著,在 140℃下黏度增加很剧烈。

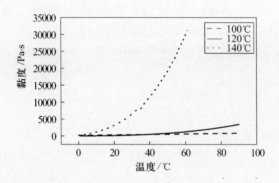

图 10 - 33   ES - T641 双马定型剂的黏度—时间关系

在升温速率 10℃/min 下,用 DSC 法测定 ES - T641 的玻璃化转变温度为 270℃,热重法测得的热分解温度为 414℃。将不同量的 ES - T641 混入 6421 基体树脂,在升温速率 10℃/min 下,测定该混合体系的热性能,结果见表 10 - 6。从表可见,随着 ES - T641 加入量的增加,混合体系的玻璃化转变温度和热分解温度基本没有降低,说明定型剂的加入对双马树脂固化物的热性能没有明显影响。

表 10 - 6   ES - T641 定型剂的用量对 6421 基体树脂热性能影响

定型剂含量/%	0	5	10	15
玻璃化转变温度/℃	250.80	247.28	250.82	253.82
热分解温度/℃	403.55	423.21	420.71	414.12

再用 DSC 法研究 ES - T641 对 6421 树脂反应的影响,升温速率为 10℃/min,结果见表 10 - 7 和图 10 - 34。由图和表可见,定型剂在 5% ~ 15% 范围内的加入

量对 6421 树脂的 DSC 曲线的峰顶温度和曲线形状没有影响,图中 150℃ 左右的放热峰仍是 6421 树脂中的二烯丙基双酚 A(DABPA)的与 4,4′-双马来酰亚胺基苯基甲烷(BDM)的"烯"扩展反应的放热,因预聚程度比定型剂低,因此比相应的 ES－T641 的峰明显,主放热峰在 250℃~260℃ 左右,与相应的定型剂的放热峰一致,是 6421 树脂的固化峰温度。

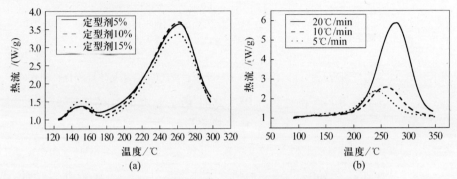

图 10－34　ES－T641 定型剂加入量对 6421 树脂反应的影响
(a)和不同升温速率下 ES－T641 的 DSC 曲线(b)

表 10－7　ES－T641 定型剂对 6421 树脂固化反应的影响

加入量/%	5	10	15
起始峰温度/℃	151.33	150.14	152.52
峰顶温度/℃	262.51	261.65	261.11

分别在升温速率 5℃/min、10℃/min 和 15℃/min 条件下进行 DSC 测试,分别得到峰始、峰尖和峰末温度与升温速率的关系曲线见图 10－35(a),外推至升温速率为 0 时与这 3 个特征温度轴的截距,可以确定 ES－T641 的固化温度分别为 148℃、205℃ 和 270℃。ES－T641 的凝胶温度为 148℃~205℃,因此可以确定该定型剂在 180℃/2h 的固化工艺条件下可能不完全固化,但在后续的 RTM 成型工序里的热处理就等于是后固化,将实现完全固化,为此,测试定型剂在 180℃/2h 热处理后的 DSC 性质(图 10－35(b)),发现在 250℃ 左右有一个放热峰,热熔为 16.35J/g,固化度 93%。说明树脂在这个条件下确实尚未完全固化。

最后,采用 ES－T641 定型剂的丙酮溶液和粉末直接定型 G803 碳纤维布织物(5 缎纹布,单位面积质量为 285g/m² ±12g/m²),再与 6421 双马来酰亚胺树脂通过模压成型工艺制备复合材料(纤维体积含量为 57%)层压板,对其室温和高温性能进行了测试,结果见表 10－8 和表 10－9。由表可见,定型剂含量从 0% 增加到 8%,复合材料的弯曲强度、弯曲模量、层间剪切强度和 T_g 等均没有明显下降,显示了该定型剂可以满足 6421 复合材料 RTM 制备技术的需要。

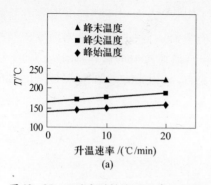 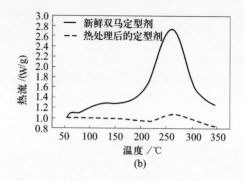

图 10-35　双马定型剂的 DSC 特征温度—升温速率关系曲线(a)和热处理后的 DSC 曲线(b)

表 10-8　溶液定型剂 ES-T641 的含量对 6421/G803
复合材料性能的影响

项目	条件	0%定型剂	3%定型剂	5%定型剂	8%定型剂	10%定型剂
弯曲强度 /MPa	室温	801	746	777	828	750
	120℃	805	798	790	844	782
弯曲模量 /GPa	室温	55.9	51.3	56.0	54.7	59.0
	120℃	56.5	54.1	56.1	55.5	58.2
层间剪切 强度/MPa	室温	53.5	51.3	53.1	47	53
	120℃	48.3	45.5	48.3	46.8	51.9
T_g/℃	—	304.51	325.55	313.95	335.26	338.52

表 10-9　粉末定型剂 ES-T641 的含量对 6421/G803
复合材料性能的影响

项目	条件	0%定型剂	3%定型剂	5%定型剂	8%定型剂
弯曲强度/MPa	室温	801	861	817	784
	120℃	805	859	845	807
弯曲模量/GPa	室温	55.9	57.6	57.8	60.2
	120℃	56.5	58.5	57.9	59.4
层间剪切强度 /MPa	室温	53.5	50.6	52	57.5
	120℃	48.3	49.1	49	54.2
T_g/℃	—	304.51	315.07	313.95	304.71

在研制开发 ES－T641 定型剂的同时，我们还在"B 阶段"环氧树脂定型剂研制的基础上，探索了分离双马来酰亚胺基体树脂的部分组分来制备"离位"定型剂材料，再应用在同一双马来酰亚胺树脂复合材料的定型和预制的技术。为此，从6421 基体树脂中取出部分组分，经预固化处理后，在球磨机上粉碎成 50 目～200目的颗粒。利用该本体颗粒作为定型剂，均匀、定量地分散撒布在碳纤维织物表面，通过加热手段即可以将定型剂颗粒固定，获得来自这种双马来酰亚胺基体树脂自身的同类定型剂预定型的织物材料。

图 10－36 分别为这种用双马来酰亚胺基体树脂制备的"离位"粉末定型剂（图 10－36（a））、以及用这种"离位"定型剂预定型的碳布织物（图 10－36（b））。从图中可见，定型剂颗粒已熔融流淌开，外观上牢固地粘附在织物上。我们命名这种定型技术为"离位"定型技术。

(a)   (b)

图 10－36　双马来酰亚胺"离位"粉末定型剂（a）和
用这种定型剂定型碳纤维织物的表面形貌（b）

由于"离位"定型剂材料的化学结构与基体材料树脂完全统一，因此完全不用担心它们之间的相容性问题，大大降低了研制成本，降低了研制难度，同时，类似的思想具有广泛的可推广性。

10.5　定型技术的新发展

定型结构也潜伏着创新的机遇，举例来说，从图 10－36（b）不难发现，单向的纤维织物主要靠纬向的纱线进行连接，但由于纬向纱线自身的刚性和束缚力与增强纤维本身刚性之间的巨大差异，仅仅依靠这些纬向纱线进行固定是有困难的，即便在这些单向的织物上表面附载了离散的定型剂进行了适当的定型,也不能保证其织物结构的完整性与定型预制的施工特性,例如单向织物的精确剪裁下料、织物铺放、织物修剪、织物预定型或自由移动等而不溃散,以及用来制备自支撑、三维整体层合的复杂织物预制体骨架等,为此,我们提出并发明了一种新型、依靠纬线强化定型效果的增强纤维预制织物以及织物预制体的制备与应用技术[34]。这个技术的核心是在纬向纱线上附载了定型剂材料(图10-37),通过适当加热,使得纬向纱线上的定型剂在一个特定的温度区间熔化,可以将纬向纱线与纤维增强材料通过定型剂而强化热熔,相互之间粘合定型在一起,达到强化定型的目的。

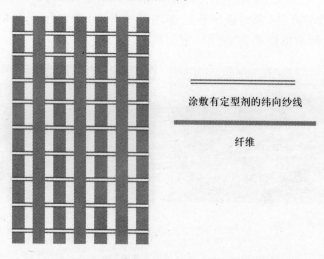

涂敷有定型剂的纬向纱线

纤维

图10-37　纬纱附载定型剂单向织物的原理示意

作为一个应用效果的例子,由图10-38可见,标准的G827碳布(T300碳纤维单向织物,面密度167g/m² ±5g/m²)严重各向异性,在正常情况下的整体性不好,在剪裁加工过程中常常容易溃散,经过纬纱附载定型处理后,其织物的整体性大大提高,无论是手工作业还是机械作业(例如自动铺放),均可以保持较高的结构完整性。

对于自支撑、三维整体层合复杂织物预制体,则可以将上述这种纬向纱线强化(预)定型的织物按照预制体结构的要求,一层一层贴合,同时通过常规技术加热,使得纬向纱线上的定型剂再次在一个特定的温度区间熔化,从而将一层一层贴合在一起的织物体通过定型剂强化热熔,相互之间粘合在一起,制备得到三维整体层合的织物预制体(Preforms)。

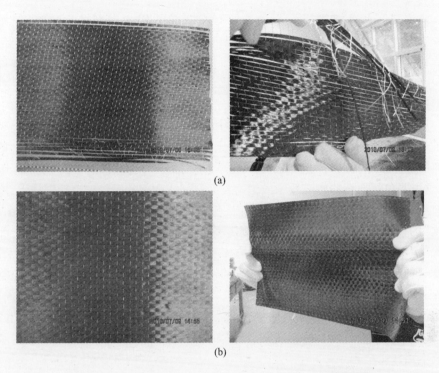

图 10 - 38 纬纱强化定型的碳纤维单向织物的定型效果比较

（a）普通单向碳纤维机织物；（b）纬纱定型剂强化的单向碳纤维机织物。

10.6 定型预制技术小结

复合材料构件形状精度和尺寸精度的近净型性是现代复合材料制造技术水平的重要标志。树脂基复合材料预制技术首先涉及定型剂。定型剂材料包括反应型、非反应型和热塑性定型剂等，这 3 种定型剂材料在本章里都有介绍，表 10 - 10 例举了几种典型的、由北京航空材料研究院先进复合材料国防科技重点实验室研制的定型剂材料品种。

表 10 - 10 北京航空材料研究院先进复合材料国防科技
重点实验室研制的定型剂材料品种

基体树脂材料	定型剂材料
环氧树脂（3266）	ES - T321，"离位"定型剂
双马来酰亚胺（6421）	ES - T641，"离位"定型剂
苯并噁嗪	"离位"定型剂
聚酰亚胺（9731）	"离位"定型剂

定型剂材料可以针对特定的基体材料化学结构独立设计和配制,例如表10-10中的 ES-T321 和 ES-T641,但为了更好地与基体材料浑然一体,针对每种基体材料化学结构,我们特别研制发展了"离位"的定型剂,即这种定型剂来自基体树脂的某些主成分,最后又在定型预制之后与基体树脂混合时溶入了基体树脂。

定型剂材料不仅可以有不同的化学结构,而且可以有不同的物理形态和不同的应用施工技术,因此定型预制具有相当大的变化空间和技术诀窍。本章主要研究了干态粉体、溶态溶液或悬浮液、以及干态多孔膜等3种不同化学结构的定型剂材料的应用技术,提供了这3种不同化学结构的定型剂材料的"个性化"应用技术,这主要包括干态粉体在纤维或织物表面局部或全部的撒粉定型预制技术,溶态溶液或悬浮液的喷射定型预制技术和干态多孔膜的贴膜定型预制技术等。在"个性化"的技术开发和使用过程中,控制定型剂的富集区域和富集形貌是关键,即所谓的"定域",为此,可以发展出不同的技术诀窍,例如相反转的定域控制技术,变浓度—黏度的定域控制技术,变固含量的定域控制技术和多功能化的定域控制技术等。

值得指出,尽管我们即可以用"湿法"技术定型(例如溶液法),也可以用"干法"技术定型,但就劳动保护和环境保护而言,推荐优先考虑粉末法或多孔薄膜法的技术路线。

参 考 文 献

[1] 益小苏. 先进复合材料技术研究与发展. 北京:国防工业出版社,2006.

[2] Donna Dawson. Composite spoilers brake Airbus for landing. High-Performance Composites. July2006 (http://www.compositesworld.com/articles/composite-spoilers-brake-airbus-for-landing).

[3] Ladstätter E. RTM Part Development - The long way from an idea to serial production. DLR Braunschweig, Germany:International Symposium on Manufacturing for Composite Aircraft Structures,2004,5:26-27.

[4] Owen M J, Middleton V,Rudd C D. Fibre reinforcement for high volume resin transfer moulding (RTM). Composites Manufacturing,1990(1):74-78.

[5] Gonzalo Estrada. Experimental Characterization of the Influence of Tackifier Material on Preform Permeability. Journal of Composite Materials, 2002, 36(19):2297-2310.

[6] Stephen Tsai J, Li S J,James Lee L. Preforming analysis and mechanical properties of composite parts made from textile perform RTM. The 41st International SAMPE Symposium,1996,4:24-28.

[7] Virfk Rohatgi,James Lee L. Moldability of Tackilied Fiber Preform in Liquid Composite Molding. Journal of Composite Materials, 1997, 131(7):720-743.

[8] 浮ケ谷孝治, 返见俊男. RTM 用强化材グラスペース. 强化プラスチッケス,1992,38(10):38-40.

[9] 橘 高弘. 日东纺绩-RTM 用强化材. 强化プラスチッケス,1992,38(10):33-36.

[10] Brody J C, Gillespie Jr J W, McKnight S H,Jensen R. Functionally graded composites for improved armor.

Center for Composite Materials, Army Research Laboratory UD – CCM, 29 May 2002.

[11] Hillermeier R W, Seferis J C. Interlayer toughening of resin transfer molding composites. Composites Part A, 2001, 32:721 – 729.

[12] Roman W. Hilermeier S. Hayes and James C. Seferis. Tackifier/Binder Toughened Resin Transfer Molding Composites. Journal of Advanced Materials, 2000, 32(3):27 – 34.

[13] Roman W. Hillermeier, Brain S. Hayes and James C, Seferis. Tackifier/Binder Toughened Resin Transfer Molding Composites. Journal of Advanced Materials, 1999, 31(4):52 – 59.

[14] Brian S. Hayes and James C. Seferis. Novel Elastomeric Modification of Epoxy/Carbon Fiber Composite Systems. Journal of Advanced Materials, 1997(7):20 – 25.

[15] Ebonee P. M. Williams and J. C. Seferis. Processing and performance of nano modified interlayer toughened VARTM composites, The 48th International SAMPE Symposium, May, 11 – 15, 2003:1683 – 1689.

[16] Mills A. Automation of carbon fiber preform manufacture for affordable aerospace applications. Composites Part A, 2001, (32):955 – 962.

[17] Preston P. Osborne Jr. Powder Preform Process Development. The 26th International SAMPE Technical Conference, October, 17 – 20, 1994:193 – 199.

[18] Warrn D. White and Lake Jackson. Process for performing a resin matrix composite using a perform. US 5. 766. 534, Jun,16,1998.

[19] John M. Mckillen. Process tolerant resin transfer molding product. The 26th International SAMPE Technical Conference, October,17 – 20,1994,423 – 429.

[20] Roman W. Hillermeier, BrianS. Hayes,JamesC. Seferis. Processing and performance of tackifier – toughened composites for Resin Transfer molding techniques. The 44th International SAMPE Symposium,5,23 ~ 27, 1999:660 – 669.

[21] Chin – Hsin Shih and L. James Lee. Tackification of textile fiber performs in Resin Transfer Molding. Journal of Composite Material, 2001, 35(21):1954 – 1980.

[22] Dr. L. James Lee. Feature Project Tackification of Textile Fiber Preforms in RTM and High Temperature SCRIMP By Chih – Hsin Shih (Lee) CAPCE Thrust Area Update: Thermoset Polymers and Composite Manufacturing.

[23] Hillermeier R W, Seferis J C. Interlayer toughening of resin transfer molding composites. Composites Part A, 2001, 32:721 – 729.

[24] Virfk Rohatgi,James Lee L. Moldability of Tackified Fiber Preform in Liquid Composite Molding. Journal of Composite Materials, 1997, l31(7):720 – 743.

[25] Leonardo C. Lopez, Ronals R. Pelletier. Method for preparing performs for molding processes. US5. 593. 758, Jan. 14, 1997.

[26] 乌云其其格. 液态成型用高性能定型剂研制与预成型技术研究 [T]. 北京:北京航空材料研究院博士学位论文,2005.

[27] 王惠民,梁伟荣. 环氧树脂的增韧及其复合材料方面的应用. 热固性树脂,1989,(2):16 – 19.

[28] 张彦中,沈超. 液体端羧基丁腈增韧环氧树脂的研究. 材料工程,1995,(5)17 – 19.

[29] 梁子青. 复合材料制件预成型体制备技术研究[T]. 北京:北京航空材料研究院博士后出站报告,2006.

[30] 梁子青,唐邦铭,益小苏. 一种液态成型复合材料预制体的制备方法 [P].国家发明专利,申请日:2005.06.10. 专利号:ZL200510075276.7,授权日:2008.12.10.

［31］ 刘刚,益小苏,张尧州,安学锋,唐邦铭,张明.一种刚性三维晶须层间改性连续纤维复合材料的制备技术［P］.国家发明专利,申请日:2008.12.19,申请号:200810183554.4.

［32］ 安学锋."离位"增韧的材料学模型与应用技术研究［T］.北京:北京航空材料研究院博士后出站报告,2006.

［33］ 高军鹏,安学锋,张晨乾,何先成,益小苏.一种纬线强化定型的织物预制体的制备方法［P］.国家发明专利.申请号:201010536243.9;申请日期:2010.11.9.

第 11 章　表面附载增强织物的结构与性能

　　无论是液态成型复合材料的"离位"复合增韧还是各种干态织物的定型预制技术,其共性关键都是在织物表面的功能化附载,或者说,都是基于增强织物(Fabric-based)的复合材料功能化技术。更进一步地,目前国际上先进的自动铺放技术或自动铺丝技术,其材料学技术基础也与这种预浸料或干态织物的表面功能化附载不无联系。

　　经过基于干态增强织物的表面附载和预制,增强织物预制体应该具有良好的复杂形面铺贴适配能力,至少应满足复杂型面的定型和模内定位的要求,如此,干态预制结构将建立起制件的结构近净型特征(近终尺寸)。事实上,具有必要自支撑性(Free standing)的干态复合材料预制体结构越接近终尺寸,并具有适当的可压缩弹性,它在 RTM 模具中的铺放和定位就越容易,液态成型的质量也就越高。考虑到复杂复合材料结构可能面临多次的定型和模内安装,所以要求经过定型剂定型预处理的预制体具有反复变形的性质,而且反复变形的实现只要通过适当的加热即可完成,不过分地影响结构的自支撑性和近净型特征。

　　表面附载的功能性材料组分主要是高分子的增韧剂或者是高分子的定型剂,两者可以独立附载成为单功能的表面附载织物,也可以混合附载成为双功能的表面附载织物。经过表面附载,原来增强织物的结构都将发生很大的变化,举例来说[1],手工溶液刷涂工艺(湿法)的定型剂在 G827 单向织物上的分布见图 11-1,可以看出,定型剂在织物上的分布是不均匀的。图中,定型剂含量增加,织物表层的定型剂树脂也会增加,在较低含量时,织物表面只有稀疏的离散分布,而含量增加到一定程度,在光学视场内可见连接的定型剂薄膜层;而进一步增加定型剂含量时,则膜层变厚成不均匀块体。可见,湿法定型其实是通过增加纤维束间的黏结约束,提高了织物的整体变形抗力,从而实现定型的目的的。

　　显然,经过表面附载处理织物的结构变化必然会影响到它们的功能特性,这主要包括织物的压缩特性、渗透流动特性和定型预制特性等,特别是高体积分数的情况下(纤维体积分数 >58%),预制结构的这些特性将直接影响复合材料液态成型的效果及最终产品的质量和性能,因此,本章主要研究这种预制织物或结构预成型体包括压缩特性、渗透流动特性和定型预制特性在内的结构—性能的关系。特别

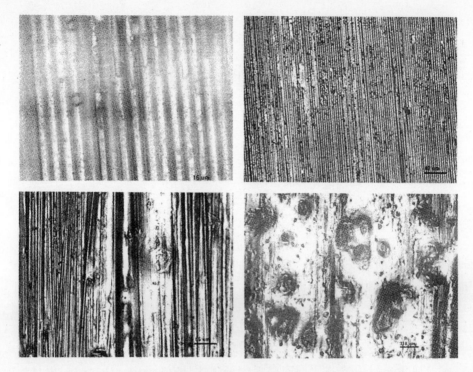

图 11 - 1　湿法预制单向碳纤维织物(G827)表面定型剂的分布情况

指出,表面附载织物的结构—性能关系与表面附载的技术路线和方法息息相关,例如"湿法"定型(溶液法)或"干法"定型(粉末法或多孔薄膜法)等。本章重点研究讨论湿法的手工溶液刷涂工艺定型织物的使用特性。

11.1　表面附载增强织物的压缩特性概述

正常的干态增强织物具有相当的柔软性,自然蓬松,对应其在松弛状态的堆积密度,这是增强织物提供复合材料预制制备时的初始状态。完成了复合材料的成型、固化过程后,复合材料达到了指定的设计纤维体积分数,材料致密,具有预计的力学性能和使用性能,这是复合材料的最终状态。从初始状态至最终状态,复合材料中的增强织物必然经历不同的变形过程,尤其是压缩变形过程,其中,针对液态成型技术(特别是闭合模具的 RTM 成型),增强织物的"定型 - 压实 - 预制"是最基本的工艺过程。

增强织物的可压缩性(Compaction behavior)直接决定了最终复合材料制品中的纤维体积分数,这也同时决定了该织物的液态成型工艺特性及其固化后的固体材料的力学性能,这之间的复杂关系表现在图 11 - 2 之中。首先,自然蓬松状态的增强织物在压力作用下变形压实(图11-2(a)),使得织物中增强纤维的体积分数上升(图11-2(c)),固体复合材料的高纤维体积分数对应较高的弹性模量(图11-2(e))和强度(图11-2(f)),这是结构复合材料追求的主要目标,但高纤维体积分数必然导致织物的渗透率下降(图11-2(d)),使得液态成型的树脂渗透特性和流动特性劣化,复合材料的制备难度增加,因此,人们必须在液态成型的工艺特性和最终产品的力学性质之间寻找平衡点,由此确定合适的复合材料纤维体积分数。

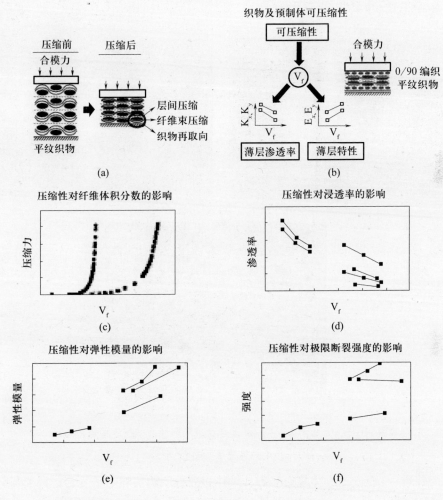

图11-2　示意性地说,织物的变形(a)和可压缩性(b)决定了织物的纤维体积分数 V_f(c),
同时决定了预制体的浸渗率(d)和固体材料的模量(e)和强度(f)等

　　一般情况下,RTM 成型的航空复合材料的平均纤维体积分数大约在 50% ～
60%,而预浸料/热压罐成型航空复合材料的平均纤维体积分数大约在 60% 或以上,但精确的测试可以发现,实际的复合材料的纤维体积分数并不是一个常数,而是一个空间的非均质分布。图 11 – 3 为 G827(T300 碳纤维单向织物,面密度 $167g/m^2 \pm 5g/m^2$)RTM 成型固化复合材料的几个剖面显微照片,在同样的放大倍数下选取不同的位置拍摄得到。比较图 11 –3(a)和(b)可知,它们的平均纤维体积分数应当不会相同;而如果选取 G827 纤维束内的区域拍摄(图 11 – 3(c)),实测得到的纤维体积分数高达 66.7%,而该复合材料平均的纤维体积分数不足 60%。织物增强复合材料的这个非均质结构特征当然会影响到织物的压缩特性、渗透流动特性和定型预制特性等。

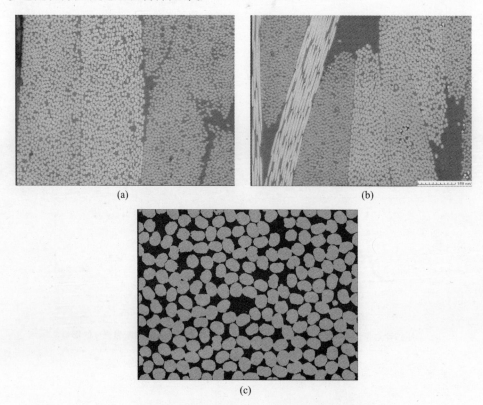

图 11 – 3　受光学选区影响的复合材料局部纤维体积分数变异(a)、
(b)以及束内纤维体积分数(c)的比较

图 11 –3 反映的固体复合材料纤维体积分数问题实际上是复合材料干态织物(或预浸料)压缩变形的结果,宏观上对复合材料干态织物(或预浸料)进行外部压缩,干态织物(或预浸料)内部多层次、多尺度的细观和微观变形响应机制并不一样,图 11 – 4 是干态 G827 织物压缩变形导致的束间和束内纤维体积分数及其对应的孔隙率的一个实测结果,可以发现,外部的宏观压缩变形实际上主要被织物的

束间变形所吸收,而织物束内的变形则很小,因此,必须研究干态织物(或预浸料)的压缩变形机制及其规律,以便控制变形过程,得到正确并且准确的复合材料纤维体积分数。

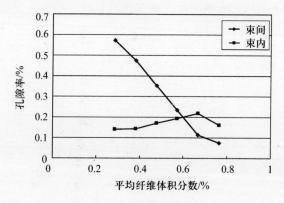

图 11 - 4　G827 织物压缩变形导致的束间和束内纤维体积分数及其对应的孔隙率变化

11.1.1　典型增强织物的压缩特性[1]

鉴于增强织物压缩行为的重要性,我们首先研究了这个问题。实验选用 8 枚 5 飞碳纤维缎纹织物为典型研究对象(T300 碳纤维 8 枚 5 飞缎纹织物,经纱密度(9.3 ±0.4)根/10mm,纬纱密度(9.1 ±0.4)根/10mm,织物单位面积质量(370 ±10)g/m²,织物质量分布:经向 50.5% ±2.0%,纬向 49.5% ±2.0%)。织物牌号 3186,以 T300 - 3K 碳纤维织成,其基本结构如图 11 - 5 所示。

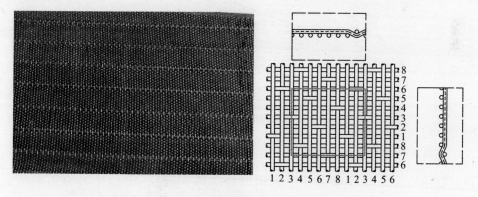

图 11 - 5　3186 碳纤维织物的外观照片及其 8 缎 5 飞纹的织造组织结构

图 11 - 6(a)为该 3186 织物在压缩载荷作用下的位移变化情况,由图可见,所有不同层数试验材料的压缩载荷—压缩位移曲线都有两个明显的阶段,首先,随织物层数的增加,压头的压缩位移在增大,但压缩载荷非常小,对应自由堆积

403

状态的预压实阶段。当压缩位移达到某个与织物层数有关的临界点之后,出现了一个非常明显的拐点,拐点之后,压缩载荷对压缩位移的变化表现出近似弹性的响应,很小的压缩载荷就会引起压缩位移的迅速增长。最后,在给定的载荷下,存在一个给定层数 3186 织物的终态厚度值(图 11 – 6(b))。

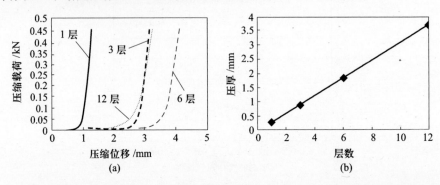

图 11 – 6　3186 空白织物压缩位移随载荷的变化(a)和不同层数织物的最终压实厚度(b)

不同层数的 3186 织物压实阶段的纤维体积分数—压缩载荷的关系见图 11 – 7。图中可以看出,随着压缩载荷的增加,织物的纤维体积分数随之增大,但当不同层数的织物在 450N 时的纤维体积分数具有汇聚的趋势,它是该织物经预压实阶段压缩后的挤塞临界点,在细观尺度上,它与织物在压缩载荷下不同尺度的运动方式有关。

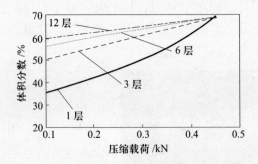

图 11 – 7　不同层数 3186 织物压实段纤维体积分数

压缩加载条件下织物的纤维体积分数可以通过 $V_f = \dfrac{M \times 1000}{\rho \times (T + D_d - D_i)}$ 计算获得,式中,V_f 为压缩加载条件下织物的纤维体积分数(%),M 为织物面密度(3186 缎纹织物 $=370\mathrm{g/m}^2$),ρ 为碳纤维体积密度 $=1.78\mathrm{g/cm}^3$,T 为织物的最终压实厚度(mm),D_d 织物压实时压头位置(mm),D_i 加载条件下压头的瞬时位置(mm)。

相对于没有经过定型处理的空白织物,经环氧树脂定型剂①湿法(溶液刷涂方法)定型处理织物的压缩位移—压缩载荷关系总体趋势与空白织物类似,二者间仍然保持良好的线性关系。不同定型剂含量的预定型织物压实段的纤维体积分数与压力的关系见图11-8,一个明显的趋势是,定型剂含量越高,压实状态的纤维体积分数越小,因为定型剂占据空间;而且随着定型剂含量的增多,纤维体积分数曲线趋于平缓,从初始的纤维体积分数到结束时的纤维体积分数均相应减小;其次,多层预定型织物压实时的纤维体积分数曲线较单层织物压实时更为平缓,但在压实阶段结束时相互间差异不大。

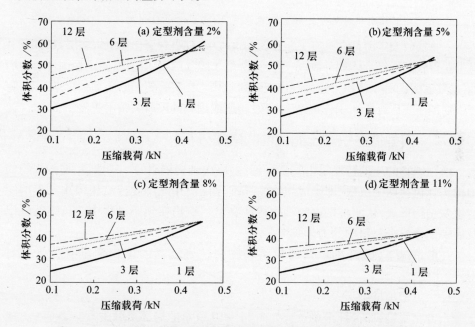

图 11-8　不同 ES-T321 定型剂含量的 3186 湿法预定型织物压缩载荷—纤维体积分数的关系

随定型剂含量的提高,织物抵抗面外小变形能力增强,这是预压实结束时纤维体积分数低的原因(图11-9(a));而定型剂对纤维、纤维束及交织点粘结作用的增强,提高了织物抵抗压缩变形的能力,织物难以被压实,导致压实阶段结束时纤维体积分数偏低(图11-9(b))。从图11-9(b)还可看出,不论定型剂含量高低,在定型剂含量相同的前提下,不同层数预定型织物的纤维体积分数趋于一致,反映出最终压缩厚度均保持了良好的线性关系。

总之,不同层数的 3186 湿法(溶液刷涂方法)定型织物对压缩载荷的响应方

---

①ES-T321,环氧树脂定型剂,北京航空材料研究院先进复合材料国防科技重点实验室产品。

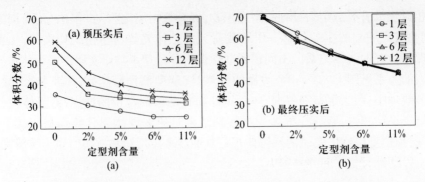

图 11-9　预压实和压实后湿法(溶液刷涂方法)定型织物 3186 的纤维体积分数对比

式与织物层数及定型剂含量有关。在压缩过程中,较小载荷作用下织物层数的增加,易于获得较高的纤维体积分数;定型处理降低了织物的可压缩性,随定型剂含量的增加,最终获得的纤维体积分数表现出下降的趋势。在实验施加的压缩载荷作用下,定型织物的压实后纤维体积分数趋于一致,与压缩织物的层数关系不明显。

11.1.2　典型增强织物压缩特性的建模分析[1]

增强织物的压缩特性是由其多尺度、多层次结构控制的。一般讲,增强织物的结构实际包含两个层次,即组成织物的纤维丝束及在此尺度或结构层次之上的织造组织结构形式,这两种层次的结构特性决定了织物在预制过程中的压缩特性以及后来固体复合材料中的力学响应等。

一般情况下,碳纤维单丝的集束堆砌为达到较高的体积含量有如下几种形式[2,3,4]。

1. 六方密集堆砌

六方密集堆砌时,纤维单丝有如图 11-10 所示的局部接触关系。

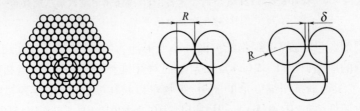

图 11-10　纤维单丝六方堆积示意

按六方密集堆积的形式,纤维束的体积含量符合式(11-1)的关系,在满足如图接触关系的情况下,纤维束的体积含量与纤维直径无关,只要求纤维单丝满足圆形假设。

$$V_{f\text{-hex}} = K_{\text{hex}} = \frac{\pi}{2\sqrt{3}} = 0.907 \qquad (11-1)$$

纤维单丝间有均匀间隙 δ 时,纤维束的体积含量与 δ 的关系如下:

$$V_{f-\text{hex}-\delta} = K_{\text{hex}-\delta} = \frac{\pi R^2}{(2R + \delta)\sqrt{R(3R + 2\delta)}} \qquad (11-2)$$

六方堆砌是纤维束在纤维单丝不变形条件下的最紧密堆砌方式,在纤维相互接触无间隙时,纤维体积分数(又称为堆积系数 K)是常数为 0.907。

2. 四方堆积

纤维单丝的另一种常见堆砌方式为四方堆积,相关计算如图 11-11 所示。

四方堆积的体积含量在相互接触及均匀非接触时的关系符合以下两式

$$V_{f-\text{rect}} = K_{f-\text{rect}} = \frac{\pi}{4} = 0.785 \qquad (11-3)$$

$$V_{f-\text{hex}-\delta} = K'_{f-\text{hex}-\delta} = \frac{\pi R^2}{(2R + \delta)^2} \qquad (11-4)$$

图 11-11 纤维单丝四方堆积示意

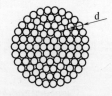

图 11-12 纤维束同心圆堆积示意

四方堆积时纤维体积分数较六方堆积态略小,紧密堆积最大纤维体积分数为 0.785。

3. 同心圆堆积

该种堆砌中纤维以同心圆层方式由内向外形成(图 11-12)。每层的纤维单丝数量是以 $1,6,12,18,\cdots,6N_r$ 的级数排列,各层间距为纤维单丝直径 d,其丝束中单丝总数与层数的关系符合式(11-5)~式(11-7)。

$$N_f - 1 = 6(N_r - 1)(N_r - 1 + 1)/2 \qquad (11-5)$$

可得 $N_r = \dfrac{1}{2} + \sqrt{\dfrac{1}{4} + \dfrac{1}{3}(N_f - 1)} \qquad (11-6)$

丝束的截面按外接圆计算,则丝束的直径为

$$d_{\text{bundle}} = \left(N_r - \frac{1}{2}\right)d_{\text{filament}} \qquad (11-7)$$

纤维单丝占有面积与丝束截面积之比则为丝束堆砌系数 K(纤维体积分数):

$$V_{f-\text{circle}} = K_{\text{circle}} = \frac{3N_r(N_r - 1) + 1}{(2N_r - 1)^2} \qquad (11-8)$$

式(11-8)表明,同心圆假设时,纤维束体积含量与纤维堆砌层数相关,也就是与纤维集束(一束纤维中单丝数量)数相关的。当碳纤维为 T300-3K 时,无间隙的同心圆堆砌的 $N_f=3000$,其最大体积含量为 0.750。

当纤维束中单丝间的最小间隙存在时,无论是六方堆砌还是四方堆砌、同心圆堆砌,纤维束本身的体积含量会急剧下降。图 11-13 为 T300-3K 碳纤维丝束体积含量与单丝间间隙的关系。当单丝间隙达到约 1μ 时,相当于 1/7 纤维直径,丝束的纤维体积分数则约为最大值的 60% 左右。丝束的纤维体系含量分别下降约为 55%(六方堆砌)、48%(四方堆砌)和 45%(同心圆堆砌)。此时,即

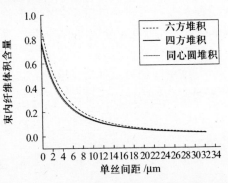

图 11-13　单丝间距对纤维束体积分数影响

便纤维束与束间无间隙时,该体积含量已处于常用高纤维体积分数复合材料中纤维体积含量的下限。因此可以认为,高性能复合材料结构的纤维束中的单丝间距很小,一般会小于 $1\mu m$。这也表明,纤维束中单丝必定有相当多的接触点。

11.1.3　压缩过程中纤维体积分数与织物厚度模型关系[1]

单层或多层织物在压缩过程中表观厚度减小,纤维体积分数上升,这种纤维体积含量的变化与织物的结构形式及纤维束的堆砌形式相关。这一过程中的纤维束与织物平面的倾角及纤维束间相互关系均会发生变化,这些变化都可能对复合材料的最终性能产生影响,研究织物压缩过程中的基本变化关系,有助于了解最终的复合材料性能变化的原因。

复合材料结构中织物一般以多层形式作为增强体。如图 11-4 所示或反映的,在干态织物压缩时,多层织物存在三个层次的变形:织物水平(Interlayer packing),纤维束间水平(Fiber re-orientation)和纤维束内水平(Fiber packing)。在织物水平,织物层间的纤维束的接触约束相对较小,较小的压缩应力就会促使纤维束变形;在纤维束间水平,单层织物内织物组织结构形成的交织点对纤维束的约束相对较大,其厚度压缩需相对层间压缩更大的压缩应力水平,才能促使其变形;在纤维束内水平,织物纤维束接触约束面积最大,纤维束形状变化需更高的应力水平。因此,叠层织物的压缩过程,可以视为三个层次应力导致的三阶段压缩过程。

第一阶段(压缩初期)为层间压缩阶段,由于织物层间只有相对少量的织物的接触与约束,在厚度压缩初期,较小的压力会促使层间间隙减少。进一步发展,叠层中单层织物厚度达到纤维丝束直径的 3 倍左右时,可简单视为层间间隙消失。进入第二阶段,开始织物本身的压缩过程,在这个压缩过程中,织物中纤维束并不

发生变化,织物厚度的减小,主要源于交织织物节点起伏的经纬向纤维束的相对倾角的变化。该阶段本文中称为纤维束倾角压缩阶段。当单层织物厚度达到纤维束直径的 2 倍左右时,单层织物内的纤维束间的间隙减少到最小。第三阶段压缩过程纤维束形状开始变形以适应厚度变化,直到纤维发生挤塞(纤维束形状出现畸变),称该阶段为纤维束变形压缩阶段。一个实际的例子见 3186 织物叠层的三阶段压缩过程(图 11 – 14)。

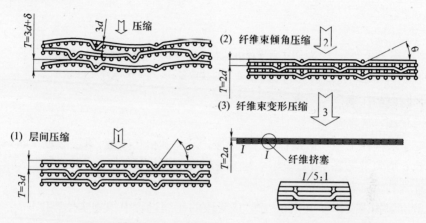

图 11 – 14　8 缎纹织物 3186 的压缩过程模型(自上而下,自左到右)

上述三阶段模式共有的基本假设为:

(1)平整的单层织物的厚度在 $3d$(对于双向机织物,这种方法是纺织界通常的处理方法)及织物质量实体厚度范围内(织物质量实体即为将单位面积织物质量按该面积平均为一个一定厚度无空隙的长方体实体)。

(2)多层织物的各层厚度/纤维体积分数一致。层间存在随机性的间隙,这种间隙的总和处理为面积上的平均间隙 δ。模型中的织物厚度为单层厚度 T(单层织物为自身厚度,多层为织物的平均单层厚度)

按实测的单位长度经纬向纤维排布密度,以六方堆砌为纤维束的基本计算方式,将纤维束前阶段处理为圆形,建立的各压缩阶段的基本 1/8 模型结构见图11 – 15。

图 11 – 15 中从(a)至(c)分别对应于织物层间压缩,纤维束倾角压缩及纤维变形压缩三个织物厚度由大到小的压缩三阶段。该三阶段过程中的计算参数主要是单胞计算的基本参数:L(单胞 1/8 节距),T(织物表观厚度),a(跑道形丝束时的丝束厚度),b(跑道形丝束时的丝束矩形区长度),d(丝束圆形时的直径),θ(纤维束与织物平面的夹角),l(纤维束节点间斜纱中的直线段长度),K(纤维束堆砌密度,丝束纤维体积含量),S_{bundle}(丝束表观截面积),S_{occupy}(丝束中单丝占有面积)。

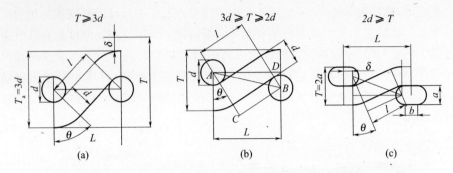

图 11-15　织物压缩过程中各阶段的 1/8 单胞结构及计算参数

(a) 层间压缩阶段; (b) 纤维束倾角压缩阶段; (c) 纤维束形变压缩阶段。

各阶段的压缩过程如下:

1) 层间压缩阶段

对于层间压缩基本假设:单层织物内交织丝束相互接触,单层厚度 $T \geqslant 3d$,层间间隙 δ 均匀分布在层间,织物平均表观厚度为织物厚度 $3d$ 与层间间隙 δ 之和。相关计算如下:

单层织物内交织丝束相互接触,该阶段的压缩过程中织物实体厚度即始终保持在

$$T = 3d + \delta \qquad (11-9)$$

如图 11-15(a) 所示,有下式:

$$l = \sqrt{L^2 - 4d^2}$$

$$\theta = \frac{\pi}{2} - \tan^{-1}\left(\frac{\sqrt{L^2 - 4d^2}}{2d}\right) \qquad (11-10)$$

图 11-15(a) 所示 L 只是单胞总节距的 1/8,由 8 缎纹单胞的纤维体积含量关系(考虑层间间隙 δ,不考虑因织物总体波纹造成的差异)得到纤维体积分数与各参数关系:

$$V_{f/1\text{-lay-com}} = \frac{\pi d^2 K(l + 2\theta d + 3L)}{8TL^2} \qquad (11-11)$$

2) 纤维束倾角压缩阶段

该阶段中有 $3d \geqslant T \geqslant 2d$,纤维相互接触与层间压缩阶段中相同(图 11-15(b)),则有

$$BD = 3d - T \quad AB = \sqrt{L^2 + (3d - T)^2} \quad BC = \sqrt{L^2 + (3d - T)^2 - 4d^2}$$

$$\theta = \frac{\pi}{2} - \tan^{-1}\left(\frac{\sqrt{L^2 + (3d - T)^2 - 4d^2}}{2d}\right) - \tan^{-1}\left(\frac{3d - T}{L}\right) \qquad (11-12)$$

$$l = \sqrt{L^2 + (3d - T)^2 - 4d^2}$$

纤维体积分数为

$$V_{f/\mathrm{ang-com}} = \frac{\pi d^2 K(l + 2\theta d + 3L)}{8TL^2} \qquad (11-13)$$

该阶段持续至 $T = 2d$ 时为终止,此时有纤维体积分数与厚度 T 的关系如式 $(11-15)$:

$$\theta = \frac{\pi}{2} - \tan^{-1}\left(\frac{d}{L}\right) - \tan^{-1}\left(\frac{\sqrt{L^2 - 3d^2}}{2d}\right) \qquad (11-14)$$

$$V_{f/2d-\mathrm{ang-com}} = \frac{\pi d K(l + 2\theta d + 3L)}{16L^2} \qquad (11-15)$$

3) 纤维束形变压缩阶段

当织物厚度压缩至 $T = 2d$ 后,进一步的压缩至使纤维束的形状发生变化,出现纤维束截面变形,长度增加,厚度减小。从而织物的体积含量增加。基本假设有:纤维束上下层相互接触,纤维束的变形过程中纤维束的堆砌方式不变,纤维束的形状由圆形,单轴向压缩,垂直轴伸长,成为跑道形见图 $11-15(c)$。这一过程中假设纤维束的截面积不变。

跑道形截面时,长轴为 $a + b$,短轴为 a,则面积 S_{raceway} 符合下式:

$$b = (S_{\mathrm{raceway}} - \pi a^2/4)/a \qquad S_{\mathrm{raceway}} = \pi a^2/4 + ab \qquad (11-16)$$

按等面积变形假设,且假设在丝束压缩过程中丝束在节点间的长度应维持不变。

$$l = \sqrt{(L - 2\delta)^2 - 3a^2} \qquad (11-17)$$

$$\theta = \tan^{-1}\left(\frac{L - 2\delta}{a}\right) - \tan^{-1}\left(\frac{\sqrt{(L - 2\delta)^2 - 3a^2}}{2a}\right) \qquad (11-18)$$

θ, l, δ 满足式 $(11-18)$: $L_{\mathrm{total}} = l + 2\theta a + 2\delta$ $\qquad (11-19)$

其中 L_{total} 在丝束压缩过程中是固定值,由纤维束倾角压缩阶段可解得。变形过程中始终设有: $T = 2a$。

纤维体积分数见下式:

$$V_{f/\mathrm{sec-com}} = \frac{S_{\mathrm{raceway}} K(L_{\mathrm{total}} + 3L)}{4aL^2} \qquad (11-20)$$

按上述三阶段模式,针对 3186 – 碳纤维织物的相关基本参数值见表 $11-1$。

表 11 – 1　3186 织物基本参数

项　目	参　数	项　目	参　数
单丝直径/mm	7E – 03	单丝截面积/mm²	$S_{\mathrm{hex}} = 0.1273$
丝束纤维单丝数 N_f/根	3000	丝束直径 d_{hex}/mm	0.402
织物结构形式	8 枚 5 飞缎纹	丝束纤维体积分数 K	0.907
1/8 节距 L/mm	1.1111	织物纤维体积分数 $V_f(T = 3d)$	0.184
堆砌形式	六方密集	织物纤维体积分数 $V_f(T = 2d)$	0.263

3186 - 8 缎纹织物的实际单位面积质量 370g/m², T300 碳纤维密度 1.76g/cm³, 计算得到的单层织物在不同厚度下实测体积含量与上述模型计算结果比较见图 11 - 16。图中, 模型预测的纤维体积分数与实测值十分吻合, 在高纤维体积分数时, 相同厚度的织物模型预测结果比实测值结果略大一点, 这表明, 实际的纤维束单丝堆砌密度略小于密集的六方堆砌。

在实际织物的压缩过程中, 织物在体积含量达到 0.26 以后(开始纤维束形变压缩)

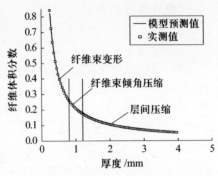

图 11 - 16　3186 缎纹织物纤维体积分数与织物厚度关系的模型预测与实测比较

继续压缩时, 在织物总体幅宽不发生变化时, 织物节点间的纤维已经不能光顺的排列, 出现畸变。除了正常的节点屈曲以外, 这也是织物的力学性低于单向纤维的原因之一。另一方面, 织物增强材料的纤维束一般难于保持纯圆形状态, 而是以某种压缩形态存在。

11.1.4　织物压缩载荷(应力)—织物厚度—纤维体积分数关系[1]

织物在预制、叠层、装模及覆模、合模等工艺过程中, 由于织物的低载荷变形特性, 会产生厚度的变化, 这种变化有可能引起织物增强体的定位准确程度的下降, 甚至导致合模困难, 从而引起增强体局部破坏。这种厚度的变形与载荷相关, 载荷(应力)与厚度的关系可提供上述工艺过程的厚度变化预测及指导合模压力的调整[5,6], 这在 RFI 及 RTM 的预制技术中有实际的意义, 而对未定型处理的空白织物作载荷—应力与织物厚度—纤维体积分数的关系研究是进一步研究定型织物的上述关系的基础。

厚度 - 载荷实验选取不同定型剂含量、不同层数的湿法(溶液刷涂方法)定型织物作应力—位移测定, 同时对一定位移条件下的应力松弛过程进行测试。未定型 3186 缎纹织物的应力—厚度—纤维体积分数关系曲线以及压缩应力—纤维体积分数(层数)关系见图 11 - 17。

图 11 - 17(a)中, 压缩应力—厚度关系曲线也大致可分为三个阶段:第一阶段应力水平约在 50kPa 以下, 较小的应力增加引起织物的厚度较大地减小;第二阶是过渡段, 应力增加导致厚度减小及体积含量增加, 并且增加的速度比第一阶段快, 呈明显非线性关系;第三阶段是高应力水平的线性段, 应力水平约在 100kPa 以上, 该阶段中表观压缩应力—织物厚度关系几乎呈线性关系, 较大的表观应力增加才能造成织物厚度较小的减小。图 11 - 17(b)的表观应力—纤维体积分数关系曲线与图 11 - 17(a)中相对应, 由于纤维体积含量的变化与织物厚度呈倒数曲线关系,

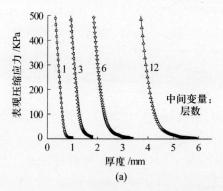
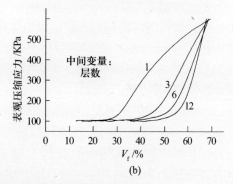

(a)　　　　　　　　　　　　(b)

图 11 - 17　3186 碳纤维织物的压缩应力—厚度关系(a)

及压缩应力—纤维体积分数(层数)关系(b)

表观压缩应力—纤维体积分数关系也同样呈现低应力水平的平直段,过渡段以及高应力水平的近似线性段。

　　图 11 - 17 中各曲线上的中间变量为织物层数,不同层数 3186 织物压缩过程中,当表观压缩应力达到 500kPa 时,织物厚度与层数有良好的线性关系(图 11 - 18)。图中,厚度—层数良好的线性关系表明在实验压缩条件下,织物的层间间隙表观上已经完全压实,对应的纤维体积分数约在 55% ~ 65% 之间(图 11 - 17(b)),这应该是 3186 织物的极限压实值。

　　工程应用中对高纤维体积含量段更为关心,为表征压缩应力—厚度在较高应力下的线性增长的速率大小,构造表观压缩刚性量,将 200kPa 作为线性起始点,最大应力作为终点,其表观应力差—位移增量比值(第三阶段线性斜率)作表观刚性量,见式(11 - 20)。3186 织物的表观刚性与叠层数的关系见图 11 - 19。由图可见,织物叠层数增加,其表观压缩刚性下降。

$$表观压缩刚度\ E_a = \frac{最大应力 - 200kPa}{200kPa\ 时厚度 - 最大应力厚度} \qquad (11 - 21)$$

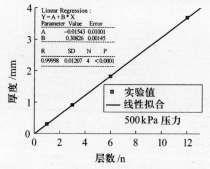

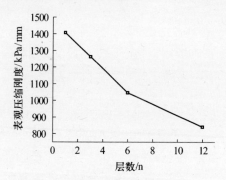

图 11 - 18　500kPa 压力下不同层数 3186 织物的厚度—层数关系

图 11 - 19　3186 碳纤维织物层数对表观刚度的影响

由上述结果可知,合模过程的前期,层数越多,织物叠层更易于在较低应力水平下得到较高的纤维体积含量。而当体积分数达到一定程度后(如3186在体积含量达到65%后),要得到更高的纤维体积分数,织物层数越多,则合模力增加越快。从应力—纤维体积分数曲线上看,织物叠层越少,应力—体积分数曲线的变化越缓,合模过程越方便。

定型处理在织物组织结构中引入定型剂,定型剂在织物组结构中的分布及其聚集状态等会影响织物的变形特性,因此研究定型剂的处理过程和用量对织物的应力—纤维体积含量的影响有利于加深织物预定型体的变形过程的理解。对3186织物进行湿法定型(溶液刷涂方法)处理,定型剂质量含量分别为2%(T1),7%(T2),11%(T3),制备的织物试样在室温下的压缩应力—纤维体积分数关系曲线见图11-20。图中,在较高应力水平下(如400kPa以上时),各曲线均有织物的纤维体积含量随定型剂含量增加而减小的现象;在应力水平较低时,定型剂含量对织物纤维体积分数的影响不太稳定。

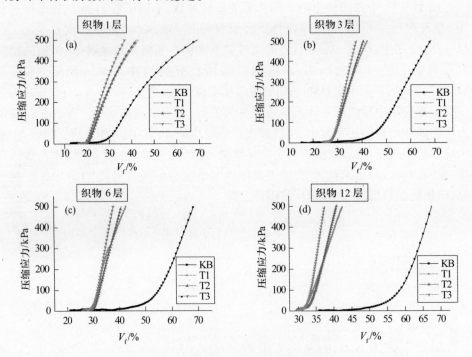

图 11-20　湿法定型处理3186碳纤维织物压缩应力/纤维体积分数关系
(KB:空白,T1:2%,T2:7%,T3:11%)

定型织物纤维体积分数是纤维真实体积 $V_{\text{f. occu}}$ 与织物的表观体积 V_{appa} 之比如下式。

$$V_f = \frac{V_{f.occu}}{V_{f.occu} + V_{tackifier} + V_{void}} \tag{11-22}$$

其中:$V_{appa} = V_{f.occu} + V_{tackifier} + V_{void}$。

织物表观体积由纤维真实体积 $V_{f.occu}$,定型剂体积 $V_{tackifier}$ 以及孔隙体积 V_{void} 组成。在 V_{void} 一致的情况下,定型剂含量增加会降低纤维体积含量,因此在高应力的丝束转动及丝束形变压缩阶段,层间的影响较小,定型剂体积的影响表现出来,使纤维体积含量随定型剂含量增加而降低;而在较低应力水平,织物处于层间压缩及丝束转动压缩阶段,层间的影响较明显,定型剂量的影响不显著,表现出相对不稳定定型剂含量对体积含量的关系。

相互比较图 11-20 不同层数各图可以发现,定型剂处理的织物在同等表观压缩应力条件下的纤维体积含量比未定型的 3186 织物有较大幅度的下降,而且这种体积含量的下降随织物层数的增加下降幅度越大。实际上,这种下降在层间压缩末期就表现出来。以 V_{ini} 初始纤维体积含量来表征,V_{ini} 为表观应力—纤维体积含量曲线稳定压缩段延长线与横轴交点处的纤维体积含量。V_{ini} 的相互关系见表 11-2,可见,初始体积含量 V_{ini} 随层数增加而增加,但定型后有大幅度下降,定型剂含量的影响不明显,这其中的原因同样与织物变形的三阶段过程相关。定型后,织物的整体变形能力下降,同时定型剂占有部分体积,使得纤维体积含量在较低的相同的应力水平下较未定型的织物的小;而层数越多,这种下降越明显的现象则表明,定型剂提高层间压缩阶段的刚性,降低层间变形能力的效果更明显。

表 11-2   3186 织物的初始纤维体积分数

定型剂含量/%	织 物 层 数			
	1	3	6	12
0	28.8	44.4	51.5	57.5
2	20.3	28.0	30.2	32.2
7	21.0	28.2	30.5	33.4
11	20.2	28.5	30.2	32.7

丝束转动及丝束变形压缩阶段,织物经湿法定型后,不同定型剂含量 3186 织物的形变压缩表观刚性(压缩应力增加与厚度减小之比)如图 11-21 所示,这是织物在高应力下的表观压缩刚性性质。同未定型织物相比,湿法定型织物高应力水平下的表观压缩刚度下降,但在相同层数时,随定型剂含量增加表观压缩刚性略有增加,但均小于未定型织物。对相同的定型剂含量,表观压缩刚性随织物层数增加而下降。这表明,层数越大,应力增加可以获得更大的纤维体积分数增加,这主要是由于在高应力下,同未定型织物相比,定型剂织物的约束部分是由软质的高分

子材料的约束提供,在应力作用下,高分子材料的变形比很大刚性接触的碳纤维困难,因此表现出高应力阶段的压缩刚性较小。而定型织物相互比较,定型剂含量增加总体的接触约束面增大,刚性略有增加。

总体上,湿法定型处理对织物压缩过程的两阶段的影响不一致,在层间压缩阶段,定型处理将提高织物的整体性和刚性,而在层间压缩完成后的丝束转动及丝束展开形变阶段,由于定型剂材料相对于碳纤维的刚性小,同未定型织物相比,定型处理降低了织物的表观压缩刚性。进一步提高定型剂含量,增加了高应力下的织物的约束面积,从而一定程度上提高了织物的压缩刚性,这一点表现在初始纤维体积分数量不易达到较高程度,这对 RFI 及 RTM 预成型是不利的。可以推论,由于定型剂的高分子特性,温度的影响会降低定型剂对初始体积含量的影响,从而提高纤维体积含量。从工程角度,热态下合模对提高定型织物的纤维体积含量有利。

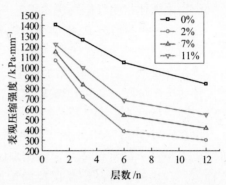

图 11-21　高应力水平下湿法预定型处理对表观压缩刚性的影响,中间变量:定型剂含量。

11.1.5　干态织物的压缩应力松弛现象[1]

在压缩载荷—位移试验时,当载荷达到试验最大值时(450N),压缩停止,实测一定时间间隔下的载荷变化,其典型的结果见图 11-22,发现这是一个典型的压缩应力松弛过程中,其载荷—时间关系是十分稳定的一阶指数衰减关系[7],如下式。

$$P/P_0 = 1 - At^B \qquad\qquad (11-23)$$

式中:P 为 t 时的压缩应力;P_0 为初始压缩应力;A、B 分别为形状系数。

按式(11-23)回归图 11-22 的测试数据,各种层数及湿法定型处理与否织物的压缩载荷—时间关系的回归系数 R_2 均大于 0.99。实际过程中,合模操作时间一般在分钟级,定义 1/10 应力衰减时间为特征时间 $t_{1/10}$,$t_{1/10}$ 表征了织物结构对压缩载荷松弛作用的时间响应速度,$t_{1/10}$ 越大,织物结构中的自身调整能力及调整速度越小,应力松弛的速度越慢。空白织物及定型处理 3186 织物的 $t_{1/10}$ 计算结果见图 11-23。总体上看,在织物层数与定型剂处理两个因素上,织物层数的影响更显著,随着织物层数的增加,$t_{1/10}$ 迅速减小,织物的应力衰减速度迅速加快。当达到一定层数后(实验范围内,6 层后),应力衰减速度趋近于恒定值。未经定型处理的空白织物的 $t_{1/10}$ 相对较大,而经定型处理的 3186 织物在相同层数时,其定型剂含量增加,$t_{1/10}$ 变大,应力松弛速度减慢。

416

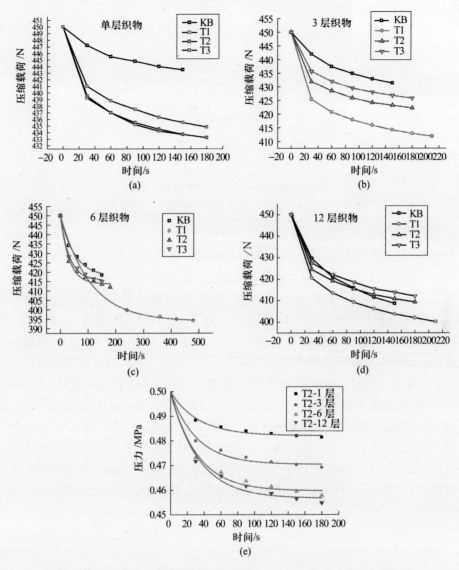

图 11-22　湿法定型 3186 织物的应力松弛与织物层数及定型剂含量的关系
（KB:空白试样,T1:2%定型剂质量含量,T2:7%定型剂质量含量,T3:11%定型剂质量含量）

　　织物层间对应力松弛的响应不同于织物结构中的纤维束内单丝及纤维束本身,织物层数增加,必然增大了织物层间对应力松弛响应的影响,使层间的作用变大。因为层间的压缩刚性明显小于织物层内的压缩刚性,因而织物在恒应力作用下,其层间自调整能力及应力松弛的能力较大。织物——无论是未定型还是湿法定型处理,当层数增加,从而层间作用增加时,其压缩应力松弛速度都会更快,图 11-23 反映出 $t_{1/10}$ 变小。

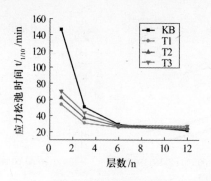

图 11 - 23　层数与应力松弛时间关系

（KB:空白试样,T1:2%定型剂,T2:7%定型剂,T3:11%定型剂)

经湿法定型处理的 3186 织物在实验范围的几种情况内,在 450N(表观压缩应力 500kPa)压缩载荷的作用下,织物的纤维初始体积含量在 40% 左右,定型剂含量增加,除织物结构中纤维间的节点约束增加外,也增加了定型剂的约束,因而纤维束通过局部摩擦滑移从而松弛应力的能力下降,因而有如图 11 - 23 中 $t_{1/10}$ 随定型剂用量增加而变大的结果。与未处理的织物相比,定型处理织物的 $t_{1/10}$ 较小,压缩应力松弛速度较快,这主要是两者在相同的应力水平下,未定型织物的纤维体积含量高(大于 60%),处于更紧密的压缩程度,纤维束内及束间的局部摩擦滑移能力下降。织物的压缩过程分析已表明,此时织物处于纤维束变形阶段,纤维束的转动已被压缩,纤维束处于一定程度的挤塞状态,因此未定型织物的应力松弛较慢。相反,定型织物虽然织物中纤维束间及束内节点定型剂的受约束增加,但纤维体积含量较低,定型剂在织物中不是以完全浸渍的方式约束所有纤维及单丝,因而未约束区可以有较好的局部变形及摩擦滑移,以松弛应力。另一方面,定型剂颗粒是高分子树脂颗粒(或块体),同碳纤维的刚性接触相比,较易于产生应力松弛。

11.1.6　小结

本节以 3186 碳纤维 8 缎织物为研究对象建立了单胞模型,并以此为基础对织物压缩过程中织物厚度的变化及纤维体积分数的关系进行模型研究,提出三阶段的压缩模式;又研究了不同层数未定型以及湿法定型(溶液刷涂方法)织物的压缩应力—织物厚度—纤维体积分数关系及其应力松弛过程等。

按织物的层间压缩,丝束转动及丝束变形的三阶段压缩模型,纤维体积分数与织物厚度关系的模型预测与实测结果符合性很好,但在高纤维体积分数区间,实测结果略低于预测结果,说明纤维束的堆积方式接近六方堆积或略低。

织物预定型后,其高压缩应力下的表观压缩刚性比未定型的织物要小,但定型织物的表观压缩刚度会随定型剂含量的增加而增加。定型处理对织物压缩过程两阶段的影响不一致,在层间压缩阶段,定型处理将提高刚性;而在层间压缩完成后的丝束转动及丝束展开形变阶段,由于定型剂作为高分子材料相对于碳纤维的刚性小,同未定型织物相比,定型处理将降低织物的表观压缩刚性。提高定型剂含量,将增加高应力下的织物的约束面积,从而一定程度上提高了织物的压缩刚性。

织物压缩应力松弛过程基本符合一阶指数降关系,织物刚性越大,应力松弛速度越小。未定型织物的应力松弛速度最慢,定型织物的应力松弛速度增加,但定型剂含量增加时,松弛速度将变慢。应力松弛快慢与织物压缩表观刚度有一致的原因。

11.2 表面附载增强织物的渗透特性

液态成型工艺与预浸料成型工艺的区别在于低黏度树脂在闭合模腔中流动,渗入干态纤维预成型体,排出织物中的气体而完成树脂对纤维的浸润。树脂在织物中的流动主要从两个水平推进,压力梯度决定浸润或宏观流动前峰(在纤维束间)的流速,而毛细管压力和表面张力则决定浸透或微观流动前峰(在纤维束内)的流速。当纤维体积含量很高和注射速度很低[8,9,10]时,由毛细作用决定的微观流动起主导作用,决定着复合材料制品的质量。

Darcy 定理 $Q = \dfrac{K \cdot A}{\eta} \cdot \dfrac{\Delta P}{L}$ 已广泛应用于建立液态成型工艺中的树脂流动模型,式中一个关键的织物表征参数是渗透率 K。鉴于织物结构一般都是各向异性的,所以渗透率 K 具有方向性,在面内有 X 方向的 $\boldsymbol{K}_{xx}$ 和 Y 方向的 $\boldsymbol{K}_{yy}$,而在厚度方向有 $\boldsymbol{K}_{zz}$(图 11 – 24)。

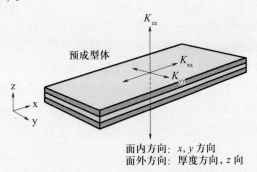

图 11 – 24　各向异性织物三个方向的渗透率分量 $\boldsymbol{K}_{xx}$、$\boldsymbol{K}_{yy}$ 和 $\boldsymbol{K}_{zz}$

采用 Darcy 定理分析树脂的微观流动必须首先知道纤维束的渗透率 K 和毛细压力 P_c 的大小[11]。有多种理论和公式来预测纤维束的渗透率和毛细压力,其中最常用的是用 Carman-Kozeny 方程预测渗透率和用 Young-Laplace 方程预测毛细压力,下面我们针对 RFI 液态成型工艺,重点研究织物纤维体积分数、ES – T321 定

419

型剂及其含量等对 SW280、G827、3186 三种纤维织物的①Z 向短程渗透率 K_z 和毛细作用的影响;②X 向的渗透率 K_x 和 Y 向的渗透率 K_y 毛细渗透率的影响;③对 ES™–Fabrics 面内渗透率($K_x = K_y = K$)的影响等。

SW280 为高强度玻璃纤维平纹织物(南京玻璃纤维研究院),面密度 280g/m^2,名义厚度 0.2mm;G827 为 T300 碳纤维单向织物(日本东丽公司),面密度 167g/m^2 ±5g/m^2;3186 为 T300 碳纤维 8 缎纹织物(法国 Porchure 公司),面密度 370g/m^2 ±10g/m^2。SW280 和 G827 都是机织物,其织物组织的主要特征见图 11 – 25。平纹组织、斜纹组织和缎纹组织的区别在于经纬纱间的交织频率以及纱线轴线保持直线的长度,斜纹织物本研究不涉及,这里仅用于织物组织的比较。

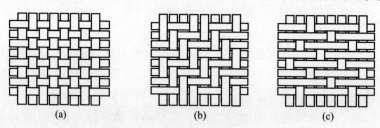

图 11 – 25　几种基本机织织物的组织
(a) 平纹组织;(b) 斜纹组织;(c) 缎纹组织。

平纹组织是最简单的织物组织(图 11 – 25(a)),它由两根经纱和两根纬纱组成一个组织循环,经纱和纬纱每隔一根纱线即交错一次。所谓组织循环,指组成经纬纱线交织规律的最小组织单元。平纹组织是所有织物组织中经纬向纱线交错次数最多的组织,织物的结构紧密,经纬纱线因交织频繁而相互牢靠握持,从而使平纹织物具有较大的拉伸强度。斜纹组织中经纬纱各需要至少三根纱线才能构成一个组织循环(图 11 – 25(b))。它的特征是在织物的表面呈现出由交织点处的经纱或纬纱组成的斜线图案。在斜纹织物中,经纬纱的交错次数比平纹组织少,因而可增加单位长度内的纱线根数,使织物更加紧密。缎纹组织中相邻经纬纱交织点相距较远,其结果是在织物一个表面突出呈现了某个纱线系统(经纱或纬纱)的特征,图 11 – 25(c)所示的缎纹组织表面突出的是纬纱系统。与平纹和斜纹组织相比,缎纹组织中的经纬纱交织点最少,相互间的握持较弱,从而保持了纱线间的相对移动能力,使织物具有良好的悬垂性。同时,由于纱线因交织所导致的弯曲变形较小,缎纹织物能够较好地保持纱线的拉伸性能,使复合材料具有较高的模量。

上述点①和点②研究用织物的定型工艺统一采用 ES – T321 溶液手工刷涂的方法(湿法)。表观渗透特性研究以自来水为流动介质,而毛细渗透研究的液体选用荧光液,其密度 920kg/m^3,室温黏度 0.016Pa·s。

11.2.1　渗透过程与渗透率[1]

不同织物的渗透过程测定在垂直渗透仪上进行。实验时,预先将织物在测定流体中(自来水)浸透,使其达到完全饱合状态,然后在不同的水柱高度下(提供测试流动的驱动力),即设置驱动压差恒定、流出速度恒定时,测定一定时间内的流体垂直通过织物的流出量,得出增强织物 Z 向在这种流体及压差条件下的压差—流速关系。测试过程中的线流速按下式计算:

$$v = \frac{Q}{A} = \frac{V}{At} \qquad (11-24)$$

式中:v 为垂直于织物平面的线流速(mm/s);V 为测试时间内的流量(ml);t 为测试时间(s);Q 为体积流率(ml/s);A 为测试增强织物的流体流经面积(mm^2)。

在一维流动条件下, $$Q = \frac{KA\Delta P}{\mu \ \Delta x} \qquad (11-25)$$

其中 Q 和 A 的意义与式(11-24)相同,K 为多孔介质的渗透率(m^2),μ 为流体黏度(Pa·s),ΔP 一定流动长度 Δx 上的压力梯度(Pa/m)。

式(11-25)又可变形为式: $$v = \frac{Q}{A} = \Delta P \frac{K}{\mu \Delta x} \qquad (11-26)$$

由式(11-26)可见,流动渗透过程的线速度 v 与织物上下两面的压力差呈线性关系的,这与实验结果相互印证。

由于实验过程中织物厚度,即 Darcy 关系中流程长度不易准确测量,因此定义织物的表观渗透率 K_a 如下式:

$$K_a = \frac{K}{\Delta x} = \frac{v}{\Delta P}\mu \quad (\text{m}) \qquad (11-27)$$

通过解出式(11-26)织物的流速/压差曲线的斜率即可获得厚度方向一维的织物表观渗透率。

不同层数未经定型处理的 EW280 织物在垂直渗透过程中不同水柱高度(压差)条件下的压差—流速关系测试结果见图 11-26,如图,液体流经织物的流速—压差关系有良好的线性,压差越大,流速越大;层数增加,相同压差下的流速下降。图中各流速—压差关系并不完全通过零点,这可能与试验过程中的动力影响、流体黏性、织物纤维的吸附状态与及试验过程中的微量渗漏等因素有关[12]。

忽略启动压力的影响,将流速—压差斜率作为表观渗透率 K_a,不同层数 EW280 织物的表观渗透率 K_a 关系见图 11-27。假设织物每一层有相对固定的厚度,对上述表观渗透率 K_a 进行层数无关化处理,得到归一化的表观渗透率 K_n 如式(11-26),其结果也示于图 11-27 中。由图,随着层数的增加,EW280 织物的表观渗透率随层数增加而逐渐下降,在经层数无关化处理后,归一化表观渗透率的变化趋势有所不同,有先增后降的趋势,但渗透率相差并不太大。这在一定程度上反映出 EW280 织物饱和渗透率有一定的稳定性。这个结果与文献报告的类似结构织物的厚度方向结果相当[13]。

$$K_n = \frac{K}{\Delta x_0} = K_a n \quad (\text{m}) \tag{11-26}$$

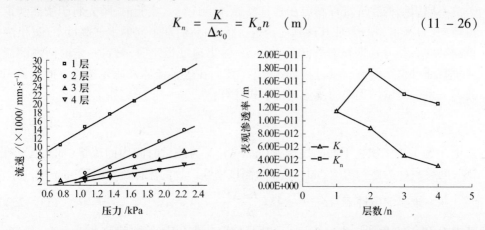

图 11-26 EW280 空白织物垂直渗透
压差—流速关系

图 11-27 EW280 空白织物表观渗透率 K_a 及
归一化表观渗透率 K_n-层数关系

对 EW280 织物通过溶液法定型处理(湿法),定型剂质量含量 4%,测得不同层数下压差流速关系见图 11-28(a)。经 4% 定型剂处理后,织物的垂直渗透压差—流速(不考虑启动压力梯度)仍有良好的线性关系。表观渗透率及无层数归一化表观渗透率与层数关系见图 11-28(b),图中同时示出该织物未经预定型处理的相关结果。由图 11-28(b)可见,定型处理后,织物的表观渗透率—层数的关系也有层数增大而表观渗透率下降的现象;另一方面,归一化的表观渗透率—层数关系趋势也与未定型处理时相同,即随层数有先增后降的现象。

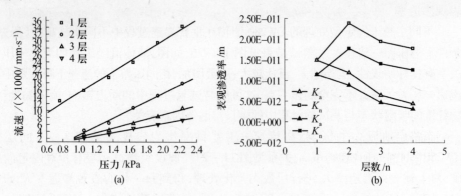

图 11-28 EW280 织物 4% 定型剂湿法处理织物的渗透特性
(a)垂直渗透压差—流速关系;(b)表观渗透率 K_a 及 K_n-层数关系。

根据以上现象可以推测,对单层织物,压差作用在织物的两面,单层织物内可视为均一的孔隙结构;当二层或多层织物叠层时,层间的孔隙结构应当与织物单层内的流道结构有较大区别,相对而言,层间的纤维接触面小,孔隙尺寸大,因而层间的渗透率通常会比层内的大。因此经归一化处理后,归一化的表观渗透率与未归一化的表观渗透率不一致,而且多层结构归一化的表观渗透率总是比单层结构的略大。如图 11 – 28(b)所示,同未定型处理的表观渗透率结果比较,湿法定型处理后,织物厚度方向表观渗透率有一定程度的上升而不是下降。固然定型剂的处理会在一定程度上降低织物的孔隙含量,但同时定型也增加了织物的层间刚性,使相近外约束条件下的层间形变减小而层间的渗透率增加,从而织物叠层整体上表现出较大的渗透率。图 11 – 28(b)同时表明,如果叠层数增加,定型处理织物与空白织物的表观渗透率之差越来越小,这也与上述叠层间约束增加导致高渗透率的层间效应随层数增加而下降的现象相关。可以粗略地推断,层间约束增加到一定程度时,层间的渗透率与层内相当时,则定型剂的体积占有效应会体现出来,从而降低织物的表观渗透率。

　　G827 碳纤维织物的基本组织结构为平行排列的单向碳纤维 T300 – 3K(图 11 – 29(a)),纬向为 5mm 间距的玻璃纤维细纱(线密度 20g/1000m)。单向织物在其轴向(织物的经向)具有很高的刚度和强度,而在纬向则基本与单向带的横向相近。横向纱含量较少但与经向纱正交织造,使得经向纤维有一定程度的屈曲,从而损失了部分轴向性能。由于纬向玻璃纱的约束存在,织物的操作性比单向带有很大的提高。G827 碳纤维单向织物经不同定型剂含量的预处理,实测垂直渗透的压差—流速关系见图 11 – 29(b ~ f)。

　　图 11 – 29 分别为定型剂质量含量为 0%(b)、2%(c)、4%(d)、8%(e)、16%(f)时,湿法定型 G827 织物在厚度方向的渗透压差与流速关系,从实验的结果看,压差—流速关系比较线性,说明 Darcy 定律控制渗透过程。织物层数增加,流速—压差斜率越小。解算其表观渗透率 K_a 及归一化表观渗透率 K_n 见图 11 – 30。

　　由图 11 – 30(a)可见,对于同样层数的 G827 织物,织物表观渗透率 K_a 随定型剂含量的增加而增加的趋势相当明显,不同层数织物的实验结果均可将表观渗透率—定型剂含量的变化分为两个阶段,定型剂含量较低时,表观渗透率随定型剂含量增加而增加的幅度较大;定型剂含量达到一定程度后,则这个增加的速度趋于平稳。在定型剂增加初期,单向织物节点间的约束快速增加,从而刚性增加较快;而到一定程度后,定型剂占有体积起较大作用,降低了体系的孔隙率,从而表现出表观渗透率趋于平稳,甚至下降的现象。图 11 – 30(b)为 G827 归一化的表观渗透率结果。图中仍然有表观渗透率随定型剂含量增加的两阶段变化趋势,但与图 11 – 30(a)不同,这时不再有层数越少表观渗透率越大的现象。归一化处理是将渗透

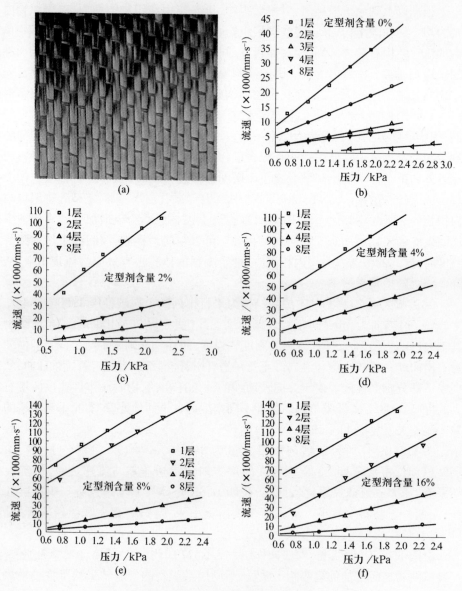

图 11-29　不同含量定型剂湿法定型处理的 G827 单向

碳纤维布(a)及其流速—渗透压差关系(b~f)

过程视为同样的单层渗透过程,将叠层结果的每一层视为具有相同的渗透性,同时将叠层中的层间渗透率区别也平均化附加到每一单层中。正因如此,实验结果的层数对渗透率的影响减小。

3186 缎纹碳纤维织物不同于 G827 单向织物,这是一种双向基本相当的碳纤

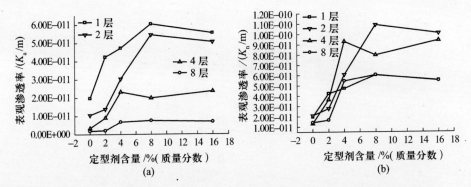

图 11-30　不同含量定型剂湿法定型处理的 G827 单向碳纤维布的渗透特性
（a）定型剂含量对表观渗透率 K_a 的影响；（b）定型剂含量对归一化表观渗透率 K_n 的影响。

维织物,织物面内纤维束产生大量的交织曲屈,从而很大程度上改变了织物结构中的孔隙形状及尺寸。这种孔隙尺寸形状的改变难于量度与统计,但很明显会影响织物的流体渗透特性。3186 缎纹织物厚度方向不同层数叠层及不同定型剂含量下渗透压差与流速的关系测试结果见图 11-31。如图所示,3186 碳纤维织物具有良好的流动速度-压差线性关系,较好地符合有启动压力梯度的 Darcy 定律,解算其表观渗透率 K_a 及归一化表观渗透率 K_n,见图 11-32(a)和(b)。

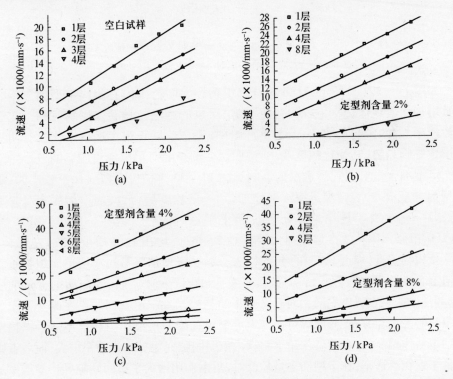

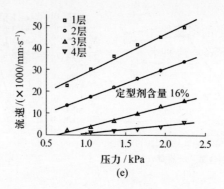

(e)

图 11-31　不同定型剂含量湿法预定型 3186 碳纤维织物的流动速度—压差关系

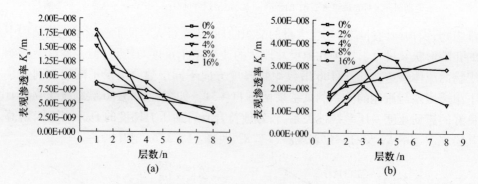

(a)　　　　　　　　　　　　(b)

图 11-32　不同定型剂含量湿法预定型 3186 碳纤维织物的渗透特性

(a) 定型剂含量对 K_a 的影响;(b) 织物层数对 K_n 的影响。

如图 11-32(a)所示,3186 碳纤维织物在实验范围内有相同定型剂含量时层数增加而表观渗透率下降的普遍趋势,层数的影响较显著。层数对归一化表观渗透率 K_n 的影响见图 11-32(b),图中,每一单层表观渗透率变化没有明显的层数影响趋势,其变化幅度变小,说明层数的影响对单层渗透的影响较小。

定型剂含量对表观渗透率的影响见图 11-33,图中,定型剂含量较小时,随定型剂含量增加,表观渗透率逐渐增加,到一定程度后,定型剂增加而表观渗透率及归一化表观渗透率均一定程度趋于平稳,甚至下降。这一点与 G827 及 EW280 相似。该转变点定型剂含量与 G827 相近,均在 4%(质量分数)左右。

就织物垂直(厚度)方向的渗透率(K_{zz})以及定型剂含量对单层单向织物垂直方向上名义渗透率的影响而言,试验还发现(图 11-34(a)),随定型剂含量的增加,名义渗透率表现出先增大而后又减小的趋势,显然,定型剂的存在改变了织物中空隙的大小和分布,其原因可能与定型剂对纤维的集束作用和定型剂对织物空隙的填塞作用有关,在前者作用下织物内束间间隙变宽导致渗透率增大,而后者则降低了织物渗透率,在定型剂含量较低时,集束作用增大了束间间隙导致渗透率随之增加,当定型剂用量进一步增大后,定型剂对织物内空隙的填塞作用占主导地位,使渗透率下降。这种名义渗透率实际上具有与 Darcy 定律相同的意义。将不同层数测得的名义渗透率按织物厚度的倍数关系求积,可以认为所得结果为织物垂直方向上的渗透率(图 11 – 34(b))。可以看出,考虑流体流程后,不同织物层数在垂直方向上的渗透率基本接近,说明流动方式大体为线性流动。

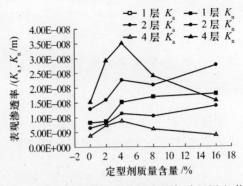

图 11 – 33　定型剂含量对湿法预定型 3186 织物的表观渗透率 K_a 及归一化表观渗透率 K_n 影响

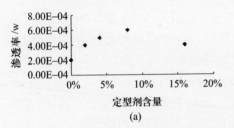

(a)

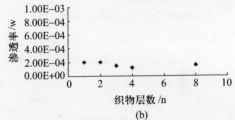

(b)

图 11 – 34　定型剂含量及织物层数对渗透率(水介质)的影响
(a)定型剂含量对单向织物(一层)垂直渗透率的影响;(b)渗透率与织物层数的关系。

11.2.2　毛细现象与毛细渗透过程[1]

在毛细渗透过程中,毛细压力是渗透驱动力,满足多孔介质渗透的普遍规律 Darcy 定律。渗透过程中只有毛细压力及液柱产生的阻力,无机械外压,液体渗透高度与时间关系由织物结构中的孔隙等因素控制,液体渗透速度是驱动力微分的函数,可由下式表示:

$$\frac{\mathrm{d}h}{\mathrm{d}t} = \frac{k}{\mu\varepsilon}\frac{\mathrm{d}P}{\mathrm{d}h} = \frac{K}{\mu\varepsilon}\frac{P_c - \rho gh}{h} \qquad (11.28)$$

式中:K 为织物的渗透率(m^2);$\mathrm{d}P/\mathrm{d}h$ 为渗透流程上的压力梯度($\mathrm{Pa/m}$);μ 为渗透液体的黏度($\mathrm{Pa \cdot s}$);ε 为孔隙率;P_c 为毛细压力(Pa);ρ 为渗透液密度($\mathrm{kg/m^3}$);g 为重力加速度($\mathrm{m/s^2}$)。将式(11 – 28)重排并进行两端积分,得

$$\frac{h^2}{2} = \frac{K}{\mu\varepsilon}\int(P_c - \rho gh)\mathrm{d}t = \frac{K}{\mu\varepsilon}P_c t - \frac{K\rho g}{\mu\varepsilon}\int h(t)\mathrm{d}t + C \qquad (11 – 29)$$

由上式可见,同一时刻 t,h^2,$\int h(t)\mathrm{d}t$ 呈二元线性关系,通过对 $h(t) - t$ 关系的数值积分,可得到 $\int h(t)\mathrm{d}t$,t 的数值关系。

令 $h^2/2 = Y, t = X_1, \int h(t)\mathrm{d}t = X_2$,按下式进行二元线性回归。

$$Y = AX_1 + BX_2 + C \qquad (11-30)$$

其回归的线性参数 A,B 有如下关系:

$$A = \frac{KP_c}{\mu\varepsilon}, B = -\frac{K\rho g}{\mu\varepsilon} \qquad (11-31)$$

通过式(11 - 30),代入 μ、ε、ρ 和 g 的值,可解出 P_c 及 K 值。

若将式(11 - 27)直接积分,可以得到渗透时间 t 与渗透高度 h 的关系如下式:

$$t = -\frac{\mu\varepsilon P_c}{K^2 g^2}\ln(1 - \frac{\rho g h}{P_c}) - \frac{\mu\varepsilon h}{K\rho g} \qquad (11-32)$$

如果知道 P_c 和 K 其中之一,则采用此式可以很方便的拟合得到另一参数的值。

EW280 织物在自由状态无外加约束情况下,经向(X 方向)及纬向(Y 方向)毛细渗透的实验结果见图 11 - 35,图中,空心数据点为空白试样的经向(□)、纬向(◇)渗透高度与时间关系。由图可见,织物的毛细渗透高度随渗透时间增加而升高,但升高速度由快变慢,可以预见,在足够长的时间后,毛细渗透高度会趋于平稳。EW280 织物在经、纬向的毛细浸渗高度—时间关系上并不完全一致,但差别不大,总体上,织物经向的渗透速度略快于纬向的渗透速度。用定型剂对织物进行定型处理会改变织物的表面状态如表面张力或与渗透液的接触角,这些均会引起毛细作用的改变。用 ES - T321 定型剂处理 EW280 织物后,在自由状态,其毛细高度—时间关系也标注在图 11 - 35 中,与未定型处理的试样相比,4%(质量分子)定型剂处理的织物的渗透速度略大,但差别不显著。

毛细渗透过程中的渗透速度只是毛细作用的一种量度参量,极限毛细渗透高度可能会与渗透速度的关系不尽相同。采用较长的渗透时间(例如 5000s)作为近似的渗透平衡时间,实测经不同定型剂含量处理的 EW280 织物的毛细渗透高度与定型剂含量的关系见图 11 - 36,由图可见,织物在经纬向上的差别仍然是经向略大于纬向,这实际上暗示在该织物的经、纬方向上纤维集束度、孔隙分布等影响毛细作用的因素是存在差别的,虽然名义上两者是一致的。图 11 - 36 同时表明,随着定型剂含量增加,极限毛细渗透高度随定型剂含量增加下降,这种趋势对于经、纬向是相同的。定型剂含量较少时,极限渗透高度下降较快;而当定型剂含量达到 4%(质量含量)左右时,则极限渗透高度趋于平稳。

毛细压力驱动流体对织物渗透过程中,毛细压力和纤维多孔结构的孔隙率对毛细压力有较大的影响[14,15],纤维体积含量是孔隙率的另一种表示方法。将纤维织物在厚度方向加压,使织物叠层按尺寸定位以约束其体积,从而实现对纤维体积含量的控制,在这种情况下,未定型EW280织物不同体积含量时织物经向毛细高

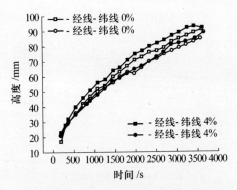

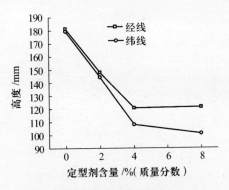

图 11 - 35　未定型(0%)级4%定型剂预定型
EW280 织物毛细渗透高度—时间关系

图 11 - 36　5000s 长时间定型剂处理对
EW280 织物渗透高度的影响

度—时间关系见图 11 - 37。由图大致可见,织物纤维体积含量不同,相同时间内织物的毛细渗透高度也不同;在渗透初期,体积含量的差别与毛细高度关系尚不明显,但随时间延长,体积含量的差别对渗透高度的影响逐渐有稳定关系。一般情况下,体积含量增加,毛细速度减小;而当纤维体积含量(V_f)增加到 67% 时,其毛细高度在相同时间时较体积含量为 56% 更高。

质量比 4% 定型剂处理的 EW280 织物的不同体积含量的毛细渗透高度与时间关系见图 11 - 38。同未经定型处理的情况相同,纤维体积含量增加,毛细渗透速度下降,到 $V_f =67\%$ 后渗透速度反而略有上升。

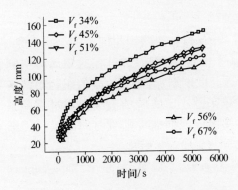

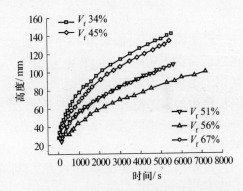

图 11 - 37　不同纤维体积含量 EW280 织物
的经向渗透高度—时间关系

图 11 - 38　4% 质量分量定型剂预处理
EW280 织物不同纤维体积含量
下的渗透高度—时间关系

根据对 EW280 织物的研究及其发现的规律,测试其他织物(G827 及 3186 碳纤维织物),得到的其他两种纤维布空白试样(未经定型剂处理)和经过 4% 质量含量的 ES - T321 定型剂处理的预制试样对应不同纤维体积分数(V_f)的毛细实验渗透高度与时间的关系如图 11 - 39 所示。

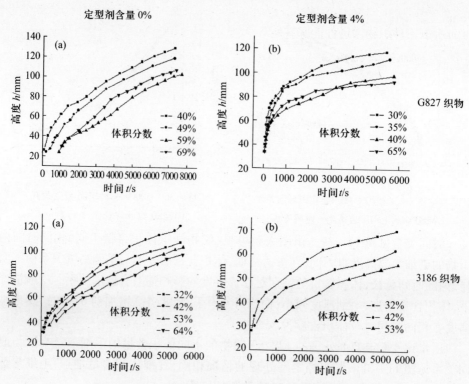

图 11 - 39　不同体积分数、定型剂含量为 0% 和 4% 湿法
预定型 G827 和 3186 两种织物的毛细实验结果[14]

由于织物是表面状态均匀的近似多孔均质材料,忽略织物细观的结构差别,可以认为在织物的实验过程中毛细压力基本恒定,毛细渗透过程的驱动力实际是恒定毛细压力与液柱压力之差,随着渗透高度的增加,垂直放置的织物中液柱高度产生的阻力越大,总体上渗透压力会越来越小。实验的毛细渗透过程即是在这种逐渐减小的压差作用下的渗透过程,因此浸润速度随着时间的延长逐渐减小。

另外,毛细压力与多孔纤维结构的关系还一般认为遵循 Yang-Laplace 方程[16,17]:

$$Pc = \frac{F}{D_f} \frac{(1-\varepsilon)}{\varepsilon} \sigma \cos\theta \tag{11-33}$$

式中:D_f 为纤维直径;σ 为纤维表面张力;$\cos\theta$ 为渗透流体与纤维接触角的余弦;F 为流动方向与纤维孔隙形状相关的无量纲因子。三种不含和含有定型剂的试验织物的毛细压力经过 Young-Laplace 方程拟合、渗透率经过 Carman-Kozeny 方程拟合后的结果见图 11 - 40 所示。由图可见,定型剂的加入使得三种湿法预定型织物的毛细压力均有比较明显的降低,G827 单向布的渗透率有较大增加,而其他两种缎纹布 SW280 和 3186 的渗透率分别略有减小和增加。由于毛细作用降低起主导作用,所以三种织物渗透性能都有所下降。

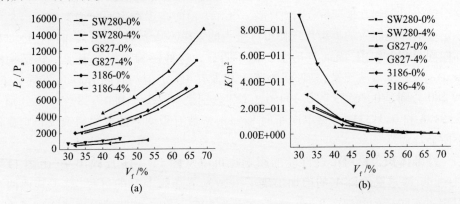

(a)　　　　　　　　　　　　(b)

图 11-40　三种不含和含有 4% 定型剂以不同试验织物的毛细压力(a)和渗透率(b)拟合结果

　　由于达到渗透平衡需要极长的时间,所以采用织物在较长时间时的渗透高度做为准平衡高度比较其渗透性能,图 11-41(a)为不同定型剂含量的 SW280 在 5000s 时渗透高度对比,由图可见,定型剂的加入使得织物的渗透性能有所下降,对于 G827、3186 也有类似的结果。图 11-41(b)所示为不同定型剂含量的 SW280 以水为浸润液体时在 1800s 时渗透高度,由图可见,定型剂含量的增大会降低织物的渗透性能,但随着含量的增大这种影响逐渐减小。

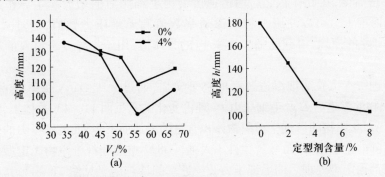

(a)　　　　　　　　　　　　(b)

图 11-41　不同定型剂含量的 SW280 织物的渗透特性
(a) 5000s 时的渗透高度与纤维体积分数的关系;(b) 以水为浸润液体、
1800s 时的渗透高度与定型剂含量的关系。

　　用定型剂对纤维织物进行处理会改变织物的表面状态,这种表面状态的改变不仅会引起织物的力学状态的改变,而且由于表面能量状态的改变,导致的表面张力与渗透液的接触角改变,从而使毛细压力降低,虽然定型剂也会对纤维束产生了集束作用使束内空隙减小,导致毛细压力增大,但是由于表面状态的影响占主导作用,所以毛细压力总体上仍然降低。

以湿法方式将定型剂加入降低了织物的孔隙率,使渗透率降低,但同时也对纤维束产生了集束作用,从而使得束间空隙增大,更有利于渗透从而使渗透率增大,这个结论也得到其他研究工作的证实。G827 单向布渗透率明显增大的原因是由于定型剂湿法加入的集束作用使得纤维束间空隙增大所致,而缎纹布则在经向和纬向同时产生作用,因而渗透率变化不明显。这种影响可以在表征织物结构的 Kozeny 常数上反映出来,三种织物不含和含有 4% 定型剂时的 Kozeny 常数如下:SW280 分别是 0.36593 和 0.39456、G827 分别是 0.82144 和 0.1289、3186 分别是 0.49186 和 0.31331,可见单向布的 Kozeny 常数有很明显的变化而缎纹布则变化不明显。

纤维体积含量对渗透性能的影响也可以从图 11 - 41 反映出来,由图 11 - 41 可见,渗透高度随 V_f 的增加出现了一个先下降后上升的过程,对于其他两种织物也有同样的趋势。Batch 等[18]在 V_f 为 39% ~ 59% 的范围内也观察到了渗透速度随 V_f 的升高下降的结果,张佐光等[19]也观察到近似的现象。若将平衡高度最低时的 V_f 称为临界体积含量 V_{fc},不同体系的 V_{fc} 是不同的。这主要是由于液体在纤维束中的浸润实际是渗透率与毛细压力的共同作用,V_f 增大使渗透率减小而毛细压力增大,二种作用变化速度不同,可能会有 V_f 增大而渗透速度减小。前阶段,渗透率减小起主导作用,后阶段,毛细压力增大起主导作用。可见,织物的实际渗透同时受毛细压力和渗透率两个因素的影响,在某个临界体积含量 V_{fc} 有最小的渗透高度,在此体积之后渗透速度会因毛细压力的增大起主导作用而随 V_f 的增加而增大。可以使用织物的渗透率数值和毛细压力数值,通过式(11 - 32)进行实际的模拟,得到此临界体积 V_{fc} 的具体值,用于指导复合材料的液体成型工艺。

为了理解本试验毛细渗透过程的物理实质,通过一维 Darcy 关系建模,得到 EW280 织物的渗透率 K 及毛细压力 P_c 理论变化关系见图 11 - 42,总体上,定型及未定型 EW280 织物的渗透率随织物体积含量的增加而下降,而毛细压力的变化则有先升后降的基本趋势,虽然规律性不太强。G827 单向碳纤维织物无定型剂处理及经定型剂预定型处理后的毛细压力及渗透率的计算结果见图 11 - 43,其毛细压力随体积含量上升而上升,而渗透率随体积含量上升而下降。经定型后的 G827 织物在体积含量为 40% 时出现奇点。

两个理论计算的共性结果是随纤维体积含量增加,毛细压力上升而渗透率下降。在纤维体积含量较低时(小于 50% 时)这种关系稳定性不够,而当纤维体积含量较高时,这种关系的稳定性提高。这可以理解为当体积含量较高时,纤维层间相对紧密,织物的平均性更好,实验出现局部偏差的机会减小。高体分下,织物结构中的平均孔隙率下降,因而渗透率下降;而毛细孔隙的平均孔径变小,毛细压力上升。这同 Yang-Laplace 方程(式 11 - 32)中孔隙率降低则毛细压力会增加是对应的。

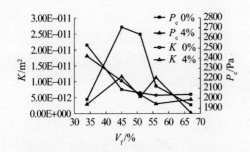
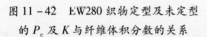
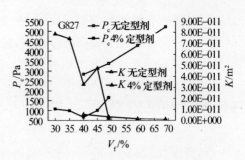

图 11-42　EW280 织物定型及未定型
的 P_c 及 K 与纤维体积分数的关系

图 11-43　G827 织物定型及未定型
的 P_c 及 K 与纤维体积分数的关系

在低纤维体积分数下,层间的作用明显,定型剂使用后,少量的分布在层间的定型剂提高了提高了织物层间的孔隙率,从而使层间渗透率提高,而毛细作用下降。但由于低纤维体积分数时织物层间压缩不够紧密,约束不够,可能导致纤维体积含量增加反而导致毛细压力下降以及渗透率上升等不符合 Yang-Laplace 方程的现象。

11.2.3　小结

本节实验研究了三种不同增强织物,包括玻璃纤维织物 EW280、碳纤维单向织物 G827 以及碳纤维双向织物 3186 厚度方向的压差—流速关系,分析了厚度方向织物的表观渗透率及归一化(去层数化)的表观渗透率,研究了 RFI 过程中可能产生的垂直放置织物的毛细渗透高度与时间关系,并通过数值积分的方法解析了该低压渗透过程中的织物渗透率与毛细压力关系等。

三种织物湿法预处理及未处理条件下的压差—流速关系都有较好的线性相关性,存在一定的启动压力梯度,渗透过程较符合 Darcy 关系。

垂直渗透试验过程中,随层数增加,含厚度因素的表观渗透率下降,而归一化表观渗透率由于层间效应的存在,比无层间的单层织物的表观渗透率略大,并且表观渗透率随层数增加有先增后逐渐降低的趋势,但总是不小于单层的表观渗透率。

湿法定型处理提高了织物的刚性,使定型织物的垂直表观渗透率有所提高;定型剂含量增加,织物的表观渗透率均是先增加而后趋于平稳,或略有下降。

毛细渗透高度随时间变化,渗透速度逐渐降低;毛细渗透过程可视为一种恒定毛细压力与不断增加的毛细液柱压力之差的非恒压驱动的渗透过程,符合 Darcy 关系。采用数值积分方法通过毛细渗透高度与渗透时间关系解析毛细过程的毛细压力及渗透率较为方便易行。

毛细渗透压力及渗透率对纤维体积含量的响应趋势不同,毛细渗透压力一般是随纤维体积含量增加而增加，而渗透率则下降；纤维体积分数较高时，使用定型剂会在一定程度上降低织物的渗透率，提高毛细压力。纤维体积分数较低时影响趋势不稳定。

11.3　表面附载增强织物的定型特性

定型技术（Tackification technology）的目的是把纤维束或纤维织物进行定型预处理以克服其蓬松、松散的状态，使得干态的纤维束、特别是平面的织物获得整体性，可以精确地剪裁形状或自由搬动而不溃散。预制技术（Preforming technology）的目的是把（预）定型的纤维束或织物进一步制备成为形状和尺寸"近净型"的预制体（Preform）。复合材料的预制体通常是一个自支撑的三维空间结构，"近净型"的预制体通常已非常接近固体复合材料制件的最终形状和尺寸。下面我们专门考虑定型预制的效果与评价技术问题，其中，考察评价织物定型的效果主要是看它的自支撑特性（Free standing），而考察评价织物预制的效果主要是看它的结构回弹（Spring-in）。

11.3.1　湿法定型织物的悬垂变形特性[1]

使定型织物具备自支撑特性是定型工艺的一项主要目标。本实验主要采用悬垂长度来评价定型织物的变形特性，试验测定装置及其过程见图 11-44。试样尺寸（宽×长）25mm×300mm。试验的织物一端固定（约束条件），另一端自由悬垂，试验织物自重悬垂的量反映了织物的自支撑能力（或者说变形能力），定义为悬垂"表观刚度"（mm）。试验变量是定型剂含量及定型与否。所有试样采用湿法定型预制。

3186 缎纹织物是一种正交组织的织物形式，织物的两面纤维大部分均由一个方向的纤维及少量与之正交的另一个方向的纤维构成，但实际上仍有经纬面之分，所谓经面指该织物面上主要是经向（加工方向，织物长度方向）排列的纤维，所谓纬面即该面上主要是纬向排列的纤维束。由于织物面上的纤维排列形式的不同，在织物变形能力上也会有所体现。不同定型剂含量溶液刷涂处理条件下 3186 织物的悬垂长度及"表观刚度"实测结果见图 11-45。由图可见，经纬面贴模的 3186 织物变形性以悬垂

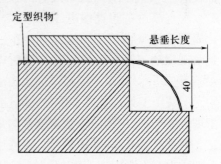

图 11-44　织物悬垂长度及"表观刚度"测定装置简图

长度计时,随定型剂溶液用量的增加,悬垂长度也增加,说明织物的"表观刚度"增加。在定型剂含量较低时,随定型剂用量增加,织物的"表观刚度"有较大增加,而当定型剂用量达到约6% ~8%(质量分数)以后,定型剂量的增加引起的织物"表观刚度"增加程度较小。总体上,定型剂用量对织物"表观刚度"的影响有接近于指数上升的关系,这种情况的出现大致可以理解为在未定型时,织物组织中纤维束内单丝的摩擦与少量捻度及缠结控制纤维束内单丝的滑移及变形,纤维束间的交织节点摩擦与几何约束控制纤维束的变形能力,两者构成织物组织结构的变形约束。自重下的变形刚性主要由纤维束的"表观刚度"控制,经定型处理,定型剂增加了纤维束内单丝间及纤维束节点间的约束点,从而提高了纤维束自身的"表观刚度",以及由纤维束构成的织物组织单元的刚性,因而经定型处理的织物的悬垂"表观刚度"会比未定型织物的大。

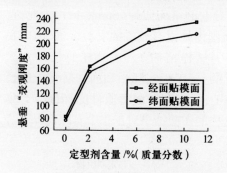 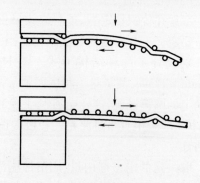

图 11 – 45　定型剂含量与 3186 织物悬垂
"表观刚度"的关系

图 11 – 46　经/纬面悬垂"表观刚度"
变化示意

图 11 – 45 中,3186 织物的经面贴模"表观刚度"略大,而纬面贴模"表观刚度"稍小,织物的经面与纬面的悬垂"表观刚度"存在一定的差别。悬垂"表观刚度"测定过程中,织物的悬垂过程是在重力作用下的悬臂弯曲过程(图 11 – 46),织物上部受拉伸作用,下部受压缩作用,织物上下层内的纤维束则在一定程度上受层间剪切作用。在这种类似于梁的结构中,在上下层界面摩擦约束足够高时,下层与上层的"刚性"均可以起作用,但当界面摩擦约束不够时,则这类结构中以下层的压缩刚性为主,织物的经向(纵向)、纬向(横向)的拉伸及压缩刚性中,以经向纤维的拉伸及压缩"刚性"更大,因而在经向贴模的结构中,织物悬垂"表观刚度"主要受贴模(下层)的经向纤维压缩"刚性"控制,上层的纬向纤维(与测定方向垂直排列)纤维的拉伸"刚性"太小。在纬向贴模结构中,结构的"表观刚度"则主要由下层的横向纤维压缩"刚性"及上层的经向(与测定方向平行排列)纤维拉伸"刚性"决定。这两种情况下,当经向纤维在下时纤维的经向压缩"刚性"一定会比纬向纤维(横向纤维)在下(纬面贴模)的压缩"刚性"大,从而

435

会出现经向贴模刚性始终略大于纬向贴模的测试结果。

11.3.2 湿法定型后织物的预制角度回弹性研究

RFI 及 RTM 结构成型过程中,织物在第一次定型过程中获得剪裁,搬运等操作性,剪裁好的织物体需在模具上经第二次定型,以使织物在模具上形成铺贴组合。这一过程一般采用真空/热成型方法实现。织物铺覆在模具型面上,保持与模具面的紧密贴合。模具的型面一般情况下不会是单一的平面状态,转角、型面连接等为常见的模具型面造型。增强材料的回弹有可能会引起合模过程中增强材料定位的变化,甚至可能会造成合模的困难,研究这种状态下增强材料织物的回弹现象,对了解掌握并运用这种现象对工程技术的发展有一定的现实价值。

考察评价织物定型、预制的效果主要是看它的结构回弹(Spring-in),为此,首先需要定义一个合适的样品结构。因为目前国内外没有相应的实验标准,因此我们分别设计了两种结构形式。图 11 – 47 为试样结构 1。该试样的长×宽为 120mm×25mm,测量量为角度回弹。需注意的是,工程实际中型面的转角一般会有一定的圆弧过渡,这样会有利于模具的加工,也有利于缓解制件的局部应力集中,本实验采用直角过渡是一种极端情况,这样的实验结果对工程中实际情况有过度估计。

取一定的定型剂用量,用溶液刷涂的方法定型预处理增强织物 3186,将其按预定的层数铺贴在表面经脱模剂预处理的矩形金属块上(见图 11 – 47),打上真空袋,抽真空,在烘箱中加热至 80℃ 并保持 60min,然后随炉冷却至室温,小心脱去真空袋及隔离膜系统,静置 30min 以上,待试样回弹稳定后,用放大镜及标尺读取以铅垂面为基准的角度回弹量,试验结果见图 11 – 48。图中,与定型织物的悬垂"表观刚度"测定方法相

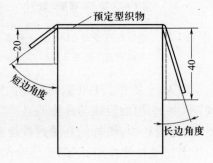

图 11 – 47 角度回弹测量简图

同,试验时,对 3186 织物的正反面(经、纬面)贴模以及不同定型长度的回弹角度进行了测量。

由图 11 – 48(a),从未定型处理的到 2%(质量分数)定型剂处理的 3186 织物,随定型剂含量的增加,其回弹角有大幅度下降,说明了定型织物的基本效果。其后,随定型剂用量的进一步增加,角度回弹量下降幅度减小,回弹角趋于稳定,甚至出现略为地上升。另一方面,不同的定型长度(实验中分为长边 =40mm 及短边

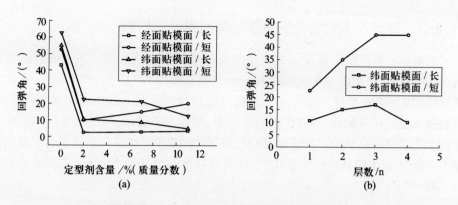

图 11－48　溶液定型 3186 织物的直角定型效果

（a）定型剂含量—单层织物回弹角关系；（b）织物层数—回弹角关系。

＝20mm）下，其角度回弹随定型剂用量的变化关系基本一致，而定型边短的回弹角度较定型边长的回弹角度要大。进一步地，对于贴模面为经面与纬面的结果，纬面的测定结果在两种定型边长情况下，定型剂含量增加导致回弹角下降的趋势一致；而在经面贴模时，当定型剂含量较高时，回弹角反而略为上升，虽然长短边表现一致。

图 11－48（b）是相同的定型剂含量 2%（质量分数）的情况下，相同的纬面贴模，两种不同层数定型对 3186 织物回弹角的影响。在短边定型的情况下，定型层数的增加回弹角也增加，但层数增加到一定程度后，回弹角的增加趋于平稳；而在较长定型边的情况下，层数增加，回弹角开始时增加，但后来有一定程度的降低。

本实验织物定型过程的物理实质为织物在外载作用下由平面局部变形为直角形式，在真空、外加压力及热作用下，定型剂软化流动，在一定程度上浸渍纤维单丝或纤维束以及织物节点，同时黏结固定它们；当温度降低后，这种黏结增加了单丝、丝束以及组织结构间的约束，提高了结构刚性，实现了定型预制。定型预制后回弹类似于梁结构卸载后的回弹过程，定型过程中织物处于变形状态，结构上非平衡，卸载后外约束失效，非平衡状态必然有弹性回复的趋向，这一过程即为回弹，其驱动力为非平衡状态下的残余内应力，预制角度的变化即是对该过程的形变响应。定型剂含量的影响，无论定型是作用在纤维单丝、纤维束还是织物组织结构这三种尺度中的任何一种尺度，在冷却后，该尺度上的结构刚性均应有所上升，因而在外载释放后，织物的刚性越大，对定型过程引入的应力的松弛速度越慢，在等同的松弛时间下，保持直角的能力越强，因而其回弹角越小。

11.3.3　定型方法对定型织物预制角回弹性的影响

前面已一再声明定型预制的效果与定型预制的方法有关。为了说明这个影响,下面又设计了另外一种试样结构——一种 U 形结构(图 11 – 49(a)),定义为试样结构 2。实验变量为湿法和干法两种定型预制工艺。分别将定型好的 3186 织物按一定的尺寸裁剪,铺放在 U 形模具里,层数为 7 层,限制厚度为 2mm。按一定的工艺定型后自然冷却到室温,脱模,得到该预成型体试样。回弹效应主要是测量 U 形预成型体的开口尺寸变化,原模具开口处的尺寸为 50mm。实测结果见图 11 – 49(b)。

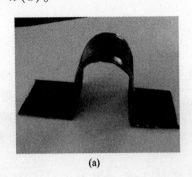
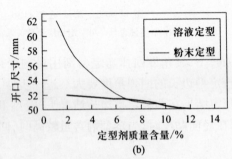

(a)　　　　　　　　　　　　　(b)

图 11 – 49　试样结构 2 及其 3186 织物的定型效果
(a) U 形测试件(试样结构 2);(b) 不同方法定型对回弹的影响。

由图 11 – 49(b)可见,随着定型剂量的增加,3186 织物预成型体的回弹量减少,说明定型效果增加,这个结果得到其他文献的支持。定型剂量小于 7%(质量分数)时,溶液法定型预成型体的回弹比粉末法的回弹小,因溶液法定型时,织物纤维都被定型剂浸润、固定,但粉末定型时只是织物表面的一部分被定型剂固定,大部分纤维束内的纤维并没不受影响,因此回弹较大,曲面制件的净尺寸效果较差。定型剂含量对粉末法定型的预成型体的影响更显著。

另外一个粉末法定型效果的研究结果来自文献[20]。研究发现,定型剂的相对分子量、化学成分、分布、浸润面积及增强材料的铺放方向、固化温度、冷却速度等都会影响回弹;粉末定型剂的颗粒越小,控制回弹性越好(图 11 – 50)。

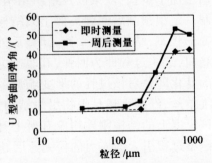

图 11 – 50　粉末定型剂的粒径与回弹性的关系

总之,预成型体的关键技术指标之一是控制预成型体的回弹效应。回弹发生在对织物加压并卸压后,取决于定型剂的粘接力,反映了在织物中储存的弹性变形能,如果弹性变形力大于粘接力,就会发生回弹。

11.3.4 小结

本节的织物悬垂刚性和角度回弹性研究的结果表明:

织物悬垂刚性在定型后有一定提高,定型剂含量增加,悬垂刚性增加,并有初期增加快而后期增加趋于平稳的趋势。经、续向贴模有一定区别,经向贴模时悬垂刚性略大。

定型剂含量增加有助于提高定型织物的刚性,从而减小其回弹角。

随定型织物层数增加,定型织物的回弹角有先增后降的趋势,实际增强织物的使用数一般都在4层以上,因而可以推断,层数增加一般会降低织物回弹角。

定型织物采取较长的定型边有助于降低回弹角。

织物的经纬两面有不同形变刚性,这在定型织物的回弹角上有反映。

参 考 文 献

[1] 梁子青. 复合材料制件预成型体制备技术研究 [T]. 北京:北京航空材料研究院博士后出站报告,2005.

[2] 古托夫斯基 T G. 先进复合材料制造技术. 李宏运,等译,北京:化学工业出版社,2004.

[3] Du G W, Popper P, Chou T W. Process model of circular braiding for complex - shaped perform manufacturing. Proceed. Symp. Processing of Polymers and Polymeric Composites. ASME Winter Annual Meeting, Dallas, TX, Nov. 25 - 31, 1990.

[4] Dow N F, Ramnath V. Analysis of Woven Fabrics for Reinforced Composite Materials. NASA Contract Report 178275, 1987.

[5] Gutowski T G. A resin flow/fiber deformation model for composites. SAMPE Quart. ,1986,16(4):58 - 64.

[6] Gutowski TG, Cai Z, Kingery J, Wineman S J. Resin flow / fiber deformation experiments. SAMPE Quart. , 1986 17(4):54 - 58.

[7] 拉德 C D,朗 A C,肯德尔 K N,迈根 C G E. 王继辉,复合材料液体模塑成形技术—树脂传递模塑、结构反应注射和相关的成型技术. 李新华,译. 北京:化学工业出版社,2004.

[8] S Amico,C Lekakou. An experimental study of the permeability and capillary pressure in RTM. Composites Science and Technology,2001, 61:1945 - 1959.

[9] Amico S,Lekakou C. Axial impregnation of a fiber bundle. Part 1:Capillary experiments. Polymer Composites,2002,23(2):249 - 263.

[10] S Amico , C Lekakou. Mathematical modelling of capillary micro - flow through woven fabrics. Composites, 2000 , 31: 1331 - 1344.

[11] 谭华,等. 单根纤维束轴向渗透研究. 武汉理工大学学报,2003,23(5):1 - 4.

[12] 邓英尔,刘慈群,黄润秋,王允诚. 高等渗流理论与方法. 北京:科学出版社,2004.

[13] Amico S, Lekakou C. Mathematical modeling of capillary micro – flow through woven fabrics, Composites, part A 2000,31:1331 – 1344.

[14] Hoes K, Dinescu D,Sol H, Vanheule M,Parnas R S,Luo Y,Verpoest I. New set – up for measurement of permeability properties of fibrous reinforcements for RTM, Composites Part A 2002,33:959 – 969.

[15] 谭华,祝颖丹,王继辉,高国强. 单根纤维束轴向渗透的研究. 武汉:武汉理工大学学报,2003,25(9).

[16] Lekakou C,Bader M G. Mathematical modelling of macro – and micro – infiltration in resin transfer moulding (RTM), Composites Part A 1998,29A:29 – 37.

[17] M. J. Buntain, S. Bickerton, Compression flow permeability measurement: a continuous technique, Composites Part A 2003,34:445 – 457.

[18] Batch G L et al. Capillary impregnation of aligned fibrous beds: Experiments and model. Reinforced Plastics and Composites,1996, 15: 1027 – 1051.

[19] 张佐光,等. 单向纤维集束的树脂浸润影响因素. 北京:北京航空航天大学学报,2004, 30(10): 934 – 938.

[20] Chih – Hsin Shih (Lee). Tackification of Textile Fiber Preforms in RTM and High Temperature SCRIMP. in: CAPCE, Thrust Area Update: Thermoset Polymers and Composite Manufacturing. Ed: L. James Lee (网络文献).

第 12 章　多功能连续化表面附载
技术及其预制织物

　　干态、不同织造结构的增强纤维织物是液态成型复合材料的共性材料基础。事实上,不论是 RTM、RFI 液态成型复合材料的"离位"复合增韧技术,或是干态增强织物的定型、预制技术,它们都是以增强织物为载体的一种表面附载技术(即 Fabric-based),而碳纤维连续织物本身就是一类工业产品,考虑到目前中国还没有商业化、预定型的工业增强织物,因此,一个逻辑的发展方向就是将"离位"增韧技术以及定型预制技术等研究成果与碳纤维连续增强织物的表面附载技术相结合,由此,就提出了 ES™-Fabrics 织物的新概念[1]。

　　本章首先介绍建立在北京航空材料研究院先进复合材料国防科技重点实验室的连续化表面附载实验装置及其基本产品。从这种产品的使用性能考虑,我们非常关注其渗透特性,因为渗透特性将影响液态成型工艺;我们同时关心其定型预制的效果,因此,本章也研究讨论这种表面附载织物的渗透特性和定型特性。最后,通过几个比较具体的复合材料 RTM 液态成型结构件的实际例子,介绍这种特制织物的综合使用效果。

12.1　ES™-Fabrics 连续化表面附载织物的制备技术[2,3]①

　　所谓 ES™-Fabrics 织物就是一种表面附载功能组分的碳纤维连续织物增强体[4]。利用 ES™-Fabrics 织物技术,可以以工业生产的规模和较低的成本为高性能复合材料产业提供具有增韧效果的新一代连续碳纤维预制织物;又由于碳纤维织物的表面还是 RTM、RFI 等液态成型复合材料必不可少的定型表面,通过在连续碳纤维织物表面附载定型剂等工艺功能组分,可以进一步提升这种新一代连续碳纤维织物的附加值。沿着这条思路,可以想象的表面附载还可以包括其他各种必要的层间功能组分如导电剂、电磁吸收剂、导热组分等等,从而引领碳纤维织物产品的升级换代。

　　ES™-Fabrics 织物研究的第一步是根据具体基体树脂的化学特性确定合适的

　　①本研制工作得到中国航空工业第一集团公司创新基金《ES™系列碳纤维织物产品与技术开发》的支持(2006 – 2007),特此致谢。

表面附载组分的形态,不论它是增韧剂或是定型剂。根据"离位"复合增韧概念性
研究的成果和定型预制技术研究里的多种成功经验,所涉及到的表面附载组分材
料的形态主要包括粉体材料和多孔膜材料,为此,分别研制了 ES 改性多孔薄膜
(ES™-Film)和 ES 改性粉体两种形态的高分子基附载组分材料①,包括高分子的
混合料和双组分料等多种变体。对于 ES 改性多孔薄膜(ES™-Film),将其经过处
理后贴合于碳纤维织物表面,经过整体化处理后,得到一类膜附载的 ES™-Fabrics
织物;对于 ES 改性粉体,将增韧剂、定型剂与其他功能性组分或单一、或组合,制
备成改性粉体颗粒,再将这些粉体颗粒均匀地附载到碳纤维织物表面,也经过整体
化处理,得到另一类粉体附载的 ES™-Fabrics 织物。这两条技术路线的示意和比
较见图 12 - 1。

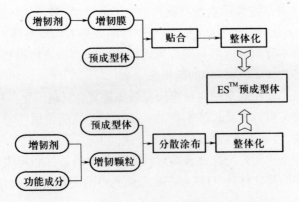

图 12 - 1 ES 表面附载织物的原理性技术路线

早在原理研究阶段就已经注意到,ES™-Film 多孔薄膜除了可以用于增韧之
外,将其作为一个整体覆盖在织物表面,则有可能同时发挥热塑性树脂的定型作
用。为此,将 ES™-Film 多孔薄膜展开平铺在碳纤维织物上,然后喷洒 THF 溶剂,
膜溶解后贴合在织物表面,起到了黏结纤维丝束的作用,可以保证下料时织物具有
足够的结构完整性,不会散开。制备预成型体时,在裁剪好的这种织物片材上再喷
洒少量 THF 溶剂,使 ES™-Film 再次少量溶解,然后贴合到下层的织物上,溶剂挥
发后即形成整体、自支撑的预成型体。这种方法的优点是简单易行,缺点是"湿
法",使用了特殊溶剂,有一定的污染。

原理性研究还发现,在增强体表面直接涂敷完整的改性膜层,会造成织物
经向变硬,影响织物的柔顺性和铺覆特性以及小尺寸、复杂曲面预制体的成型
特性,因此,预定型的碳纤维织物表面的改性层最好以离散的图样形式出现,
以保证织物具有良好的曲面铺覆能力和后续工艺的 RTM 树脂的渗透流动能

①ES 指基于"离位"原理、表面组分附载的技术。

力。针对这个情况,表面附载粉体材料是一个重要而明智的选择。由此,作为一种通用化的产品,最终提出了 ES ™-Fabrics 多功能织物的新概念①,并对 ES ™-Fabrics 碳纤维织物产品进行了定义:针对航空工业复合材料的通用性需求,它是一种表面功能性粉体附载的连续碳纤维织物增强体,可以单一或同时附载"离位"复合增韧剂或/和粘结、预制的定型剂,实现增强织物的结构完整和预制件自支撑。ES ™-Fabrics 织物生产过程的原理性装备设计如图 12 – 2 所示。

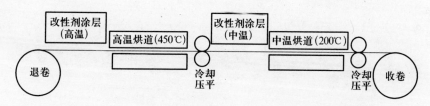

图 12 – 2　粉体表面附载的 ES ™-Fabrics 织物生产装置原理图

从原理上讲,ES ™-Fabrics 多功能织物其实就是表面粉体"欠"浸渍的特殊的"预浸料"。显然,实验室的手工撒粉操作无法保证均匀定量地附载粉体组分,更难实现表面附载组分的图形化,因此必须设计、制造一套专用装置进行表面粉体的附载作业,如此,就产生了机械化的 ES ™-Fabrics 织物的连续化制备实验装置(图 12 – 3),这条实验装置的主要工序流程和工序任务见图 12 – 4。

首先,连续织物放卷,经过一套立式的辊系调节张力,织物进入表面附载的第一个工段——高温涂覆工段。该涂覆工段可以应用水基的浆料或干态的粉料等不同形态的功能组分,通过雕花辊进行织物的表面释放。这里的主要技术变量和工艺变量包括透空雕花辊的设计(它控制织物表面的图形)以及释放量的控制等。表面一次释放的织物然后进入温度控制的高温烘房 I 加热,在这里,被释放在织物表面的组分略微熔化,轻微受压,从而可以比较牢固地固定在织物表面。尔后,织物被第一次冷却,实现附载。显然,高温烘房的目的是熔化高温的表面附载组分,典型的高温组分是双马来酰亚胺和聚酰亚胺树脂增韧剂等。

第二个工段为中温附载工段,这里设计了一套与高温工段类似的表面释放装置,但烘房的温度较低,主要用于定型剂的附载。值得注意的是,这时的表面定型剂也考虑了"图形"设计,也采用了透空雕花辊等,技术变量和工艺变量等与第一工段类似。

作为专利性的研究用实验装备,ES ™-Fabrics 织物生产设备的设计充分考

---

① 《ES ™-Fabric 增韧-预定型织物标准》,北京航空材料研究院,2008。

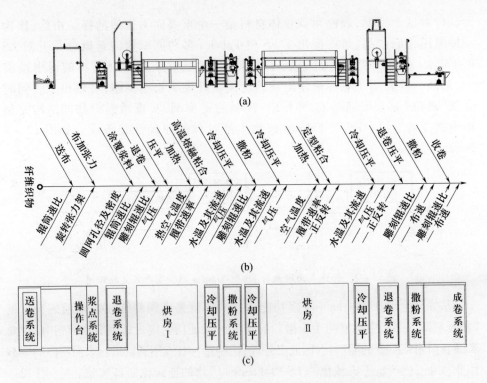

图 12-3 ES ™-Fabrics 织物实验生产装置的主流程图

(a) 织物表面附载涂覆装置侧视图;(b) 织物表面附载涂覆装置各段工
序的影响参数;(c) 织物表面附载涂覆装置俯视图。

虑了设备的"柔性"。视要求的不同,在同一台设备上,即可以进行织物的双
面涂覆附载,也可以进行单面涂覆附载(图 12-4(a)),从而可以获得各种形
态、各种特性的多功能预制织物。

不论是第一工段还是第二工段,关键技术是表面组分的释放。原则上讲,
功能组分的表面释放可以采用两种方式,其一是网点释放(图 12-5(a)),即
把附载组分制成水基淤浆,类似于丝网印刷,通过雕刻有图样的圆网将其释
放印刷到织物表面。圆网的图样不仅决定了附载组分在织物表面的图形,
同时也决定了单位面积织物上的附载组分的释放量。可以根据设计要求更
换不同孔径、孔排列方式的圆网,生成指定图样的表面附载层。另外一种方
式是撒粉释放(图 12-5(b)),即采用横向往复撒粉系统,通过雕刻辊的孔
洞,定量地将附载粉末撒在振动筛上,后者的振动使粉末均匀释放到织物表
面;通过设置多层振动筛(2 层或 3 层),可以进一步提高整个工作范围内的
撒粉均匀性。

已完成制造的 ES ™-Fabrics 织物连续装置实验样机如图 12-6 所示。

444

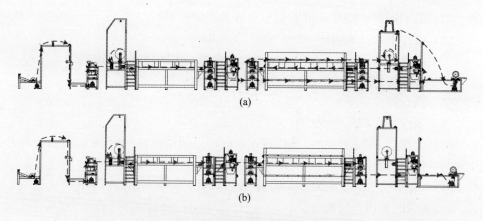

图 12 - 4 ES ™-Fabrics 织物实验装置的设计图样示意(箭头方向为走势的方向)
（a）织物表面附载涂覆装置侧视图(双侧涂覆附载)；
（b）织物表面附载涂覆装置侧视图(单侧涂覆附载)。

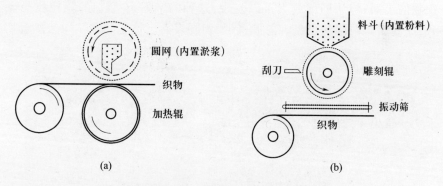

图 12 - 5 粉末表面附载的工艺原理
（a）网点释放原理；(b) 振动撒粉原理。

图 12 - 6 ES ™-Fabrics 织物实验装置样机

样机装置的基本参数为：

(1) 加工幅宽≤1200 mm(根据所处理的织物可调);

(2) 设计车速:3 m/min ~ 5 m/min;

(3) 撒粉量:5 g/m² ~ 150 g/m²(通过改变雕刻辊的转速和车速调节);

(4) 撒粉均匀度:左、中、右误差≤5%;

(5) 网点释放量:5 g/m² ~ 30 g/m²(通过调整圆网图样、浆料固含量调节);

(6) 网点释放均匀度:左、中、右误差≤2g。

设计阶段已考虑的"柔性"还体现在它既可以两次释放,分别完成增韧剂和定型剂两种组分的表面附载;也可以一次释放,仅仅附载上单一的增韧剂或者定型剂;即可以在织物的一个表面单面附载,也可以对织物双面附载。不论什么附载方式,表面附载的量均可以精确控制。

利用 ES ™-Fabrics 织物生产线的连续化涂覆,所制备的典型初级产品是弱表面附载定型剂的专用织物,图 12 - 7 是表面附载双马来酰亚胺"离位"定型剂的 G827 碳纤维织物的外观照片,可见,双马来酰亚胺定型剂已经比较均匀地附载在织物的表面,但从局部放大可以发现,这种"离位"定型剂的颗粒粒径还不够一致,一些大颗粒隐约可见。总的来说,织物表面已被定型颗粒均匀覆盖。

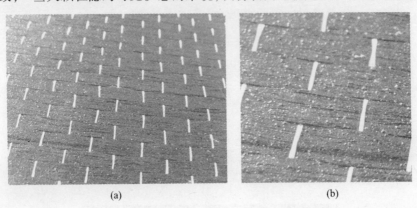

(a) (b)

图 12 - 7 表面弱附载定型剂的 ES ™-Fabrics 织物

利用 ES ™-Fabrics 织物连续化附载装置还能够生产出在碳纤维织物表面带有开孔或图形化的增韧—定型双功能层,典型的产品如图 12 - 8(a)所示,在其侧剖面上(图 12 - 8(b)),我们可以发现其表面已附载了一层不完全致密的涂层。这种预制织物的柔顺性与未附载产品大体接近,织物在剪裁、下料等过程中基本可以保证其自身的完整性,达到定型的基本功能。因为 ES ™-Fabrics 织物表面还附载了增韧剂,所以采用这种织物制备的 RTM 复合材料当然将产生"离位"层间增韧的效果。

ES ™-Fabrics 织物的综合应用研究发现,织物表面附载的由定型剂和增韧

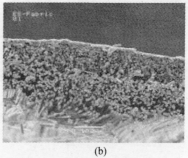

(a)　　　　　　　　　　　(b)

图 12 - 8　多孔薄膜法制备的 ES ™-Fabrics 织物(a)及其微观结构(b)

剂共同组成的图形具有特殊的重要性,一个典型的附载图形如图 12 - 9(a)所示,这是一种制备在 G827 单向碳纤维织物表面的均匀、规则的图样,可以同时满足 RTM 树脂的纵向、横向和厚度方向的渗透性流动,同时可以兼具定型、增韧等功能。图 12 - 9(b)作为对比,所示为 G827 单向碳纤维织物定型前的原始状态外观照片。

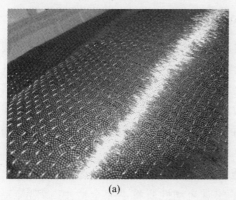
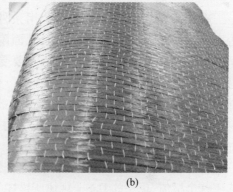

(a)　　　　　　　　　　　(b)

图 12 - 9　粉体法制备的 ES ™-Fabrics(G827)织物(a)及其原始状态(b)比较

最终,我们将上述这种表面附载功能组分的增强纤维织物统一命名为 ES ™ 系列织物产品,并注册了商标(图 12 - 10)。申请商标的类别分别为:

17 类,商品/服务项目:①半加工塑料物质,②非纺织用塑料纤维,③非包装用塑料膜,④橡胶或塑料填料;

22 类,商品/服务项目:①纤维纺织原料,②纺织纤维,③纺织用碳纤维,④纺织品用塑料纤维(纤维),⑤纺织用玻璃纤维;

24 类,商品/服务项目:①织物,②纺织织物,③布,④编织织物,⑤非编织纺织品,⑥纺织纤维织物,⑦纺织用玻璃纤维织物。

ES™-Fabrics   ES™-Prepreg   ES™-Film

图 12 – 10   ES 系列碳纤维织物产品商标注册

12.2   ES™-Fabrics 织物的表面附载结构和渗透特性[5]

连续纤维增强织物的首要使用条件是能够允许液态树脂的渗透和流动，否则无液态成型技术可言，因此，表面附载预制织物的渗透性就成为这种新型织物材料可用性的关键。渗透性主要受到纤维的体积分数的控制，图 12 – 11 是美国国家标准和技术研究院（NIST）公布的在饱和流动条件下连续纤维增强织物的面内渗透率 K 与纤维体积分数的关系，其中的织物包括随机毡、机织物和缝纫织物等。由图可见，这些织物的渗透率 K 随织物纤维体积分数的增加而下降。

在 NIST 公布的数据库里，实测的渗透率截止在约 60% 的纤维体积分数附近，大于这个极值，单一的 Darcy 规律所描述的宏观流动性质将不完全适用，微观流动的特征开始出现，Darcy 规律与毛细作用并存，使得液态成型树脂在织物内的渗透和流动变得很困难，而高性能航空复合材料所用到的连续纤维增强织物的纤维体积分数恰恰又在这个极值附近、甚至大于这个极值。因此，了解在这个体积分数区域的织物渗透特性并提高其液态树脂的渗透性就成为一个现实的挑战，而在这种织物表面的任何材料附载必然进一步影响其渗透特性。下面我们就重点测试这种表面附载织物的渗透特性，分析研究表面附载结构与液体渗透特性的关系。

连续纤维预制织物 ES™-Fabrics 通过机械化的粉体连续化表面附载，其表面带有均匀或者图形化的功能层，并且表面结构基本一致；而第 11 章所研究的 EW280、G827 和 3186 等织物试样的定型预制都是依靠溶液定型剂在增强织物表面的手工刷涂得到的（湿法，溶液刷涂方法），显然，由于粉体附载和溶液附载的差异、特别是手工制备方法与机械化施工方法的不一致性,导致表面附载的效果必然存在差异。另外,就渗透特性而言,表面附载的功能组分的用途——是定型剂还是增韧剂、或者同时是这两者——已不重要,重要的是这些组分的表面附载量和附载结构对织物整体渗透特性的影响,因此,下面的 K 值测试不再区别表面附载组分的功能用途。

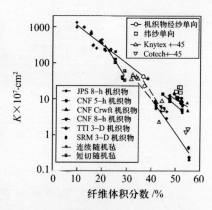

图 12 - 11　美国 NIST 公布的面内均匀的
不同织物的面内渗透率与
纤维体积分数曲线

渗透特性实验用 ES ™-Fabrics 织物的表面附载状态如图 12 - 12 所示。在恒压条件下对表面附载织物进行不同纤维体积分数的面内渗透率测试,测试结果见图 12 - 13。由试验结果可以看出,表面附载的 ES ™-Fabrics 织物(包括各种状态)的渗透率 K_x 和 K_y 随着纤维体积分数的增加而减少,在高纤维体积分数时(54% ~ 65% 之间),各种状态的 ES ™-Fabrics 织物的渗透率差别不大,趋于一致。

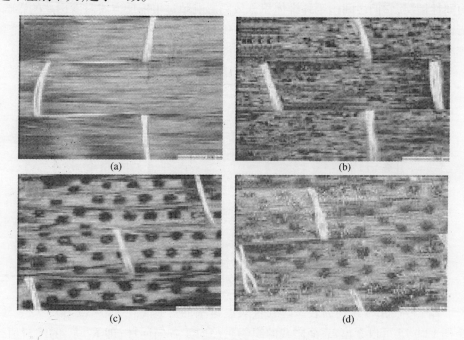

图 12 - 12　实验用单向 827 织物粉末法预制 ES ™-Fabrics 的外观显微照片

(a) T700 空白织物;(b) 织物附载含定型剂;(c) 织物阶载增韧剂;(d) 双功能织物定型 + 增韧。

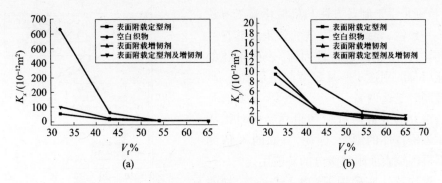

图 12-13　ES™织物(T700)在不同 V_f 时的渗透率测试结果

(a) K_x；(b) K_y。

图 12-14 给出了 $[0/90]_5$，$[0]_{10}$，$[45/0/-45/90]_{2S}$ 等三种不同织物铺层方式对 ES 预制织物面内渗透率 K_x、K_y 的影响，试验材料均为单功能表面附载的织物。从图可以看出，$[0/90]_5$ 与 $[0]_{10}$ 铺层预制织物的渗透率分量 K_x 相差不大，但 K_y 值有很大差异，这是由于它们之间的纤维体积分数相近，所以铺层方式对渗透率的影响起决定作用。另一方面，$[0/90]_5$ 为正交铺层，$[45/0/-45/90]_{2S}$ 为准各向同性铺层，它们之间由于纤维体积分数的影响超过了铺层方式对渗透率的影响，所以纤维体积分数起决定作用，$[45/0/-45/90]_{2S}$ 铺层 ES 预制织物的 K_x 渗透率较小，但是其 K_x 值与 K_y 值比较接近。

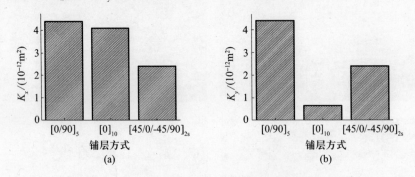

图 12-14　铺层方式对 ES™-Fabrics 织物渗透率的影响

(a) K_x；(b) K_y。

注：$V_f([0/90]_5)=57\%$，$V_f([0]_{10})=56.9\%$，$V_f([45/0/-45/90]_{2s})=57.7\%$

ES™-Fabrics 织物的表面附载量对渗透率的影响见图 12-15 和图 12-16。由图 12-15 可以看出，表面附载的织物更趋向于各向同性，即 K_x、K_y 的绝对值比较接近；继续添加附载量后，K_x、K_y 值的变化不大。由图 12-16 可以看出，在纤维体积分数较低时，表面附载量较高 ES™-Fabrics 织物的渗透率高于附载量较低的织物，而当纤维体积分数较高时，附载量对织物渗透率的影响减小。

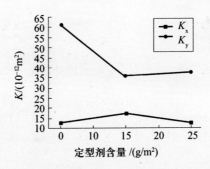

图 12 – 15　表面附载量对 ES ™-Fabrics 织物总渗透率的影响

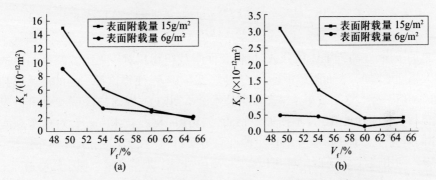

图 12 – 16　表面附载量对 ES ™-Fabrics 织物渗透率分量的影响

(a) K_x; (b) K_y。

　　注射压力以及表面附载方式对 ES ™-Fabrics 织物渗透率的影响见图 12 – 17。可见，ES 织物的渗透率随着注射压力的增加而增加，相对而言，渗透率的分量 K_x 增加的较快，而 K_y 增加的较慢。

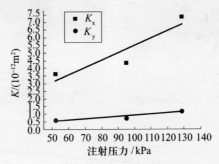

图 12 – 17　注射压力对 ES ™-Fabrics 织物总渗透率的影响

　　从图 12 – 18 的试验结果可以看出，在相同表面附载含量的情况下，单面附载织物的渗透率大于双面附载的，这种差异随着纤维体积分数的增加而减少。之所以会出现这种情况，主要是因为体积分数的增加导致的束间孔隙变小以及流道曲折程度增加，从而对渗透率的减少起作用。

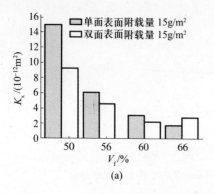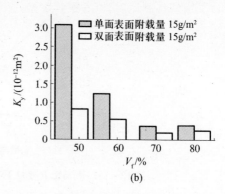

(a)　　　　　　　　　　(b)

图 12 - 18　附载方式对 ES ™-Fabrics 织物渗透率的影响

(a)K_x；(b)K_y。

　　总的来讲,在高纤维体积分数时,各表面附载织物相对于无附载织物的渗透率会较大幅度地降低,表面附载量越大,这种降低越显著,使得这种织物的渗透率趋向一个极小值,显然,这个效果是液态成型技术所不期望的,因此,迫切需要研究开发一种即有利于表面功能化,又不损失织物渗透特性的材料技术[6]。针对这个现实需求,我们研究开发了一种基于细旦热塑性高分子纤维纱的表面附载无纺布结构(图12 - 19),利用这种无纺布结构,可以兼顾"离位"增韧、定型和液态树脂的渗透[7]。

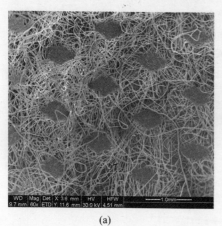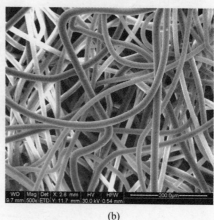

(a)　　　　　　　　　　(b)

图 12 - 19　基于细旦热塑性高分子纤维纱的表面附载无纺布结构

(b)是(a)的局部放大。

12.3　ES ™-Fabrics 多功能织物的定型预制效果评价

　　为对 ES ™-Fabrics 织物的定型工艺效果进行评价,特选择一些航空典型结构进行了定型预制试验,以考察其定型效果及其自支撑性。口盖、盒形件、帽形材、梁结构等都是飞机结构里非常常见的复合材料制件形式,这种制件的定型预制技术带有比较普遍的典型性,因此验证试验首先选择了这类的制件。

试验研究采用了"离位"双马来酰亚胺树脂定型剂。考虑到粉体定型剂用于增强织物定型时往往需要在附载过程中多次加热,而定型剂本身又具有一定的反应活性,在受热过程中有可能引发固化反应,所以首先有必要对这种粉体定型剂的储存、附载和预制施工稳定性进行评价。如果在储存、附载和/或预制施工热过程中的反应不能得到抑制,则定型剂会在一段时间后变成交联的固体,失去定型效果。试验结果表明,这种粉体定型剂经过 100℃~110℃烘房的定型处理后,经过三个月的室温储存,仍能保持适当的黏性,可满足使用要求。

图 12 −20(a)和(b)所示为采用"离位"粉体预制 ES™-Fabrics 织物 G827 (T700 单向织物)包覆盒式芯模的效果。该芯模为截棱锥形状,带有两段台阶,并具有小半径圆角过渡。ES™增强织物为单切口整体包覆,并且对纤维的方向性有较高要求。由图 12 −20(a)可见,盒式芯模的圆角包覆效果良好,形状、尺寸均十分准确。由图 12 −20(b)可见,ES™织物的包覆接缝处贴敷紧密,两侧拼接完整,黏结良好。

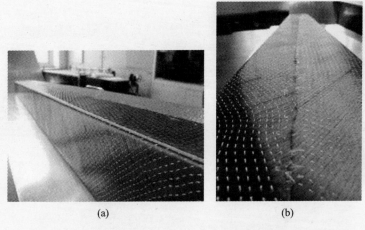

(a)   (b)

图 12 −20　不同视角及放大倍数 ES™织物的芯模包覆效果示意

图 12 −21 为采用"离位"粉体预制 ES™-Fabrics 织物 G827(T700 单向织物)铺放口盖制件的效果。经过电熨斗简单热压,16 层 G827-ES 织物结合为一个整体,表现出良好的口盖结构外形。由图 12 −21 可见,口盖四边的翻边回弹很小,圆角、顶点均符合设计要求;另外,各层 ES™织物粘接紧密,形成的平面结构具有良好的刚度、强度和结构完整性,即使经过拳头捶击也不会变形或散开。

图 12 −22 为同样采用"离位"粉体预制 ES™-Fabrics 织物 G827 铺放的 U 型

(a)   (b)

图 12 - 21　预定型织物口盖模型预制的效果

材及其在进一步组合装配预制结构中的情况。由照片可见,经过定型预制的 U 型预成型体具有良好的自支撑能力,形状基本稳定,装入模具时简便,经过电熨斗简单热压即可以与其他结构结合为一体。

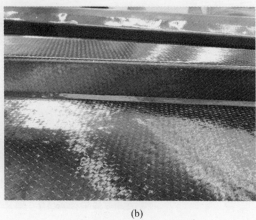

(a)   (b)

图 12 - 22　预制 U 型材(a)及其在进一步组合装配预制结构(b)中的情况

　　更加综合性的预制件典型结构如图 12 - 23 所示,这是一种典型的支架结构,通常是金属铸件结构或金属焊接结构。由图所示的照片可见,定型预制的 ES 干态织物支架预制体实现完全自支撑,弯边基本保持直角,即使这种直角弯边的转弯也能够保持形状基本稳定,同时还可以看见,在圆弧处的剪裁完整准确,没有出现纤维束的散落,这种预制结构的完整性必然大大提高了装模的效果及 RTM 成型制造的产品质量效果。最终的 RTM 制件替代了原先的金属铸件在飞机上的应用,减重效果明显。

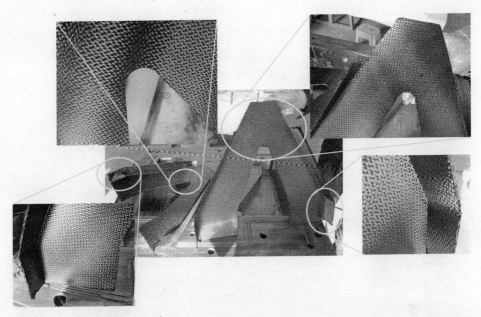

图 12 - 23　复合材料支架典型预制件及其局部放大照片

另外一个综合性的预制件结构分解见图 12 - 24,这是一个厚壁框架结构,包括几个直角和正方形的框架等组成,通常也是金属铸造结构。由照片可见,定型预制的 ES 干态织物 U 型直角完全自支撑,形状稳定,而正方形的预制件的结构当然更加稳定。最终的 RTM 制件替代了原先的金属铸件,用于飞机结构,减重效果明显。

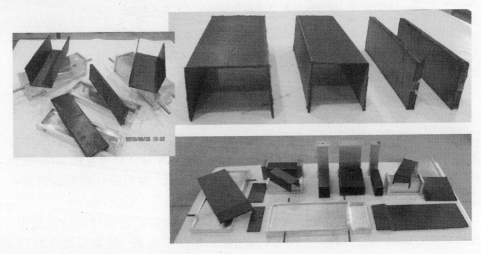

图 12 - 24　复合材料框架典型预制件及其局部放大照片

图 12 –25 为一个比较复杂的带端头开口的推臂结构的预制件分解,通常也是金属铸造结构。这个结构的特点是弯边中途变方向,形成一端的张口。这样的 ES 织物干态预制件也自支撑且结构非常稳定、形状基本准确。最终的 RTM 制件替代了原先的金属铸件在飞机上应用成功,减重效果明显。

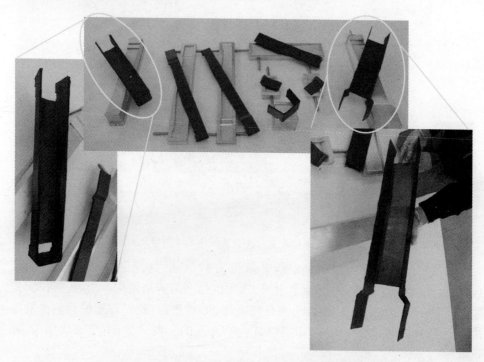

图 12 –25　复合材料推臂结构典型预制件及其局部放大照片

图 12 –22 ~ 图 12 –25 的所有干态织物预制结构的组装都有一个共性关键点,这就是在各弯边的三角区的填充问题(图 12 –26),这包括开放直角弯边的填充(图 12 –26 类型 1)和封闭直角弯边的填充(图 12 –26 类型 2)两种情况。其中,填入这个区域的填充材料要求形状预制和纤维体积分数稳定。图 12 –27 (a)为一个编织预制的三角区填充带的照片,其形状符合设计而基本准确。图 12 –27(b)为一个编织预制填充带填入三角区的照片,图 12 –22(b)的照片显示了开放直角弯边的填充情况。实际工作表明,在整件复合材料制件 RTM 成型后,可能造成质量缺陷的往往就是这样的填充区,因此,准确设计和制备填充区预制带在实际操作中非常重要而关键[8]。

在实现定型效果的同时,为检验 ES ™-Fabrics 织物的力学性能应用效果,选择 G827/6421 复合材料的静态力学性能进行了比较,结果见表 12 –1。显然,ES ™-Fabrics 织物的应用没有降低 G827/6421 复合材料的静态力学性能。

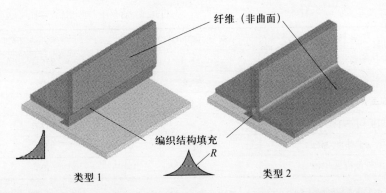

图 12-26 复合材料填充区示意,类型 1 为单边填充而类型 2 为封闭填充

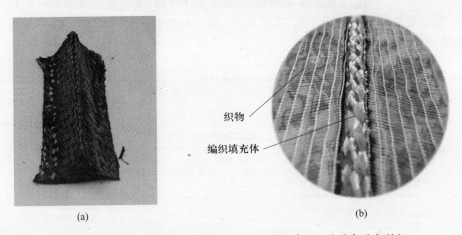

图 12-27 复合材料编织预制填充带(a)及其填入后的局部放大(b)

表 12-1 ES™-Fabrics 织物复合材料静态力学性能对比

力 学 性 能	常规 G827/6412	ES™-Fabrics/6421
0°拉伸强度/MPa	1392	1570
0°拉伸模量/GPa	102	117
主泊松比	0.32	0.30
90°拉伸强度/MPa	51.7	40.8
90°拉伸模量/GPa	8.66	9.35
90°拉伸破坏应变/με	—	4483
0°压缩强度/MPa	1135	1221
0°压缩模量/GPa	101	107
90°压缩强度/MPa	214	215
90°压缩模量/GPa	9.39	9.27

力 学 性 能	常规 G827/6412	ES ™-Fabrics/6421
90°压缩破坏应变/με	—	23111
纵横剪切强度/MPa	96.9	106
纵横剪切模量/GPa	3.67	4.74
纵横剪切破坏应变/με	—	13733
0°弯曲强度/MPa	1684	1599
0°弯曲模量/GPa	108	106

又分别选用环氧树脂(3266)、双马来酰亚胺树脂(6421)和苯并噁嗪等三种树脂,利用 ES ™-Fabrics 织物作为增强体制备复合材料,评价其 CAI 性能(表 12 - 2),发现与未经增韧的原织物 G827 相比,复合材料的抗冲击损伤性能有了显著改善。

表 12 - 2　ES ™-Fabrics 织物增强复合材料的 CAI 值

基 体·树 脂	增 强 织 物	
	常规 G827	ES ™-Fabrics 织物
环氧树脂	170 MPa	277 MPa
双马来酰亚胺树脂	180 MPa	255 MPa
苯并噁嗪树脂	181 MPa	291 MPa

12.4　小结

就发展先进复合材料结构的整体制造技术而言,复合材料制件的形状精度和尺寸精度在相当大程度上取决于预制件的近净型技术,而近净型技术严重依赖预定型技术(Tackification technology)与定型剂材料(Tackifier 或 Binder)技术。

在前面章节里,我们初步研制建立了一个比较完整的定型剂材料体系,包括反应型、非反应型和热塑性高分子的定型剂材料,也包括独立配制的定型剂材料和"离位"配制的定型剂材料等,它们可以与环氧树脂、双马来酰亚胺树脂,苯并噁嗪树脂以及聚酰亚胺树脂基体等匹配。出于定型预制的目的,这些定型剂材料可以具有不同的物理形态,主要包括干态粉体、溶液或悬浮液、以及干态的多孔膜材料等(图 12 - 29)。在大量定型预制施工方法研究的基础上,利用这些定型剂材料,本章研究发展了基于增强织物的多功能连续化表面附载技术,并且附载的材料组分不限于定型剂材料,也包括"离位"增韧剂材料。

图 12 -28 中的 ES ™-Fabrics 织物及其应用技术是一个通用的材料技术平

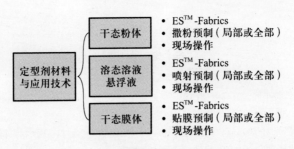

图 12 – 28 定型剂材料及其施工应用技术体系

台,是一类规范化、标准化的工业产品,其市场定位目标是覆盖一个宽泛的应用领域。就 ES ™-Fabrics 本身的构造而言,它可以附载粉体的定型剂,也可以附载液态的定型剂如溶液或悬浮液,当然也可以附载多孔薄膜材料。另外,ES ™-Fabrics 可以附载单一的定型剂、附载单一增韧剂,也可以同时附载这两者,这同时意味着可以附载不同的化学结构组分,包括反应型、非反应型和热塑性定型剂等。此外,附载的组分可以有不同的质量含量,表面图形,附载粒子的微结构等等(图 12 – 29)。

图 12 – 29 表面附载技术体系

除 ES ™-Fabrics 这样的规范化、标准化的工业产品外,我们还提供了干态粉体、溶态溶液或悬浮液、以及干态多孔膜等 3 种不同化学结构的定型剂材料的"个性化"应用技术(见图 12 – 28 和图 12 – 29),这主要包括干态粉体在纤维或织物表面局部或全部的撒粉定型预制技术,溶态溶液或悬浮液的喷射定型预制技术和干态多孔膜的贴膜定型预制技术等。这些"个性化"的定型预制技术即可以针对一个具体的预制体独立使用,也可以与 ES ™-Fabrics 协同使用。在"个性化"的技术开发和使用过程中,控制定型剂的富集区域和富集形貌是关键,即所谓的"定域"技术,为此,可以发展出不同的技术诀窍,例如相反转的定域控制技术,变浓度—黏度的定域控制技术,变固含量的定域控制技术和多功能化的定域控制技术等(见图 12 – 29)。总结性地说,基于增强织物的表面附载技术具有相当大的变化空间和技术诀窍,它所提供给液态成型复合材料技术的新型增强织物体系可望引领这个方向的创新型发展。

参 考 文 献

[1] 安学峰,李宏运,益小苏. 兼具增韧剂和定型剂功能的 ES ™-Fabric 织物及制造技术. 航空制造工程, 15(2008)312：90 - 91.

[2] 益小苏,安学锋,张明,唐邦铭,马宏毅,刘刚. 一种液态成型复合材料用预制织物及其制备方法. 国家发明专利,申请日:2008.01.04,申请号:200810000135.2.

[3] 益小苏,安学锋,张明,唐邦铭,张尧州,李艳亮. "ES ™ 系列碳纤维织物产品与技术开发"项目验收报告,北京:中航第一集团公司创新基金项目,2007.

[4] 益小苏,安学锋,唐邦铭,张明. 一种增韧的复合材料层合板及其制备方法(国家发明专利、国际发明专利(PCT));申请日:2006.7.19,申请号:200610099381.9;PCT 申请日:2006.11.07,PCT 专利号:FP1060809P.

[5] 张洋、益小苏,等. 功能预制结构织物(ES ™-Fabrics)的渗透特性研究. 北京:材料工程,增刊(2),2009.

[6] Thomas K. Tsotsis. Interlayer toughening of composite materials. Polymer Composites - 2009 DOI 10.1002pc. 205335：70 - 87.

[7] 益小苏,刘刚,张尧州,刘燕峰,胡晓兰,安学锋. 一种促进树脂流动的高性能预制增强织物及其制备方法(国家发明专利). 申请号:201010581859.8;申请日期:2010.12.13.

[8] 益小苏,安学锋,崔海超,刘刚. 一种复合材料编织预制填充带及其制备方法(国家发明专利),申请号:201010581863.4;申请日期:2010.12.13.